伝説のアーケードゲームを支えた技術

松浦 健一郎・司 ゆき【著】

技術評論社

はじめに

レトロゲームと聞くと、プレイヤーの脳裏には一人一人違った思い出が浮かんでくることでしょう。駄菓子屋やコロッケ屋の店頭で1回20円のアップライト筐体に興じたり、スーパーの階段脇で画面にタイトルが焼き付いたゲームに50円玉をせがんで入れてもらったり、デパートの屋上遊園地で画面が見やすいように日差しを体でさえぎりながら無理な姿勢でプレイしたり、雑誌に載っていた最新のゲームを探してタバコの煙が立ちこめるゲームセンターに恐る恐る紛れ込んだり、ボウリング場のゲームコーナーで仲間たちと大型筐体に熱中したり、小遣いやバイト代をはたいて憧れの基板を手に入れたり…。

そうした思い出とともに、「あれはどんな仕組みで動いていたんだろう？」「なぜあんなルールだったんだろう？」といった当時の疑問がよみがえってくる方も多いでしょう。往年の疑問を解決して、新たな目でレトロゲームをもう一度遊ぶとまた違った楽しさが味わえるのでは…と考えて生まれたのが本書です。一方で、当時にレトロゲームを遊んでいない世代の方の「なぜ古いゲームはあんなつくりなのか？」「今遊んでいるゲームのデザインは、そもそもどんな事情で生まれたのか？」といった疑問にも答えられるように心がけました。

本書は、１９７０年代と１９８０年代のアーケードビデオゲームを支える、さまざまな技術を紹介します。ゲームの内容にも触れますが、ゲームデザインに関する議論や、ゲームの攻略情報については踏み込みません。アーケードゲームのハードウェアとソフトウェアに関して、仕組みが面白い技術、ゲームの世界に進化をもたらした技術の中から、いくつかを選んで取り上げて解説しました。そして、その技術を使っているゲームを紹介しています。

人気やプレイヤー評価ではなく技術面から掲載作品を絞り込んだため、やや通好みのゲームも掲載することになり、意外なゲームのラインナップになっているかもしれません。どんな時代背景が各ゲームを生んだのかイメージしやすいように、発売年ごとにゲームを紹介し、さらにその年に起こったできごとも掲載しました。

博物館に鉄道車両や飛行機などを見に行くとき、背景知識がなくても楽しむことができますが、内部の構造や鍵となる技術について知っていれば、もっと楽しめます。本書を読んでからゲームを遊んだときに、「なるほど、この仕組みだから、こんな遊びが生まれるのか！」という発見をしていただけたら幸いです。

技術情報については、集めた色々な情報や噂の中から、筆者が技術的な見地で「もっともらしい」「関連する情報と矛盾がない」と判断できた情報を選別して、掲載しています。調査を進めるうちに通説とは矛盾する情報が現れて、筆者にとっても意外な解説になったゲームもあります。

できるだけ前提知識がなくても楽しんでいただけるように、平易さを重視して解説しました。

また、本書に掲載したゲーム以外にも、扱いたかった作品は数多くあるのですが、これらは別の機会があればぜひ、取り上げたいと思います。

本書が、レトロゲーム、そして全てのゲームをより楽しむきっかけになることを願っています。

2020年8月

松浦健一郎・司ゆき

目次

が街に
た

1971-1978

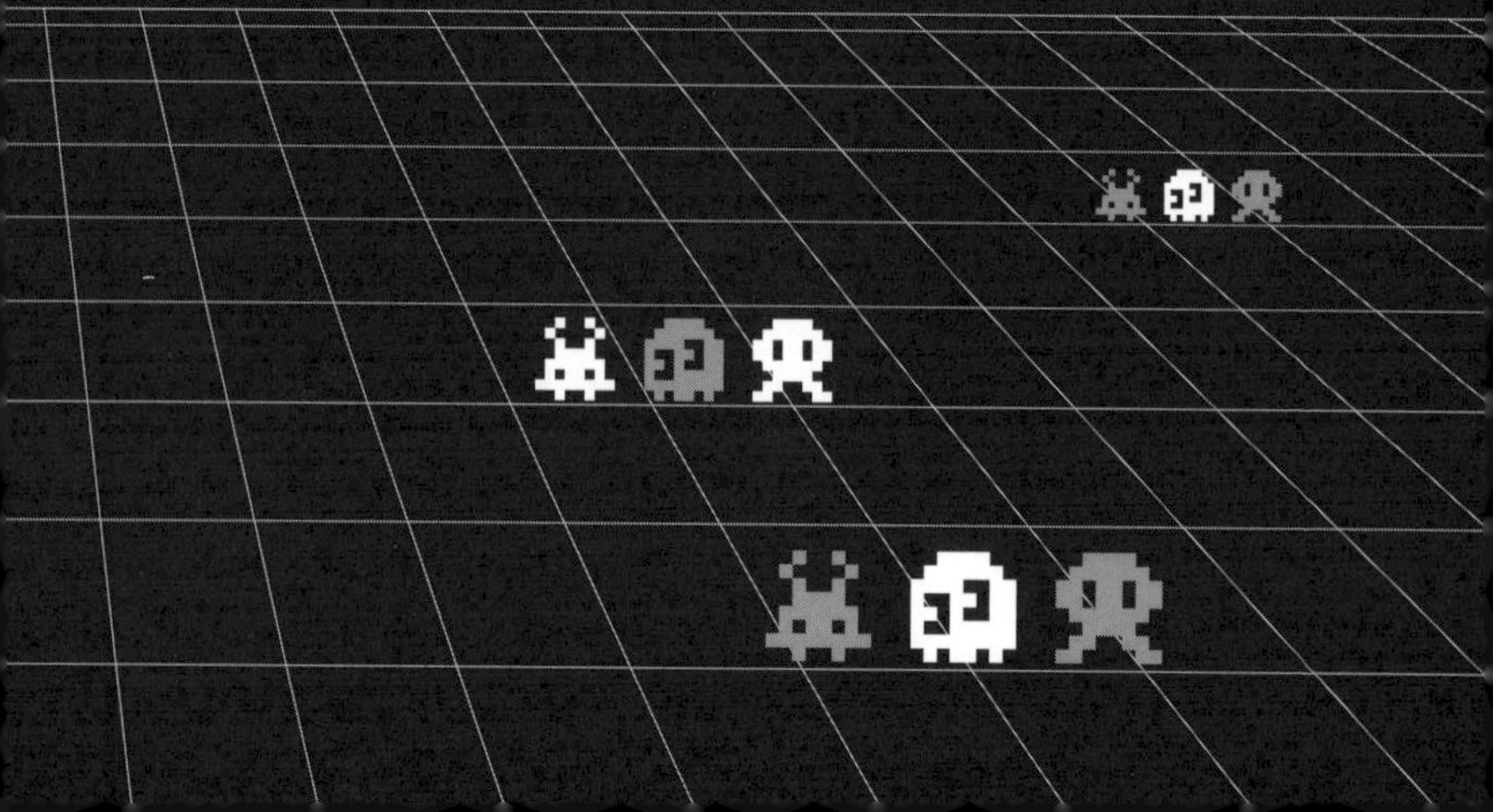

第1部

“侵略者”やってき

1971年

「コンピュータスペース」

キャラクターの形を作り出す ダイオードマトリックスの技術

この年の事件

- インテル社が4ビットCPU「4004」を発表。
- アタリ社がアーケードゲーム「コンピュータスペース」を開発。
- アポロ14号が月に着陸。
- テレビ番組「仮面ライダー」「ルパン三世」シリーズが放映開始。

PUSH START BUTTON

マイクロプロセッサ「4004」の登場

　１９７１年はコンピュータの世界で大きな事件がありました。インテル（Intel）社が４００４という、1チップのＣＰＵ（Central Processing Unit、中央処理装置）を発表したのです。ＣＰＵの詳細な機能は製品によって異なりますが、コンピュータが行う処理の中核を担うのがＣＰＵです。具体的には、演算や制御といった機能がＣＰＵに集約されます。

　実は４００４以前にも、ＣＰＵに相当する電子回路は存在していましたが、それらは1チップではない大規模な電子回路でした。４００４が画期的なのは、1個のマイクロプロセッサにＣＰＵの機能をまとめた点です。

　４００４は電卓に組み込むために開発された、4ビットのＣＰＵです。一般にＣＰＵのビット数は、そのＣＰＵが効率的に扱えるデータの桁数を表します。桁数は、2進数の桁を数えます。もし4ビットを使って正の整数を表すとすると、4桁で表現できる二進数の００００から１１１１、つまり十進数で0から15までの16種類の数を表すことができます。

　４００４は4ビットＣＰＵなので、演算を4ビット単位で行います。4ビットよりも大きな桁数の演算は、複数回に分けて行います。一方、現在主流の32ビットＣＰＵや64ビットＣＰＵ

は、演算を32ビット単位や64ビット単位で行います。

４００４のクロック周波数は５００ｋＨｚから７４１ｋＨｚです。現在のパソコン用ＣＰＵ（インテルのCoreシリーズなど）のクロック周波数は最大で５ＧＨｚ程度なので、約50年間でクロック周波数は６７４８倍程度、高速になったといえます。ＣＰＵの演算性能については、ビット数や、１クロック当たりに実行可能な命令数が増えているので、クロック周波数の倍率よりも大幅に向上しています。

ここで少し用語を整理しておきましょう。まず、コンピュータシステムにおいてプログラム（ソフトウェア）を実行するためのハードウェアのことをプロセッサと呼びます。プロセッサをＩＣ（Integrated Circuit、集積回路。マイクロチップとも呼ぶ）の形で実現したものがマイクロプロセッサです。そしてプロセッサの中でも、コンピュータシステムの中心的な処理を担うものをＣＰＵと呼びます。製品によってはＭＰＵ（Micro Processing Unit または Micro Processor Unit）と呼ぶこともあります。４００４は最初期のマイクロプロセッサの１つであり、コンピュータシステム（この場合は電卓）におけるＣＰＵです。

さて、１９７１年はアーケードゲームの世界でも大きな事件がありました。史上初のアーケードビデオゲームである「コンピュータスペース」が登場したのです。

コンピュータスペース〜世界初のアーケードビデオゲーム

コンピュータスペース（Computer Space）は、アタリ（Atari）社の創業者ノーラン・ブッシュネル（Nolan Bushnell）らが開発し、ナッチング・アソシエーツ（Nutting Associates）社から発売された、世界で初めてのアーケードビデオゲームです。このゲームでは、プレイヤーは自機（ロケット）を操作して、ミサイルを発射し、敵（UFO）を攻撃します。自機が敵や敵が撃ってきた弾に当たると、ミスになります（図1）。

コンピュータスペースは4個のボタンで操作します。旋回ボタンと前進ボタンを使って

図1　コンピュータスペース（イメージ）

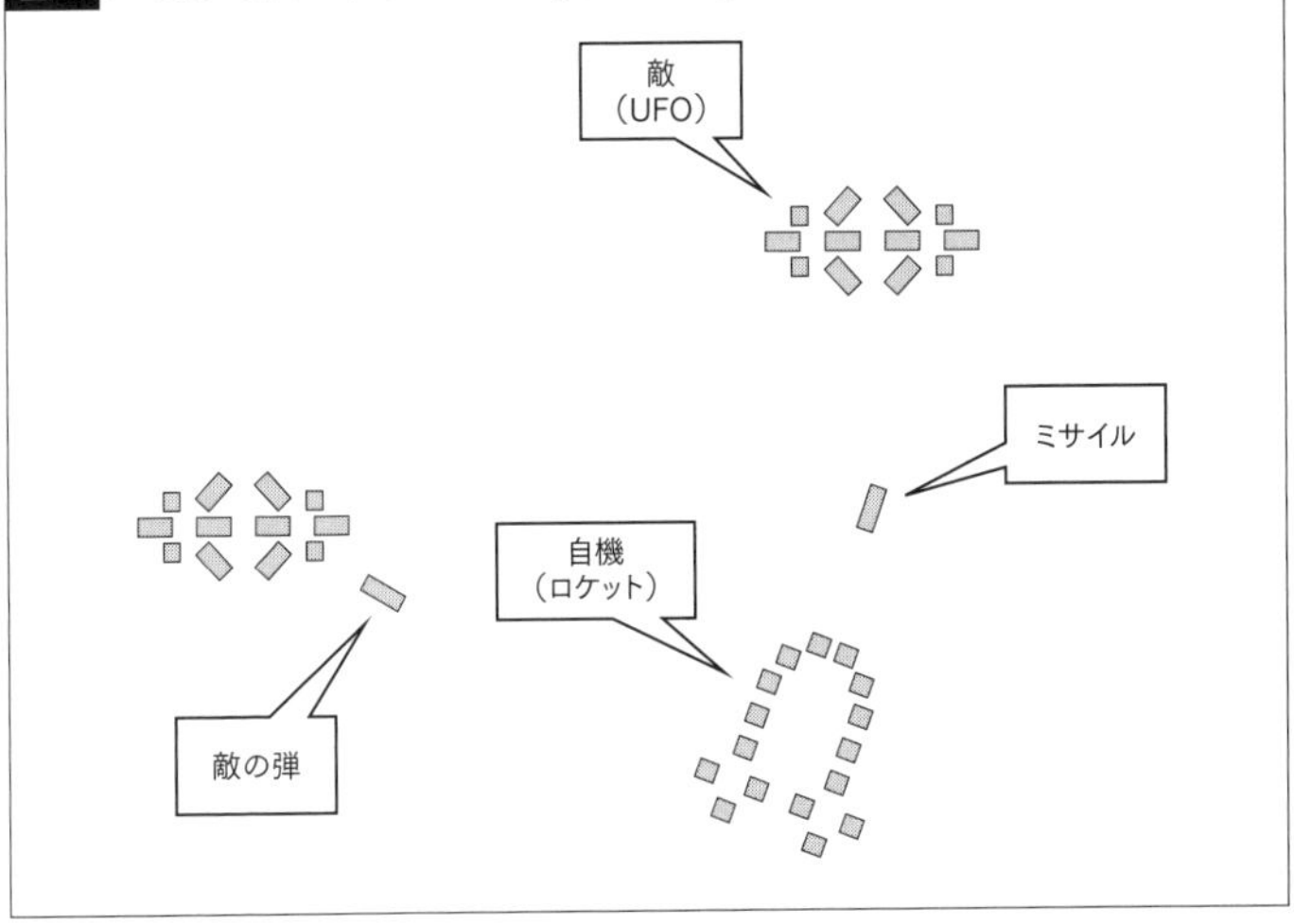

自機を移動し、敵を狙ってミサイルを発射します（図2）。

プレイには制限時間が設けられています。ゲーム終了時に、敵の撃墜数がミス数よりも多い場合には、「ハイパースペース」モードに突入します。ハイパースペースでは画面の色が反転し、無料でもう1プレイできます。

画面には多くの星が表示されています。星は動かないものの、宇宙空間の雰囲気を演出しています。また、敵を破壊した回数、自機が破壊された回数、経過秒数が、それぞれ数字で表示されます。

スペースウォー！

コンピュータスペースには、実は原型となった「スペースウォー！」（Spacewar!）という

図2 コンピュータスペースのコントローラ

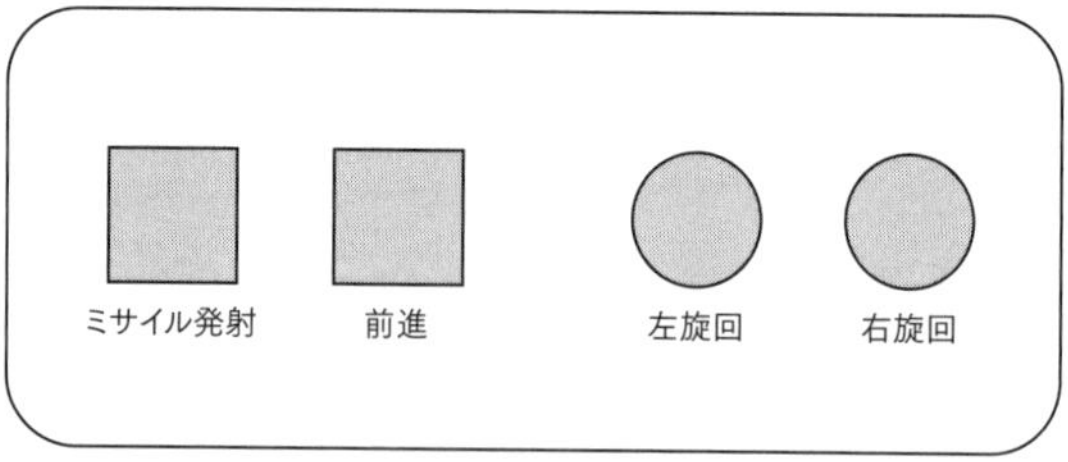

ゲームがあります（1962年）。このゲームはアーケードゲームではなく、DEC（Digital Equipment Corporation）社のミニコンであるPDP－1上で動作するプログラムです。このプログラムはMIT（マサチューセッツ工科大学）の学生が中心となって開発しました。

スペースウォー！は2人用の対戦ゲームです。各プレイヤーが自分の宇宙船を操作して、ミサイルを発射し、相手の宇宙船を撃墜することを目指します。このゲームには重力の概念があり、画面の中心にある星に、自機の宇宙船が引っ張られます（図3）。

ミニコン（ミニコンピュータ）というのは小型のコンピュータのことですが、現在のパソコンに比べるとかなり大型です。機種によって異なりますが、冷蔵庫程度の大きさはありま

図3 スペースウォー！（イメージ）

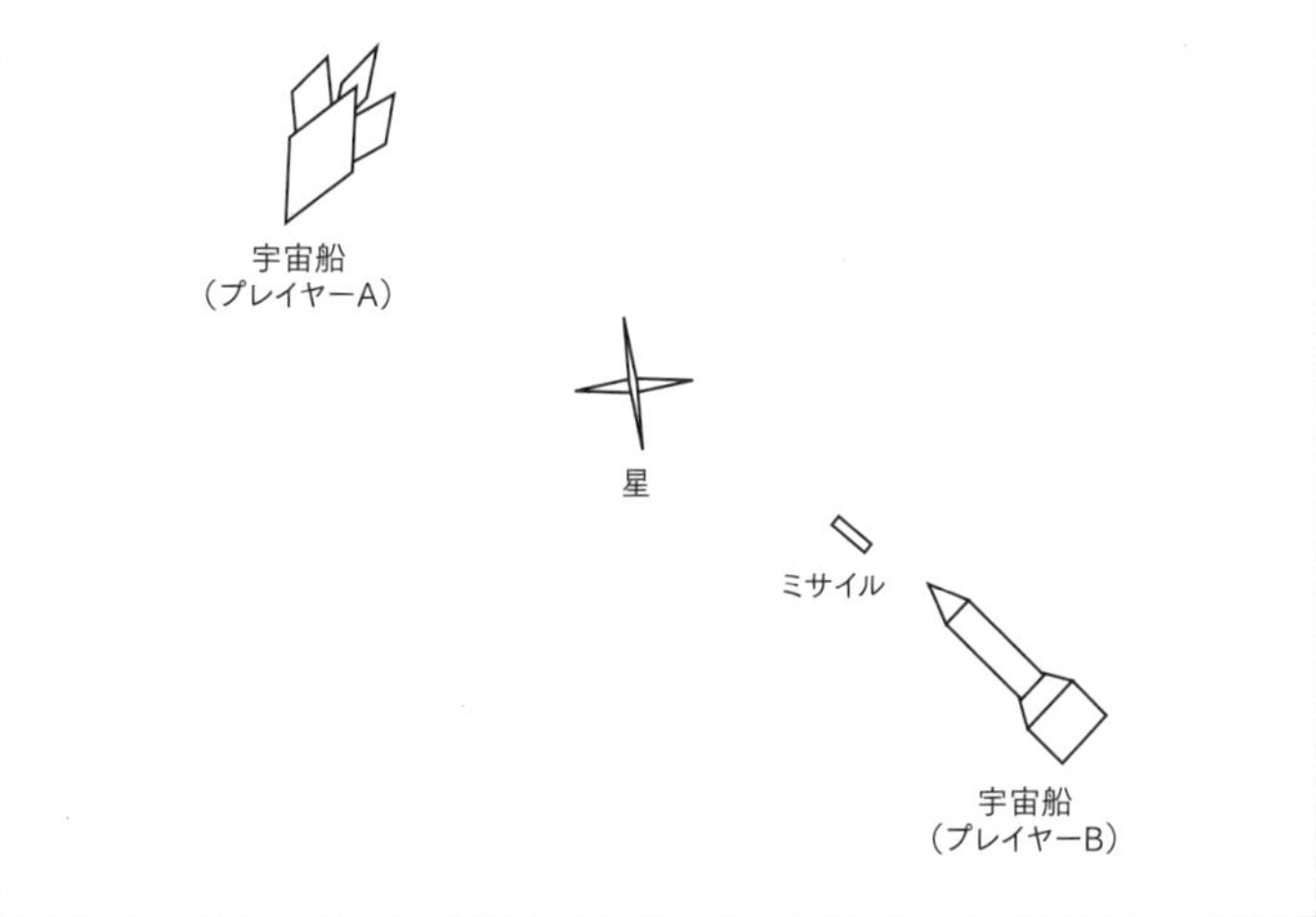

す。値段も高価で、ＰＤＰ－１は基本構成で12万ドルです。そのため購入者も限られており、ＰＤＰ－１の最終的な販売数は53台となっています。ＰＤＰ－１は１９６０年から１９６９年まで販売されました。

ちなみに、１９６０年における12万ドルがどれくらいの価値だったのか、試しに計算してみました。１９６０年時点で、米国におけるマクドナルドのハンバーガーの価格は1個あたり０・１５ドルだったそうです。12万ドルあれば、約80万個のハンバーガーを買うことができたはずです。さて、現在の日本でマクドナルドのハンバーガーを80万個買うとしたら、いくらかかるでしょうか？　１個１００円とすると、８０００万円です。ハンバーガーの価格を基準とすると、ＰＤＰ－１の基本構成の価格は現在における８０００万円程度と見積もれそうです。１台が８０００万円もするのでは、ゲーム機として普及するのは難しそうです。

スペースウォー！は、コピーも改造も自由なパブリックドメインソフトウェアでした。そのため、このゲームは各所のＰＤＰ－１にコピーされ、改造されて遊ばれました。ＰＤＰ－１だけではなく、ＰＤＰシリーズの後継機種にも移植されています。

コンピュータスペースの開発者（ノーラン・ブッシュネル）は、１９６５年から１９６８年にユタ大学工学部の学生だったときに、スペースウォー！を知りました。コンピュータスペースは、このスペースウォー！に着想を得たアーケードゲームです。

スペースウォー！との違い

ＰＤＰ－１のような高価なコンピュータを、アーケードゲームとしてあちこちの公共の場所に設置するのは難しいでしょう。そこでコンピュータスペースでは、専用の低価格なハードウェアを独自に開発しています。これは汎用的なコンピュータではなく、コンピュータスペースというゲームを動作させるためだけのハードウェアです。

スペースウォー！とコンピュータスペースは、画面の品質がかなり違います。スペースウォー！が動作するＰＤＰ－１には、１０２４×１０２４ピクセル相当の高解像度なディスプレイがあり、オシロスコープに似た「ベクタースキャン」と呼ばれる方式を使って、非常にシャープな画像を表示することができます。適度な残像もあるため、スペースウォー！では宇宙船やミサイルの航跡が輝いて、とても美しい画面になっています。

一方のコンピュータスペースは、低価格化のために、表示装置として家庭用の白黒テレビを使います。解像度は低く、画像もぼんやりとしています。粗いピクセルで構成されたキャラクターがピコピコと動き回っている印象ですが、この画面は初期のアーケードゲームや家庭用ゲームの画面の基礎になっているようにも感じられます。

スペースウォー！とコンピュータスペースは、どちらも宇宙空間を舞台にしたシューティングゲームですが、ゲームの内容はかなり異なります。スペースウォー！は２人のプレイヤーが互いの宇宙船を撃墜する対戦ゲームですが、コンピュータスペースは１人のプレイヤーが敵を撃墜するゲームです（後には２人用も作られました）。また、スペースウォー！には重力の概念がありますが、コンピュータスペースでは重力や星は省略されています。

マイクロプロセッサは使っていない

前述のように、１９７１年はマイクロプロセッサの４００４が誕生した年ですが、コンピュータスペースはマイクロプロセッサを使っていません。代わりにＴＴＬ（Transistor-Transistor Logic）と呼ばれる、マイクロプロセッサに比べるとずっと単純な論理回路を組み合わせて、ゲームを実現しています。ＴＴＬの製品としては、１９６６年にテキサス・インスツルメンツ（Texas Instruments）社が発売した７４シリーズ（あるいは７４００シリーズ）というＩＣが代表的です。コンピュータスペースがマイクロプロセッサではなくＴＴＬを使ったのは、低価格で入手しやすかったためです。

初期のアーケードゲームは、マイクロプロセッサを使ってゲームのソフトウェアを実行するのではなく、コンピュータスペースと同様に、ＴＴＬなどの電子回路を組み合わせてゲームを実現しています。最初にマイクロプロセッサを使ったアーケードゲームは、ミッドウェイ社の

「ガンファイト」（1975年）です。

キャラクターとダイオード

コンピュータスペースの基板には、見た目にも面白い部分があります。ゲームに登場する自機（ロケット）や敵（UFO）などのキャラクターの形に、ダイオードが配置されているのです。図は自機の形に配置されたダイオードの例です（配線は実機とは異なります）（図4）。

実はこれらのダイオードが、ゲームに登場するキャラクターのパターンを作り出しています。もちろん、ダイオードをキャラクターの形に並べただけで、画面にキャラクターの形が出現するわけではありません。ここで使われているのはダイオードマトリックスとい

図4 キャラクターの形に配置されたダイオード

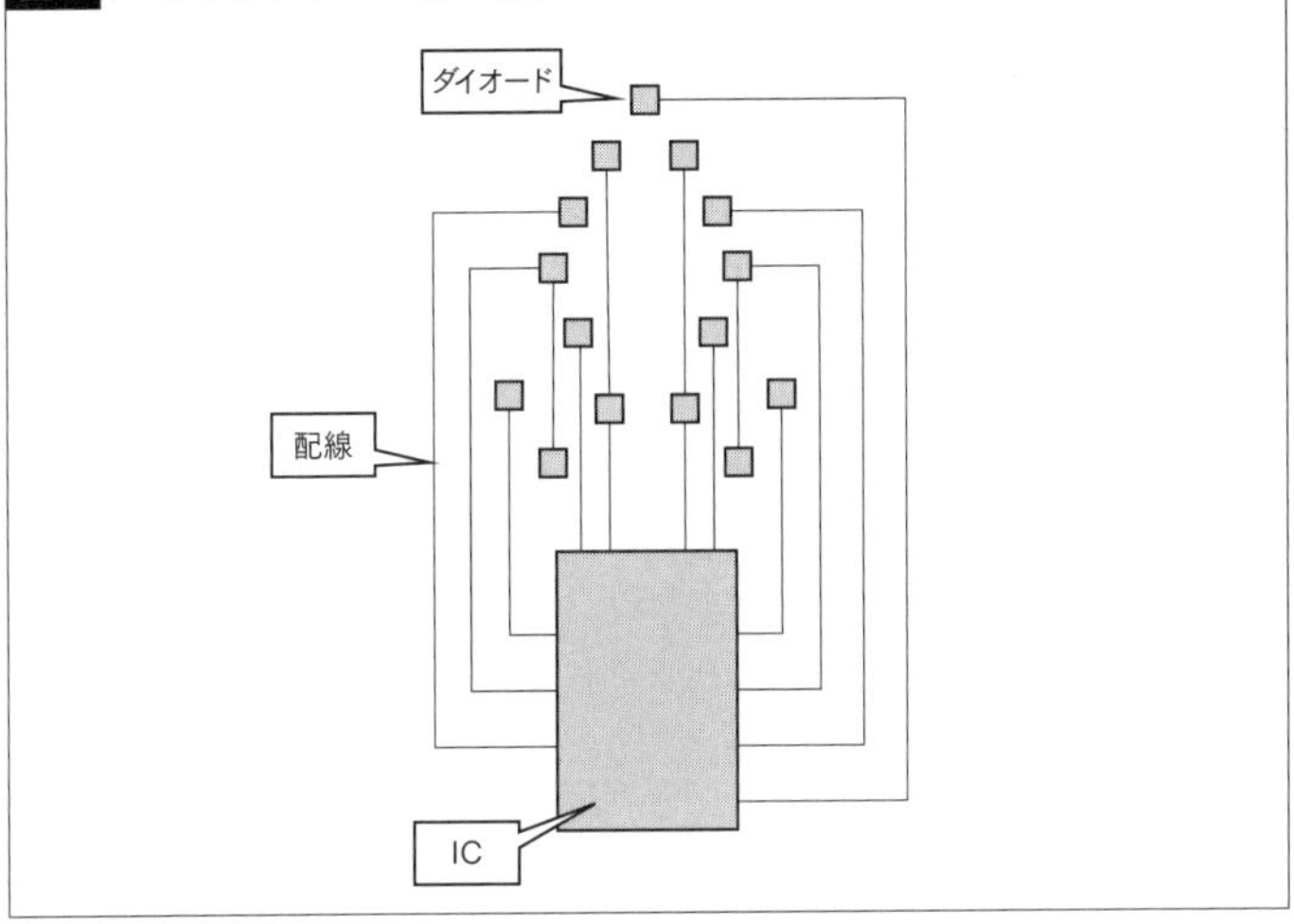

う回路です。

ダイオードマトリックス

ダイオードマトリックスというのは、いくつかのダイオードを組み合わせて、ある特定の動作をするようにした回路のことです。ダイオードマトリックスには色々な用途がありますが、代表的な用途の一つは、ＲＯＭ（Read Only Memory、ロム）の働きをさせることです。つまり、データを回路という形で表現し、記録しておくのです。もちろん、このデータは後で読み出すことができます。

ゲームにおけるキャラクターのパターンは、何らかの方法でハードウェアやソフトウェアに組み込んでおく必要があります。例えば、ファミリーコンピュータ（ファミコン）などのカートリッジ式のゲーム機では、カートリッジが内蔵するＲＯＭにキャラクターのパターンを記録しておき、ゲームの実行時にこのパターンを読み出して使います。

コンピュータースペースでは、ＲＯＭの代わりにダイオードマトリックスを使っています。コンピュータースペースの開発者テッド・ダブニー（Ted Dabney）によれば、当時はＲＯＭを製造するのが非常に高価だったため、既製品のダイオードを使って代替することにしたそうです。また、ダイオードをキャラクターの形に合わせて配置したのは、ダイオードが故障したときに、画面上のキャラクターの形から、どのダイオードが故障したのかをすぐに判別できるようにするための工夫とのことです（図5）。

ダイオードがキャラクターの形に並んでいることは、故障のときだけではなく、基板を組み立てる際にも役に立ったのではないかと想像されます。何よりコンピュータスペースの基板は、見た目にも遊び心を感じる製品に仕上がっています。

簡単なダイオードマトリックスの例

簡単な例を使って、コンピュータスペースにおけるダイオードマトリックスの働きを考えてみましょう。まずは基本となるダイオードの性質です。ダイオードは電子回路を構成する部品の一種で、一方向にしか電流を流さ

図5 故障したダイオードを見つける

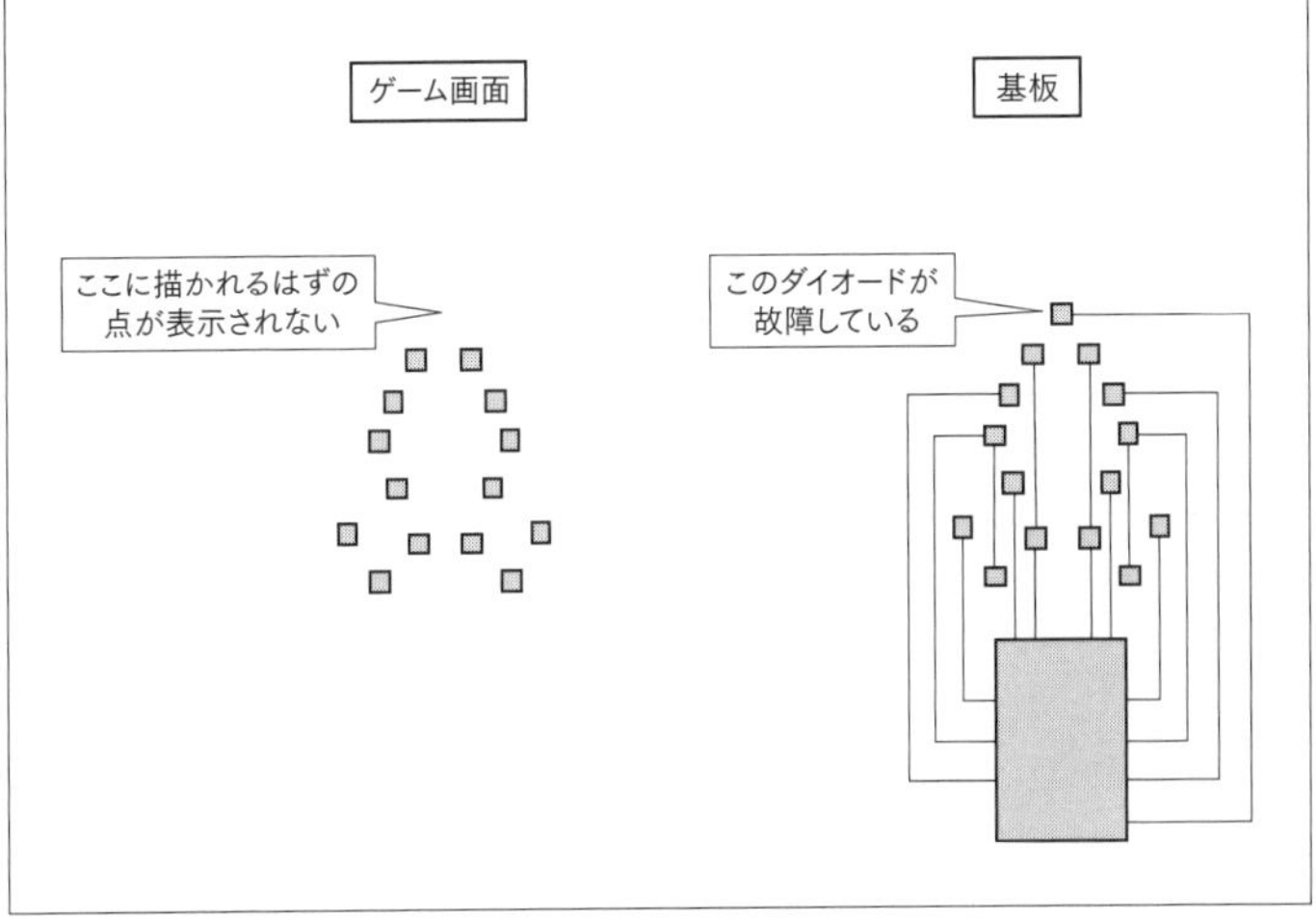

ないという性質があります。半導体と呼ばれる物質を利用したダイオードが広く知られています。図ではダイオードについて、部品の外観と記号を示しました（図6）。

ダイオードは、二つの端子を持っています。それぞれ、アノードおよびカソードと呼ばれています。ダイオードの部品は、種類によって形状が異なりますが、線や色分けなどによってカソード側が示されています。

アノードをカソードよりも高い電圧にすることを、「順方向の電圧をかける」といいます。ダイオードに順方向の電圧をかけると、電流が流れます。一方、カソードをアノードよりも高い電圧にすることを、「逆方向の電圧をかける」といいます。ダイオードに逆方向の電圧をかけても、電流は流れません。あまり高

図6 ダイオード

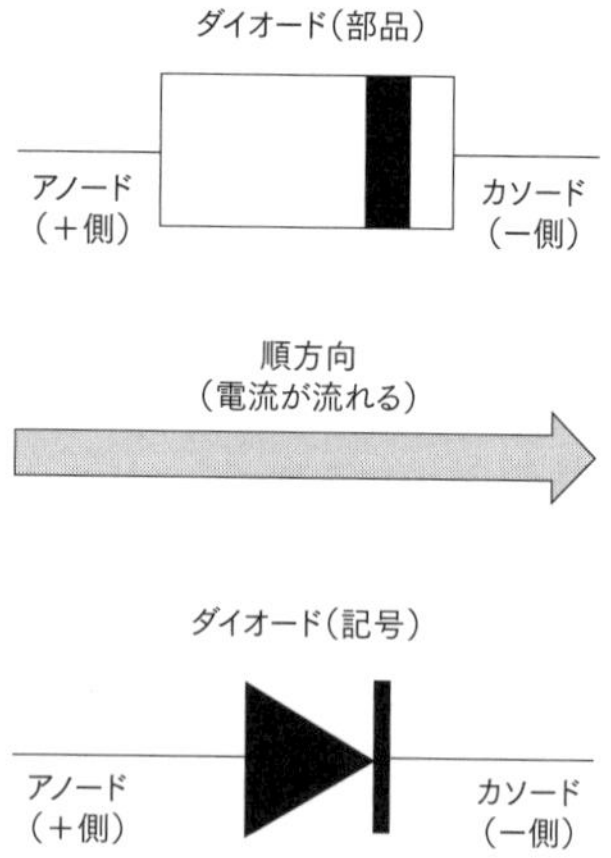

い電圧をかけると、逆方向でも電流は流れますが、ダイオードが故障します。

さて次の図は、3×3ピクセルの簡単なキャラクターのパターンを、ダイオードマトリックスで表現した例です。コンピュータスペースではもっとピクセル数が多いキャラクターを使っていますが、仕組みは同じです（図7）。

図のような格子状の配線を考えます。配線が十字に交差しているだけの箇所は、この図では接続されていない（電流は流れない）と考えてください。接続されている（電流が流れる）箇所は、黒い円で示します。キャラクターのパターンのピクセルの位置に合わせて、縦方向の配線と横方向の配線を、ダイオードを使って接続します。

図7 ダイオードマトリックス

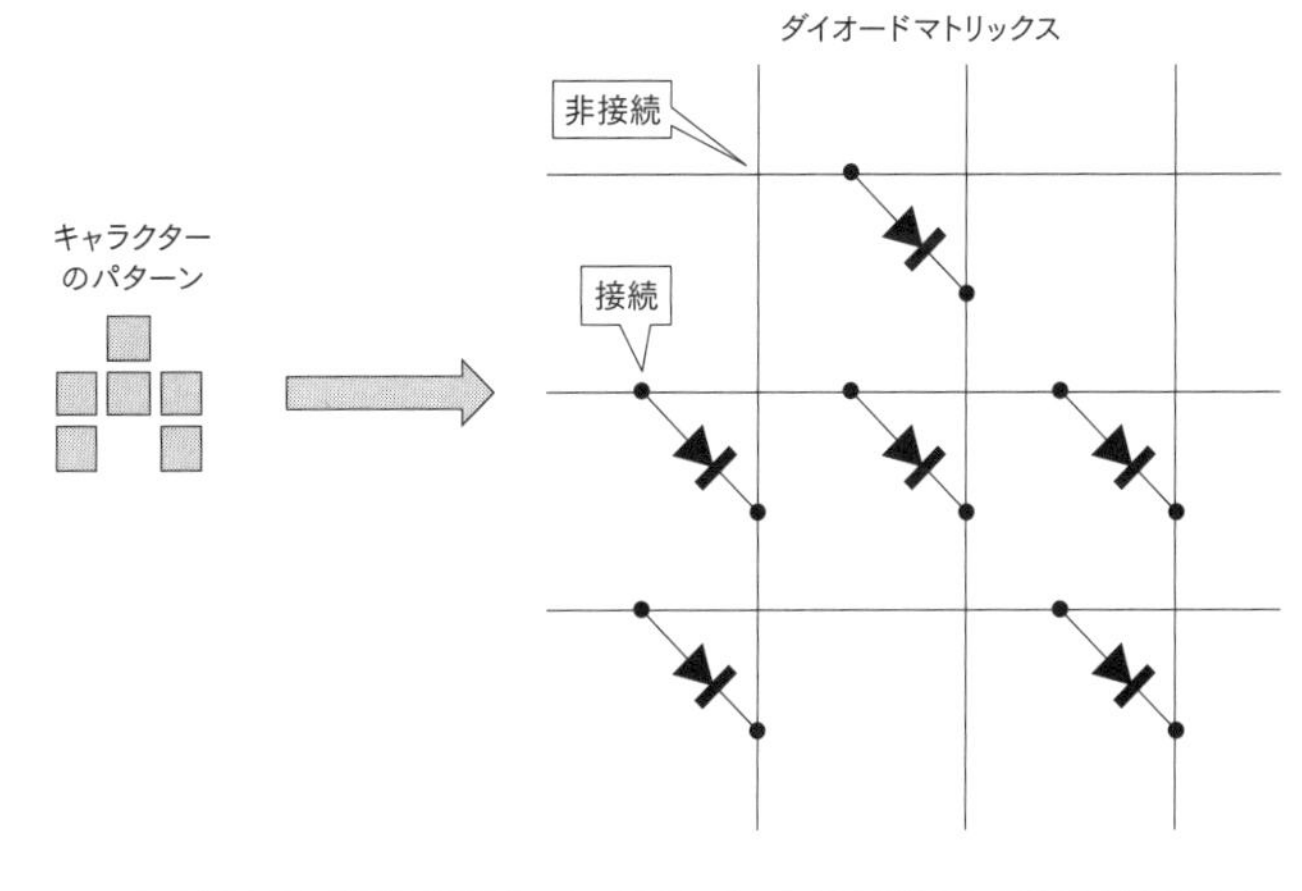

このダイオードマトリックスからキャラクターのパターンを読み出すには、読み出したい行（横方向の配線）の電圧を高くします。例えば上から1行目のパターンを読み出すために、1行目の配線の電圧を高くしたとしましょう。するとダイオードを経由して、縦方向の配線に電流が流れます。図のように、ダイオードで接続された縦方向の配線だけに電流が流れるので、1行目のパターンを読み出すことができます（図8）。

読み出したパターンが次の図です。このパターンの通りに画面にピクセルを出力すれば、キャラクターの1行目を表示することができます（図9）

別の行についても検討してみましょう。例えば上から3行目のパターンを読み出すために、

図8 1行目のパターンを読み出す

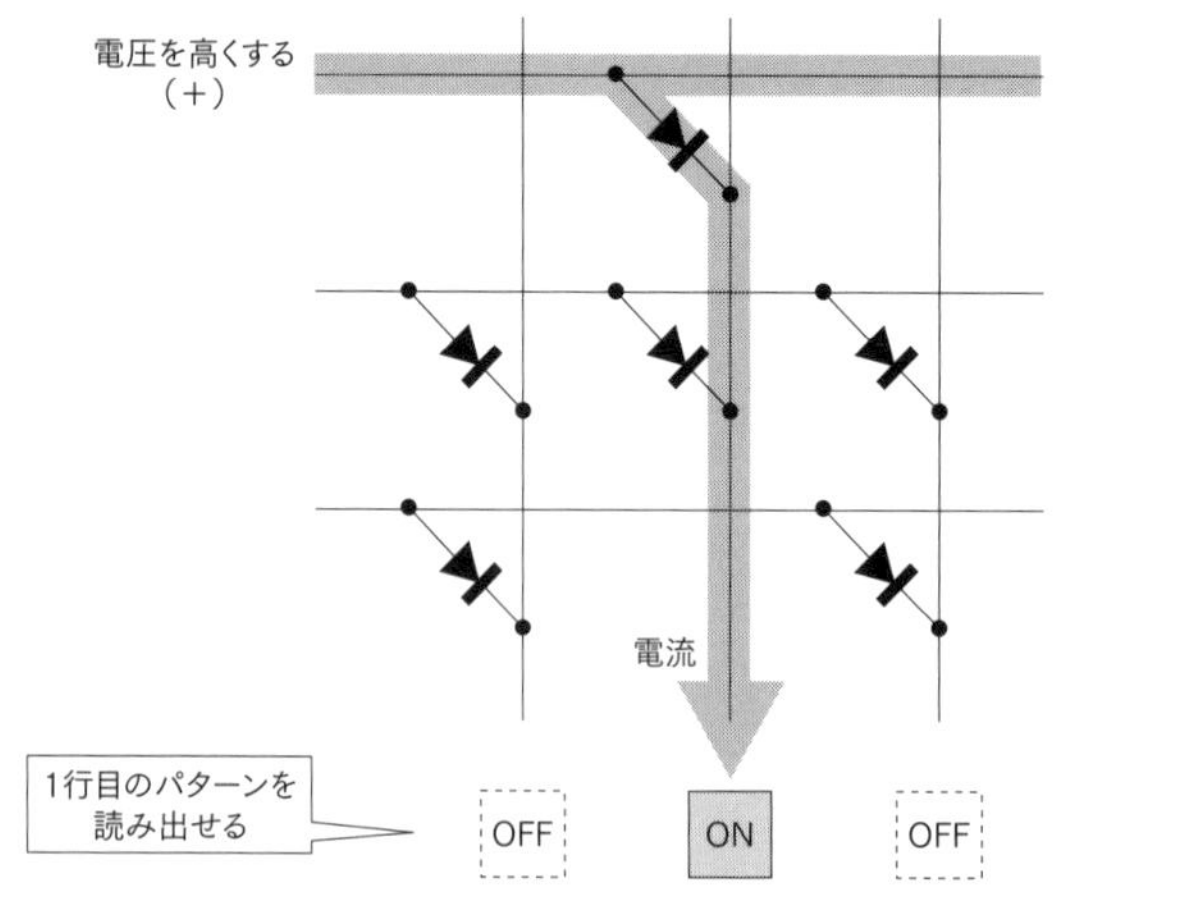

3行目の配線の電圧を高くします。先ほどと同様に、ダイオードを経由して縦方向の配線に電流が流れます。この場合は、3行目のパターンを読み出せることが分かります（図10）。

実際のコンピュータスペースでは、少しずつ角度を変えた4種類の自機（ロケット）のパターンに対応する、4種類のダイオードマトリックスを用意しています。この4種類のパターンを、90度ずつ回転させて繰り返し使うことにより、合計で16種類の回転パターンを作り出し、自機の滑らかな旋回を表現しています。また、敵（UFO）のために用意されたダイオードマトリックスは1種類だけですが、こちらは中央の部分をアニメーションさせることにより、動きに変化をつけています。

図9 キャラクターの1行目に表示するパターン

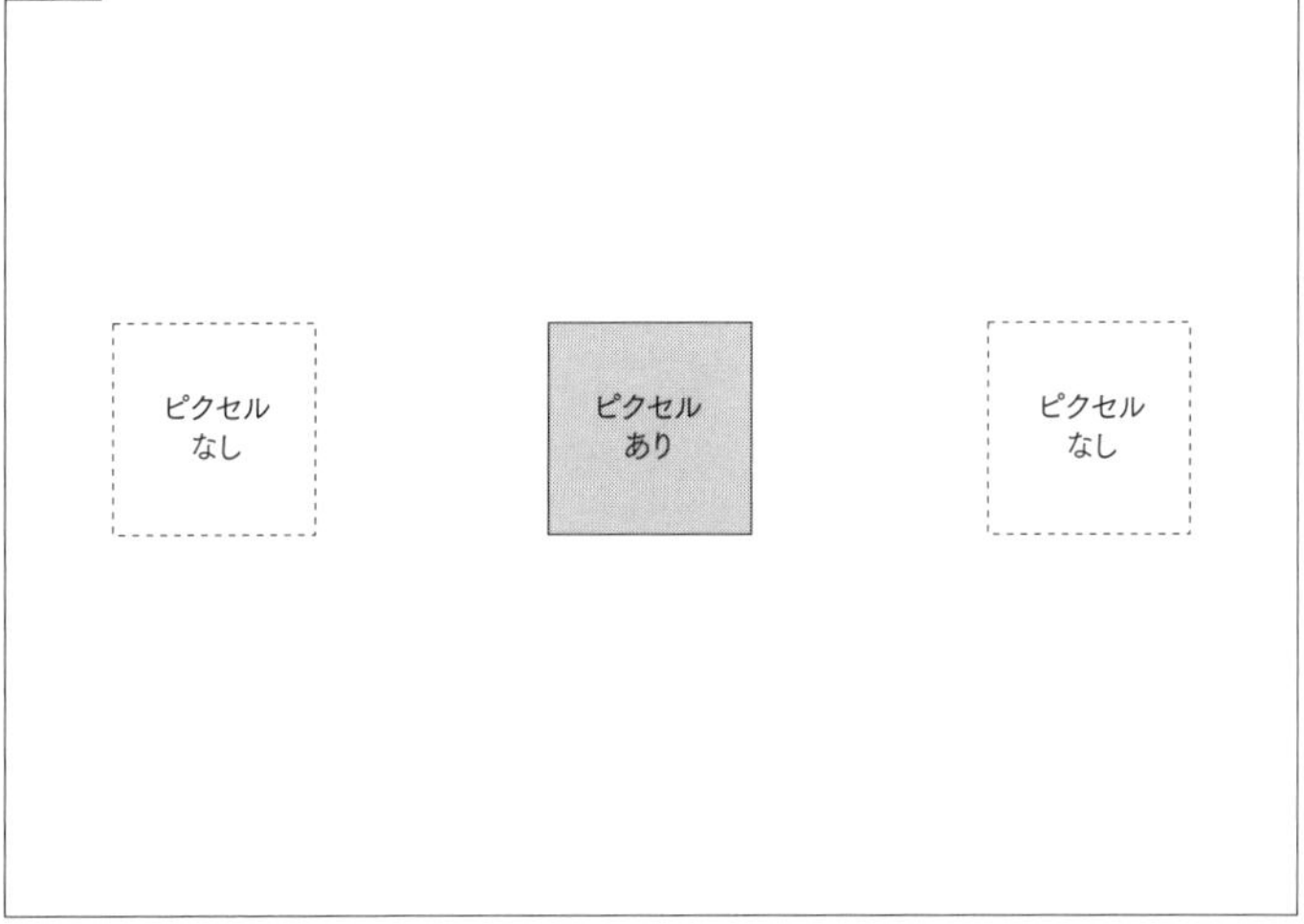

ダイオードを使わないと

ダイオードを使わないで、格子状の配線を直接に接続しただけではいけないのでしょうか？　図のように、キャラクターのパターンに沿って、ダイオードを使わずに配線を接続したとします（図11）。

例えば1行目のパターンを読み出すために、1行目の配線の電圧を高くしたとしましょう。この場合、接続された配線を伝って、全ての縦方向の配線に電流が流れてしまいます。そのため、1行目のパターンを読み出すことはできません（図12）。

このようにダイオードマトリックスは、ダイオードが重要な役割を果たす回路です。実用的な回路であるだけではなく、ダイオード

図10　3行目のパターンを読み出す

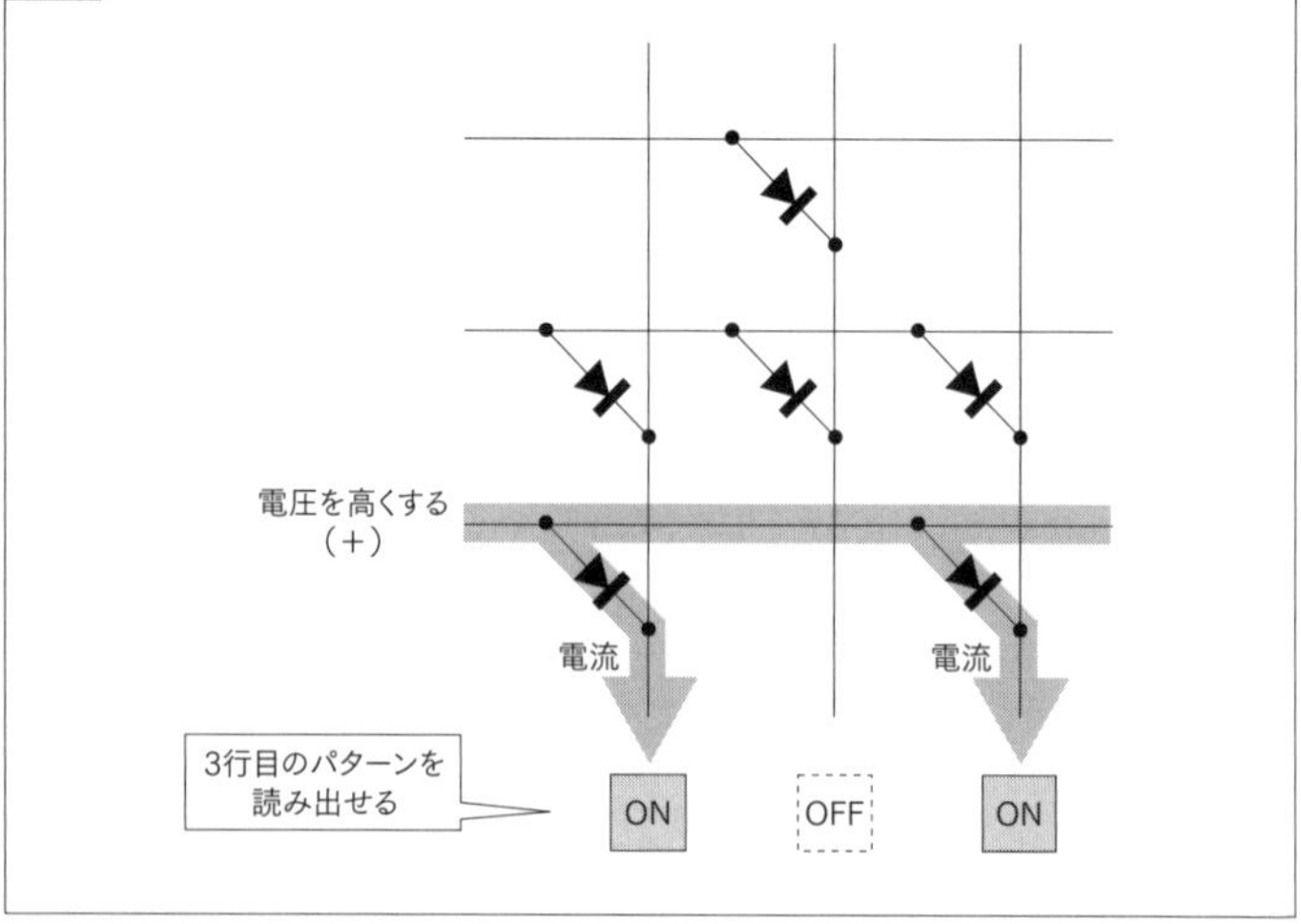

図11 ダイオードを使わない接続

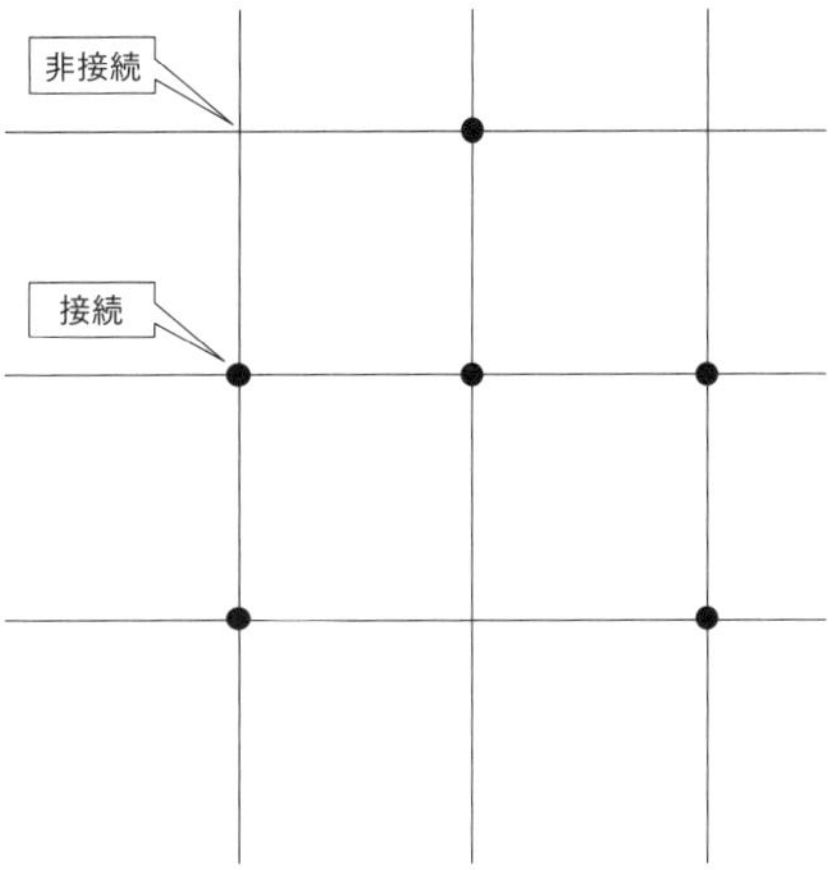

図12 正しくパターンを読み出せない

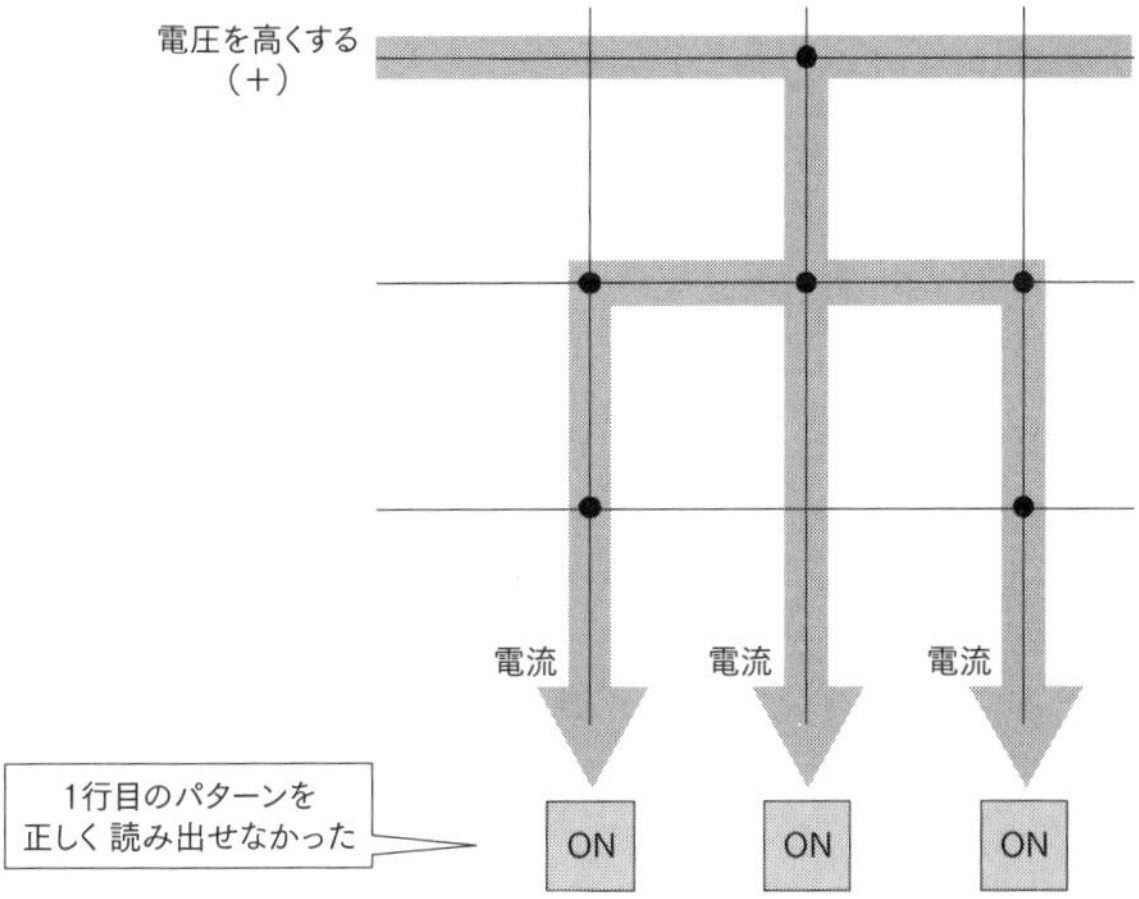

の働きを実感できる題材なので、電子工作で作成してみるのも楽しそうです。

高価なミニコンでしか動かなかったスペースウォー!を、酒場などの公共の場所に設置できるアーケードゲームにしたコンピュータスペースですが、実は売れ行きはよくありませんでした。開発者としては、コンピュータスペースが説明を読まなければ遊べないような難しいゲームであったという点が、売れ行きの悪さにつながったと考えたようです。この反省は、次に開発してヒットする「ポン」（1972年）につながっていきます。

1972年へ

1972年

「ポン」

プレイヤーの操作を画面に反映させる電子回路の技術

この年の事件

- マグナボックス社が家庭用ゲーム機「オデッセイ」を発売。
- アタリ社がアーケードゲーム「ポン」を発売。
- インテル社が8ビットCPU「8008」を発表。
- カシオ計算機が世界初のパーソナル電卓「カシオミニ」を発売。
- 上野動物園にジャイアントパンダのランラン、カンカンが来園。
- コンコルドが東京国際空港に飛来。

PUSH START BUTTON

世界初の家庭用ゲーム機「オデッセイ」

家庭用ゲーム機の世界でも、アーケードゲームの世界でも、躍進があったのが1972年です。世界初の家庭用ゲーム機「オデッセイ」と、世界で初めてのヒットしたアーケードビデオゲーム「ポン」が、相次いで登場しました。

オデッセイ（Odyssey）が米国のマグナボックス（Magnavox）社から発売されたのは、1972年9月のことでした。価格は99・99ドル（約100ドル）です。1971年と同様に、ハンバーガーを使って現在の価値を試算してみたところ、オデッセイの価格は現在の357000円程度で、現行の家庭用ゲーム機に近い価格になっています。

オデッセイは据え置き型の家庭用ゲーム機で、テレビに接続して遊びます。パドル（卓球のラケット）を操作するための入力装置を2人分備えていて、これらはパドルコントローラと呼ばれています。円形のツマミを回すとパドルが動く仕掛けですが、このツマミは、例えば今日ではアナログ目覚まし時計の時刻合わせに使われるようなデザインです。各コントローラにはツマミが2個ずつ付いており、画面上の物体を上下左右に動かすことができます。

画面上の物体というのは、実はシンプルな白い正方形です。オデッセイは画面上に3個の白い正方形を表示して、それぞれを動かすことができます。例えば「テーブルテニス」という卓球のゲームでは、2個の大きな正方形が2人のプレイヤーのパドルになり、1個の小さな正方形がボールになります。画面の中央には、センターネットに相当する白い長方形が表示されます（図1）。

なおオデッセイでは、パドルという言葉は複数の意味で使われています。パドルコントローラに付いている円形のツマミも、画面上で動くラケットも、パドルと呼びます。パドルコントローラのことを、パドルと呼ぶ場合もあります。

さて、限られた画面の表現力を補うために、オデッセイには「オーバーレイ」と呼ばれる部品が付属しています。これはテレビ画面と

図1 オデッセイのテーブルテニス（イメージ）

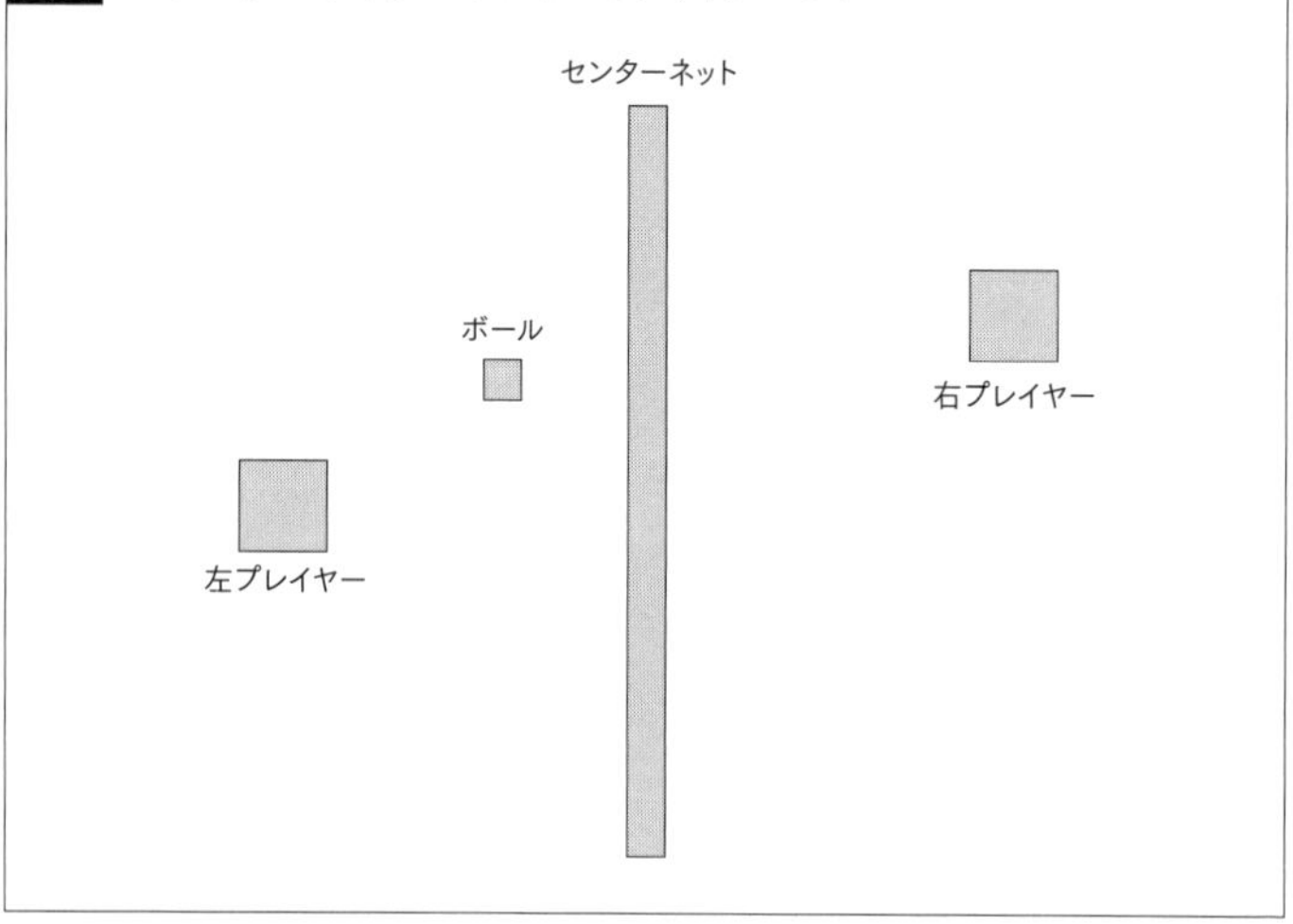

同じ大きさの半透明のシートで、テレビの画面に貼り付けて使います。オデッセイが画面に表示する正方形や長方形は、オーバーレイ越しに光って見えます。

例えばオデッセイのテニスゲームを遊ぶときには、カラー印刷でテニスコートが描かれたオーバーレイを使用します。オデッセイが表示するプレイヤーやボールは、オーバーレイ越しに光って見えます。テニスコートのシートを画面に貼り付けることによって、ゲームの雰囲気が盛り上がったり、移動範囲が示されて遊びやすくなったりします。

また、ルーレットゲームを遊ぶときには、ルーレット盤が描かれたオーバーレイを使用します。オデッセイが描く正方形は、ルーレットのボールとして、ルーレット盤上に現れます。

オデッセイ本体には「ゲームカード」が差し込めるようになっており、差し込んだカードのゲームを遊ぶことができます。本体に同梱されているゲームは米国版で12種類、国際版は10種類です。これらの他に、別売りのゲームカードや光線銃コントローラなどがあります。最終的に28種類のゲームがリリースされました。

ポン　～シンプルなのに工夫が満載

オデッセイの発売から2ヶ月後の１９７２年11月、アタリ社がアーケードゲームの「ポン」

（Pong）を発売します。このゲームは同社の創業者ノーラン・ブッシュネルの指示で、同社のアラン・アルコーン（Allan Alcorn）が開発しました。

ポンは2人で遊ぶ卓球のゲームです。画面の中央にはセンターネットがあり、左右には各プレイヤーのパドル（ラケット）があります。プレイヤーは自分のパドルを上下に移動させ、ボールを打ち返します。ボールを打ち返せないと、相手の得点になります（図2）。

先に紹介したオデッセイのテーブルテニスとポンを見比べると、画面もゲームの内容もよく似ていることに気づきます。実はノーラン・ブッシュネルが、1972年5月にオデッセイの展示機でテーブルテニスを遊んだことが、ポンの開発につながっています。新人

図2 ポン（イメージ）

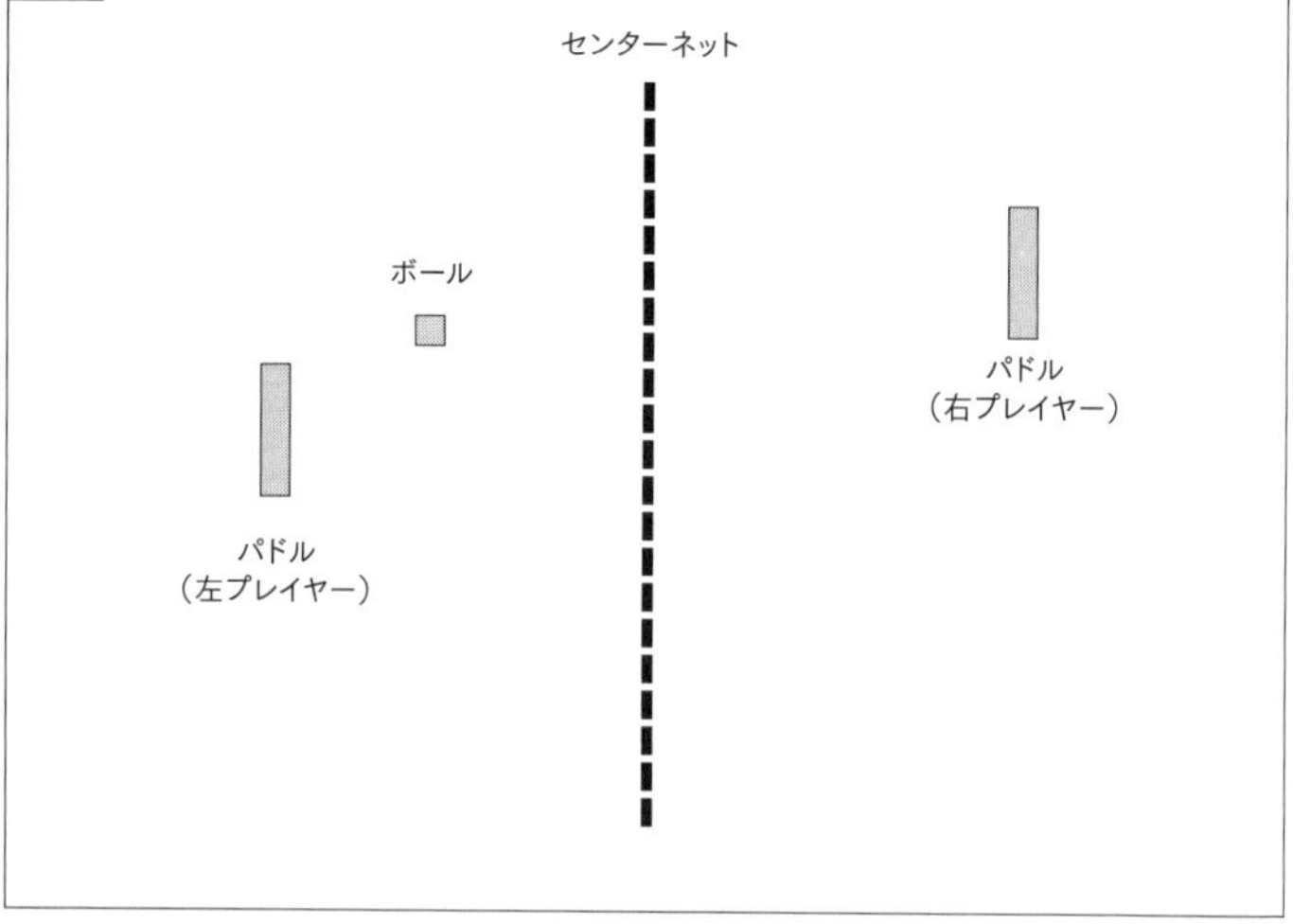

だったアラン・アルコーンのトレーニングのために、オデッセイのテーブルテニスに似たゲームを作らせたところ、アラン・アルコーンが独自の工夫を盛り込んで優れたゲームを作り上げたため、アーケードゲームとして販売することにしたのがポンなのです。後に、アタリ社はオデッセイを発売したマグナボックス社に対して、ライセンス料として70万ドルを支払うことになります。

ポンはオデッセイのテーブルテニスに似ていますが、異なる部分も多くあります。ポンには、ゲームをより面白くするための色々な工夫が盛り込まれています。例えば、パドルのどの部分でボールを打ち返すかによって、ボールが跳ね返る角度が変わります。また、ミスせずにボールを打ち返し続けていると、次第にボールが速くなり、難易度が上がっていきます。そして、テーブルテニスにはスコアの機能がありませんが、ポンにはスコアを数えて表示したり、一定のスコアでゲームを終了する機能があります。

シンプルな操作

ポンのコントローラはとてもシンプルで、各プレイヤーはツマミを1個だけ操作します。やや大ぶりのツマミは金属製で、ダイヤルと呼んでもよさそうです。このツマミを左右に回転させると、画面上でパドル（ラケット）が上下に移動します（図3）。

ゲームの内容も非常にシンプルで分かりやすくなっています。コントローラの横に記された説明も非常に簡潔で、次のようにたった3項目にまとめられています。

- ■DEPOSIT QUARTER（25セント硬貨を投入してください）
- ■BALL WILL SERVE AUTOMATICALLY（ボールのサーブは自動です）
- ■AVOID MISSING BALL FOR HIGH SCORE（ボールをミスしなければ高得点です）

前作の「コンピュータスペース」（1971年）はゲームが複雑だったため流行しなかった、という反省を踏まえてなのか、ポンはこれ以上ないくらいシンプルで、しかもスリル

図3 ポンのコントローラ

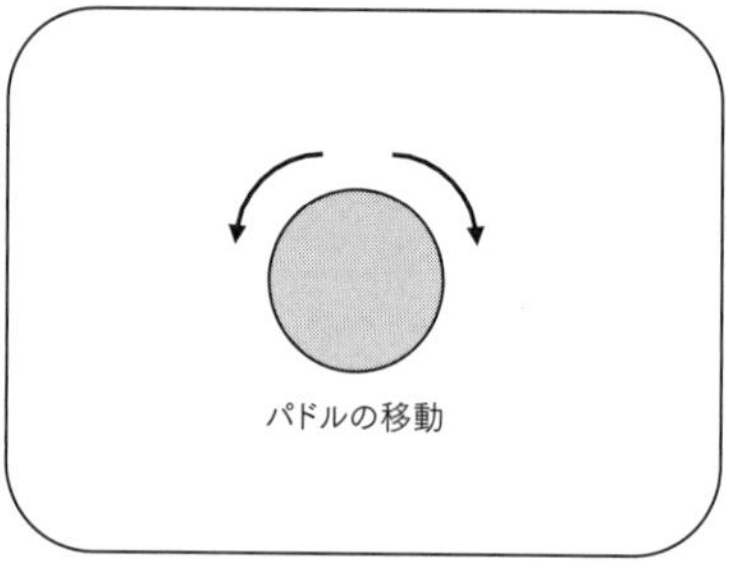

があって面白いゲームになっています。ポンはヒットし、約１万台を出荷します。

ポンの仕組み

ポンは前作のコンピュータスペースと同様に、マイクロプロセッサは使わず、ＴＴＬの論理回路を組み合わせて作成されています。現在のゲームのように、様々な処理をソフトウェアで記述するのではなく、全てハードウェアで実現します。例えばセンターネットを描く処理も、パドルを動かす処理も、パドルとボールの衝突判定処理も、ハードウェアで行います。その仕組みの一端を学んでみることにしましょう。まずはポンの画面を表示するための、ブラウン管の仕組みを知っておく必要があります。

ブラウン管

現在のテレビやディスプレイは、液晶などを使った薄型の製品が主流ですが、以前はブラウン管を使った奥行きが長い製品が広く使われていました。ゲームセンターで見かけるアーケードゲームも、新しいゲームは液晶などを使うのが一般的になりましたが、ブラウン管を使った古いゲームも引き続き稼働しています（図4）。

ブラウン管はCRT（Cathode-Ray Tube、陰極線管）とも呼ばれます。陰極線《いんきょくせん》というのは、真空管の内部に一対の電極を配置したときに、陰極（電位が低い電極、マイナスの電極）から陽極（電位が高い電極、プラスの電極）に向かって流れる、電子の流れのことです。電子ビームとも呼ばれます。

　ブラウン管は電子ビームを使って映像を表示する装置です。ブラウン管の内部は真空になっており、奥には電子ビームを発射する電子銃が設置されています。発射された電子ビームは画面に衝突しますが、画面には蛍光物質が塗られているため、衝突した箇所が発光します。この発光を使って映像を表示するのが、ブラウン管の基本的な仕組みです（図5）。

　ブラウン管に映像を表示するには、電子ビ

図4　ブラウン管

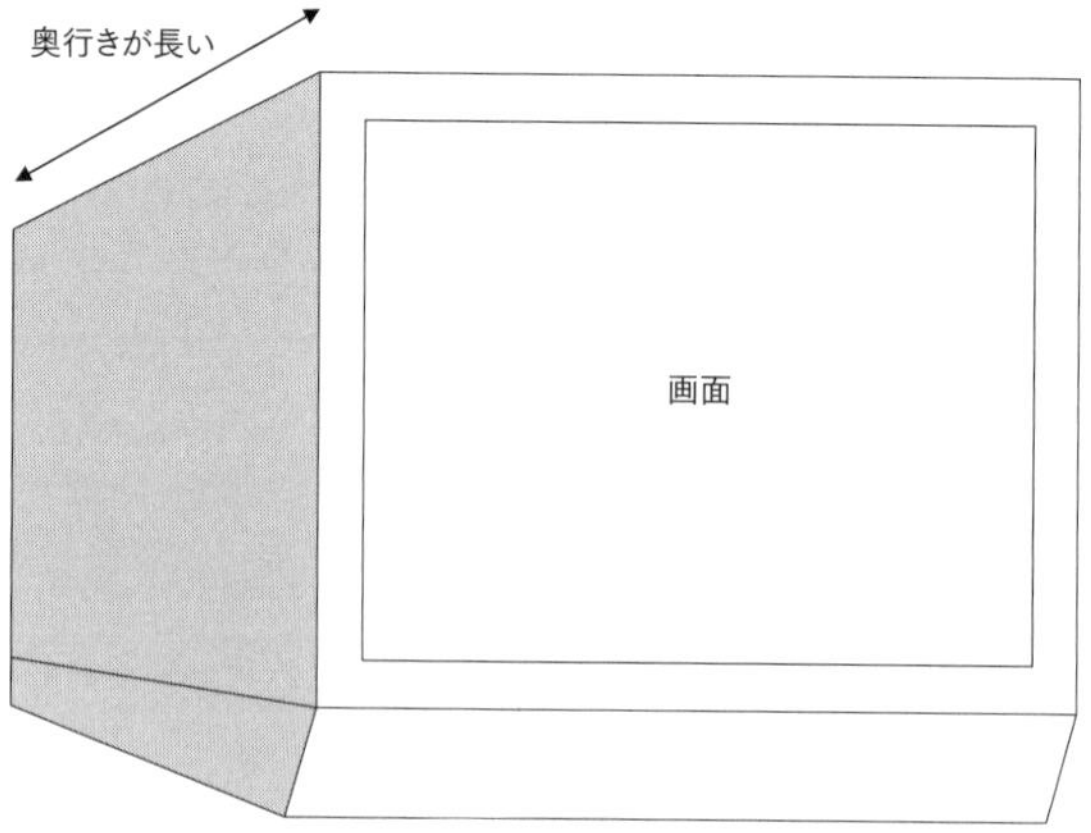

ームの向きや強さを変化させることによって、画面上に目的の映像を描く必要があります。電子ビームを画面上で移動させることを、走《そう》査《さ》と呼びます。走査にはいくつかの方式がありますが、アーケードゲームにはラスタースキャンやベクタースキャンと呼ばれる方式が使われています。ポンを含む大部分のゲームはラスタースキャンを採用しています。

一般にラスタースキャンでは、画面を水平方向に走査します。走査の道筋となる水平の線のことをラスター(raster)と呼び、日本語では走査線と呼びます。ラスタースキャンでは、走査線に沿って電子ビームで画面をなぞります。なぞりながら電子ビームの強さを変化させることによって、目的の映像を描きます。走査が画面の端に達したら、反対側の端に戻

図5 ブラウン管の仕組み

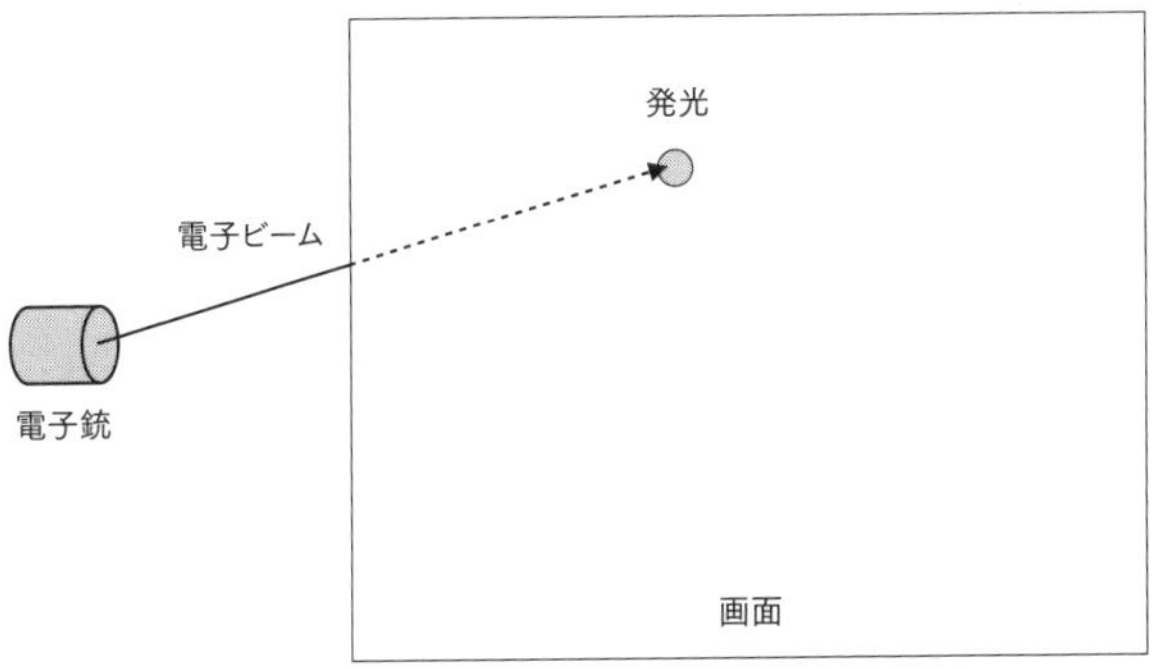

ります。戻る間には映像は描きません。この戻る期間のことを、水平帰線期間または水平ブランキング期間と呼びます（図6）。

ラスタースキャンでは、画面の端から端までを走査して映像を描き、反対の端に戻ったら、垂直方向の位置を少しずらして、再び画面の端から端までを走査します。つまり画面をジグザグになぞりながら、画面全体に映像を描いていきます（図7）。

画面全体の走査が終わったら、画面を対角線状に横切って、最初の位置に戻ります。戻る間には映像は描きません。この戻る期間のことを、垂直帰線期間または垂直ブランキング期間と呼びます（図8）。

これがブラウン管が映像を表示する仕組みです。アーケードゲームなどのハードウェア

図6 走査線

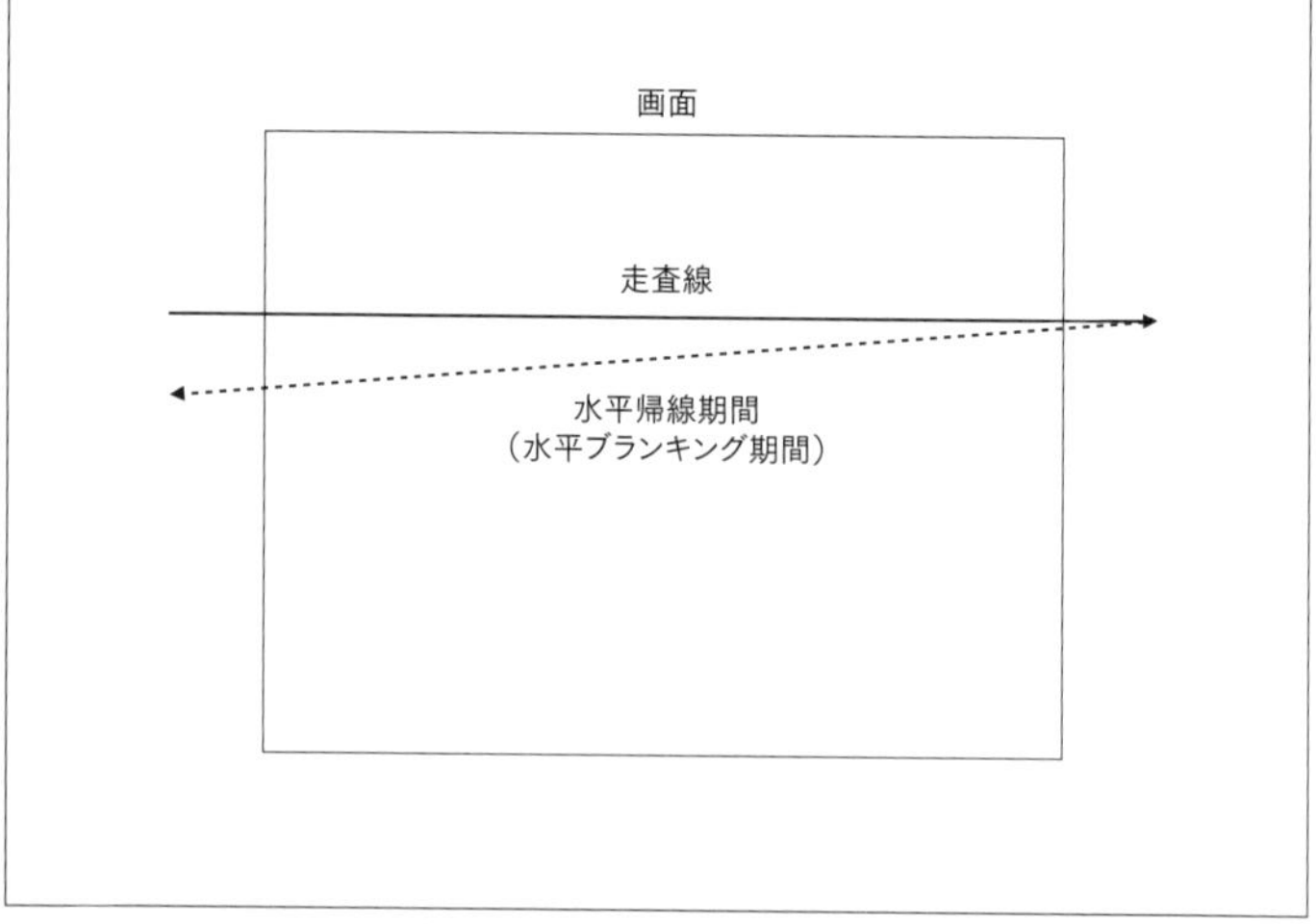

図7 ラスタースキャン

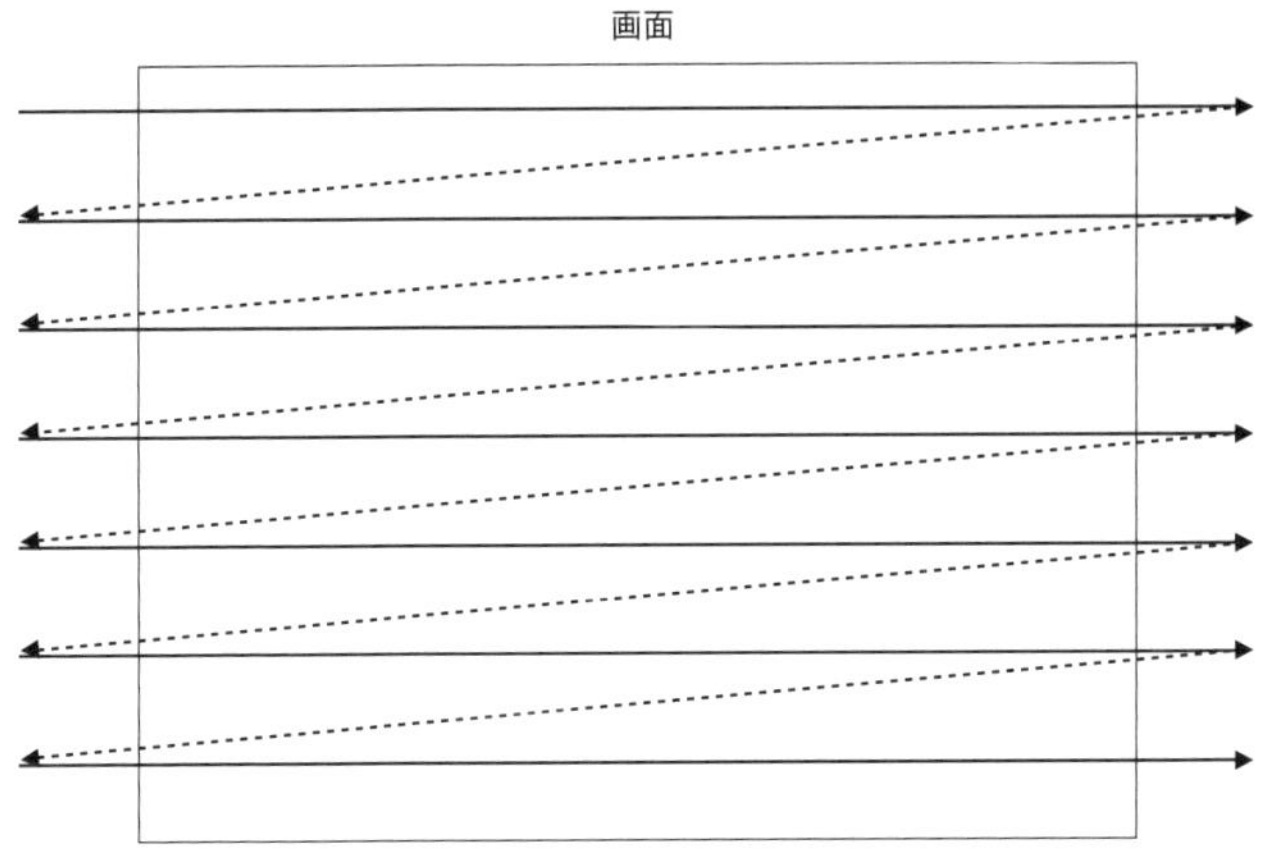

図8 垂直帰線期間（垂直ブランキング期間）

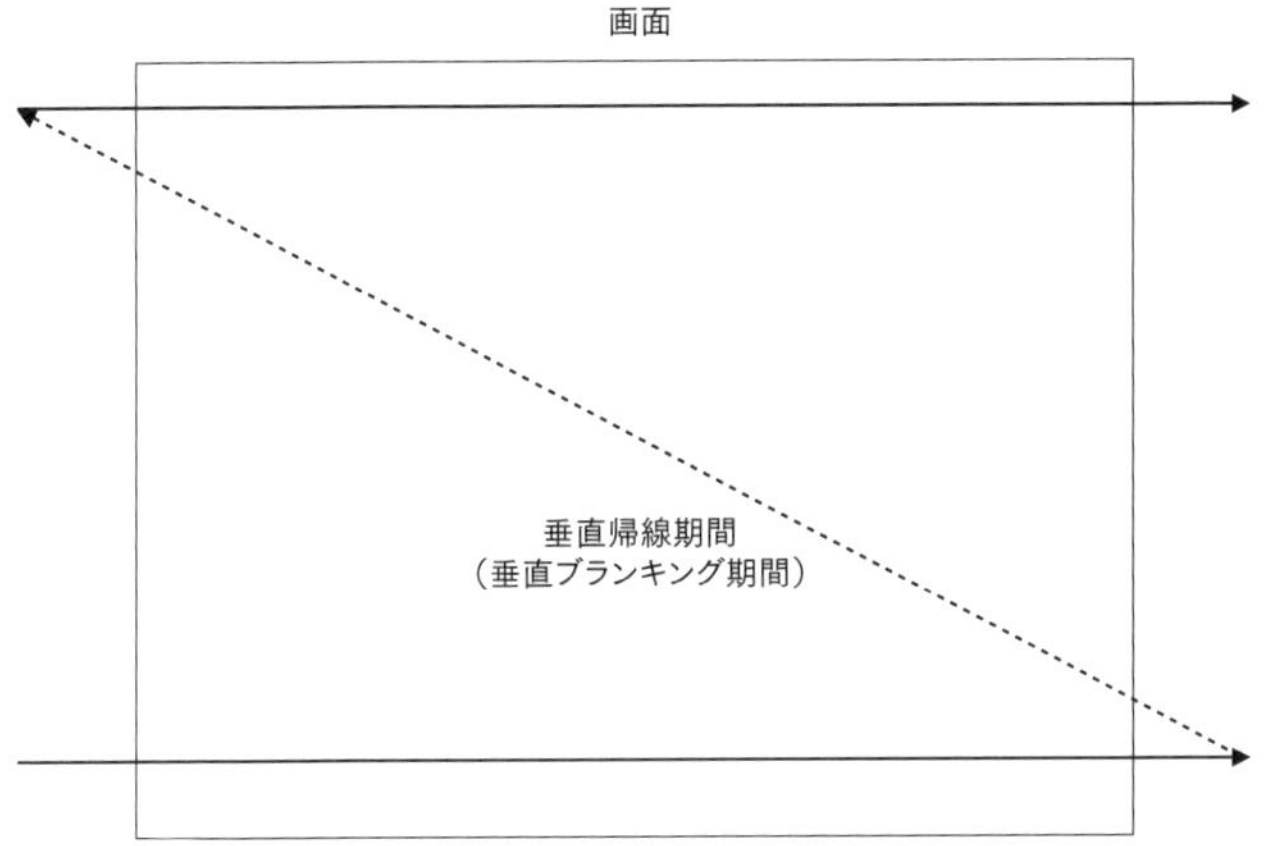

は、ブラウン管が画面を走査する動きに合わせて、輝度などの信号を出力することにより、画面に目的の映像を描き出します。現在ではブラウン管が使われることは少なくなり、液晶などが主流になっていますが、表示機器に対して信号を出力する方式は、ブラウン管に対する出力の方式が受け継がれています。

ピクセルのカウンタとセンターネット

ポンのハードウェアが行う主な処理は、画面にゲームの映像を描くことです。映像はピクセルを出力することで描きます。現在出力しているピクセルの位置を管理するために、ポンは水平方向と垂直方向のピクセル数を数えるカウンタを備えています（図9）。

ここでは水平方向のカウンタを水平カウン

図9 ピクセルのカウンタ

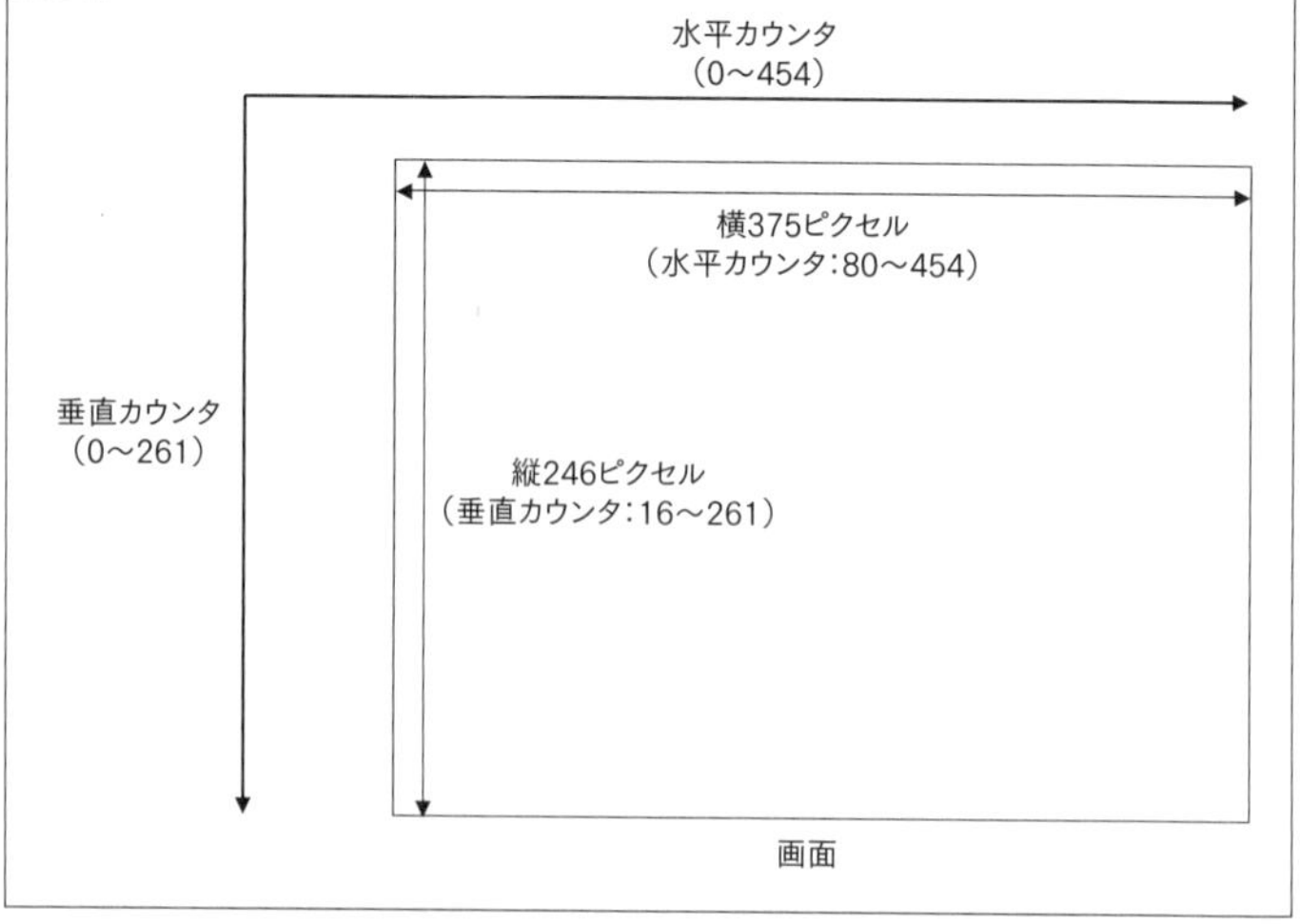

タ、垂直方向のカウンタを垂直カウンタと呼ぶことにします。水平カウンタは０からスタートして４５４まで１ずつ増加し、４５４の次は０に戻ります。垂直カウンタは０から２６１まで１ずつ増加し、２６１の次は０に戻ります。実際にピクセルが描かれるのは、水平カウンタが80から４５４まで、垂直カウンタが16から２６１までの間です。したがって、表示範囲の解像度は横３７５ピクセル×縦２４６ピクセルになります。

　ポンはこれらのカウンタを使って、適切な位置に目的の映像を出力します。例えば画面の中央にあるセンターネットは、水平カウンタが２５６の位置に描きます。さらに垂直カウンタを使って、４ピクセルごとに表示と非表示を切り替えることにより、点線にしています（図10）。

　水平カウンタが２５６になること、つまり２５５から２５６に変化したことは、水平カウンタのビット８を確認すれば分かります。他のビットを見る必要はなく、ビット８だけを見ればよいので、簡単なハードウェアで確認できます（図11）。

　また、垂直カウンタのビット２を見ると、垂直カウンタが４回増加するごとに、０と１が交互に切り替わることが分かります。このビット２を使ってピクセルの表示と非表示を切り替えれば、やはり簡単なハードウェアで、センターネットを点線にすることができます（図12）。

図10 センターネット

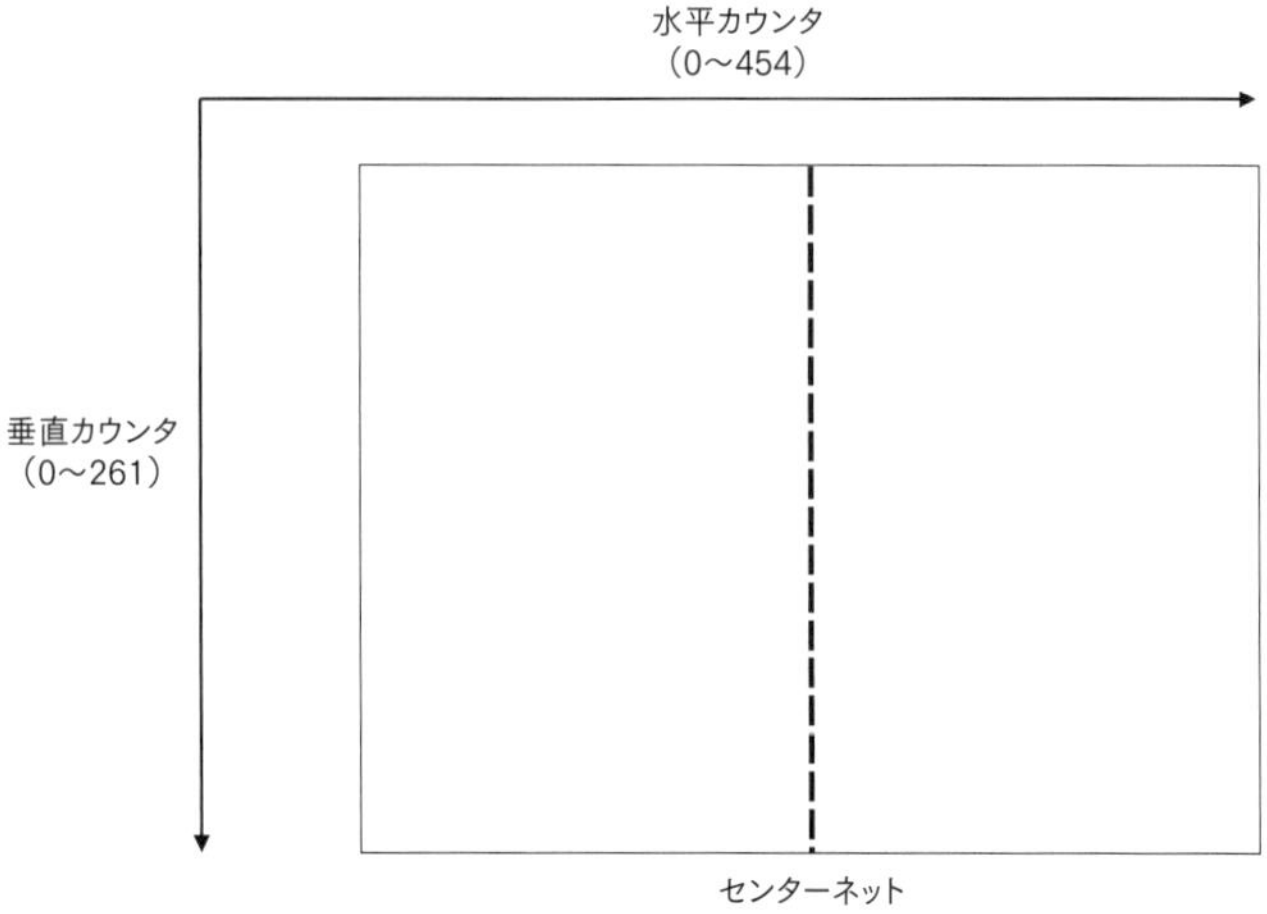

図11 水平カウンタの確認

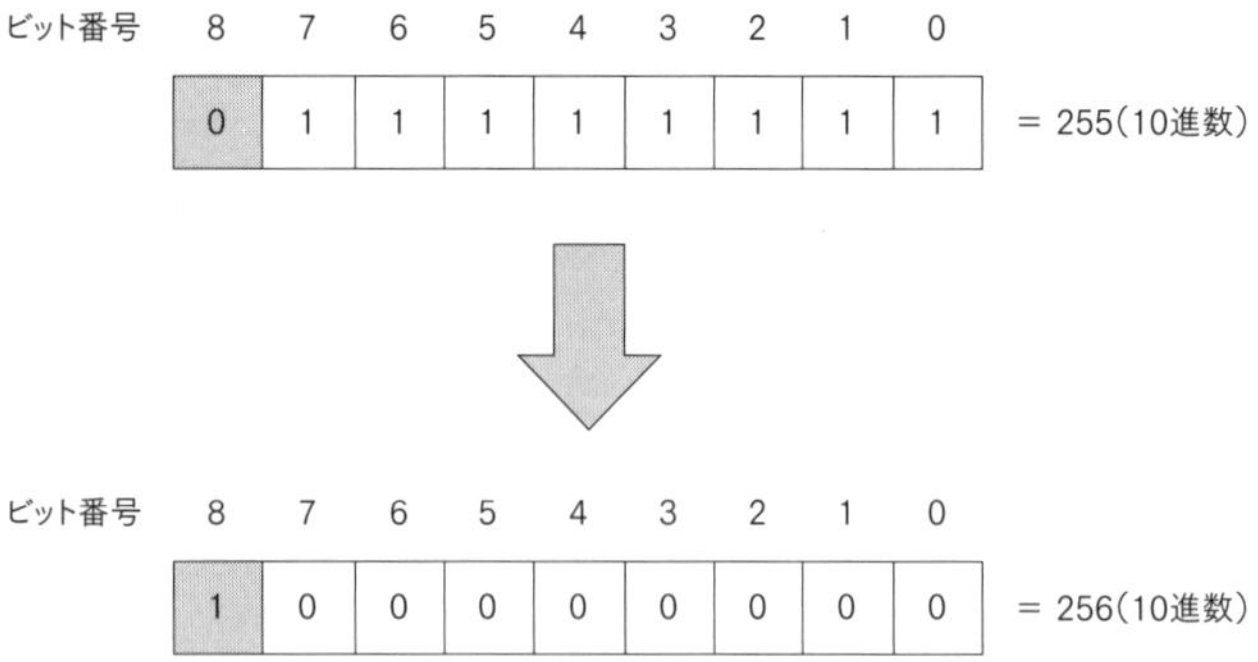

パドルの移動

ポンのヒット後、ツマミやダイヤルで操作するゲームが多数発売されました。コントローラを回転させるとキャラクターが動く臨場感を、懐かしく思い出される方も多いと思います。そこで今度は、ポンのパドル（ラケット）を上下に移動する仕組みについて見てみましょう。

パドルの移動は、パドルを表示するまでの時間を変化させることによって実現しています。画面の上端で時間の計測を始めて、指定した時間が経過したらパドルを表示します。表示までの時間が短ければパドルは画面の上方に、表示までの時間が長ければパドルは画

図12 垂直カウンタの確認

ビット番号	4	3	2	1	0	10進数
	0	0	0	0	0	＝0
	0	0	0	0	1	＝1
	0	0	0	1	0	＝2
	0	0	0	1	1	＝3
	0	0	1	0	0	＝4
	0	0	1	0	1	＝5
	0	0	1	1	0	＝6
	0	0	1	1	1	＝7
	0	1	0	0	0	＝8
			⋮			

面の下方に表示されます（図13）。

ポンのコントローラのツマミを回転させると、パドルを表示するまでの時間を変更できます。その結果、ツマミをまわすと画面上のパドルが動きます。つまり、ポンの回路は以下の機能を持っています。

（A）規定の時間が経過したら通知し、パドルの表示を始める。

（B）規定の時間は、ツマミの回転で変更できる。

ポンのツマミは、実は可変抵抗と呼ばれる電子部品です。可変抵抗とは、回転などの操作によって、抵抗値が変化する抵抗のことです。また、ポンは抵抗値から時間を決めるた

図13 パドルの移動

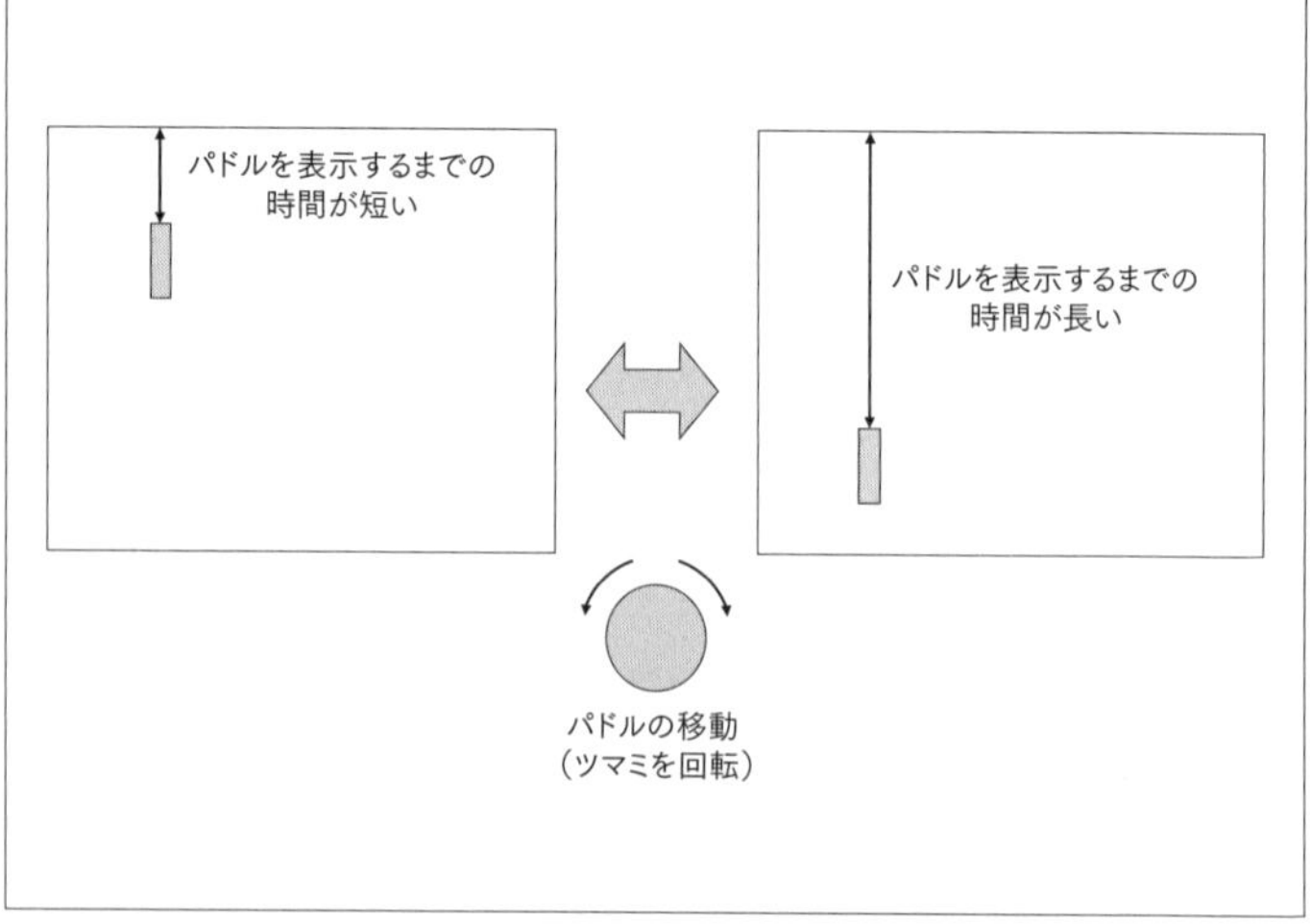

めに、５５５タイマーＩＣと呼ばれる電子部品を使っています。これらの部品を利用して、ポンでは上記の機能を、それぞれ以下のように実現しています。

（A）５５５タイマーＩＣを使って、コンデンサが規定の電圧に達したら検出する。つまり、コンデンサが規定の電圧に達するまでの時間が経過したら通知する。

（B）可変抵抗を使って、規定の電圧の値を変更する。つまり、５５５タイマーＩＣが通知するまでの時間の長さを変更する。

５５５タイマーＩＣと可変抵抗の働きについて、もう少し詳しく見てみましょう。

コンデンサを充電するまでの時間を計る

５５５タイマーＩＣは、１９７１年にシグネティクス（Signetics）社が開発し、非常によく売れたＩＣです。５５５タイマーＩＣは、図のような抵抗とコンデンサによる回路と組み合わせて使います（図14）。Ｖｃｃ（電源電圧）は、電源に接続されていると考えてください。このＶｃｃに電圧をかけると、電流が抵抗を通ってコンデンサへ流れます。コンデンサへ流れ込んだ電荷（電気量）は、コンデンサに蓄えられます。

コンデンサが電荷を蓄えるには、少しだけ時間がかかります。この時間を、画面の描画を開始してから、パドルの描画を始めるまでの時間に対応させます。例えば、「コンデンサに10％充電する時間がたったら、パドルの描画を始める」のように回路を設定すると、画面全体の描画を始めて短時間の後にパドルの描画を始めるので、画面上方にパドルが表示されます。「コンデンサに70％充電する時間がたったら、パドルの描画を始める」のように設定すると、先ほどよりは長時間たってからパドルの描画を始めるので、パドルは画面の下の方に表示されます。

555タイマーICは、THR（スレッショルド、しきい値）と呼ばれる端子を持っています。このTHR端子を図のように回路と接続

図14 555タイマーIC

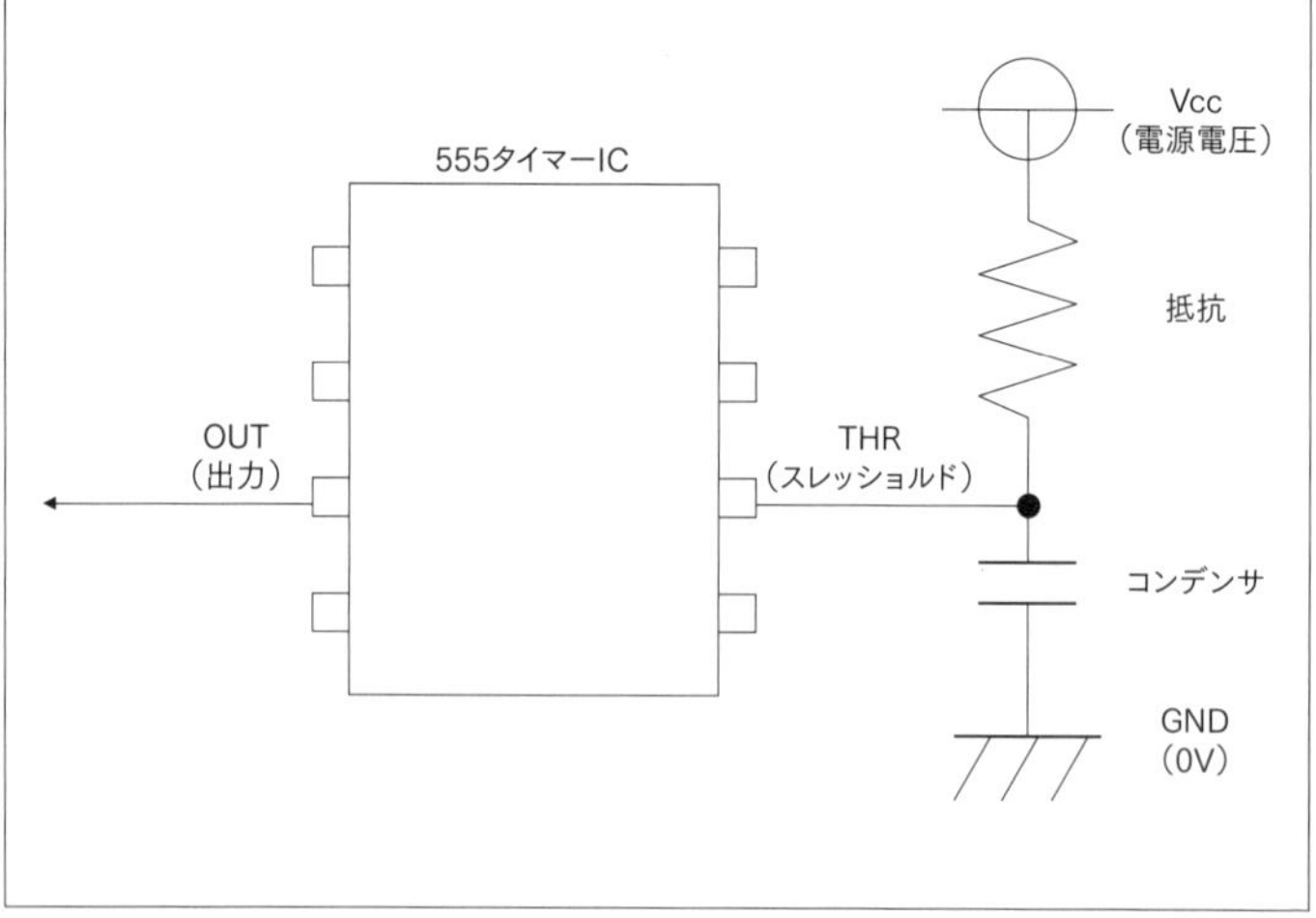

すると、コンデンサを規定量まで充電したかどうかを検出することができます。検出した場合、555タイマーICはOUT（出力）と呼ばれる端子の電圧を変化させて、検出を報告します。

実は、555タイマーICはコンデンサが規定の電圧に達したかどうかを検出しています。コンデンサが充電される、つまりコンデンサが電荷を蓄えると、コンデンサの両端に電圧が発生します。より電荷を蓄えるほど、より大きな電圧が生じます。したがって、コンデンサの電圧を調べれば、コンデンサの充電状態を知ることができます。

コンデンサの電圧は、時間とともに図のように変化します（図15）。先ほどの回路においては、コンデンサの電圧が小さい状態では、

図15 コンデンサの電圧

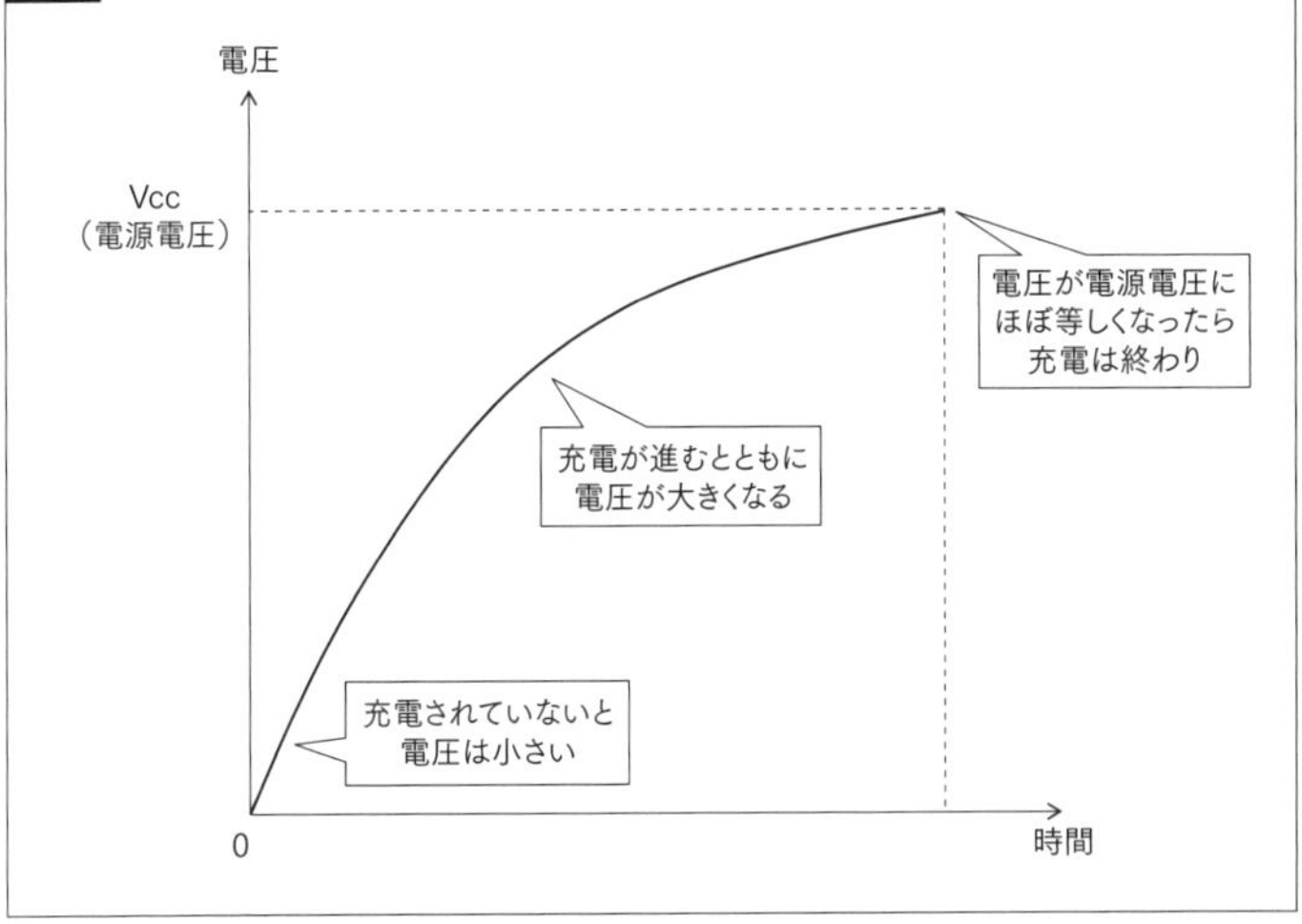

抵抗に大きな電圧がかかるため、大きな電流が流れ、コンデンサは速く充電されます。充電が進んで、コンデンサの電圧が大きくなると、抵抗にかかる電圧は小さくなり、電流も小さくなって、充電が遅くなっていきます。コンデンサの電圧が電源電圧にほぼ等しくなると、抵抗に電圧がかからなくなるため、電流が流れなくなり、充電が終わります。なお、５５５タイマーＩＣにはコンデンサを放電する機能もあるので、何度でも充電と放電を繰り返すことができます。

さて、コンデンサが規定の電圧に達したことを検出するだけでは、パドルは常に同じ位置に表示されてしまいます。規定の電圧というのが、いつも一定だからです。コンデンサが一定量を充電して、一定の電圧に達するまでの時間、つまり一定の時間が経ったら５５５タイマーＩＣが検出し、パドルの表示が始まるので、パドルの位置も一定になってしまいます。

規定の電圧を変化させることができれば、パドルの表示を始めるまでの時間も変化させられそうです。そこで可変抵抗が活躍するのですが、可変抵抗と５５５タイマーＩＣをどう組み合わせたらよいのかを知るために、５５５タイマーＩＣの内部をのぞいてみましょう。

可変抵抗で規定の電圧を変化させる

オリジナルの５５５タイマーＩＣの内部には、５ｋΩ（5キロオーム）の抵抗が直列に3個並んでいます。5が3個並んでいるので「５５５」という名称のＩＣになった…という説もあったのですが、開発者のハンス・カーメンツンド（Hans Camenzind）によれば、会社がＩＣの名称に使用していた５００番台の番号の中から、たまたま選んだだけだそうです。

図のようにＶｃｃからＧＮＤ（０Ｖ）まで直列に接続された3個の抵抗により、Ｖｃｃは3等分されます（図16）。そのためＶｃｃから1個目の抵抗と2個目の抵抗の間の電圧は、Ｖｃｃの２／３になります。

５５５タイマーＩＣは、Ｖｃｃの２／３とＴＨＲ端子に入力された電圧を比較します。そしてＴＨＲ端子の電圧がＶｃｃの２／３以上になったら、ＯＵＴ端子の電圧を変化させます。

図16 規定の電圧

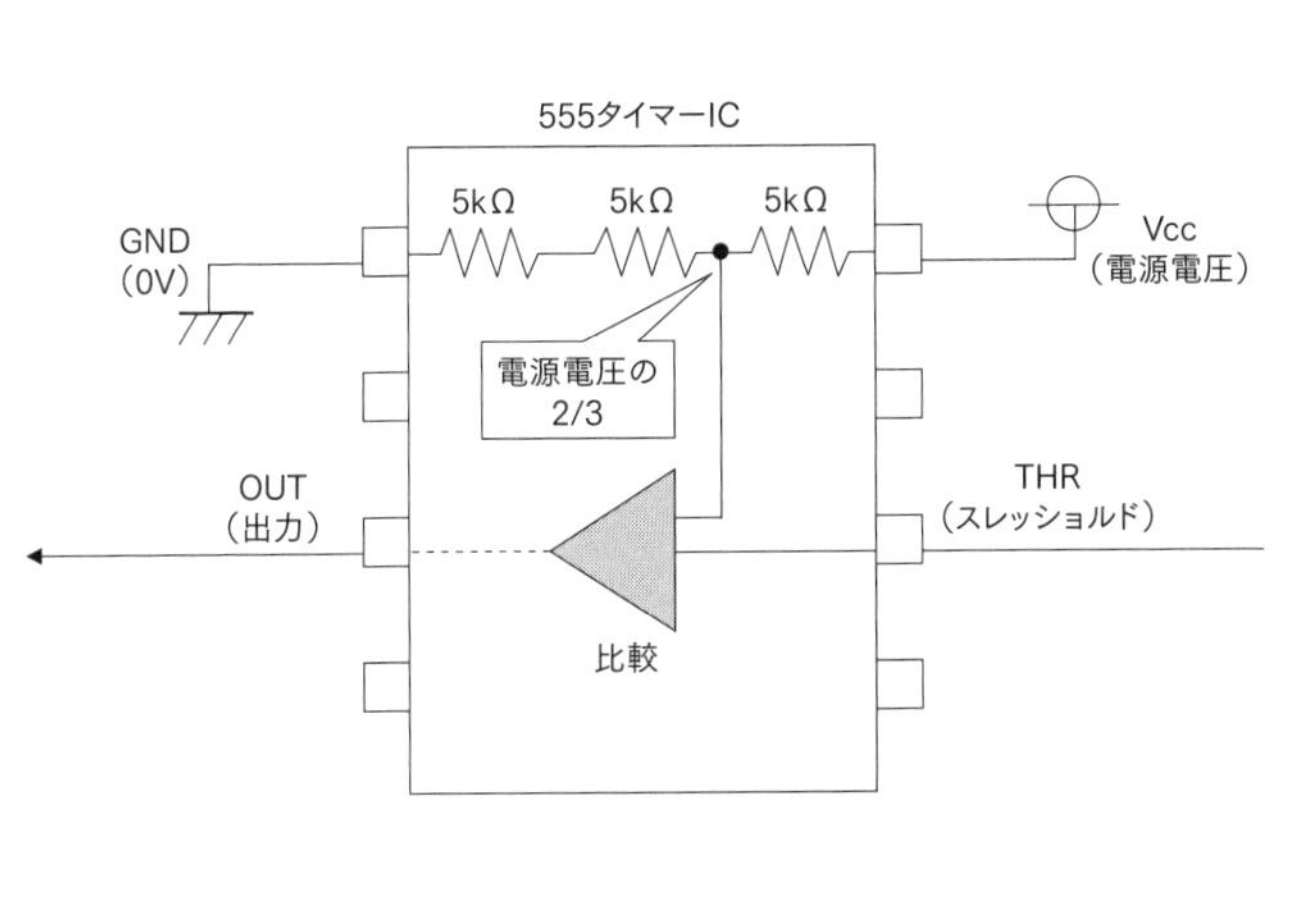

この状態では、検出する規定の電圧は、Vccの2／3に固定されています。このままでは、パドルは常に同じ位置に表示されてしまいます。

さて555タイマーICには、規定の電圧を変更するための、CTRL（コントロール）と呼ばれる端子があります。ポンの場合、図のようにCTRL端子に対して、コントローラの可変抵抗を接続しています（この図では簡単のために、他の部品のいくつかを省略しています）（図17）。コントローラを操作して、可変抵抗の抵抗値が変化すると、THR端子の電圧と比較される規定の電圧も変化します。なおTHR端子には、先ほどの図（図14）の回路が接続されていて、コンデンサの電圧が規定の電圧と比較できるようになっています。

図17　規定の電圧を変更する

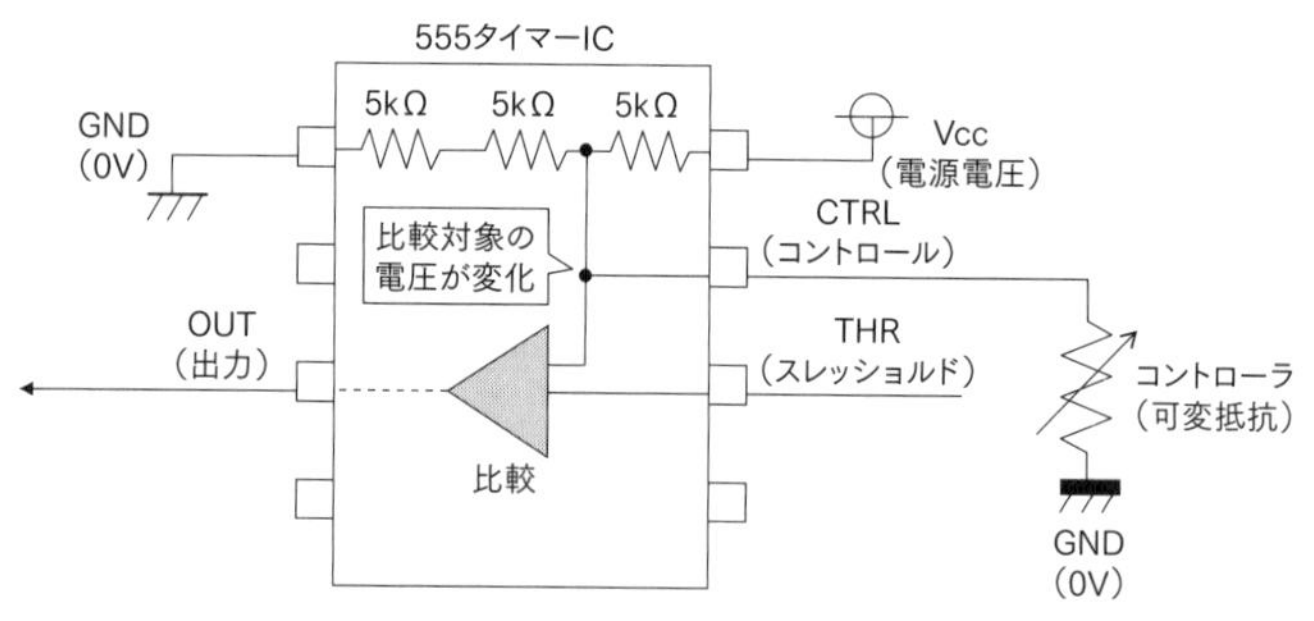

規定の電圧が変化する理由が分かりやすいように、次の図では抵抗の部分だけを示しました（図18）。規定の電圧は、図で示した箇所よりもVcc側にある抵抗値と、GND側にある抵抗値の比によって決まります。Vcc側の抵抗値は一定（5kΩ）ですが、GND側の抵抗値は可変抵抗によって変化します。つまり可変抵抗を使って、規定の電圧を変更することができます。なおGND側の抵抗値は、可変抵抗の抵抗値を?kΩとし、オームの法則を使って計算すると、（10×?）／（10+?）kΩになります。

　規定の電圧を高くすれば、コンデンサの電圧が規定の電圧に達するまでの時間は長くなります。逆に規定の電圧を低くすれば、コンデンサの電圧が規定の電圧に達するまでの時

図18 規定の電圧が変化する理由

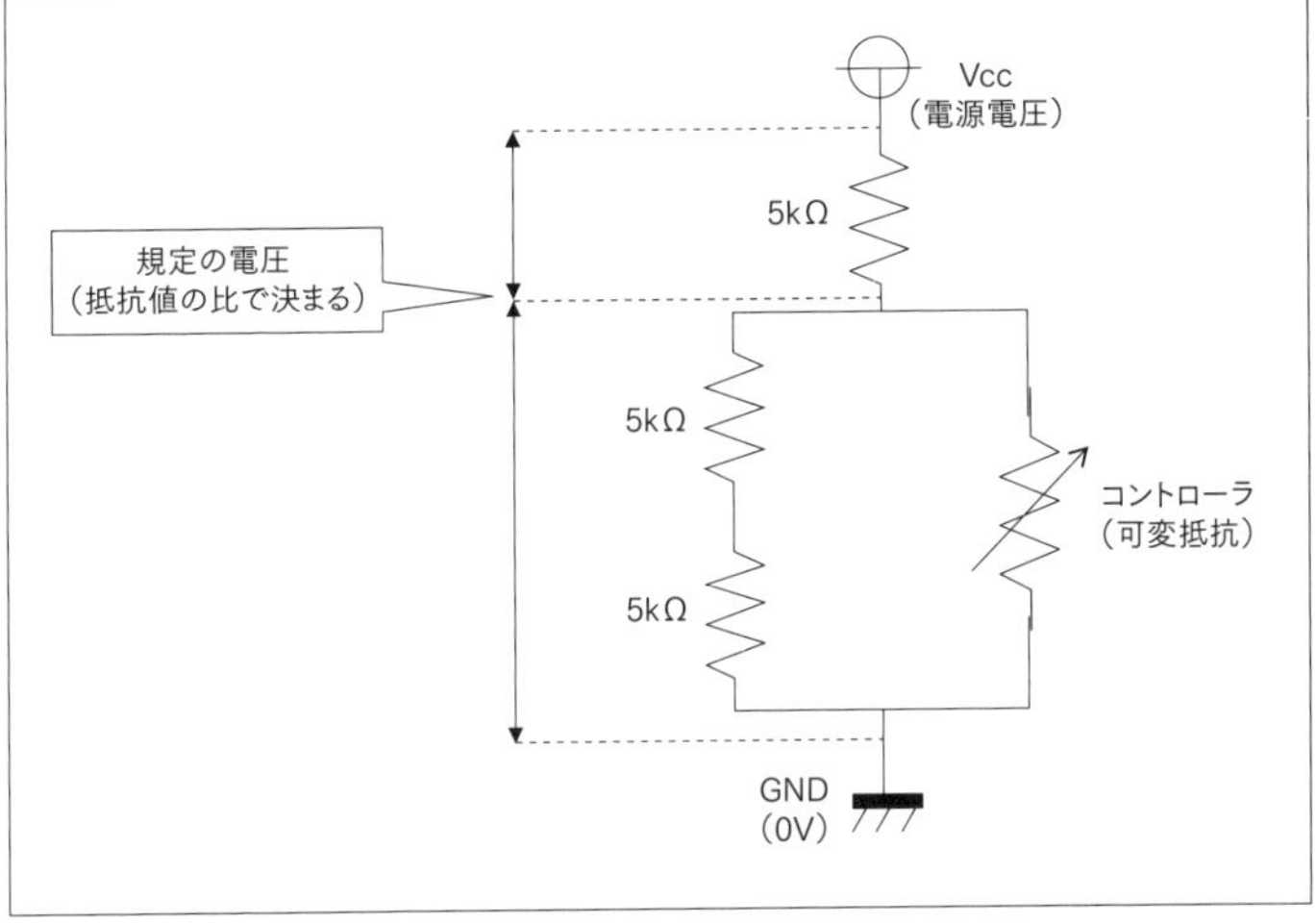

間は短くなります。つまり、可変抵抗による抵抗値の変化を、時間の長短に変換することができるわけです。ポンでは、この時間をパドルを表示するまでの時間として使って、コントローラによるパドルの移動を実現しています。

その他の機能を実現する仕組み

ポンにおけるその他の機能も、ソフトウェアではなく、全てハードウェアで実現されています。例えば次のような実現方法です。

- **ボールの移動：**ボールの位置を管理するために、水平用と垂直用のカウンタを用意しています。カウンタが変化する度合いを何通りかに切り替えることにより、ボールの速度や角度を変化させています。
- **ボールとパドルの衝突判定：**ボールとパドルの座標を比較するのではなく、ボールとパドルのピクセルが同時に出力（描画）されたときに、両者が衝突したと判定しています。
- **サウンド：**ピクセルやボールのカウンタなどの、元々はサウンド用ではない信号をサウンドとして出力することにより、サウンド専用のハードウェアを用意せずに済ませています。

ポンは非常にシンプルながら、スリリングで面白いゲームに仕上がっています。ポンを開発したアタリ社は、１９７５年には家庭用ゲーム機の「ホームポン」も発売します。

ポンのヒットを受けて、この後、続々とアーケードビデオゲームが登場することになります。アタリ社からも他社からも、ポンをアレンジしたり、発展させたゲームが発売されました。１９７３年の「サッカー」も、そんな流れの中の一作です。

1973年へ

1973年

「サッカー」

黎明期の日本製ビデオゲームを支えた「ポン」の技術

この年の事件

- 江崎玲於奈がノーベル物理学賞受賞。

PUSH START BUTTON

日本初のビデオゲーム

１９７２年にアタリ社が発売した「ポン」がヒットすると、各社がポンに類似するゲームを発売します。アタリ社からライセンスを受けたミッドウェイ（Midway）社の「ウィナー」（Winner、１９７３年）のような製品もありますが、多くの製品は許諾を受けることなく、ポンを模倣したりコピーしたりしたものでした。ポンは一般に入手できる電子部品（ＴＴＬの論理回路）を使って作成されているので、動作を解析したり、あるいは全く同じ回路をコピーして作ったりといったことが、比較的容易だったのでしょう。また、著作権に関する考え方も今日とは異なっていたと思われます。

日本のアーケードゲームとしては、「ポン」以前から「エレメカ」と呼ばれる分野のゲームが普及していました。エレメカは「エレクトロニクス」と「メカトロニクス」という言葉に由来する造語です。モグラたたき、エアホッケー、クレーンゲームなどはエレメカに分類されます。

１９７３年は日本製のビデオゲームが初めて登場する年です。最初に発売されたのは「エレポン」（タイトー）と「ポントロン」（セガ）で、これらはいずれもポンと同じ内容のゲームでした。

その後にタイトーが発売した「サッカー」は、ポンをベースにしていますが、独自の要素も加えられています。開発者は、後に「スペースインベーダー」（1978年）を開発する西角 友宏氏です。

サッカー　〜パドル式ゲームのバリエーション

サッカーはポンと同じく2人で対戦するゲームです。コントローラはポンと同じで、各プレイヤーにツマミが1個ずつ用意されています。

サッカーがポンと異なるのは、画面上のパドル（ラケット）に相当するものが、各プレイヤーに2個ずつ用意されていることです。これらはスポーツのサッカーにちなんで、フォワードとゴールキーパーと呼ばれています。これらを操作して、ポンと同様にボールを相手の陣地（ゴール）に打ち込む（蹴り込む）のが、ゲームの目的です（図1）。

なお、アタリ社が1973年に発売した「ポンダブルス」（Pong Doubles）も、画面上にパドルを左右2個ずつ、計4個用意しています。ポンダブルスとサッカーとの違いは、ポンダブルスには操作用のパドルが4個用意されていて、最大4人で遊べるようになっていることです。

ポンと同様に、パドルにボールが当たったときの位置に応じて、ボールが反発する方向や速度が変わります。いずれかのプレイヤーが一定の得点（設定により9点または11点）を獲得したら、ゲームは終了です。

ポンと異なる点の一つは、カラーテレビを使っていることです。ポンと同様にパドルやボールは白一色で表示しますが、背景は緑で表示することにより、サッカーのフィールドのような雰囲気を演出しています。

また、ボタンを押すとパドルの長短を切り替えられることも、ポンとは異なる独自の要素です。長いパドルは初心者向け、短いパドルは熟練者向けが想定されています。

図1 サッカー（イメージ）

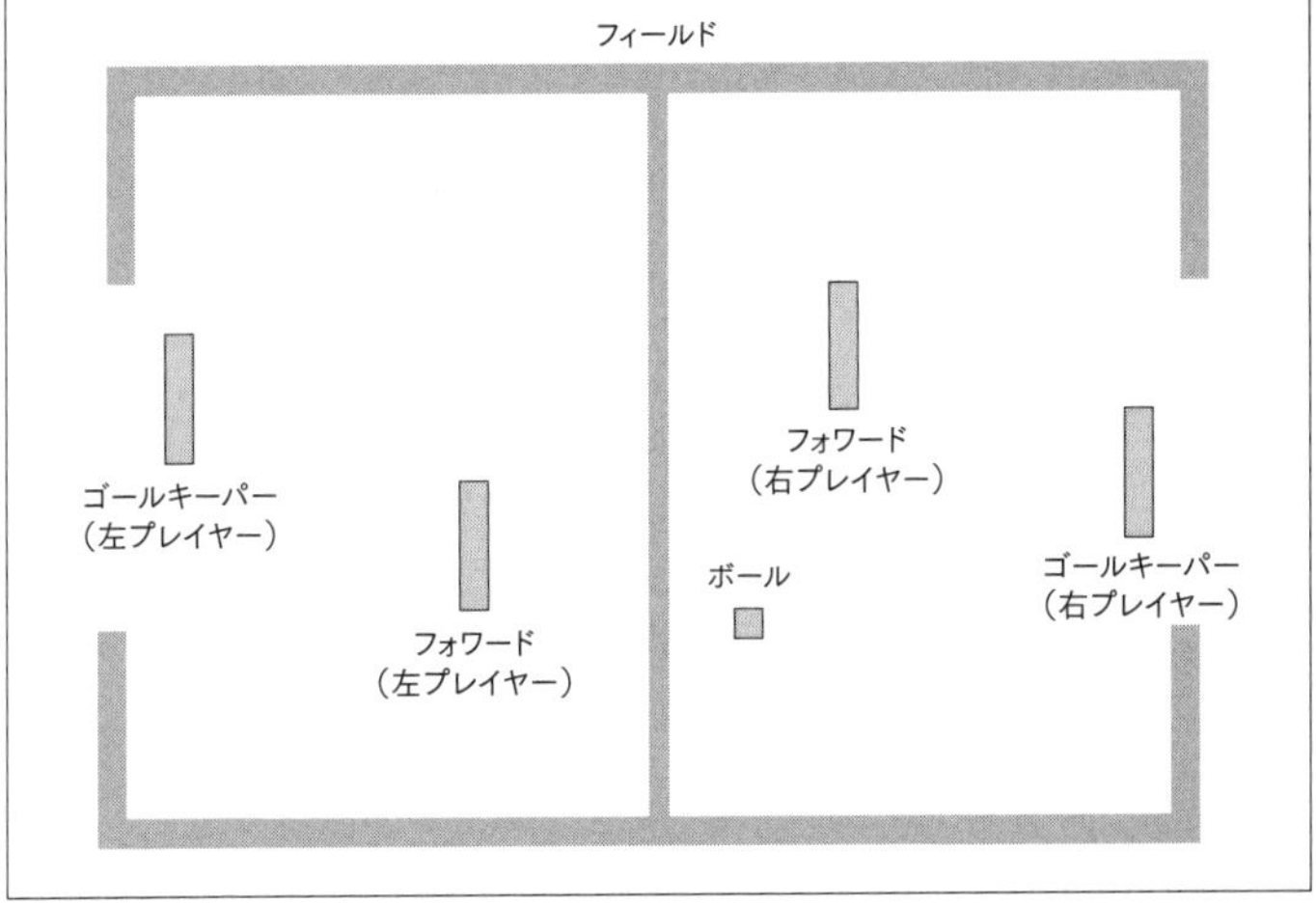

他者を模倣することが第一歩

日本製のビデオゲームは、ポンを模倣するところから始まったといえます。他者の技術を模倣し、解析し、会得していく手法は、自動車「ＡＡ型」の開発エピソードに似ています。ＡＡ型は、１９３６年にトヨタ自動車が初めて発売した国産乗用車です。トヨタ自動車の創業者（豊田喜一郎氏）は、購入した１９３３年型シボレー（米国ゼネラルモーターズ社のブランド名）の乗用車を分解し、コピーするところから始めたそうです。シボレーのエンジンを分解し、部品を鋳造してコピーすることが、国産乗用車開発の第一歩でした。

乗用車もゲームも、模倣だけにはとどまらず、次第に独自性の高い製品が登場してきます。例えば次の１９７４年にタイトーが発売してヒットする「スピードレース」は、ミッドウェイ社を通じて米国でも発売されます。

1974年へ

1974年

「スピードレース」

臨場感を盛り上げるハンドルとペダルの技術

この年の事件

- インテル社が8ビットCPU「8080」を発表。
- モトローラ社が8ビットCPU「6800」を発表。
- 気象庁のアメダスが運用開始。

PUSH START BUTTON

各社から8ビットCPUが登場

１９７４年は各社から８ビットマイクロプロセッサが発表された年です。インテル社からは「８０８０」、モトローラ（Motorola）社からは「６８００」が登場しました。

８０８０の開発者は、４ビットCPUの「４００４」（１９７２年）を開発した嶋 正利氏です。同氏はこの後、インテル社からザイログ（Zilog）社に移り、大ヒットする「Z80」（１９７６年）を開発します。なお、インテル社の８ビットCPUとしては、８０８０より前に「８００８」（１９７２年）がありますが、８０８０と８００８の間に互換性はありません。

８０８０はアーケードゲームの「ガンファイト」（１９７５年）や「スペースインベーダー」（１９７８年）に採用されます。また、教育用のマイコン（マイクロコンピュータ）キットとして人気を集めた、NECの「TK-80」（１９７６年）には、８０８０の改良型である「８０８０A」の互換CPUが搭載されています。

一方の６８００は、洗練された構成が評価されているCPUです。６８００を改良した８ビットCPUとしては「６８０９」（１９７９年）、同社の16ビットCPUとしては「６８０００」（１９８０年）などが知られています。松下通信工業のパソコンである「JR」シリーズ（１９８１

年～）は、６８００の互換品である富士通の「ＭＢ８８６１」（１９７５年）を採用しています。

　１９７４年の時点では、まだマイクロプロセッサのＣＰＵを採用したアーケードゲームはありません。ここで紹介する「スピードレース」も、ＣＰＵを使わずに作成されています。

スピードレース　～速度重視の直線レース

「スピードレース」は名前の通り、スピード感あふれるカーレースを題材にしたビデオゲームです。発売元はタイトーで、開発者は「サッカー」（１９７３年）や「スペースインベーダー」（１９７８年）と同じ西角 友宏氏です。

　ゲームの目的は、自車を左右に動かして、敵車を避け続けることです。自車を加速させると、道路が滑らかに上から下にスクロールする（流れる）とともに、上から敵車がかなりの勢いで迫ってきます。自車が高速で敵車を追い越しているイメージです。自車のスピードを上げると敵車を避けにくくなりますが、速いほど多くの得点が入ります。敵車に衝突すると、速度がゼロに戻ってしまいます。一定時間内により高い得点を獲得するのが目標です（**図1**）。

　車や道路は白黒ですが、路肩は緑色で描かれていて、芝生や草原のような雰囲気が出ています。また、自車が加速するにつれて、白線が上から下に流れる速度が少しずつ滑らかに上がっていくので、気持ちのいいスピード感があります。

実はスピードレースと同じ内容のゲームは、すでにタイトーがエレメカとして発売しています。タイトーの子会社のパシフィック工業が開発した「スーパーロードセブン」（1970年）は、スクロールする道路を進みながら、自車を左右に動かして、敵車を避けるゲームです。これは画面を使って情景を表現するビデオゲームではなく、機械仕掛けのゲームでした。例えばスクロールする道路は、道路や路肩が描かれたドラム（円筒）を、物理的に回転することで表現しています。

図1 スピードレース（イメージ）

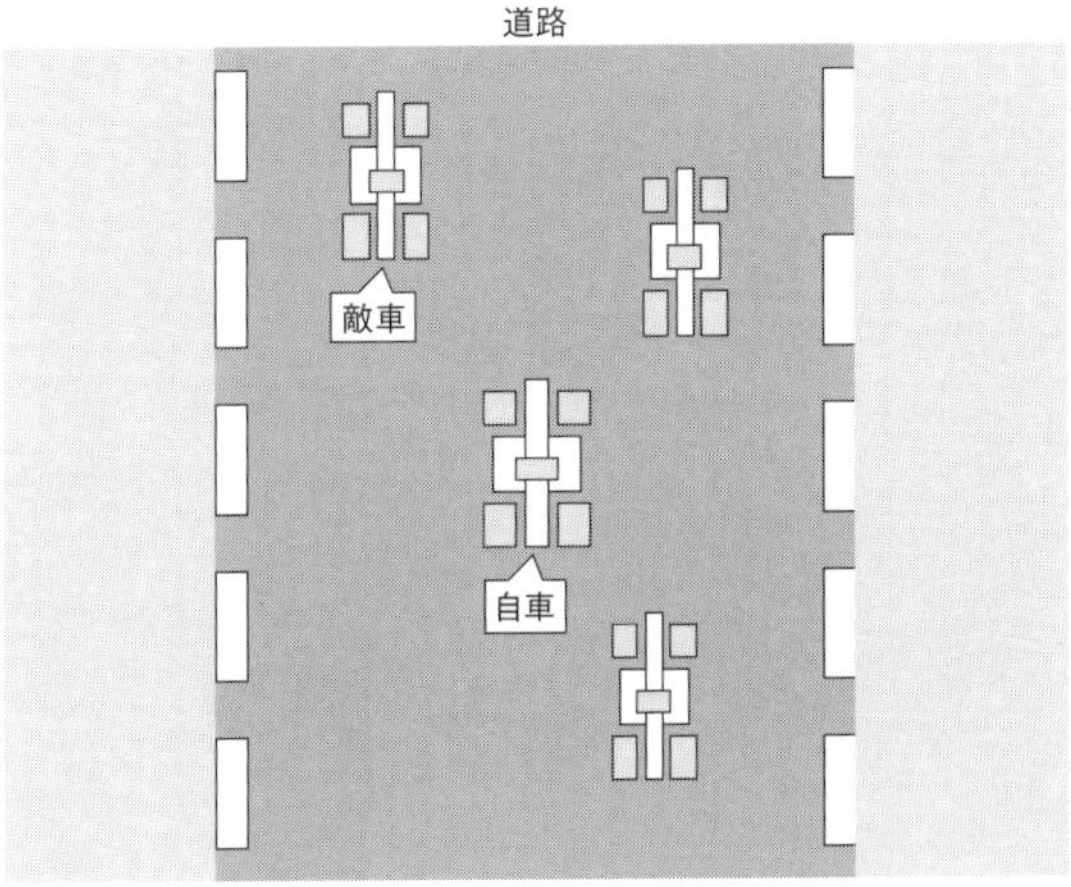

ハンドルとペダル

スピードレースの雰囲気を盛り上げているのが、ハンドルとペダルを備えたコントローラです。筐体の上部にハンドルがあり、下部には足が入る穴があって、この中にペダルがあります。ハンドルで自車が左右に動き、ペダルを踏むと自車が加速します（図2）。

ハンドルの仕組みは、実は「ポン」（1972年）や「サッカー」（1973年）で使われているパドル（円形のツマミ）と同じ仕組みです。ハンドルの軸の端に、パドルと同様に可変抵抗が装着されています。ハンドルを回すと可変抵抗も回転し、抵抗値が変わります。この抵抗値の変化を利用して自車を左右に動かすのは、ポンでパドルを上下に動かすのと同様の仕組

図2 スピードレースのコントローラ

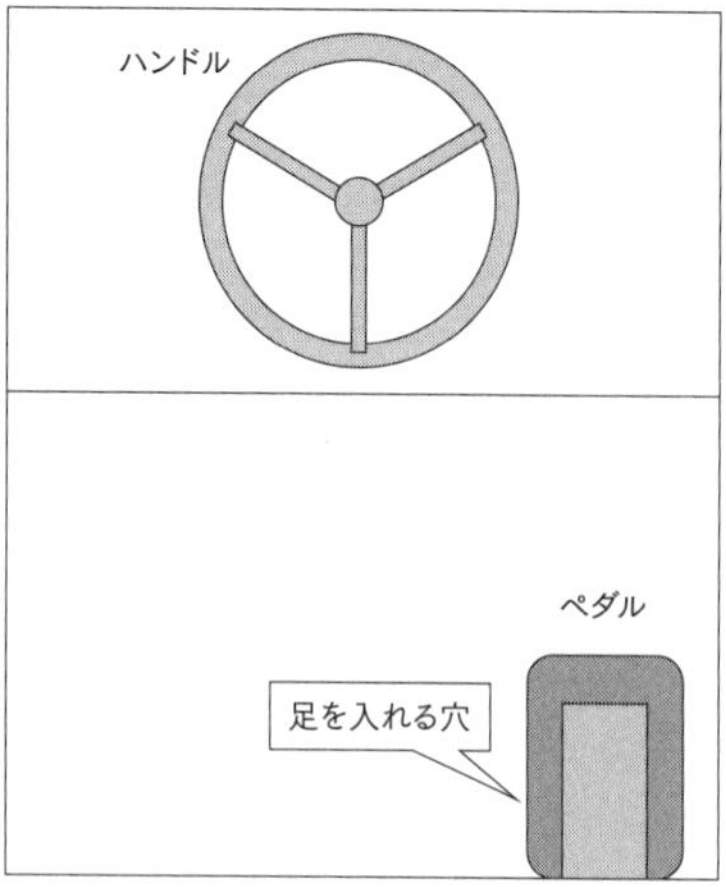

みで実現できます。

ペダルについては、マイクロスイッチ（微少な動きで接点のオンとオフができるスイッチ）を使っています。ペダルを踏むとスイッチが動く仕組みです。ペダルを踏んでいる間は自車が加速し、踏んでいないと自車が減速します。ペダルを踏む深さは関係なく、加速か減速かの二通りだけです。

プレイヤーに激しく操作されることが予想されるためか、ハンドルの可変抵抗やペダルのマイクロスイッチは、故障した場合に交換できるようになっています。またハンドルについては、回しすぎで可変抵抗を壊さないように、皮革を使ったクラッチなども設けられています。

グラントラック10 〜コーナリング重視のテクニカルなレース

スピードレースと同じくハンドルとペダルを採用したアーケードゲームとしては、同じ1974年にアタリ社が「グラントラック10」（Gran Trak 10）を発売しています。発売時期はグラントラック10が5月、スピードレースは11月です。また、グラントラック10はハンドルとペダルに加えて、シフトレバーも備えています。

グラントラック10の内容は、スピードレースとは全く異なります。画面には曲がりくねったコースを上から見た様子が表示されています。路肩の点はパイロン（道路工事や駐車場などで見かける円錐状のコーン）を表現しています。これらのパイロンに衝突しないように自車を操作して、制限時間内にできるだけ多くのチェックポイントを通過することが、ゲームの目的です（図3）。

　このグラントラック10は、最初期にＲＯＭ（Read Only Memory、読み出し専用のメモリ）を採用したゲームだと考えられています。以前の「コンピュータスペース」（１９７１年）などでは、ＲＯＭの代わりにダイオードマトリックスを使って、キャラクターのパターンを記録していました。グラントラック10のＲＯＭには、コースの形状などが記録されています。

図3　グラントラック10（イメージ）

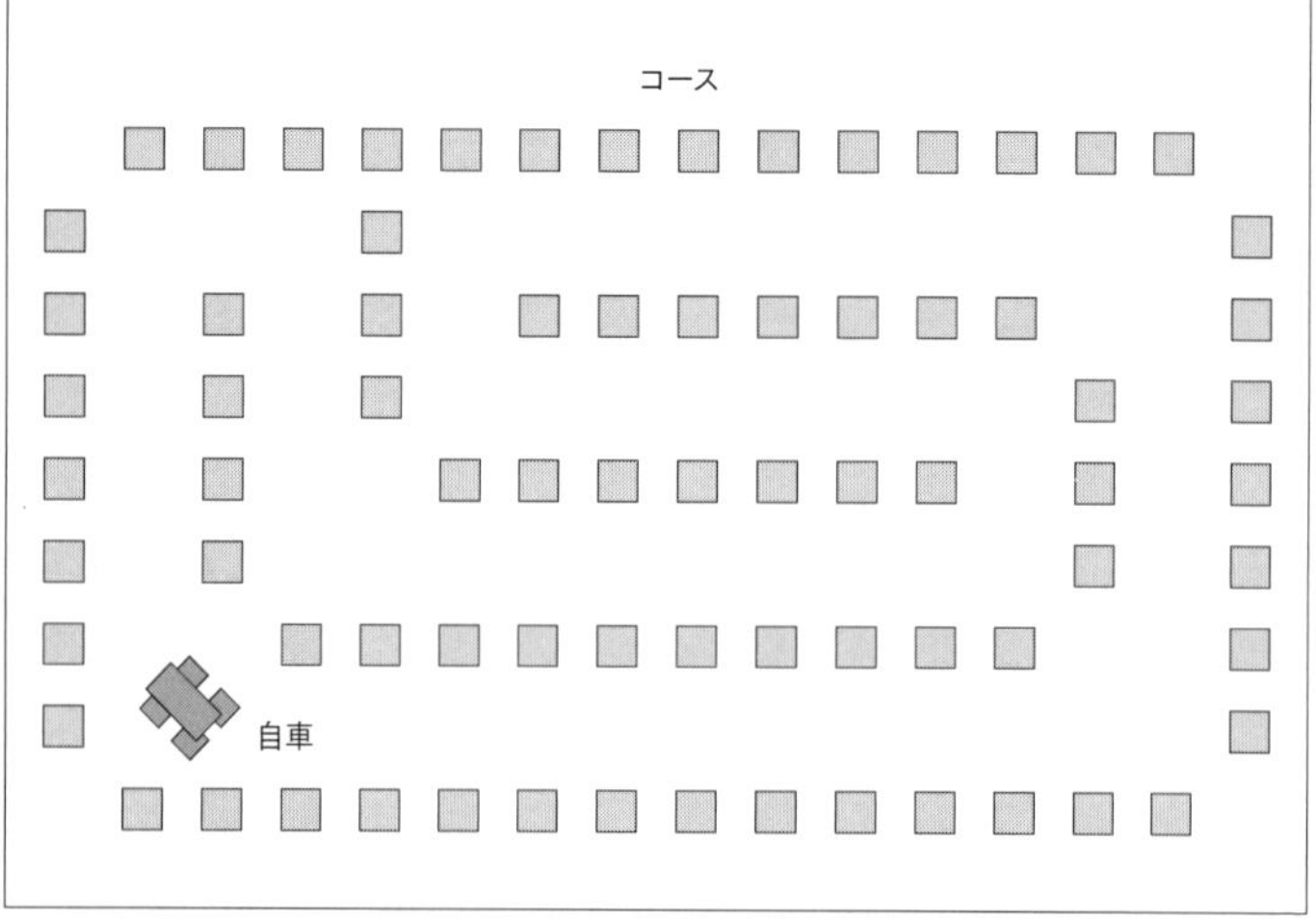

1971 1972 1973 1974 1975 1976 1977 1978

スピードレースはヒット作となり、「スピードレースデラックス」（１９７５年）や「スピードレースツイン」（１９７６年）など、数多くの派生作品が発売されました。また、ミッドウェイ社を通じて米国にも輸出され、スピードレース改め「ホイールズ」（Wheels）というタイトルで、１９７５年に発売されています。その１９７５年は、ついにアーケードゲームにマイクロプロセッサのＣＰＵが搭載される年です。

1975年へ

1975年

「ガンファイト」

ついにアーケードゲームに投入されたCPUの技術

この年の事件

- モステクノロジー社が8ビットCPU「6502」を発表。
- アタリ社が家庭用ゲーム機「ホームポン」を発売。
- エポック社が家庭用ゲーム機「テレビテニス」を発売。
- 日本電信電話公社がプッシュ式公衆電話機を発売。

PUSH START BUTTON

ファミコンにも採用された6502の登場

１９７５年には、また新しいマイクロプロセッサが登場します。モステクノロジー（MOS Technology）社が開発した8ビットＣＰＵの６５０２です。６５０２の開発チームは、元々モトローラ社で「６８００」（１９７４年）を開発していました。そのためか、６５０２は６８００を参考に、設計を洗練し、高速化を図ったＣＰＵになっています。他のＣＰＵに比べて安価だったこともあり、好評を博しました。

６５０２は有名なパソコンや家庭用ゲーム機に採用されています。アップル（Apple）社が最初に発売したパソコンの「Apple Ⅰ」（１９７６年）や、大ヒットした「Apple Ⅱ」（１９７７年）は、いずれも６５０２を搭載しています。Apple ⅠとⅡは、スティーブ・ジョブズ（Steve Jobs）とともにアップル社を創業したスティーブ・ウォズニアック（Steve Wozniak）が開発しました。

６５０２を搭載した家庭用ゲーム機といえば、任天堂の「ファミリーコンピュータ」（ファミコン、１９８３年）がよく知られています。ファミコンはリコー製の「２Ａ０３」という、６５０２の一部の機能を変更したＣＰＵを搭載しています。また、ＮＥＣホームエレクトロニクスの「ＰＣエンジン」（１９８７年）は、ハドソンが開発した「HuC6280」という、６５０２を高速化して機能も拡張したＣＰＵを採用しています。

ファミコンやＰＣエンジンのように、マイクロプロセッサのＣＰＵを搭載した家庭用ゲーム機が登場するのはもう少し後のことですが、１９７５年にはいくつかの家庭用ゲーム機が登場して人気を集めます。

家庭で遊べるホームポンとテレビテニス

アタリ社の「ホームポン」(Home Pong)は、１９７５年のクリスマスに米国で大ヒットしました。ホームポンはアーケードゲームの「ポン」(１９７２年)を家庭用にした、据え置き型のゲーム機です。本体にダイヤル状のパドルコントローラを2個備えており、２人で遊ぶことができます。ゲームの内容はポンと同じですが、内部の構造はポンとは大きく違います。ポンは汎用のＩＣ(集積回路)を組み合わせて構築されていますが、ホームポンはポンの機能を1個のカスタムＩＣ(独自仕様のＩＣ)にまとめることによって、回路を大幅に単純化しています。ポンの基板には66個のＩＣが使われていますが、ホームポンに使われているＩＣはたった3個です。

このように構造が簡単になったことは、ホームポンの製造を容易にしたり、価格を下げたりする上で効果的だったと思われます。ポンは１９７２年から１９７４年にかけて約1万台を生産しましたが、ホームポンは１９７５年に15万台を生産しています。価格は約１００ドル（98・９５ドル）でした。

ホームポンより少し早い１９７５年9月には、日本初の家庭用ゲーム機が登場しました。エポック社の「テレビテニス」です。世界初の家庭用ゲーム機である「オデッセイ」（１９７２年）を発売した、米国のマグナボックス社との技術提携で生まれた製品です。発売時の定価は１９５００円でした。ゲームの内容はオデッセイの「テーブルテニス」に似ています。本体に4個のパドルコントローラを備えており、2人がそれぞれパドル（ラケット）を上下左右に動かすことができます。得点を表示する機能はないため、代わりとして本体に得点のカウンターが付いています。また、ゲームの映像をテレビ放送の電波（ＵＨＦ帯）として発信し、テレビ側はアンテナで受信できるため、ゲーム機とテレビの間をケーブルでつなぐ必要がないという特徴があります。

このように家庭用ゲーム機に新しい動きがあった１９７５年ですが、アーケードゲームにも節目となる製品が登場します。初めてマイクロプロセッサのＣＰＵを搭載した「ガンファイト」です。最初に、ガンファイトの元になったゲーム、「ウエスタンガン」を見てみましょう。

ウエスタンガン　〜跳弾が対戦を盛り上げる

タイトーが発売した「ウエスタンガン」は、西部劇を題材にした2人用の対戦ゲームです。プレイヤーの目的は、ガンマンを操作し、銃を撃って、相手を倒すことです。

ステージにはサボテンと岩が配置されています。弾がサボテンに当たるとサボテンが消え、弾が岩に当たると斜めに跳ね返ります。サボテンを使って身を隠したり、岩を使って弾を跳ね返すことで相手を惑わせたりといった、駆け引きの要素も盛り込まれています（図1）。

ウエスタンガンはコントローラも凝っています。左手で操作するレバーは、銃口の上下に使います。銃は斜め上、水平、斜め下に撃ち分けることができます。右手で操作するジョイスティックは、銃のグリップ（握り）を模した形状になっていて、ガンマンを上下左右斜めの8方向に移動させるために使います。また、このジョイスティックには銃のようにトリガー（引き金）が付いていて、トリガーを引くと弾を発射することができます（図2）。

弾が画面端や岩で跳ね返る動きには、ポンの影響も感じられます。スピーディーな弾の動きと、跳弾によって思わぬ方向に弾が飛ぶことによって、ウエスタンガンはスリリングなゲームに仕上がっています。

図1 ウエスタンガン（イメージ）

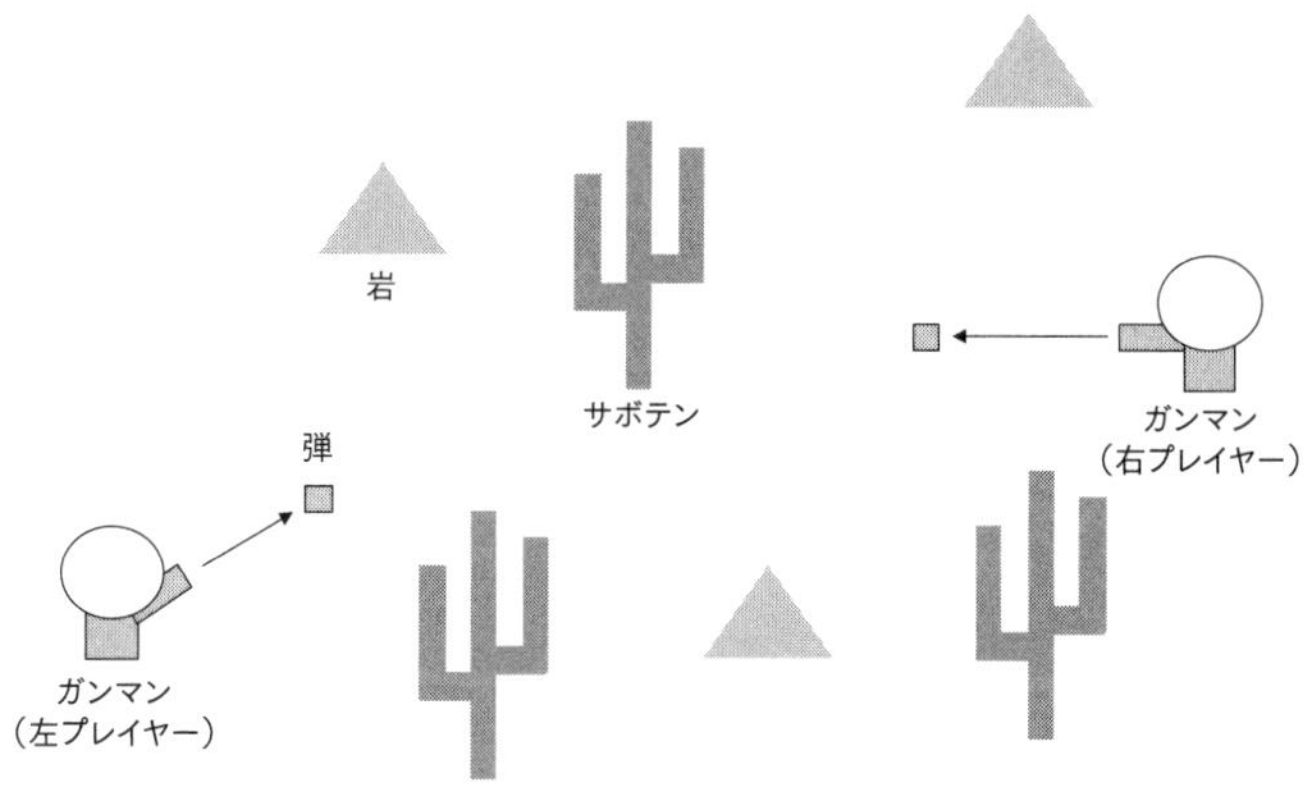

図2 ウエスタンガンのコントローラ

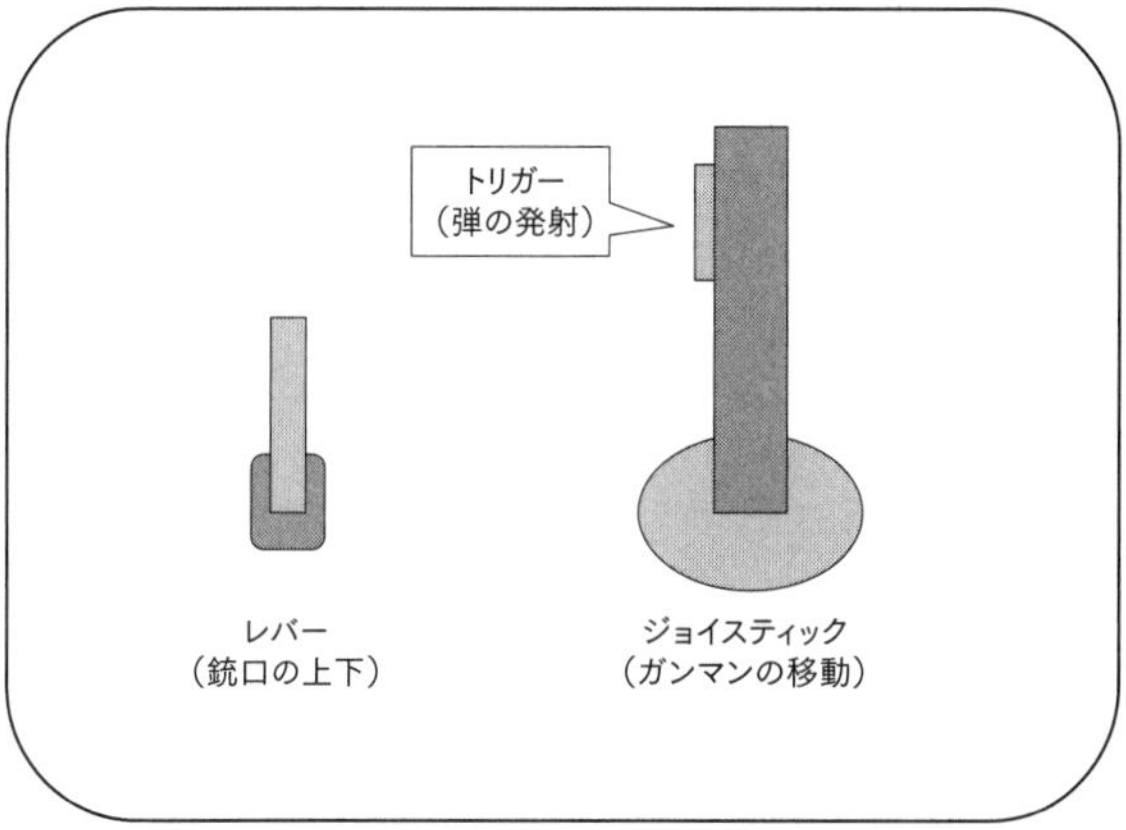

ガンファイト　～汎用性のパイオニア

　ウエスタンガンのライセンスを受けて、米国のミッドウェイ社は「ガンファイト」（Gun Fight）を開発します。このガンファイトは、アーケードゲームのビデオゲームとして、初めてマイクロプロセッサのCPUを使用したゲームです。CPUには、前年１９７４年にインテル社から発売されたばかりの「８０８０」を採用しています。なお、ビデオゲーム以外のアーケードゲームとしては、ガンファイトよりも前に、ピンボールにマイクロプロセッサの採用例があります。

　２人のガンマンが銃で対決する、というガンファイトの基本的な内容は、ウエスタンガンと同じです。しかし、キャラクターの見た目、動き、操作方法などは、かなり異なっています。ステージには岩はありませんが、サボテンや木が配置されており、ステージが進むと上下に移動する馬車も登場します（図3）。

　ガンファイトはデイブ・ナッチング・アソシエーツ（Dave Nutting Associates）社が開発しました。ナッチング・アソシエーツ社というと、史上初のアーケードビデオゲームである「コンピュータスペース」（１９７１年）を発売した会社ですが、こちらはデイブ・ナッチングの兄弟であるビル・ナッチング（Bill Nutting）が創業した、別の会社です。

　ガンファイトのコントローラはウエスタンガンに似ていますが、左手と右手の使い方が異なっています。左手で操作するジョイスティックで、ガンマンを上下左右に移動します。右手で操作するレバーは、ウエスタンガンと同様に銃のグリップを模した形状で、トリガーが付いています。このレバーで銃口を上下に動かし、トリガーで弾を発射します（図4）。

　ガンファイトはウエスタンガンに比べて、グラフィックスの解像度が高くなっています。キャラクター（ガンマン）も大きくなり、リアルさが増しています。また、動きの表現も細やかです。サボテンや木を撃つと、丸ごと消えるのではなく、当たった箇所よりも上の部

図3 ガンファイト（イメージ）

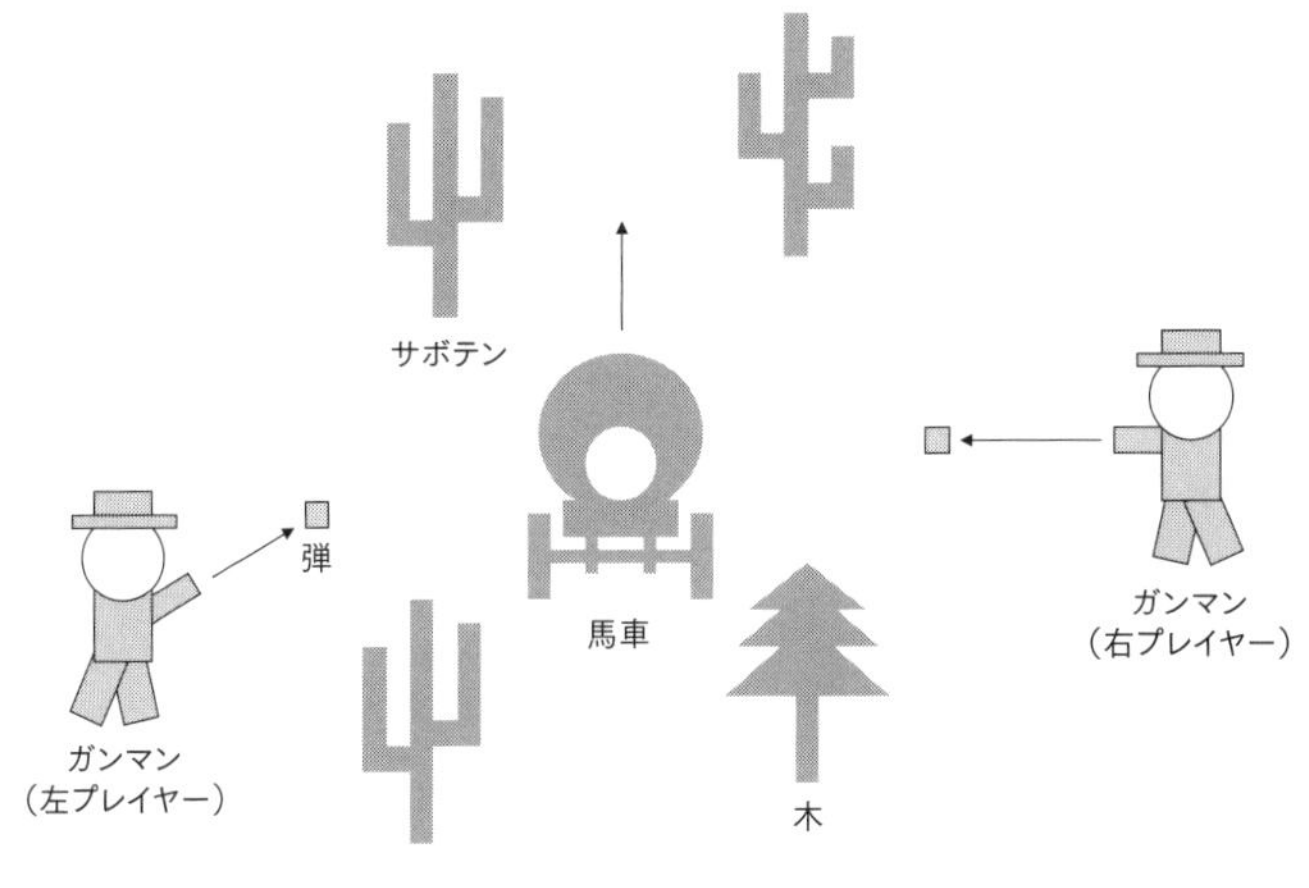

分だけがなくなります。銃口を上下させると、銃とガンマンの腕が滑らかに動き、弾を多くの方向に撃ち分けることができます。

このようなガンファイトの精細なグラフィックスは、フレームバッファという仕組みを使って実現されています。

フレームバッファ

フレームバッファはメモリの一種で、画面に表示する内容を記録します。一画面分の表示内容を丸ごと記憶しておけることが特徴です。フレーム（frame）とは、画面一枚分のことです。一方、バッファ（buffer）は、一時的にデータを蓄えておく記憶領域のことです。

ゲームをよく遊ぶ方は、「秒間60フレーム描

図4 ガンファイトのコントローラ

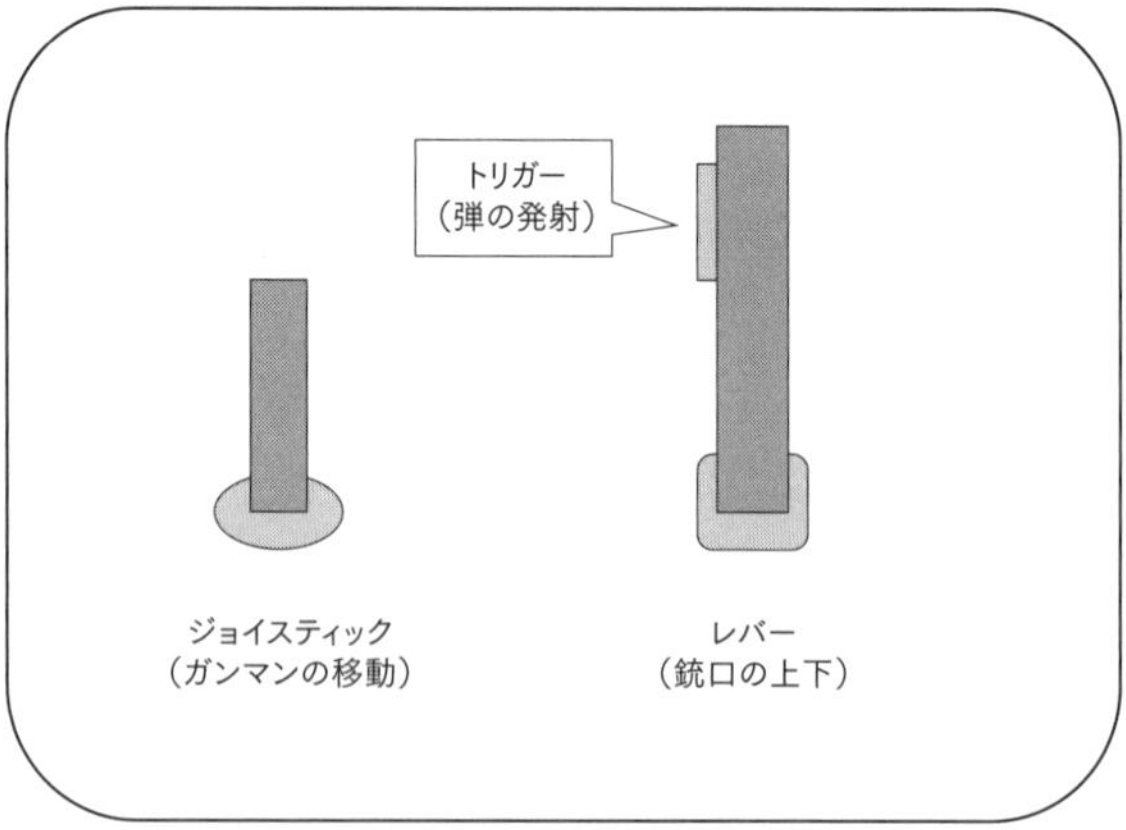

画」といった表現を見慣れているかと思います。この表現は、一秒間あたりに60枚の画面を描くこと（そして次々に入れ替えて表示すること）を意味します。

さて、フレームバッファを使って画面にキャラクターを表示するには、フレームバッファに対してキャラクターのデータを書き込みます。次の図は、画面を二色で塗り分けたフレームバッファの例です。ここでは黒色で描画する場所のデータを1、白色で描画する場所のデータを0で示しました。このフレームバッファの内容を、ハードウェアがテレビなどの表示機器に出力することによって、キャラクターが画面に表示されます（図5）。

大容量のメモリが低価格で入手できるようになった現在では、フレームバッファはグラ

図5　フレームバッファ

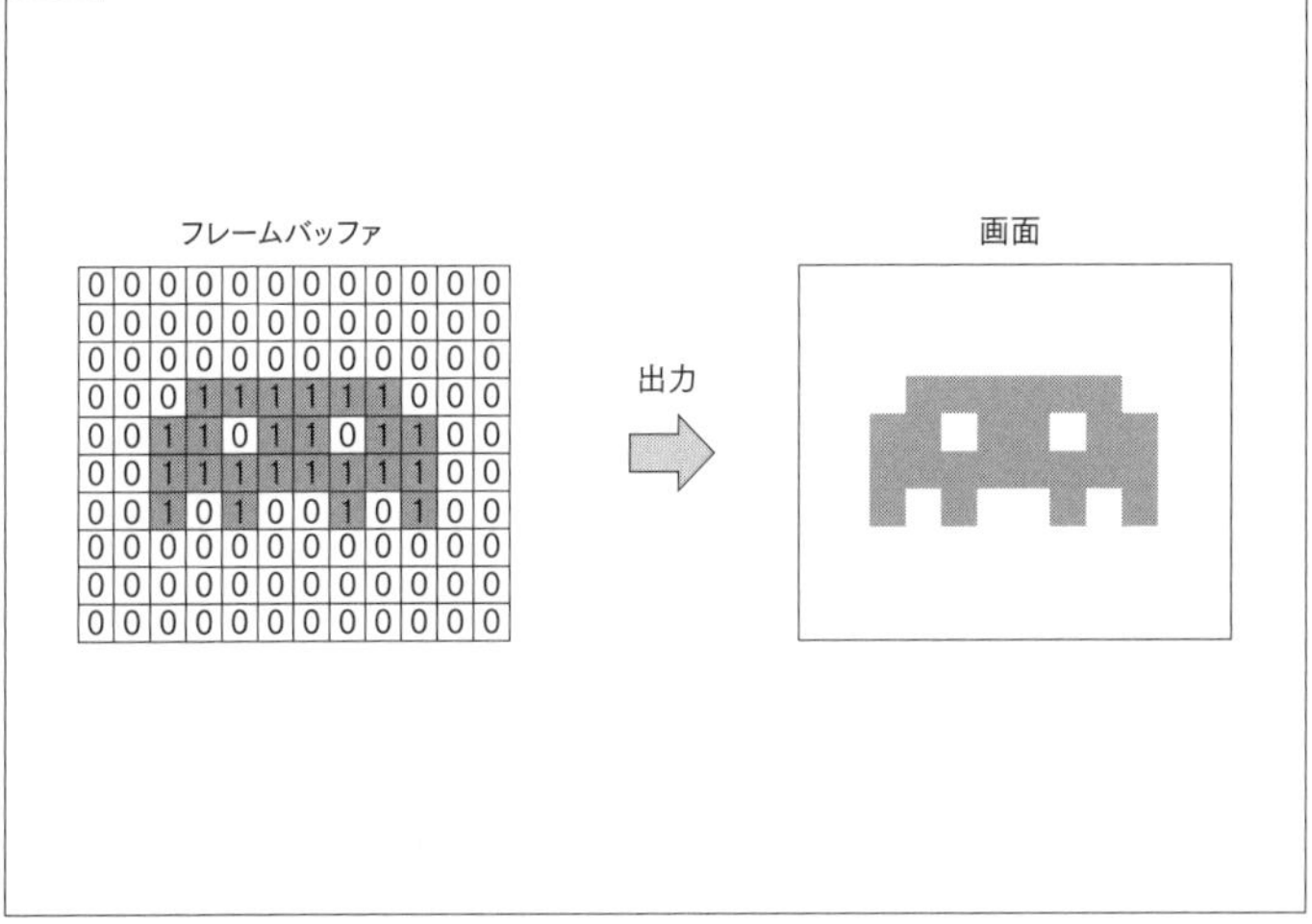

フィックス処理においてごく一般的に使われています。しかし、まだメモリが小容量で高価だった当時は、フレームバッファを搭載している機器は珍しいものでした。しかし集積回路技術の急速な発達により、１９７０年代の終わり頃には、色数は少ないながらも、家庭用のパソコンにもフレームバッファが搭載されるようになります。

ガンファイトのフレームバッファは、２５６×２２４ピクセルの解像度です。先ほどの例と同様に、画面を二色で塗り分けるので、１ピクセルを１ビットで表せます。一方、フレームバッファに対するデータの読み書きは、１バイト（8ビット）単位で行います。つまり、８ピクセル単位で読み書きを行うことになります。

横方向の解像度は２５６ピクセルなので、これはフレームバッファ上の２５６ビット、つまり３２バイトに相当します。これが２２４ライン分あるので、フレームバッファでは32バイト×２２４となり、これはちょうど７ＫＢ（キロバイト）の容量になります（図6）。

７ＫＢというのは、48×48ピクセルのフルカラー画像（1ピクセルを24ビットで表現）と同程度の容量です。48×48ピクセルというのは、Windowsの標準的なアイコンと同じサイズです。つまり、ガンファイトのフレームバッファは、アイコンを一つ格納したらいっぱいになってしまうのです。メモリが高価だった当時においては、フレームバッファの容量をこの程度に絞っておくことが妥当だったのでしょう。現在においても、パソコンの画面上に何枚もアイコンが並んでいるのを見ると、ガンファイトが開発された頃に比べて、いかにメモリが大容量かつ安価になったのかということを思い知らされます。

キャラクターの表示と移動 ～シフト演算

さて、フレームバッファにキャラクターのデータを書き込めば、画面にキャラクターを表示することができます。例えば、8×4ピクセルのキャラクターを、フレームバッファに書き込むことを考えてみましょう。ガンファイトのフレームバッファでは、1ピクセルあたり1ビットなので、8ピクセルで1バイト（8ビット）となり、8×4ピクセルならば4バイトです。つまり、ここでは4バイトの

図6 ガンファイトのフレームバッファ

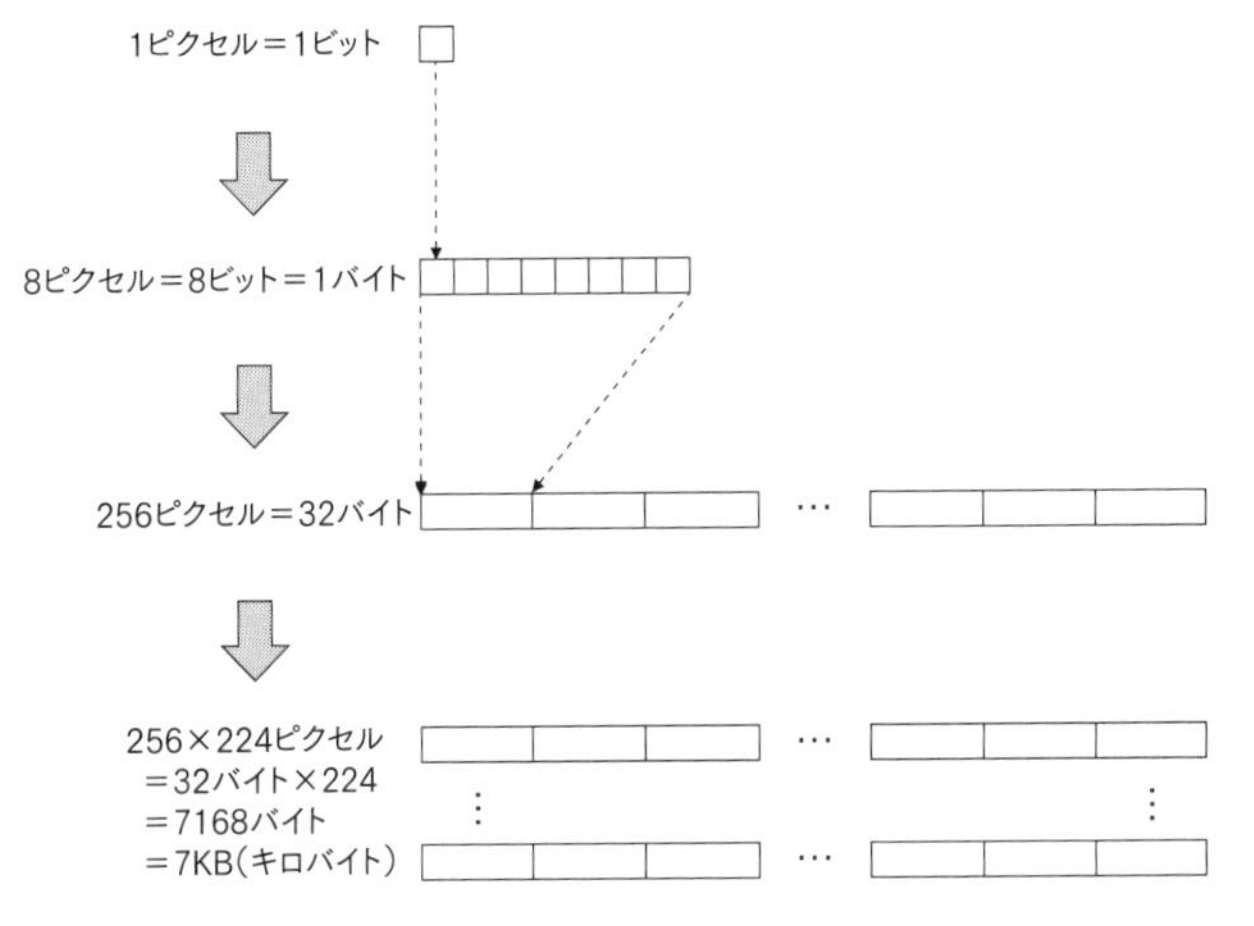

データを書き込めば、キャラクターを表示することができます。フレームバッファの内容は、画面を更新するタイミングで、ハードウェアが表示機器に出力してくれます（図7）。

キャラクターをフレームバッファに書き込む手順を、少し詳しく見てみましょう。ガンファイトのフレームバッファは1バイト（8ビット）単位で読み書きします。図で横に並んだ8ピクセル（8ビット）を、一度にフレームバッファに書き込むイメージです。

まず、キャラクターの1行目（1ライン目）をフレームバッファに書き込みます。このキャラクターは1行あたり8ピクセルなので、1バイト（8ビット）のデータを書き込めば、1行目は終わりです。2行目以降も同様に、1行ずつフレームバッファに書き込んでいき

図7 キャラクターの表示

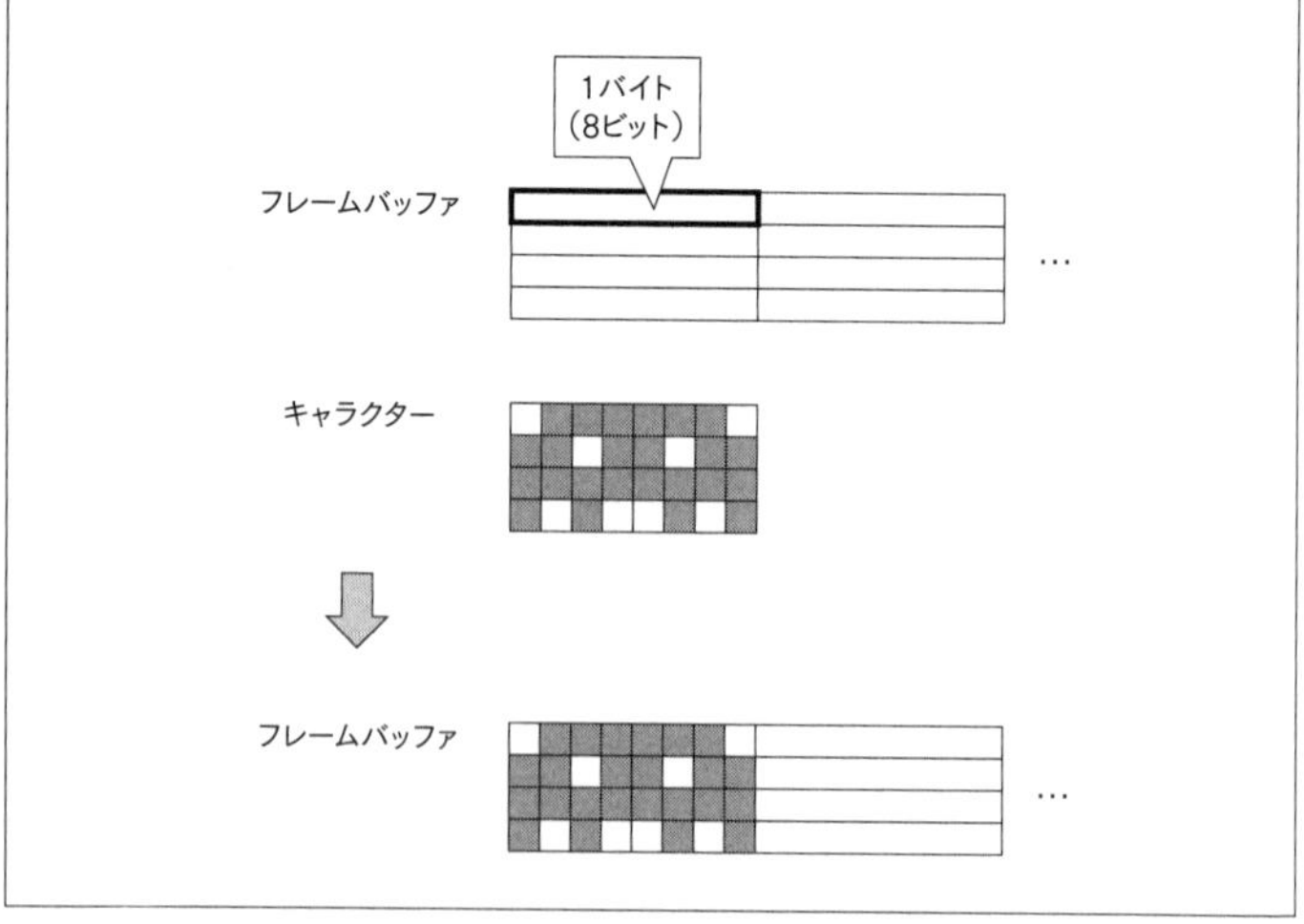

ます。全ての行を書き込んだら、キャラクターの書き込みは完了です（図8）。

次はキャラクターを右に移動させてみましょう。右に1バイト（8ビット）ずらして、フレームバッファの2バイト目（9ビット目）からキャラクターのデータを書き込みます。書き換えたフレームバッファの内容を、画面を更新するタイミングでハードウェアが表示機器に出力すれば、キャラクターが左から右に移動したように見えます（図9）。

しかし、この方法ではキャラクターが一度に8ピクセルも移動してしまいます。ガンファイトのように、キャラクターをもっと滑らかに移動させるには、どうしたらよいでしょうか？

一度に移動する距離を8ピクセルより小さ

図8 フレームバッファへ書き込む手順

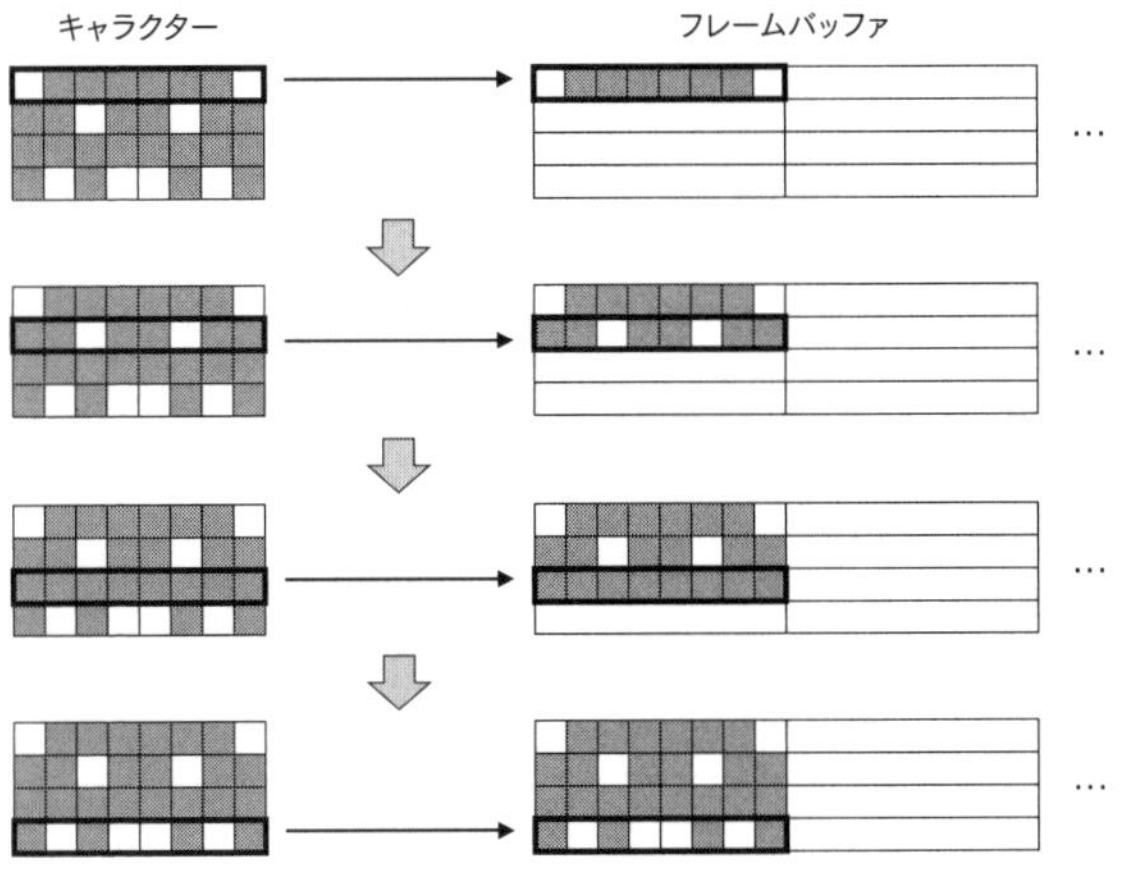

くして、例えば3ピクセルにしてみましょう。ここで、フレームバッファの3ビット目からキャラクターを書き込めれば話が早いのですが、フレームバッファには自由な場所から書き込むことができません。ガンファイトで使用しているフレームバッファは、先頭ないしは先頭から8ビット（1バイト）単位で離れた位置にしか、書き込みできない仕組みになっています（図10）。

そこで、キャラクターを3ビットずらしたデータを作成します。データをビット単位で左右にずらすには、シフトと呼ばれる演算を使います。この場合は、データを右に3ビット分シフトします。

元のデータは1行あたり8ビット（1バイト）ですが、シフトを使って、1行あたり16ビッ

図9 キャラクターの移動

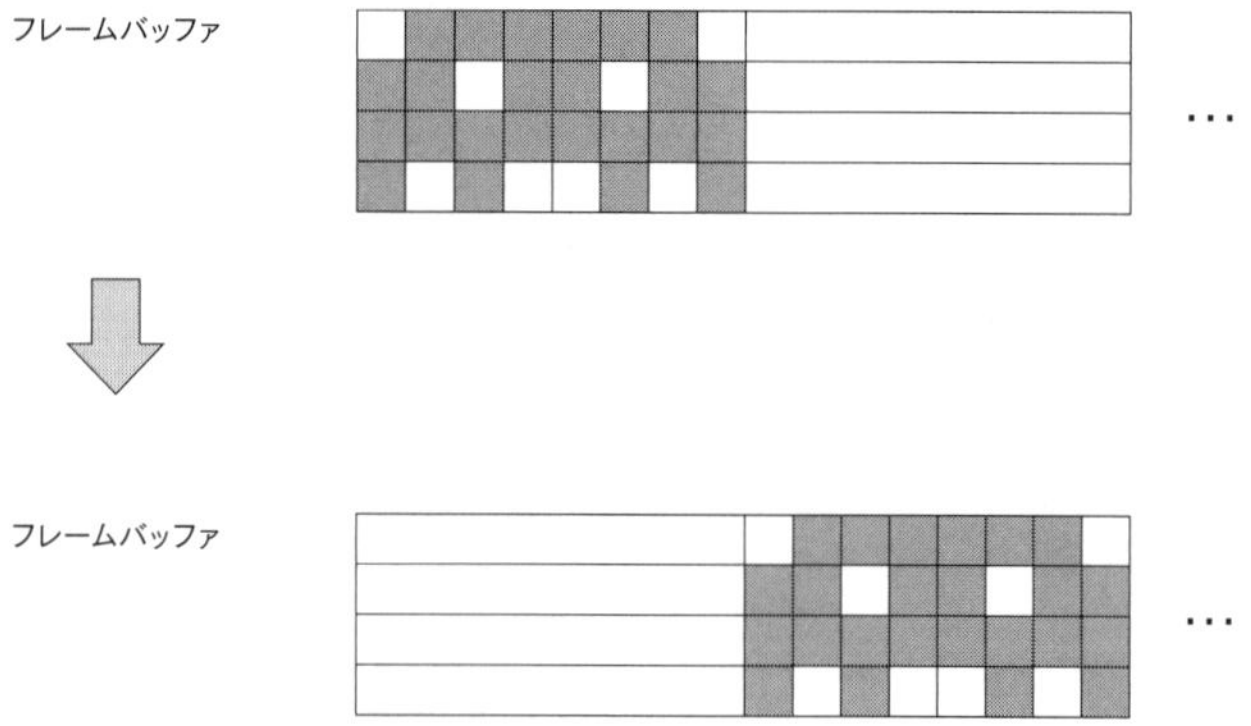

ト（2バイト）のデータを作成します。最初の3ビットの余白と、最後の5ビットの余白は、背景色で塗っておきます。キャラクターは4ビット目から11ビット目までです。このデータをフレームバッファに書き込みます（図11）。

　左側のバイトを書き込めば、余白の3ピクセルと、キャラクターの左側の5ピクセルが書き込めます。右側のバイトを書き込めば、キャラクターの右側の3ピクセルと、余白の5ピクセルが書き込めます。元のキャラクターは4バイトでしたが、キャラクターと余白を合わせて、フレームバッファに合計8バイトのデータを書き込むことになります。フレームバッファにバイト単位でしかアクセスできない都合で、書き込むデータ量が増えています。

図10　1バイト単位でないと書き込めない

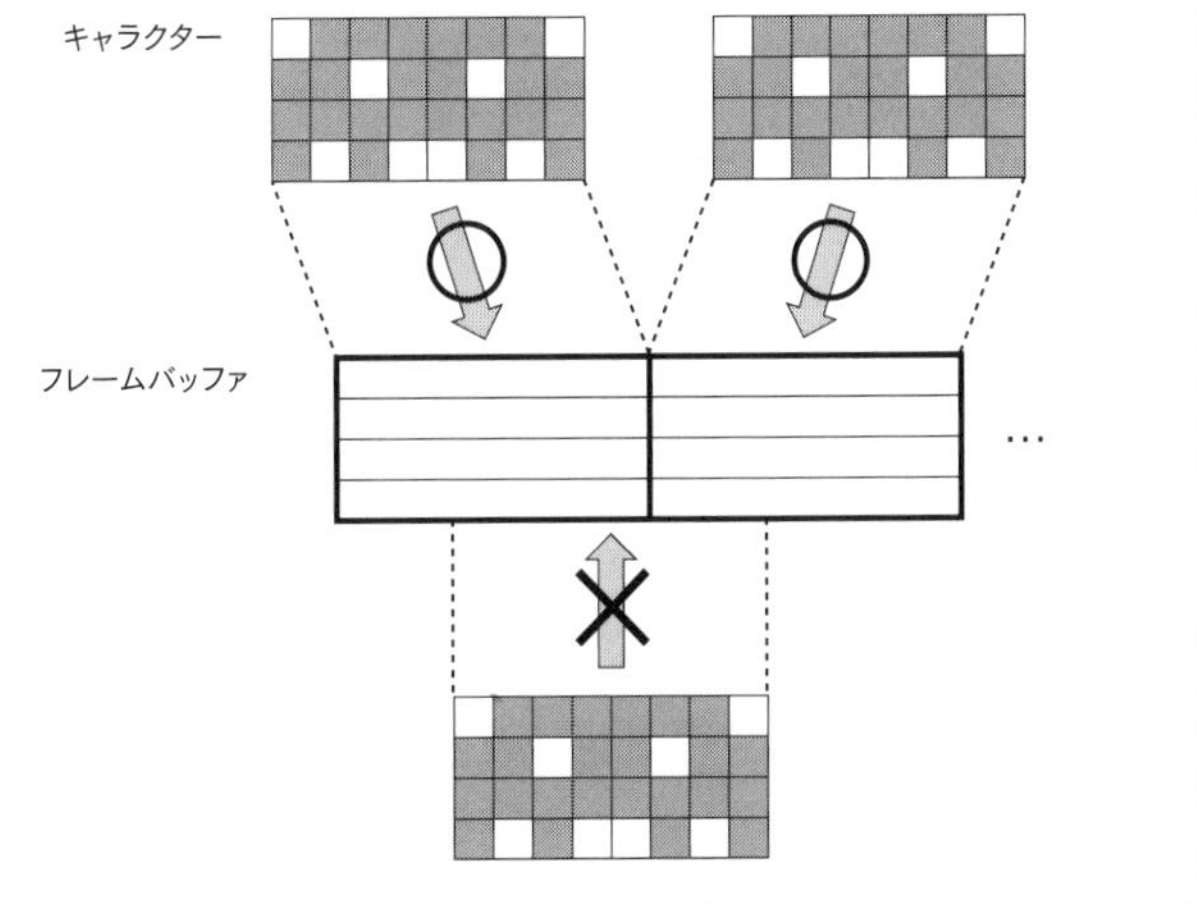

このようにキャラクターを細かく滑らかに動かすには、シフト演算を使ってキャラクターのデータを加工する必要があります。多くのＣＰＵはシフト演算機能があるので、この加工はＣＰＵを使って行えます。しかし、ガンファイトが使用しているＣＰＵの８０８０は、データを１ビットずつしかシフトすることができません。そのため、例えばデータを３ビット分シフトするには、シフトを３回繰り返す必要があり、その分、計算時間がかかります。

実はガンファイトには、キャラクターを滑らかに動かす処理を高速化するために、このような複数ビットのシフトを効率的に行うためのハードウェアが搭載されています。それがバレルシフタです。

図11 キャラクターの細かい移動

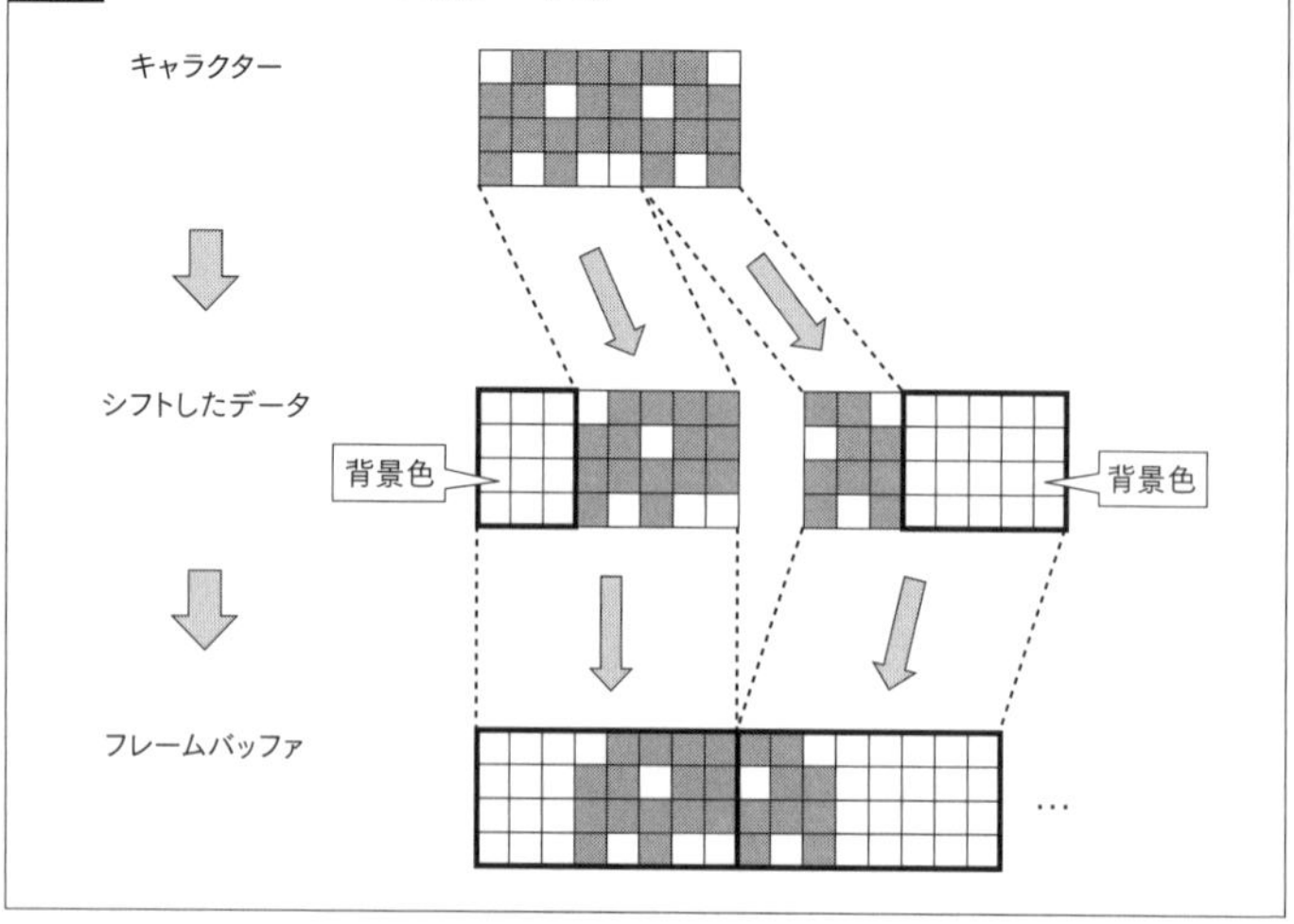

バレルシフタ ～原始的なグラフィックアクセラレータ

バレルシフタ（barrel shifter）というのは、複数ビットのシフトを高速に行う電子回路です。ＣＰＵに内蔵されていることもありますが、ＣＰＵとは独立した電子回路として用意することもできます。ガンファイトの場合には、８０８０とは別にバレルシフタの回路を基板上に用意しています。後には、バレルシフタの機能を提供するＩＣ（富士通のＭＢ１４２４１）も登場し、これは「スペースインベーダーパートⅡ」（１９７９年）などが採用しています。

ガンファイトのバレルシフタに入力するのは、16ビット（2バイト）のデータです。この16ビットのうち、指定した位置の8ビットのデータを、出力として取り出すことができます。

このバレルシフタを使って、先ほどのようにキャラクターを右に3ピクセル移動させるには、次のようにします。まずは左側の描画です。バレルシフタに、余白（8ビット）とキャラクターを左右でつないだ16ビット（2バイト）のデータを入力し、右端から左に3ビットずれた位置から、8ビット（1バイト）のデータを出力として取り出します。これで、キャラクターを右に3ビット分シフトしたデータが得られます。このデータをフレームバッファに書き込めば、キャラクターの左側を表示することができます。なお、ここではキャラクターの姿が分かりやすいように、4行分（4ライン分）のデータをまとめて示しましたが、実際には1行ずつ処理します

（図12）。

　右側の描画も同様です。バレルシフタにキャラクターと余白（8ビット）をつないだ16ビットのデータを入力し、右端から左に3ビットずれた位置から、8ビット（1バイト）のデータを出力として取り出します。このデータをフレームバッファに書き込めば、先ほどの左側とあわせて、キャラクターの全体を表示することができます（図13）。

　ガンファイトにおけるバレルシフタは、今日の言葉で言うところのグラフィックスアクセラレータ（グラフィックス処理を高速化するための装置）の一種とみなせそうです。現在のGPU（Graphics Processing Unit）に比べると非常に単純なものですが、ガンファイトにおいてキャラクターの滑らかな移動を実現するために

図12　バレルシフタを使った描画（左側）

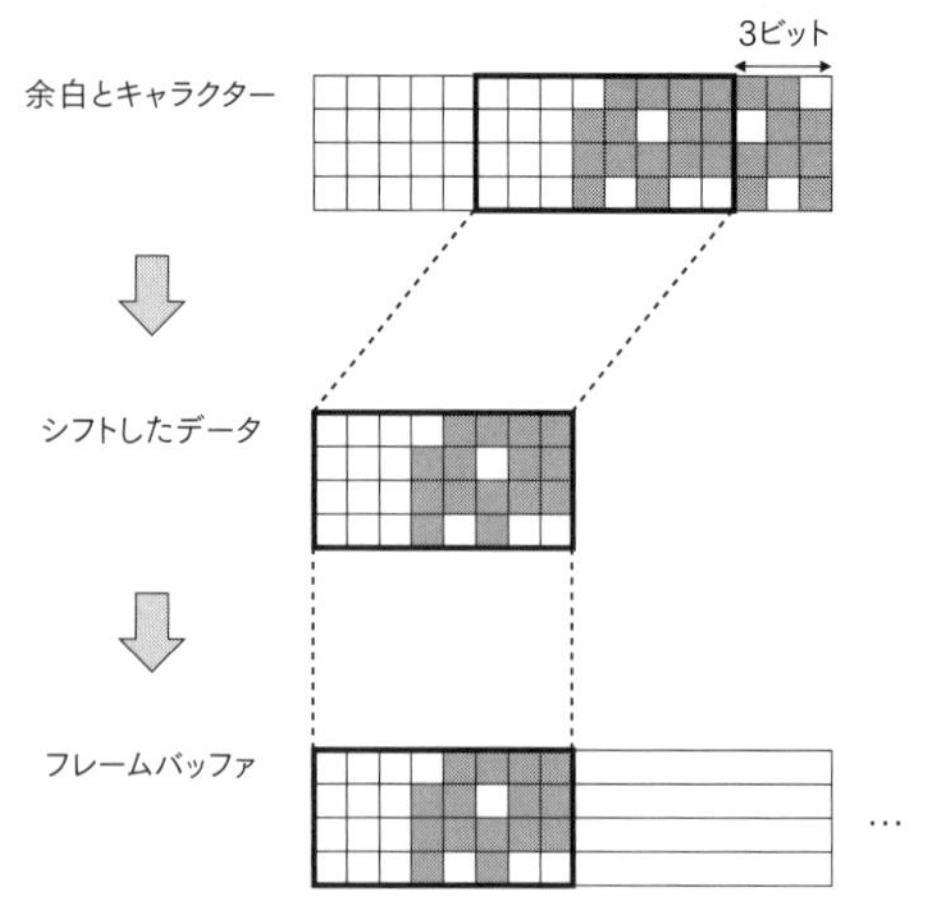

は、とても効果的な仕組みです。

ガンファイトとCPU

ガンファイトは、初めてCPUを採用したアーケードゲームです。この後、ミッドウェイ社はCPUを搭載した汎用のゲーム基板を開発し、ソフトウェアだけを載せ替えることによって、新商品を作り出せるようになります。その足がかりになった作品が、このガンファイトであるといえるでしょう。ゲームごとに基板を新規に開発するのではなく、汎用のゲーム基板上で動くソフトウェアだけを開発するスタイルは、アーケードゲームで広く採用されるようになります。

またガンファイトの持つ、CPUとフレー

図13 バレルシフタを使った描画（右側）

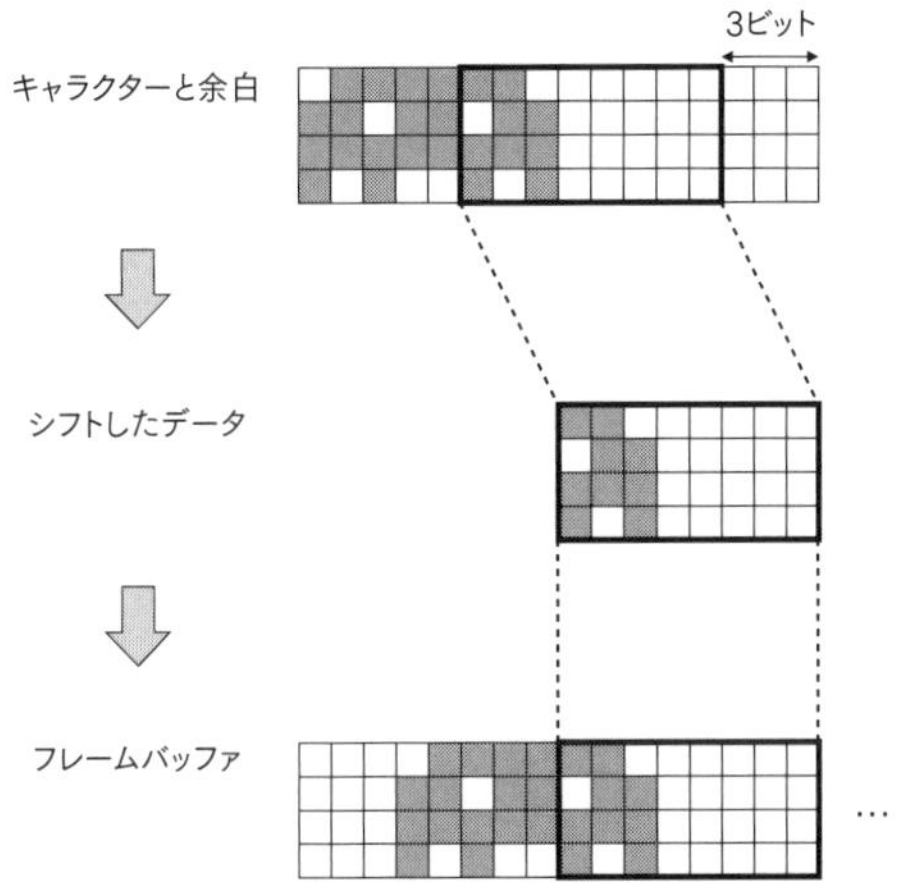

ムバッファの組み合わせは、汎用性が高く、今日でも広く使われており、パソコンでも採用されています。パソコンを例に、この汎用性について考えてみると、パソコン上では色々なアプリケーションが動作し、多様な用途に使われますが、それぞれの用途ごとに画面を描画する専用ハードウェアが必要なわけではありません。例えば、表計算を画面に表示するための専用ハードウェアや、ブラウザを表示するための専用ハードウェアなどは持っていないパソコンが一般的です。ＣＰＵとフレームバッファの組み合わせだけで、私たちが普段見ている多様な画面が実現できているのです。パソコンによっては、例えば３Ｄグラフィックスに特化したハードウェアを持っていますが、これは高速化のためのハードウェアで、ないと画面が表示できないというわけではありません。

ＣＰＵやフレームバッファを使って開発されたガンファイトは、原作であるウエスタンガンを開発したタイトーの西角 友宏氏にも影響を与えます。同氏が１９７８年に開発する「スペースインベーダー」のハードウェアには、ガンファイトのハードウェアとの共通点が多くあります。また、スペースインベーダーにおいて弾が当たったトーチカ（防御陣地）が欠けていく処理は、ガンファイトにおいて弾が当たったサボテンが欠けていく処理を思い起こさせます。

スペースインベーダーと関係が深いゲームがもう一つあります。それは１９７６年に発売されてヒットする「ブレイクアウト」で、日本でも「ブロックくずし」として人気を集めます。

1976年へ

1976年

「ブレイクアウト」

一人で遊べるポンを支えたRAMの技術

この年の事件

- ザイログ社が8ビットCPU「Z80」を発表。
- NECがワンボードマイコン「TK-80」を発売。
- シチズン時計が世界初のデジタル式アラーム付腕時計「クリストロン LCアラーム」を発売。

PUSH START BUTTON

今でも現役で使われているZ80の登場

1976年に登場するZ80は、インテル社で「8080」（1974年）を開発した嶋　正利氏らが、ザイログ社で開発した8ビットマイクロプロセッサです。8080に対する上位互換性があり、8080よりも高速なZ80は、パソコンやアーケードゲームなどのCPUとして、非常に広く使われます。

さらに、ザイログ社だけではなく、各社からZ80やその互換品が発売され、現在でも組み込み用などに使われ続けています。例えばパチンコやパチスロにおいて、「あたり」「はずれ」を決める抽選を行うメイン基板のCPUには、今でもZ80の互換品が使われています。派手な演出を行うためのサブ基板には、より新しく高性能なCPUが使われることが一般的になっていますが、メイン基板はZ80のままです。

これにはパチンコやパチスロなどの「遊技機」が、法律に基づく規則に準拠する必要がある、という事情があります。この規則は、遊技機のメイン基板におけるプログラムやデータの容量を定めていますが、それは数キロバイト程度しかありません。そのため、アセンブリ言語を用いてコンパクトなプログラムを作成する必要があります。また製品を発売するには、遊技機の試験を行う保安通信協会にプログラムを提出し、審査を受ける必要もあります。プログラムが色々なＣＰＵ向けに書かれていると、審査の作業が困難になるので、ＣＰＵをＺ80に限定することには確かに利点があります。

Ｚ80は誕生してからもう40年以上が経過していますが、このように今でも現役で使われているＣＰＵです。本書で紹介するアーケードゲームでは、「ギャラクシアン」（１９７９年）などがＺ80を採用しています。一方で、１９７６年にヒットしたアーケードゲームは、まだマイクロプロセッサのＣＰＵを搭載していませんでした。それが「ブレイクアウト」です。

ブレイクアウト　～テニスゲームから生まれたブロックくずし

アタリ社が発売したブレイクアウト（Breakout）は、日本では「ブロックくずし」として知られているゲームです。アタリ社の創業者であるノーラン・ブッシュネルが、一人でも遊べる「ポン」（１９７２年）を作りたいと望んだところから、ブレイクアウトが生まれます。

ブレイクアウトはポンと同様にパドル（ラケット）を使ったゲームです。パドルを左右に操作し、飛んでくるボールを跳ね返します。画面上方には多数のブロックが並んでおり、ボールを当てるとブロックを消すことができます。ボールを落とさないように跳ね返し続けて、全てのブロックを消すことがゲームの目的です（図1）。ブレイクアウトのチラシには、ハンマーでレンガ壁を崩す囚人が描かれており、監獄から脱走（ブレイクアウト）するイメージのようです。

パドルは青色、ブロックは黄色、緑色、橙色、赤色と、ブレイクアウトは色鮮やかなゲームになっています。しかし、ブレイクアウトに使われているのは、ポンと同様の白黒テレビです。テレビの表面に色セロファンを貼り付け、さらに場所によってセロファンの色を変えることによって、画面を華やかにしています。

ブレイクアウトのコントローラは、ツマミだけの非常にシンプルなものです。ポンと同様に、ツマミを回してパドルを操作します。

図1 ブレイクアウト（イメージ）

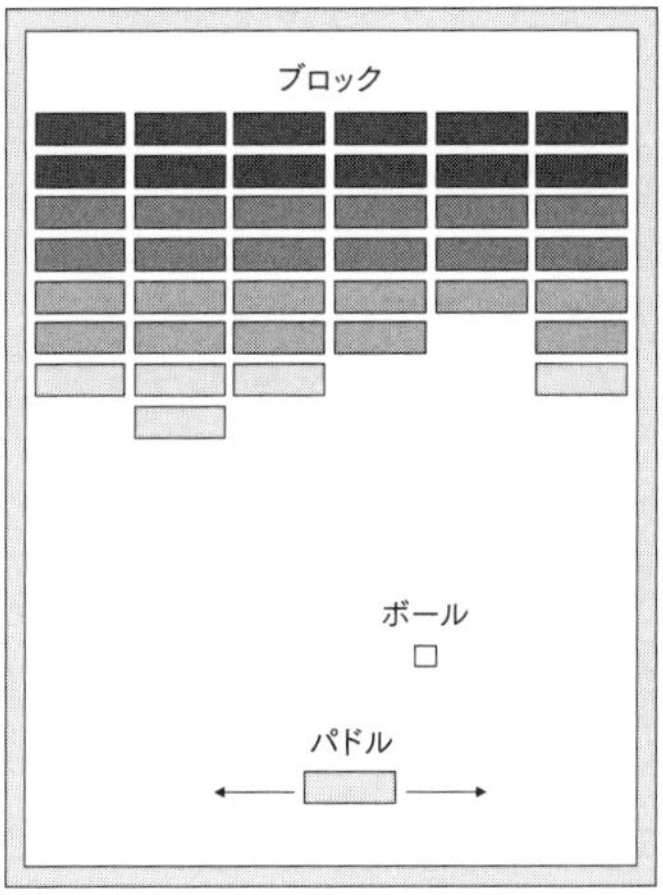

パドルは、やはり一直線上を往復する動きです。

この後、ブレイクアウト風のゲームが多数出現し、ブロックくずしはゲームの一ジャンルになりました。そのため、現在ではブロックくずしをテニスゲームの一種とは位置づけませんが、操作系を見るとポンの発展形として誕生したゲームなのだと感じさせられます。

ブレイクアウトは1人用なので、2人用のポンとは違い、ツマミは1個だけです（図2）。ただし、ブレイクアウトには2人で交互に遊ぶ機能もあります。

ブレイクアウトは、ゲームの盛り上げについてもポンのアイディアを踏襲しています。ボールをパドルに当てる位置によって跳ね返る角度が変わったり、跳ね返し続けるとボー

図2 ブレイクアウトのコントローラ

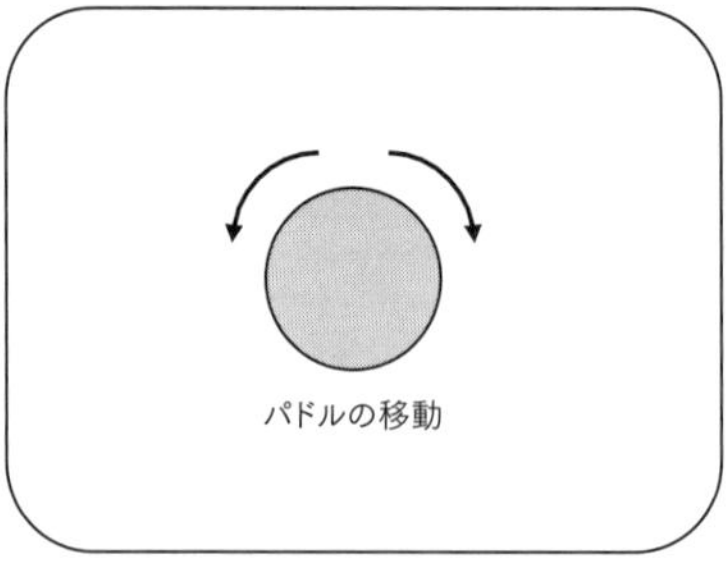

ルが速くなったり、といった要素をポンから引き継いでいます。ブレイクアウトではさらに、最上部にある赤色のブロックを消してボールが画面上端に当たると、パドルの長さが半分になり、ボールを跳ね返すことが非常に難しくなります。

日本におけるブーム

ブレイクアウトは日本にも色々な形で導入され、ブロックくずしブームを巻き起こします。ブロックくずしの家庭用ゲーム機も発売されたので、お持ちだった方もいらっしゃるでしょう。アタリ社からライセンスを受けたタイトーは、ブレイクアウトを日本で発売するとともに、テーブル筐体を開発しました。テーブル筐体とは、テーブルの形状をした筐体の中に、画面やアーケードゲームの基板を収めるものです（図3）。テーブル筐体の利点は、喫茶店などに配置すると、飲食物も置けるし、ゲームもできることです。限られたスペースで、高い収益が得られることが期待されます。

テーブル筐体は、ずいぶん後になっても喫茶店で見かけることがありました。テーブル筐体を食事に使うときは画面の上に皿を置くことになるため、筆者は子供の頃、家族に皿をどけてもらって遊んだ記憶があります。また、喫茶店ではない普通のゲームセンターで、ゲームを遊ぶと無料のコーヒーを持ってきて筐体に置いてくれる、というサービスも見かけたことがあります。後になると麻雀専用のテーブル筐体も見られましたが、遊びやすいように手牌の一枚一枚に対応したボタンを、合計十四個も備えているのが印象的でした。

ライセンスを受けていないブレイクアウトの類似作品も多く作られ、販売されました。一方で、ブレイクアウトのアイディアを使いながらも、独自の工夫を加えた作品が生まれます。

エキシディ(Exidy)社の「サーカス」(Circus、1977年)は、シーソーを使ってピエロをはね上げ、画面上部の風船を割るゲームです。基本的なゲーム性はブレイクアウトと同じですが、風船が左右に動くことや、ピエロのコミカルな動きなどに独自性があります(図4)。

ナムコの「ジービー」(1978年)も、ブ

図3 テーブル筐体

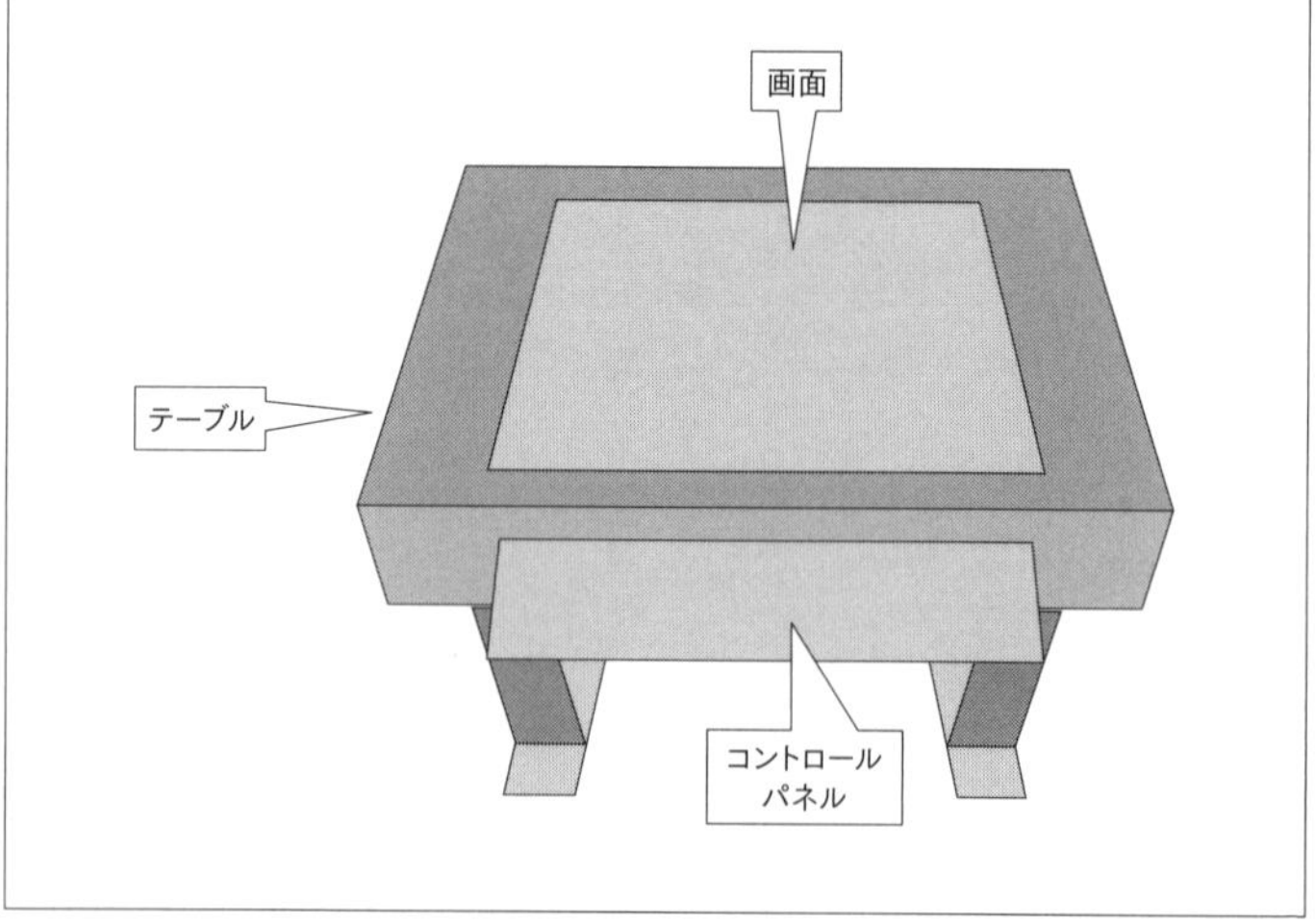

レイクアウトの影響を受けている作品です。ボールを跳ね返してブロックを消すことは同じですが、ピンボールの要素を取り入れているので、かなり違ったゲームに仕上がっています。このジービーは、ナムコが開発した初のアーケードビデオゲームです。

　ブレイクアウトから10年後に、タイトーが発売した「アルカノイド」（1986年）は、再びブロックくずしブームを起こします。アルカノイドは、アイテムやパワーアップなどの要素を取り入れ、ブロックくずしの新しい標準を作ることに成功したゲームです。

図4 サーカス（イメージ）

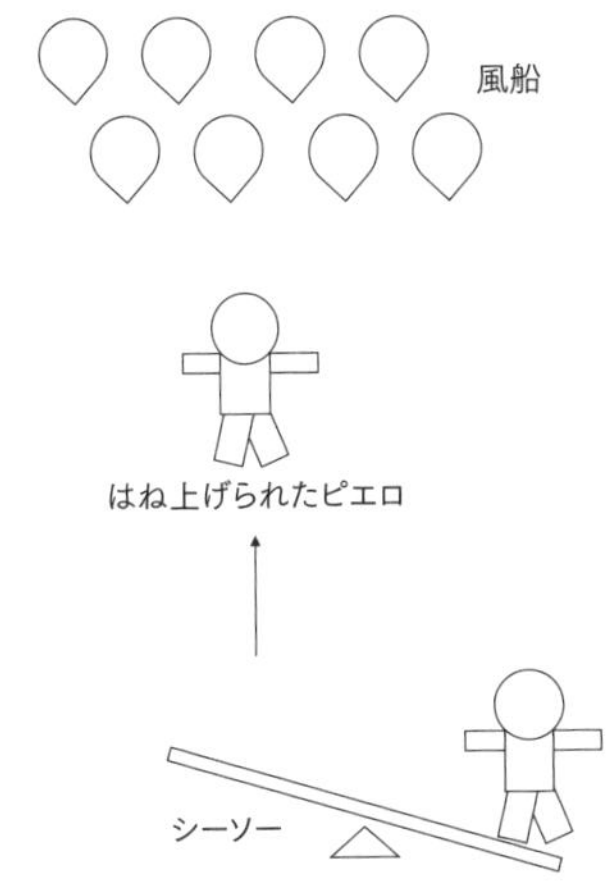

ブレイクアウトとアップル社の関係

ポンと同様に、ブレイクアウトは論理回路を組み合わせて作成されています。マイクロプロセッサは使われていません。ポンには66個のＩＣが使われていますが、ブレイクアウトではかなり数が増えて、１００個以上のＩＣが使われています。

そのためか、開発時にアタリ社はブレイクアウトのＩＣ使用数を減らす懸賞を行っています。当時アタリ社の社員だったスティーブ・ジョブズは、知人のスティーブ・ウォズニアックと共同で懸賞に応募しました。ウォズニアックは、ブレイクアウトのＩＣを44個に減らし、また懸賞の対象ではなかったようですが、ポンのＩＣを約30個に減らすことにも成功します。しかし、ウォズニアックがＩＣを減らしたブレイクアウトの基板は複雑すぎたため、実際に生産されたのは、前述のように１００個以上のＩＣを使った基板です。

そして１９７６年に、スティーブ・ジョブズとスティーブ・ウォズニアックは、アップル社を創業します。ブレイクアウトに関するウォズニアックの経験は、コンピュータ「Apple II」（１９７７年）の開発に活用されます。ウォズニアックはApple II用のソフトウェアとして、ブレイクアウトを再現した「ブリックアウト」（Brick Out）も作成しました。このゲームはBASIC言語で書かれています。

ＲＡＭ　～ポンにはなくてブレイクアウトにはある部品

ポンに似ていながらも異なるゲームであるブレイクアウトですが、基板にはポンになかった部品が使われています。それはＲＡＭ（Random Access Memory）、つまり読み書きが可能なメモリです。現在の一般的なパソコンのスペックには「メモリ ８ＧＢ」などと記載されていますが、このメモリというのはＲＡＭのことです。

ブレイクアウトに使われているＲＡＭは「８２Ｓ１６」というＩＣで、容量はわずか２５６ビット（32バイト）です。現在のＲＡＭは、例えば1個で16ギガビット（2ギガバイト）の製品ならば、実に６７１０８８６４倍（約６７１０万倍）の容量を持っています。１９７６年から今までの間に、メモリがいかに大容量になったかを思い知らされます。

ブレイクアウトはこの２５６ビットのメモリを、ブロックの状態を記録するために使います。ブロックは14個×8段＝１１２個あり、各ブロックの有無は1ビット（0または1）で表せるので、必要なメモリの容量は１１２ビットです。ブレイクアウトは2人のプレイヤーが交互に遊ぶので、２５６ビットのメモリを半分ずつ使って、各プレイヤーのブロックの状態を記録します。

RAMの仕組みと種類

８２Ｓ１６について少し詳しく見てみましょう。８２Ｓ１６は16個のピン（端子）を持つＩＣです（図５）。

ＶＣＣは電源電圧、ＧＮＤは接地（０Ｖ）です。Ａ０からＡ７には、読み書きしたいアドレス（address、メモリの番地）を入力します。ＤＩＮ（Data Input）はメモリに書き込むデータの入力、ＤＯＵＴ（Data Output）はメモリから読み出したデータの出力に使います。ＷＥ（Write Enable）はメモリに対するデータの書き込みを有効にします。ＣＳ１からＣＳ３（Chip Select）は、複数の８２Ｓ１６を並べて使うときに、アクセスの対象になるＩＣを選択するために使います。

図5 82S16

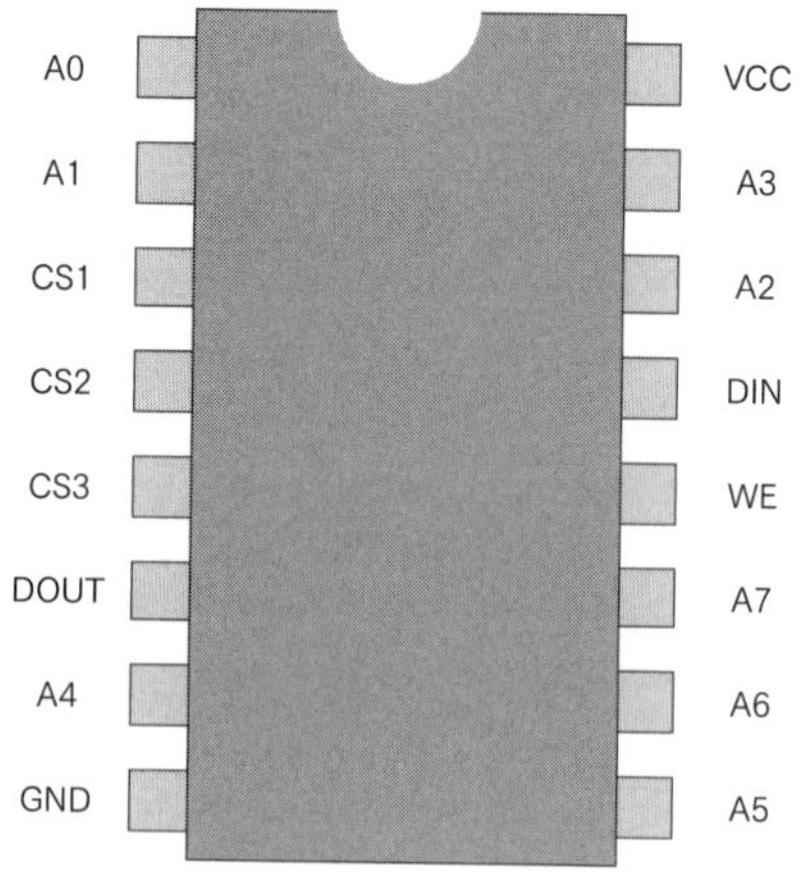

８２Ｓ１６はＳＲＡＭ（Static RAM、スタティックＲＡＭ）と呼ばれる方式のＲＡＭです。ＳＲＡＭはフリップフロップと呼ばれる回路を用いています。記憶容量あたりの価格は高くなりますが、高速な点や消費電力が少ない点が優れています。そのため現在のパソコンやゲーム機では、小容量ながらも高速なキャッシュメモリや、バッテリーで情報を保持する不揮発性メモリとして使われます。

ＳＲＡＭと並んで広く使われているのは、ＤＲＡＭ（Dynamic RAM、ダイナミックＲＡＭ）と呼ばれる方式のＲＡＭです。ＤＲＡＭは電荷を蓄える微小なコンデンサを使います。時間が経過すると放電によって情報が失われるため、リフレッシュと呼ばれる記録を保持するための操作が必要です。ＳＲＡＭに比べると容量あたりの単価が安い点が優れています。現在のパソコンやゲーム機では、大容量が必要となるメインメモリとして使われます。

ＤＲＡＭを使用するには、リフレッシュを行うための回路が必要です。そのため電子工作においては、ＤＲＡＭよりも回路が簡単になるＳＲＡＭを好んで使う傾向があります。ＳＲＡＭはＤＲＡＭよりも小容量で高価とはいえ、現在では例えば１ＭビットのＳＲＡＭを１００円程度で入手できるので、ちょっとした電子工作の用途には十分そうです。

１９７６年に登場したＺ80は、ＤＲＡＭのリフレッシュを支援する機能を搭載しています。通常のメモリの読み書きを行わないタイミングに合わせて、Ｚ80はリフレッシュに必要なメモリアドレスなどの信号を出力してくれます。この機能を利用すると、リフレッシュを行う回路の作成が簡単になります。

その後、時代とともにＤＲＡＭは大容量化し、高速化します。ＤＲＡＭの方式としては、高速ページモード付きＤＲＡＭ（Fast Page Mode DRAM）、ＥＤＯ ＤＲＡＭ（Extended Data Output DRAM）、ＳＤＲＡＭ（Synchronous DRAM）、ＲＤＲＡＭ（Rambus DRAM）、ＤＤＲ ＳＤＲＡＭ（Double Data Rate SDRAM）などが登場します。長年パソコンを使っている方は、パソコンを買うたびにＤＲＡＭの方式が次々に新しくなるのを目の当たりにされてきたことでしょう。現在のパソコンでは、ＤＤＲ ＳＤＲＡＭから派生した規格のＤＲＡＭが、メインメモリの主流になっています。

１９７５年には初めてマイクロプロセッサを使った「ガンファイト」が登場していますが、１９７６年に話題をさらったのはマイクロプロセッサを使わない「ブレイクアウト」でした。アーケードゲームは着実にマイクロプロセッサを使う方向へ進んでいきますが、１９７７年にはマイクロプロセッサ「ではない」ＣＰＵと、ベクタースキャンによるグラフィックスを使った、ユニークなゲームが登場します。キネマトロニクス社の「スペースウォーズ」です。

1977年へ

1977年

「スペースウォーズ」

精細な宇宙空間を描く ベクタースキャンの技術

この年の事件

- アタリ社が家庭用ゲーム機「Video Computer System」を発売。
- アップル社が8ビットパソコン「Apple II」を発売。
- 静止気象衛星「ひまわり」を打ち上げ。

PUSH START BUTTON

ブレイクアウトが自宅で遊べる「ＶＣＳ」

１９７７年は新しい家庭用ゲーム機が話題を集めます。アタリ社が「ホームポン」（１９７５年）に続く家庭用ゲーム機として発売した「Video Computer System」（ビデオ・コンピュータ・システム、ＶＣＳ）です。このＶＣＳは、エポック社が「カセットＴＶゲーム」（１９７９年）として日本にも輸入しています。１９８２年にはＶＣＳの後継機種である「Atari 5200」が発売されますが、従来のＶＣＳも「Atari 2600」と改称された上で、引き続き販売されます。

「ポン」（１９７２年）の専用機であるホームポンとは違い、ＶＣＳは別売のカートリッジを使って、色々なゲームを遊ぶことができます。世界初の家庭用テレビゲーム機である「オデッセイ」（１９７２年）も、カードを差し込むことでゲームが変わりますが、このカードは本体にあらかじめ組み込まれている回路を切り替えるのが主な役割でした。ＶＣＳのカートリッジは、ゲームのプログラムやデータを収録したＲＯＭカートリッジです。「ファミリーコンピュータ」（ファミコン、１９８３年）などの多くの家庭用ゲーム機もＲＯＭカートリッジ方式ですが、この方式はＶＣＳから始まりました。

ＶＣＳにはアーケードゲームの移植版が豊富に揃っています。例えば本書で紹介しているゲームでは、「ブレイクアウト」（１９７６年）、「サーカス」（１９７７年）、「スペースインベーダー」（１９７８年）、「ギャラクシアン」（１９７９年）、「パックマン」（１９８０年）などが移植されています。

ＶＣＳはＣＰＵとして、モステクノロジー社の「６５０７」という8ビットマイクロプロセッサを搭載しています。６５０７は「６５０２」（１９７５年）の廉価版です。６５０２はアドレス用に16本のピン（端子）を備えていますが、６５０７ではアドレス用のピンが13本に削減されています。16本の場合は、16ビット＝６５５３６＝64キロバイト分のアドレスを表すことができますが、13本の場合は、13ビット＝８１９２＝8キロバイト分のアドレスしか表すことができません。そのため、６５０７が効率的にアクセスできるメモリの容量は、８キロバイトまでに制限されます。その代わりにピンの数を減らすことができるので、６５０２が40ピンのパッケージであるのに対して、６５０７はより小型の28ピンのパッケージとなっています。

ＶＣＳのコントローラとしては、ジョイスティック、パドル、光線銃などが用意されています。これらのコントローラを接続するためには、D-sub 9ピンの端子を使います。この接続端子の仕様は通称「アタリ仕様」と呼ばれていて、その後の多くのパソコンやゲーム機において、ジョイスティックやゲームパッドなどを接続するための仕様として長く使われます（図1）。

ＶＣＳが人気を集める一方で、１９７７年にはユニークなアーケードゲームも登場します。シネマトロニクス（Cinematronics）社の「スペースウォーズ」（Space Wars）です。

スペースウォーズ ～再びスペースウォー!がアーケードゲームに

スペースウォーズは、2人のプレイヤーが各々の宇宙船を操作して、相手の宇宙船を撃墜する対戦ゲームです。このゲームには重力の概念があり、画面の中心にある星に宇宙船が引っ張られます（図2）。

スペースウォーズは各プレイヤーに5個のボタンが与えられています。左右への旋回ボタンと前進ボタンで自機を操作し、発射ボタンで弾を撃ちます。最後のボタンは、ハイパースペース（超空間）に入るために使います。

図1 D-sub 9ピン端子

このボタンを押すと、自機が一度消えた後に、画面上のランダムな位置に再び現れます。つまり、ワープするためのボタンです（図3）。

　このゲーム内容はどこかで見たような…とお気づきのことでしょう。実はこのスペースウォーズは、ミニコンのPDP－1で動いていた「スペースウォー！」（1962年）を再現したアーケードゲームです。スペースウォーズの開発者であるラリー・ローゼンタール(Larry Rosenthal) は、スペースウォー！が開発されたMIT（マサチューセッツ工科大学）の卒業生です。ローゼンタールがスペースウォー！を遊ぶために、独自に開発したハードウエアとソフトウェアが、スペースウォーズの元になっています。

図2　スペースウォーズ（イメージ）

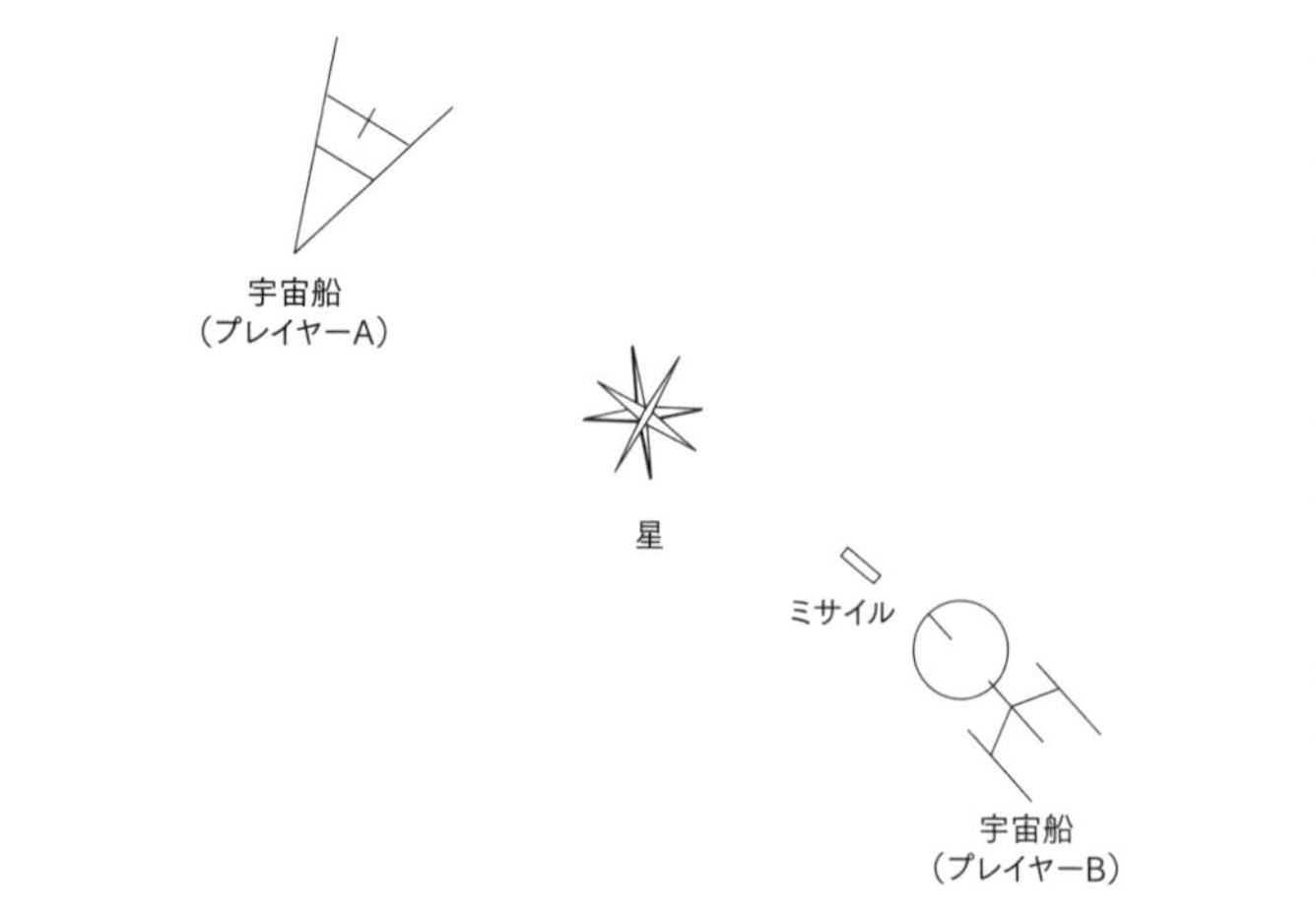

ベクタースキャン

スペースウォーズの特徴は、原作のスペースウォー！が使っていたベクタースキャン方式の表示を再現していることです。そのため、原作に近い高解像度でシャープな映像が得られています。スペースウォーズは、アーケードビデオゲームで初めてベクタースキャンを採用した作品です。

スペースウォー！に着想を得たゲームとしては、世界初のアーケードビデオゲームである「コンピュータスペース」（1971年）がありますが、表示はラスタースキャン方式です。解像度が低く、キャラクターが粗いピクセルで構成されているため、原作とは違った雰囲気になっています。

図3 スペースウォーズのコントローラ

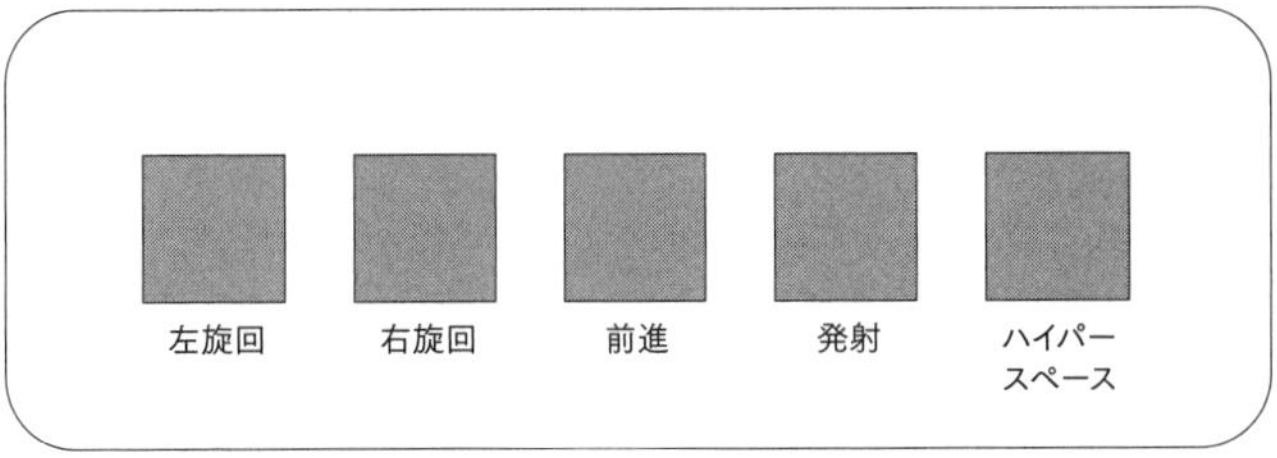

前述のようにラスタースキャンでは、画面全体を電子ビームでジグザグに走査します。走査の過程で、電子ビームの強さを変化させることによって、ピクセルを描きます。

それに対してベクタースキャンでは、描きたい図形の形状に沿って、電子ビームを動かします。電子ビームをペンのように使って、図形を直接描くイメージです（図4）。

オシロスコープ（電気的な振動を表示する計測装置）の画面には、ベクタースキャンと同じ方式が使われています。また、遊園地やイルミネーションなどのイベントで、レーザーを使って夜空に図形を描くショーがありますが、これもベクタースキャンに近い方式だといえます。

ラスタースキャンで図形を表示する場合、

図4 ラスタースキャンとベクタースキャン

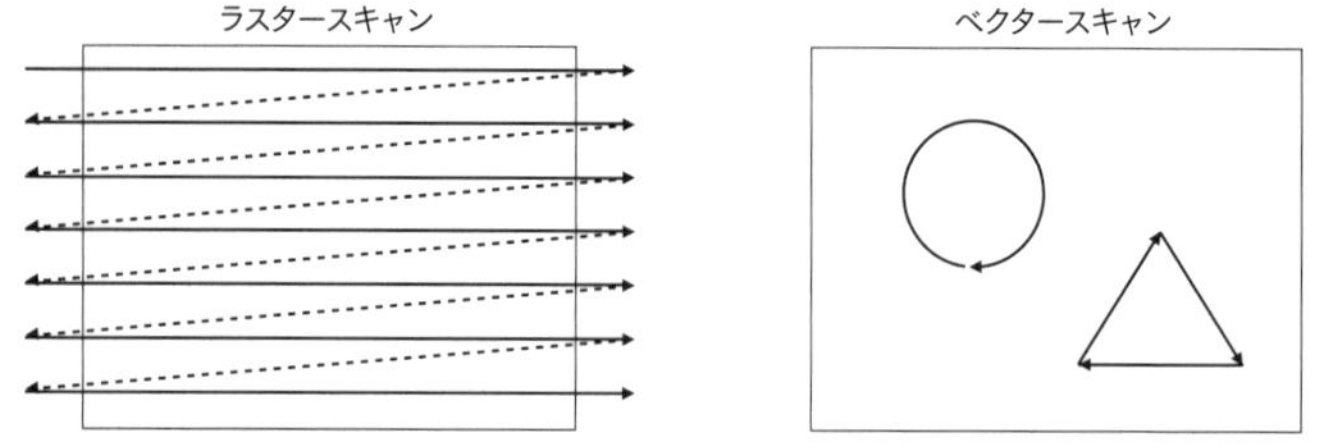

ピクセルを使って図形を描くので、ピクセルが十分細かくないと、斜めの線がギザギザになってしまいます。それに対してベクタースキャンでは、ピクセルとは無関係に図形を直接描くので、斜めの線でも滑らかに描くことができます（図5）。

　ラスタースキャンに対してベクタースキャンには、画面に表示する内容を記録しておくメモリが少なくて済む、という利点もあります。ラスタースキャンの場合には、図形を構成する膨大なピクセルの情報を記録しておく必要がありますが、ベクタースキャンの場合には、図形の頂点座標だけを記録しておけば済みます。このためメモリの容量が小さく高価だった時代には、ベクタースキャンの利点が大きかったといえます。

図5 ラスタースキャンとベクタースキャンによる図形の描画

一方で、大容量のメモリが安価に入手できるようになると、表現力においてラスタースキャンがベクタースキャンに勝るようになります。そのため現在では、大部分の用途でラスタースキャンが使われています。とはいえ、ベクタースキャンの画面には独特の雰囲気があり、今見てもラスタースキャンにはない魅力を持っています。

スペースウォーズの後、ベクタースキャンを使ったアーケードゲームが数多く登場します。また１９８２年にはゼネラル・コンシューマー・エレクトロニクス社（General Consumer Electronics、ＧＣＥ）が、ベクタースキャンを使った家庭用ゲーム機「ベクトレックス」（Vectrex）を発売します。このゲーム機は「光速船《こうそくせん》」という名前で、１９８３年にバンダイが日本で発売しています。価格は５４８００円と、なかなか高価な製品です。

ベクトレックスと光速船でユニークなのは、通常の家庭用テレビではベクタースキャンに対応できないので、専用のテレビが同梱されていることです。このテレビは９インチのブラウン管で、縦置き（縦長）になっています。画面は白黒ですが、カラーテレビに必要なシャドーマスク（電子ビームを赤、緑、青に割り振るための網目状の部品）がないため、シャドーマスクの細かさに解像度が制限されないという、ベクタースキャン特有の映像を楽しむことができます。

マイクロプロセッサではないCPU

スペースウォーズには、ベクタースキャン以外にも興味深い点があります。それは、マイクロプロセッサではないＣＰＵを搭載している点です。このＣＰＵは「ＣＣＰＵ」(Cinematronics CPU)と呼ばれる、シネマトロニクス社による独自のＣＰＵです。

「６５０２」(１９７５年)や「Ｚ80」(１９７６年)といったマイクロプロセッサのＣＰＵは、ＣＰＵの機能が1個のＩＣにまとめられています。それに対して、ＣＣＰＵのようにマイクロプロセッサではないＣＰＵは、複数のＩＣを組み合わせて、ＣＰＵに相当する機能を実現しています。このようなＣＰＵの実現方法は、マイクロプロセッサのＣＰＵが普及する前には、広く使われていました。

ＣＣＰＵは制御ユニットと演算ユニットから構成されています。これらは演算用のデータを記録するＲＡＭ、ゲームのプログラムやデータを記録したＲＯＭに接続されています。コントローラや画面などには、Ｉ／Ｏ(Input/Output、入出力)を介して接続されています。以上の構成を図に示しましたが(図6)、図中のどの範囲までをＣＣＰＵと呼ぶのかは曖昧なようです。

制御ユニットと演算ユニットには、ポンなどと同じく、74シリーズのＩＣが多く使われています。74シリーズはＴＴＬの論理回路として代表的な製品です。制御ユニットはメモリからプログラムを読み込み、プログラムに書かれた命令を実行します。演算ユニットは、論理演算や加減算を行うＡＬＵ（Arithmetic Logic Unit、算術論理演算装置）や、作業用のメモリを使って、種々の計算を行います。

　ＡＬＵには「２５ＬＳ１８１」という、７４シリーズの「７４１８１」というＩＣの互換品が使われています。これらのＩＣは、マイクロプロセッサのＣＰＵが普及する以前の、マイクロプロセッサではないＣＰＵを構成するための部品として、ミニコンなどで広く使われてきました。

　２５ＬＳ１８１は、２個の４ビットの数値に対して、指定した演算を行うことができます。演算としては、論理演算（「ＡかつＢ」や「ＡまたはＢ」のような演算）と算術演算（加減算

図6 CCPUの構成

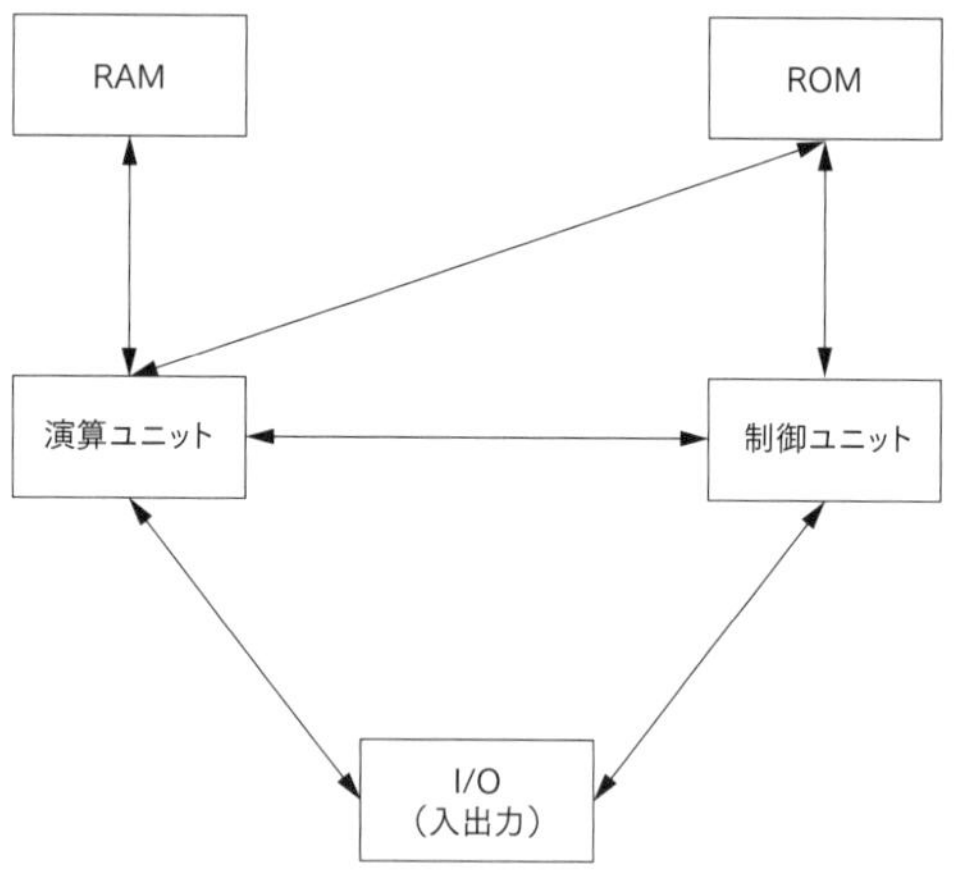

など）が、各16種類ずつ用意されています。スペースウォーズでは、この25LS181を3個接続して、12ビットのALUを構成しています。

25LS181は24本のピン（端子）を持つICです。A0〜A3とB0〜B3には2個の数値を入力し、結果の数値はF0〜F3に出力されます。演算の種類はS0〜S3への入力で選択し、論理演算と算術演算はMで切り替えます。Cn、Cn+4、G、Pはキャリー（演算時に生じた繰り上がりや繰り下がり）を処理するために使います。A=Bは比較演算の結果を出力します（図7）。

25LS181はレイセオン（Raytheon）社の製品です。レイセオン社はミサイルやレーダーなどを扱っている軍需製品メーカーで、

図7 25LS181

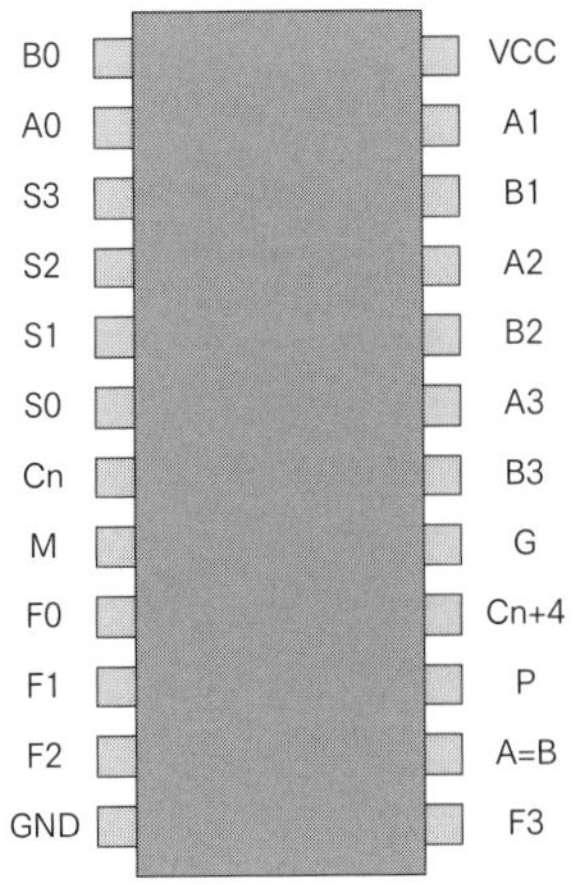

１９９１年の湾岸戦争において広く知られるようになったパトリオットミサイルも、同社の製品です。

元々コンピュータは軍事用として発達してきました。例えば、黎明期の電子計算機の一つであるＥＮＩＡＣ（エニアック、１９４６年）は、砲撃の弾道計算用に開発されました。また、最初期のマイクロプロセッサである４００４（１９７１年）に先駆けて、１９７０年には軍事用のＭＰ９４４というマイクロプロセッサが設計を完了していました。ＭＰ９４４は、１９８６年の映画「トップガン」や擬似３Ｄシューティングゲーム「アフターバーナー」に登場する戦闘機「Ｆ-14トムキャット」において、飛行制御用のコンピュータとして採用されました。

1971 1972 1973 1974 1975 1976 1977 1978

スペースウォーズが発売された１９７７年は、映画「スターウォーズ」（Star Wars）シリーズの最初の作品が公開された年でもあります。人々が宇宙に関心を持っていたことも助けたのか、スペースウォーズは人気を集めます。しかし１９７８年には、圧倒的なブームを巻き起こすゲームが出現します。それが「スペースインベーダー」です。

1978年へ

1978年

「スペースインベーダー」

処理速度の遅さを逆手にとる技術

この年の事件

- インテル社が16ビットCPU「8086」を発表。
- シャープが8ビットパソコン「MZ-80K」を発売。
- 日立が8ビットパソコン「ベーシックマスター」を発売。
- 東芝が世界初の日本語ワードプロセッサ「JW-10」を発表。

PUSH START BUTTON

最初のx86プロセッサ「8086」の登場

１９７８年にインテル社が発表した「８０８６」は、「x86」というアーキテクチャに基づく最初のマイクロプロセッサです。x86アーキテクチャは、今日でも活躍しています。例えば、パソコンによく搭載されているインテルCoreシリーズのプロセッサも、x86アーキテクチャとの互換性を保っています。

最初の８０８６と、続く８０１８６と８０２８６は、16ビットのＣＰＵです。その後の８０３８６、４８６、Pentiumシリーズ、Coreシリーズなどは、32ビットのＣＰＵです。x86という名称は、８０８６から４８６までの型番の末尾が86であることに由来します。なお、Pentiumシリーズや Coreシリーズには、64ビットのアーキテクチャである「x64」に対応したＣＰＵが多くあります。これらのＣＰＵは32ビットと64ビットの両方に対応しているといえます。

８０８６は色々なパソコンに採用されています。例えばＮＥＣの「ＰＣ－９８０１」（１９８２年）は、８０８６互換の「μＰＤ８０８６」というＮＥＣ製のＣＰＵを搭載しています。ＣＰＵの動作周波数は５ＭＨｚなので、５ＧＨｚ程度で動作する今のＣＰＵと比べると、１／１０００程度です。ＰＣ－９８０１に始まるＰＣ－９８００シリーズは、以後の製品も

８０８６、８０２８６、８０３８６などのＣＰＵや、その互換ＣＰＵを採用し続けます。

アーケードゲームでは、「R-TYPE」（１９８７年）が、８０８６の上位互換品であるＮＥＣ製の「Ｖ３０」（１９８４年）を採用しています。モトローラ社の16ビットＣＰＵ「６８０００」（１９８０年）を採用したアーケードゲームが目立ち、それに比べると８０８６の採用例はそれほど多くはありません。

16ビットの８０８６を採用したパソコンが登場するのはもう少し後ですが、１９７８年には日本で初めて８ビットパソコンが登場します。

日本初のパソコンが登場

１９７８年頃は、まだパソコン（パーソナルコンピュータ）のことを、マイコン（マイクロコンピュータ）と呼ぶことが広く行われていました。日本のパソコン（マイコン）が、「ＴＫ－８０」（１９７６年）のような半完成品のキットから、ＢＡＳＩＣなどのソフトウェアも備えた完成品に移行していったのは、この頃からです。

日立の「ベーシックマスター」は、ＣＰＵに「６８００」（１９７４年）の互換品である日立製の「ＨＤ４６８００」を採用した、８ビットパソコンです。ＣＰＵの周波数は７５０ｋＨｚで、

4KBのRAMと、8KBのROMを搭載しています。価格は188000円でした。BASICインタプリタ（BASIC言語のプログラムを実行するためのソフトウェア）をROMに内蔵しているので、手軽にプログラミングを楽しむことができます。

シャープの「MZ-80K」は、CPUに「Z80」（1976年）を採用した8ビットパソコンです。CPUの周波数は2MHzで、24KBのRAMと、6KBのROMを搭載しています。白黒のディスプレイやデータレコーダ（プログラムやデータを記録するためのカセットテープレコーダ）を内蔵しており、価格は198000円でした。BASICインタプリタはROMには内蔵していませんが、データレコーダから読み込んで使うことができます。なお、MZ-80Kは一部の組み立てが必要なセミキットとして発売されています。

気軽に使えるパソコンが登場したことで、やがて日本にパソコンブームが訪れますが、1978年にはあるアーケードゲームの大ブームが日本を侵略します。タイトーの「スペースインベーダー」です。

スペースインベーダー ～社会現象になった大ヒットゲーム

スペースインベーダーは、画面の上方から迫ってくる敵（インベーダー）を撃って、その侵略を防ぐシューティングゲームです。「インベーダー」(invader)というのは「侵略者」のことです。ステージごとに5行×11列＝55体の敵が出現します。敵を全滅させるとステージクリアです。

ときどき画面の上端をUFOが通過します。このUFOを撃破すると、敵よりも高い得点が得られます。また、敵と自機の間にはトーチカ(防御陣地)があります。このトーチカは敵が撃つ弾を防いでくれますが、敵や自機の弾が当たると次第に欠けていきます(図1)。

スペースインベーダーのコントローラは、ジョイスティック1本とボタン1個です。ジョイスティックで自機(砲台)を左右に動かし、ボタンで弾を発射します(図2)。弾は一度に一発だけ撃つことができます。つまり、弾は

図1 スペースインベーダー(イメージ)

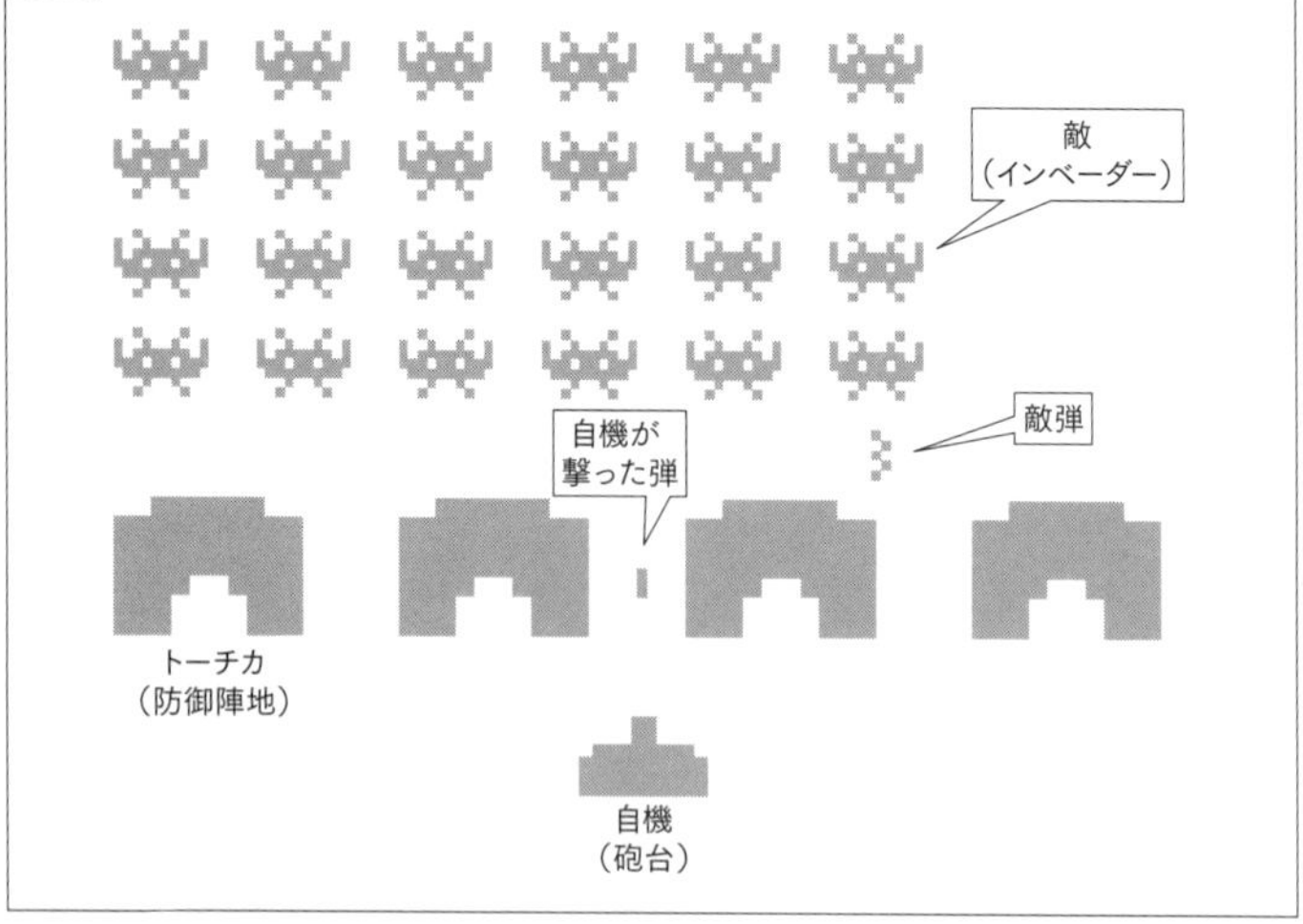

画面内に一発だけしか存在できません。

敵の集団は、画面上を左または右に移動し、画面端に達すると折り返します。折り返す際に少し下がるので、時間とともに自機の方に迫ってきます。図は左端で折り返す場合ですが、右端の場合も同様です（図3）。

敵の数が多いうちは、敵は比較的ゆっくりと動きます。しかし、敵を撃破して数を減らすと、敵は次第に速く動くようになります。最後に敵が1体だけになると、画面を1～2秒で横切ってしまうほど速く動くので、慎重に狙って弾を当てる必要があります（図4）。

敵は次第に下がってきて、最後には砲台のすぐ上まで迫ります。砲台と同じ高さまで敵が到達するとゲームオーバーです。砲台の直上に敵がいるのは危険な状況ですが、このと

図2 スペースインベーダーのコントローラ

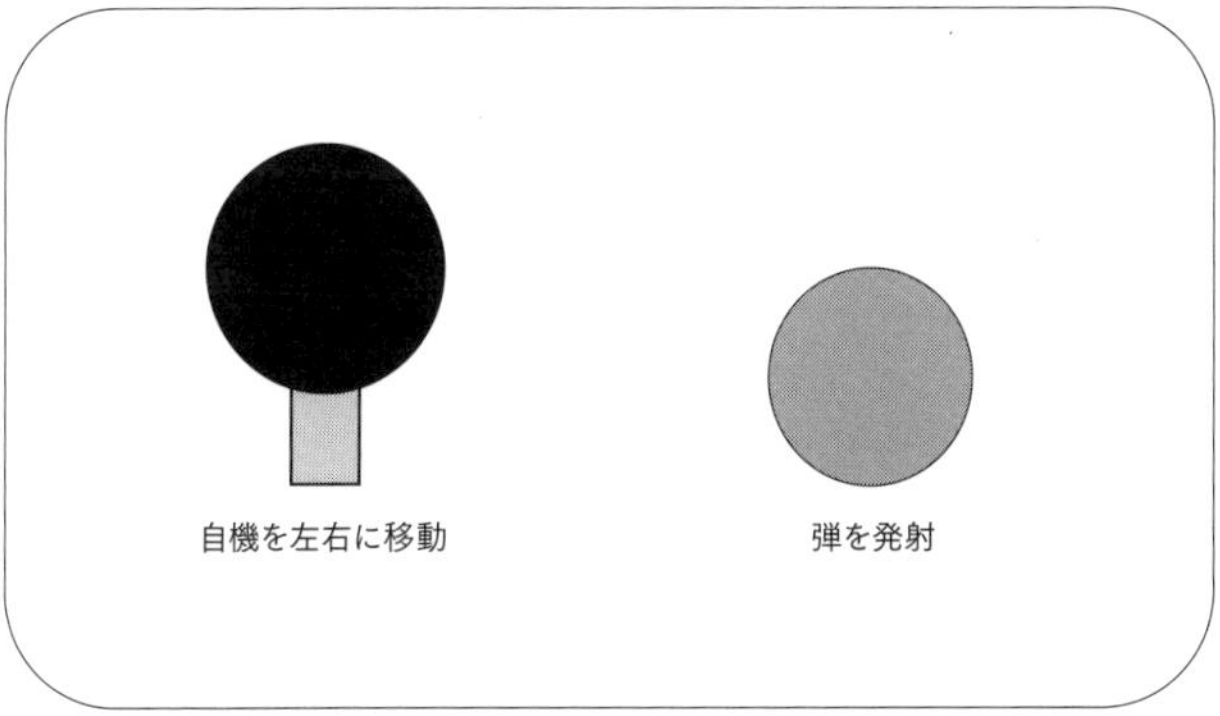

図3 敵の動き

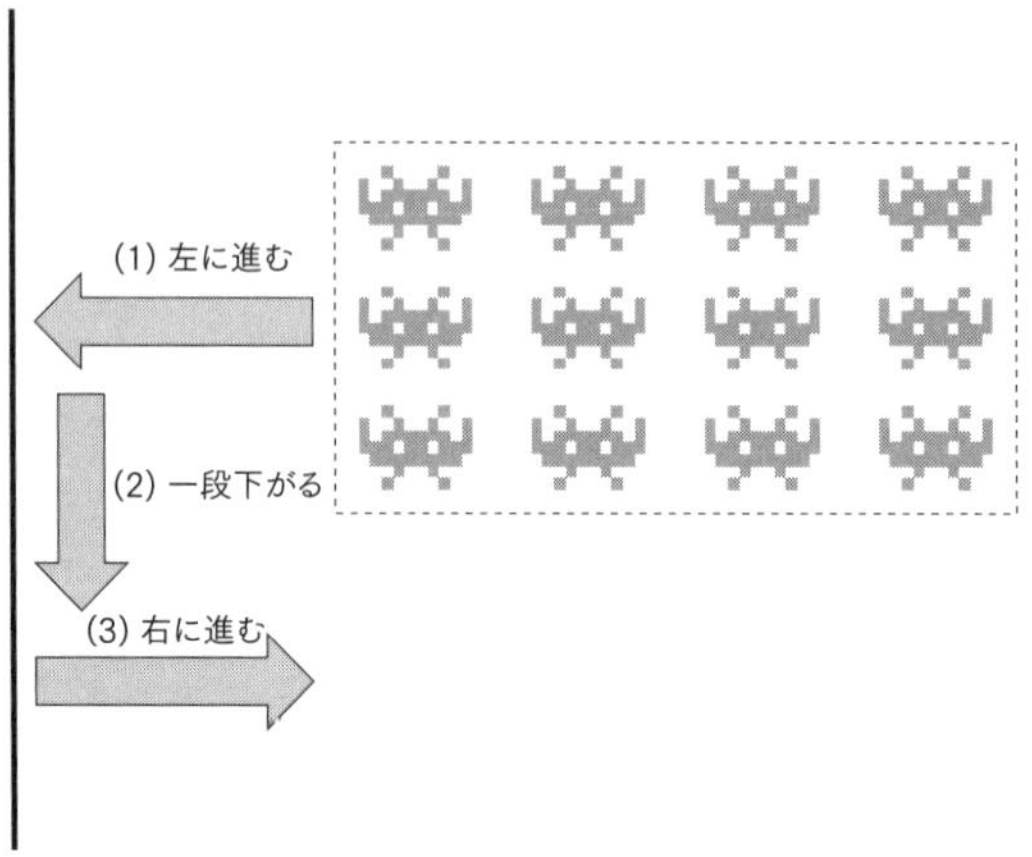

図4 敵の速さ

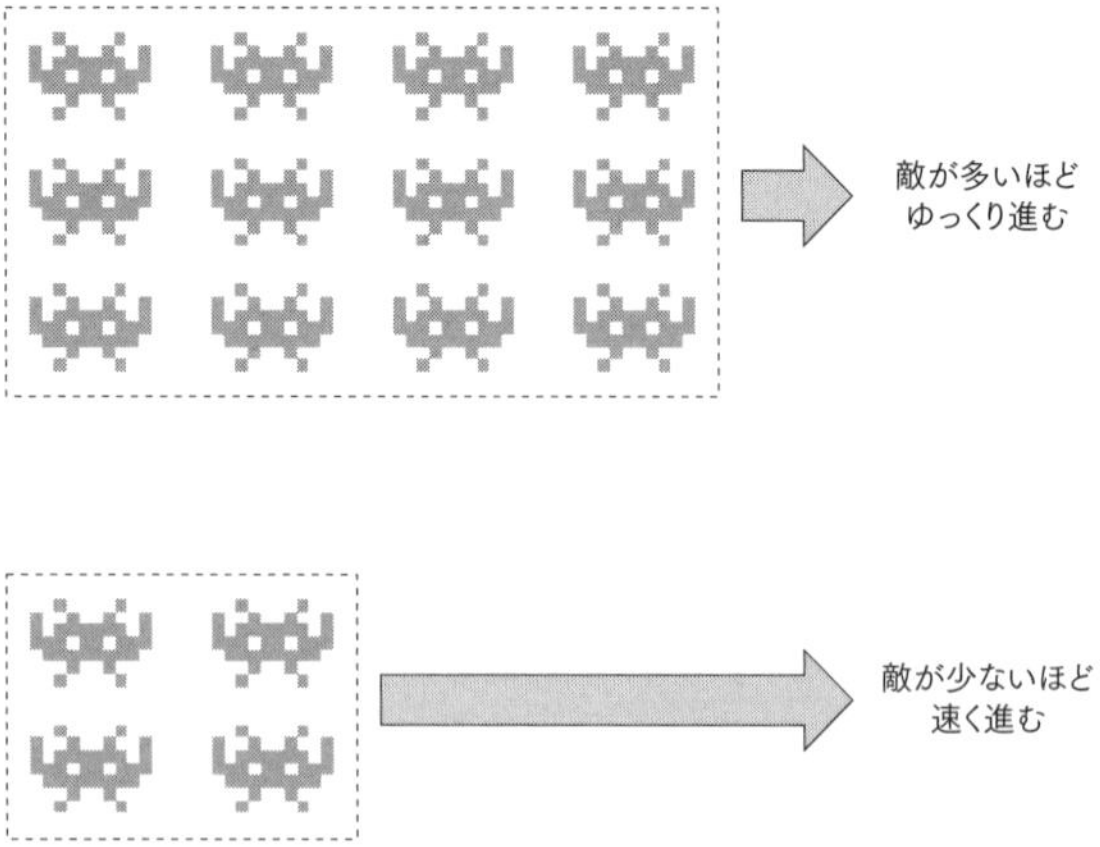

きに敵の弾が自機をすり抜けることを利用して、あえて最下段まで敵を引きつけて倒す「名古屋撃ち」という攻略法も考案されます。

スペースインベーダーは日本のアーケードゲーム史上最大のヒット作となります。スペースインベーダーを設置した「インベーダーハウス」と呼ばれる施設が各地に出現し、その後のゲームセンターになります。テーブル筐体を活用した「インベーダー喫茶」も登場しました。スペースインベーダーは、タイトーによる純正品が10万台、ライセンスを受けた製品が10万台、許諾を受けていないコピー品が30万台ほど出荷されたようです。

ガンファイトの影響

スペースインベーダーは、インテルの「８０８０」（１９７４年）をＣＰＵとして搭載しています。グラフィックス用にはフレームバッファを採用し、キャラクターの表示や移動を高速化するためにバレルシフタを搭載しています。このハードウェアの構成はどこかで見たような…とお気づきでしょう。ミッドウェイ社の「ガンファイト」（１９７５年）と多くの部分が共通しています。

スペースインベーダーを開発した西角友宏氏は、ガンファイトの原作である「ウエスタンガン」（１９７５年）の開発者でもあります。ガンファイトは、ＣＰＵやフレームバッファを使ってウエスタンガンを作り直したといえます。スペースインベーダーの開発においては立場が逆になり、ガンファイトが影響を与える側になっています。

　スペースインベーダーが採用している８０８０の動作周波数は１・９９６８ＭＨｚ、画面の解像度は２５６×２２４ピクセルの白黒で、これらの仕様はガンファイトと共通です。また、画面の一部に色セロファンを貼ることによって、白黒の表示に色を付けて華やかにしている点も、ガンファイトと同様ですが、この工夫は「ブレイクアウト」（１９７６年）や「オデッセイ」（１９７２年）にも見ることができます。初期のスペースインベーダーでは、自機やトーチカの付近には緑色のセロファン、ＵＦＯ付近には赤色のセロファンが使われています。その後のスペースインベーダーのバージョンによっては、セロファンがレインボー状の配色になったり、表示装置としてカラーテレビが使われたりしました。

　ゲームの内容にも似ている点があります。スペースインベーダーで撃ったトーチカが欠けるのは、ガンファイトで撃ったサボテンが欠けるのに似ています。どちらのゲームもフレームバッファの、画面の状態をピクセル単位で記録できるという特性を、上手く活用しているといえます。

描画の遅さが生んだゲームバランス

フレームバッファを使ってキャラクターを移動するには、フレームバッファに書き込まれたキャラクターのデータを、新しいデータで上書きする必要があります。スペースインベーダーでは、この処理をＣＰＵとバレルシフタを使って行いますが、最大で55体の敵をまとめて移動するには、処理速度が不足していました。

スペースインベーダーも含めて多くのアーケードゲームでは、表示機器に画面を出力するタイミングに合わせてゲームの処理を進行させます。画面出力のタイミングとゲームの処理がかみ合わないと、せっかく計算した結果が画面に表示されなかったり、書き換え中の中途半端な画面が表示されてしまったり、といった不都合が生じかねません。

画面を出力する頻度は、機種によって異なりますが、1秒間に60回行うのが一般的です。この頻度はテレビ放送の規格に由来しています。

1秒間あたりに画面を出力する数のことを「フレームレート」と呼び、ｆｐｓ（frames per second、フレーム毎秒）という単位で表します。1秒間に画面を60回出力する場合、フレームレートは60ｆｐｓです。最近のゲームでは、より滑らかなアニメーションを実現するためにフレームレートが60ｆｐｓよりも高かったり、シーンごとの処理の負荷のばらつきを吸収するためにフレームレートが可変だったりします。

さて、スペースインベーダーは60fpsで動作し、このタイミングに合わせて敵を移動します。60fpsなので、1フレームに使える時間は1／60秒です。この1フレームの間に最大55体の敵を動かしているのかというと…実は1体だけ動かしています。

全ての敵（55体）が揃っている状態を考えてみましょう。図では説明のために、敵に0から54までの番号を付けました。これから敵が右に移動するとします（図5）。

最初のフレームでは、左下の敵0を、右に少し（2ピクセル）だけ動かします（図6）。

次のフレームでは、敵0の右にいる敵1を、敵0と同じ（右に2ピクセル）だけ動かします（図7）。

図5 全ての敵が揃っている状態

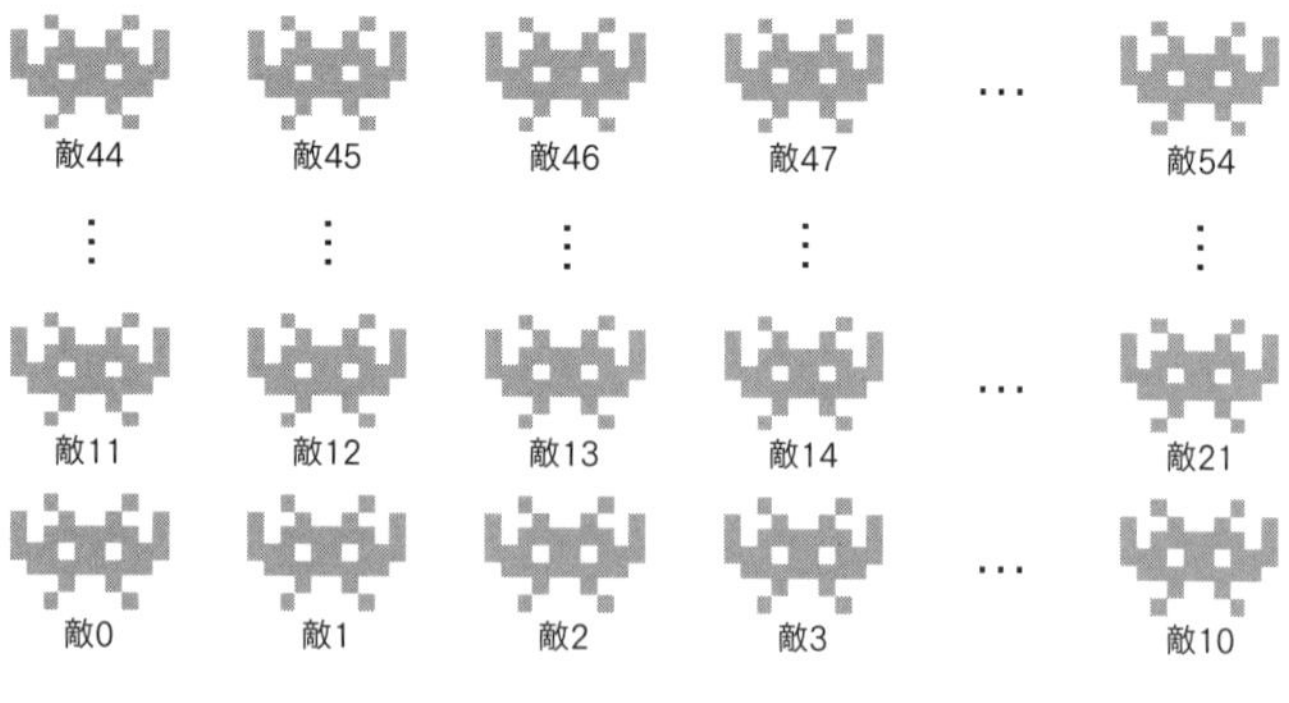

図6 最初のフレーム

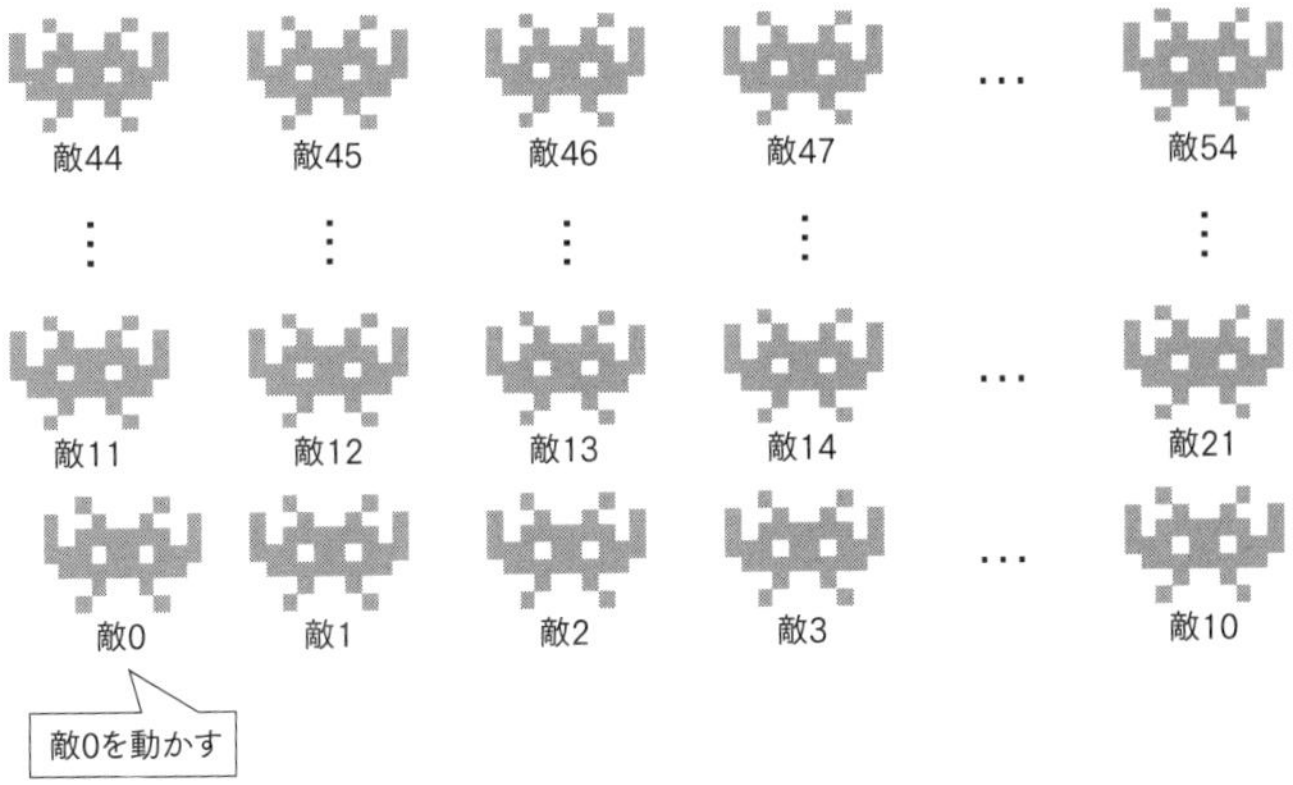

図7 次のフレーム

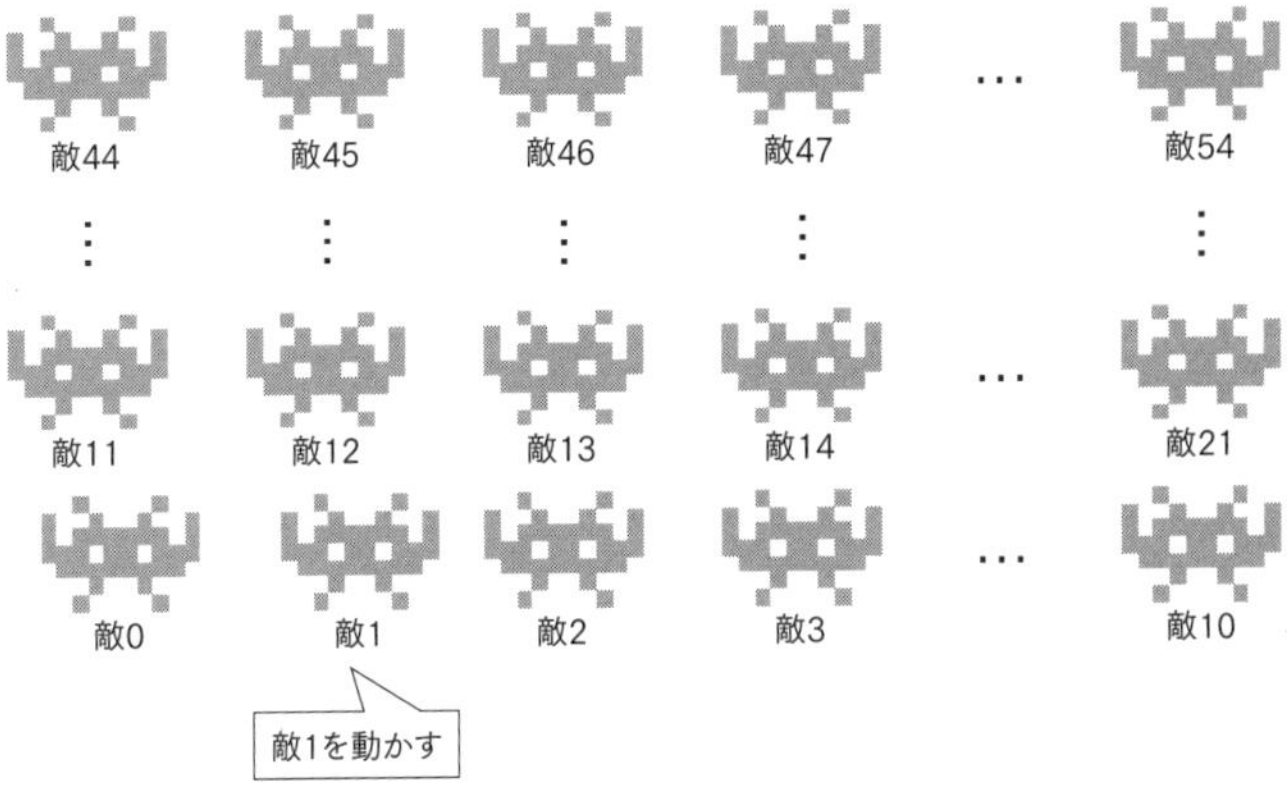

同じ要領で、フレームごとに敵2、敵3…と動かしていきます。敵10まで動かしたら上の行に移って、敵11、敵12…と動かしていきます。最後の敵54まで動かしたら、敵0に戻り、再び敵0、敵1…のように動かします。

　実際のスペースインベーダーを見ると、敵の集団が左右に動く際に、行ごとに移動のタイミングが少しずつずれていることに気づきます。これは前述のように、敵を1体ずつ順番に動かしていることが原因です。1行分（11体）の敵を動かすには約0・18秒（11／60秒）かかるので、行ごとに移動がこの時間だけずれることになります。

　なお、55体の敵を移動するには約0・92秒（55／60秒）、つまり1秒弱かかります。各々の敵について考えれば、その敵が一度動いてから、再び動く手番が回ってくるまでに、1秒弱かかるということです。実際のスペースインベーダーで、特定の敵に注目してみてください。1秒弱ごとにしか動かないことが確認できます。

　敵の座標については、1体ごとに座標を管理しているわけではありません。集団全体を代表して敵0の座標を、基準の座標として管理しているだけです。全ての敵は、この基準の座標に対して、等間隔に並ぶように配置されます。フレームごとに敵を1体ずつ動かすので、今どの敵を動かしているのかが分かるように、処理中の敵の番号（0〜54）も管理しています。

　さて、敵が撃破されたときには、まだ残っている敵をフレームごとに1体ずつ動かします。敵が減ると、全ての敵を動かすために必要なフレーム数も減ります。少ない時間で敵を動かせるということは、同じ時間で敵を多く動かせる、つまり敵の動きが速くなるということです。これがスペースインベーダーにおいて、敵が少なくなるほど速くなる仕組みです。処理速度が間に合わないために1体ずつ敵を動かしているのですが、結果として難易度がだんだん上昇していくという、絶妙なゲームバランスを生み出しています。

ブレイクアウトとの関係

スペースインベーダーを開発する際には、ブレイクアウトを超えるゲームを作る、という目標があったようです。確かに、整然と並んだ敵の集団は、ブレイクアウトのブロックを思わせます。一方で、ボールを跳ね返すのではなく弾を撃って敵を破壊する点や、敵が左右に移動する点、そして敵が次第に下に迫ってくる点は、ブレイクアウトにはない要素です。

スペースインベーダーのプログラムにも、ブレイクアウトに似ている点があります。それは敵の生死を管理する方法で、ブレイクアウトにおいてブロックの有無を管理するのと同様の方法を使っています。ブレイクアウトでは各ブロックの有無を1ビット（0または1）で管理しますが、スペースインベーダーでは各敵の生死を1バイトで管理します。1ビットではなく1バイトを使っているのは、使用するメモリを減らすことがそれほど重要ではなかったためと思われます。また、CPUからメモリを読み書きする場合、1ビット単位よりも1バイト単位の方が、簡単に（そしておそらく高速に）処理できるという利点もあります。

スペースインベーダーには最大で55体の敵がいるので、敵の生死を管理するために55バイトのメモリを使います。各バイトには、最初は敵が生きていることを表す1を書き込みますが、撃破されたら死んでいることを表す0を書き込みます（図8）。

スペースインベーダーはブレイクアウトと同様に、2人で交互に遊ぶことができます。そのため2人のプレイヤー用に、それぞれ55バイトずつのメモリを用意しています。この仕組みもブレイクアウトに似ています。

図8　敵の生死の管理

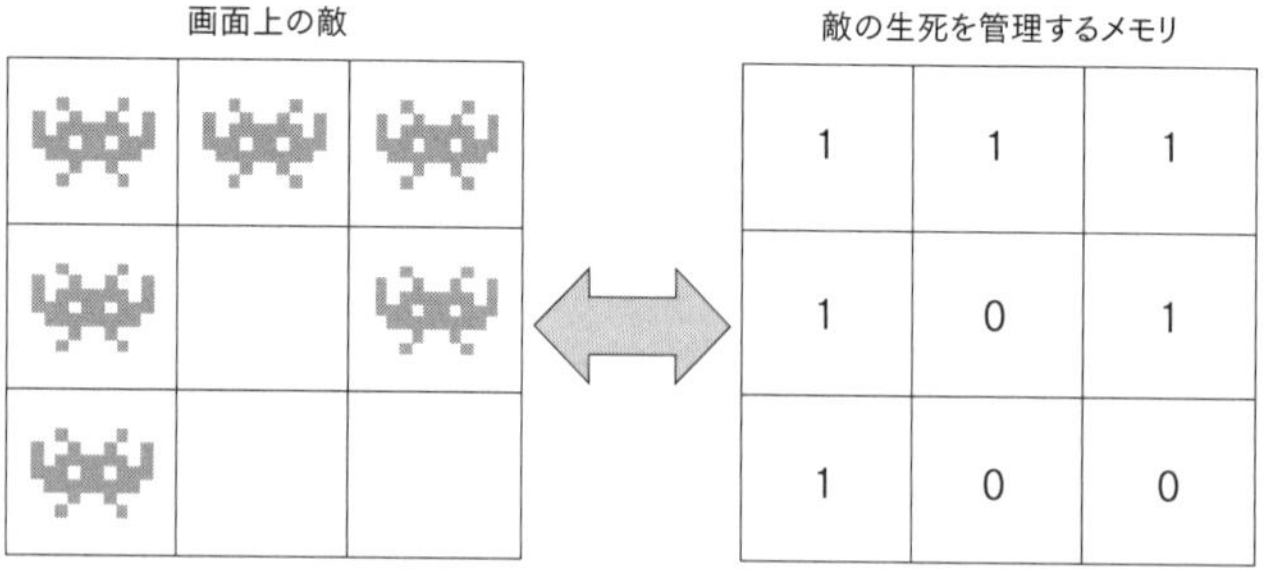

「インベーダー」といえば誰でも知っているくらい、スペースインベーダーは大流行した作品です。実際に遊んでみると、ゲーム性の面白さだけではなく、コミカルで親しみやすいキャラクターや、耳に残る独特の効果音などが、絶妙な魅力を作り上げています。

スペースインベーダーのブームに乗って、膨大な数の類似ゲームも生まれました。その中で1979年には、スペースインベーダーの内容を踏襲しつつも、先進的なハードウェアを武器に、新しい体験をユーザにもたらすゲームが登場します。ナムコの「ギャラクシアン」です。

1979年へ

び回る
ちの物語
1979-1984

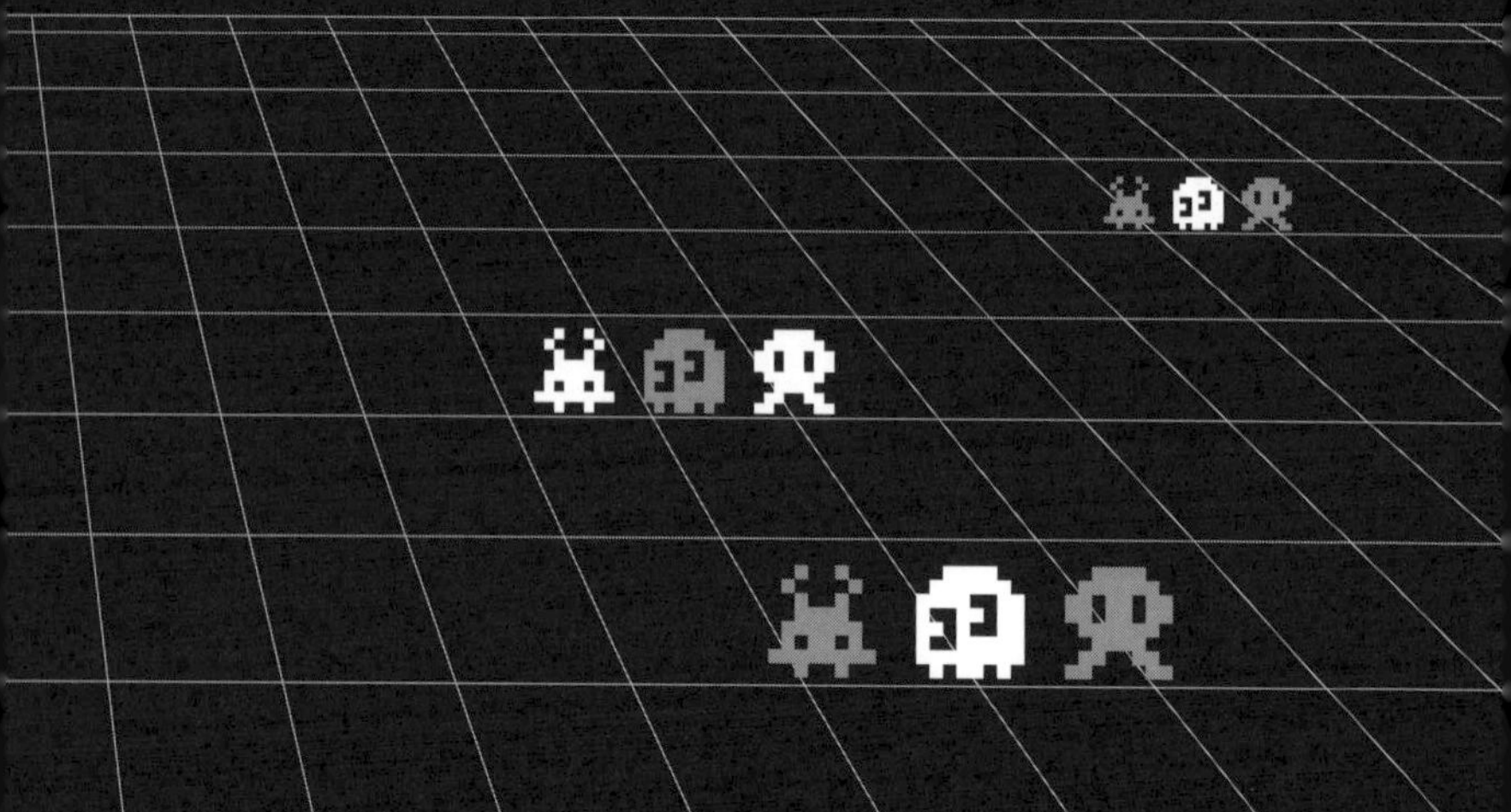

第2部

画面を飛
“妖精”た

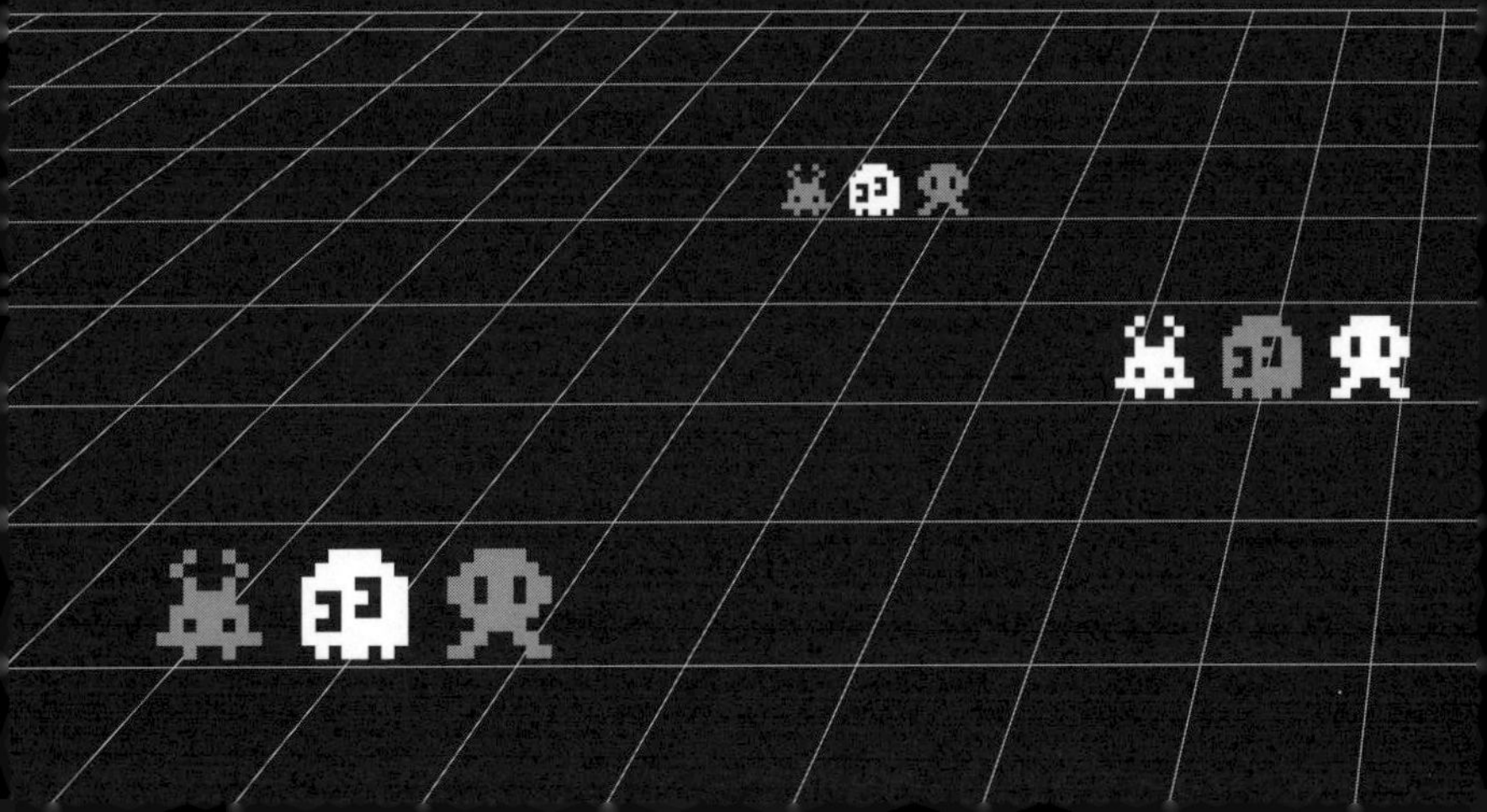

1979年

「ギャラクシアン」

数々の名作ゲームを生み出す スプライトとタイルマップの技術

この年の事件

- リニアモーターカーの実験車両「ML-500」が世界最高速度517km／hを宮崎実験線にて記録。
- NECが8ビットパソコン「PC-8001」を発売。
- モトローラが8ビットCPU「6809」を発売。
- インテルが16ビットCPU「8088」を発表。
- アニメ「機動戦士ガンダム」が放映開始。
- 大学共通第1次学力試験（共通一次試験、後の大学入試センター試験）が開始。

PUSH START BUTTON

新しい時代、新しいパソコン、新しいCPU

　１９７９年における科学技術分野の大きな話題の一つは、リニアモーターカーの実験車両「ＭＬ－５００」が、宮崎実験線で世界最高速度５１７ｋｍ／ｈを記録したことです。このＭＬ－５００は現在建設中の中央新幹線の先祖で、超電導リニアの無人実験車両です。側面に国鉄（ＪＮＲ）のロゴが入っているものの、まるで潜水艦のような姿で、モノレールのように逆Ｔ字型の軌道にまたがっています。それまでの鉄道とはまるで違ったものに見えるので、「鉄道に全く新しい時代が来る」という気持ちにさせられます。

　コンピュータの世界においても、新しい時代が訪れつつありました。ＮＥＣの８ビットパソコン「ＰＣ－８００１」が発売されたのも、この１９７９年です。ＰＣ－８００１は、最近ミニチュア版が復刻されるなどして話題になったので、ご記憶を新たにされた方も多いでしょう。ＰＣ－８０００シリーズは、この後、上位機種のＰＣ－８８００シリーズや次世代のＰＣ－９８００シリーズ（いわゆるキューハチ）に発展し、ホビーユーザーとビジネスユーザーの双方に普及します。ＰＣ－８０００シリーズの１台目であるＰＣ－８００１は、１６０×１００ピクセルで８色のグラフィックスを備えた、キーボード一体型のパソコンで、価格は１６８０００

円でした。搭載ＣＰＵは「Ｚ80」（１９７６年）と互換性があるＮＥＣ製の「μＰＤ７８０Ｃ－１」で、周波数は４ＭＨｚでした。

１９７９年にはいくつかの新しいＣＰＵも登場しています。モトローラ社の「６８０９」は、Ｚ80と同じく８ビットのＣＰＵですが、機械語の命令体系が洗練されていることが特徴です。日本のパソコンでは、富士通のＦＭシリーズ（ＦＭ－８、ＦＭ－７、ＦＭ－11、ＦＭ－77）や、日立のベーシックマスターシリーズ（レベル３、Ｓ１）などが、６８０９を搭載しています。アーケードゲーム基板にも、６８０９を採用した製品が数多く存在します。

ホビーパソコンでは８ビットＣＰＵが主流でしたが、すでに16ビットＣＰＵも登場しています。１９７９年に発表されたインテル社の「８０８８」は、ＩＢＭ社のパソコン「ＩＢＭ ＰＣ」などに採用されました。初代のＩＢＭ ＰＣは、現在のパソコンの大部分を占める「ＩＢＭ ＰＣ互換機」の先祖と言ってよいでしょう。８０８８は、「８０８６」（１９７８年）から派生したＣＰＵです。８０８６と８０８８はいずれも16ビットＣＰＵですが、８０８８では外部データバス幅が16ビットから８ビットに変更されるなど、機能が削減されています。インテルは、８０８６に対する８０８８のように、機能を削減して価格を下げた派生ＣＰＵ製品を販売することがあります。

このように新しい時代の訪れを感じる１９７９年ですが、アーケードゲームの世界においても、その後にアーケードゲームが大きく発展する契機となるような、画期的な製品が登場します。それが「ギャラクシアン」です。

ギャラクシアン　～滑らかな軌道を描いて飛行する敵

ギャラクシアンはナムコが1979年に発売したゲームです。同社初のシューティングゲームで、同社のビデオゲームとしては3作目です。

ゲームの基本的な内容は、大ヒットした「スペースインベーダー」（1978年）を踏襲しています。敵（エイリアン）の集団が、編隊を組んで画面の上部に待機しています。プレイヤーの目的は、画面の下部にいる自機（ギャラクシップ）を左右に操作し、ミサイルを発射して、敵を全滅させることです（図1）。

ギャラクシアンは1本のレバーと1個のボタンで操作します。レバーで自機を左右に移動させ、ボタンでミサイルを発射します（図2）。

ギャラクシアンがスペースインベーダーと大きく異なるのは、敵の一部が編隊を離れ、自機に向かって飛行してくることです。飛行時の敵は滑らかな軌道を描き、弾を発射しながら自機を襲います（図3）。

図1 ギャラクシアン（イメージ）

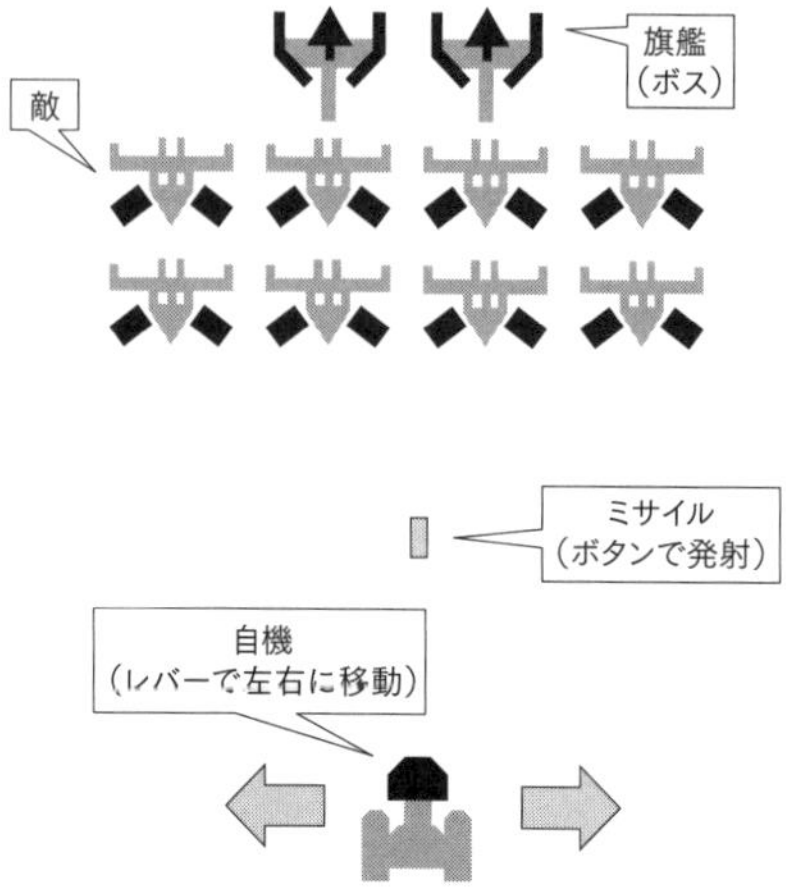

図2 ギャラクシアンのコントローラ

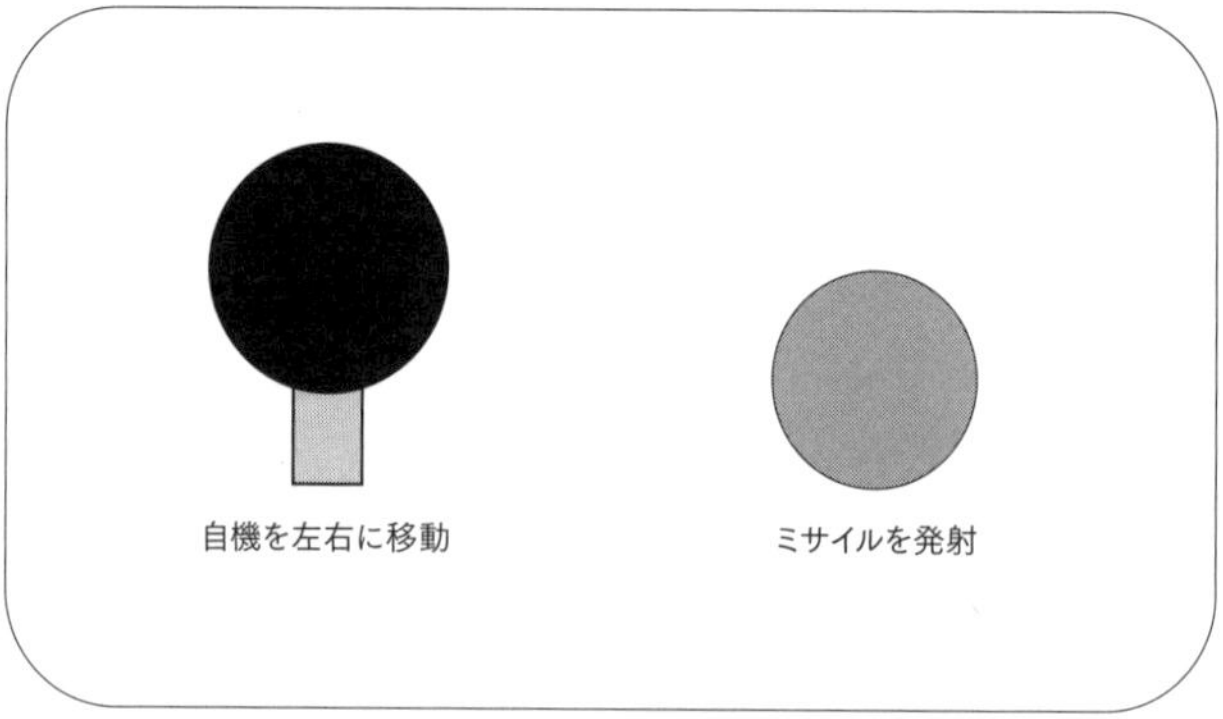

敵には、旗艦（ボス）、レッド（赤）、パープル（紫）、グリーン（緑）の4種類があり、それぞれ飛行時の動きが異なります。特に旗艦の場合、隣接しているレッドを伴い、2〜3機の小さな編隊を組んで飛行してきます（図4）。

　敵は待機時に破壊するよりも、飛行時に破壊した方が高得点です。ただし、飛行時の敵はトリッキーな動きをする上に、多くの弾を放つため、飛行時の破壊には危険も伴います。

　自機のミサイルが画面上に一発しか出ないため、狙いを外してしまうと、次に撃てるようになるまで自機は無防備になってしまいます。この仕様はゲームの難易度を上げていますが、逆に一発ずつ慎重に撃ったり、敵を近くに引きつけてから撃ったり、という「狙っ

図3　敵の飛行

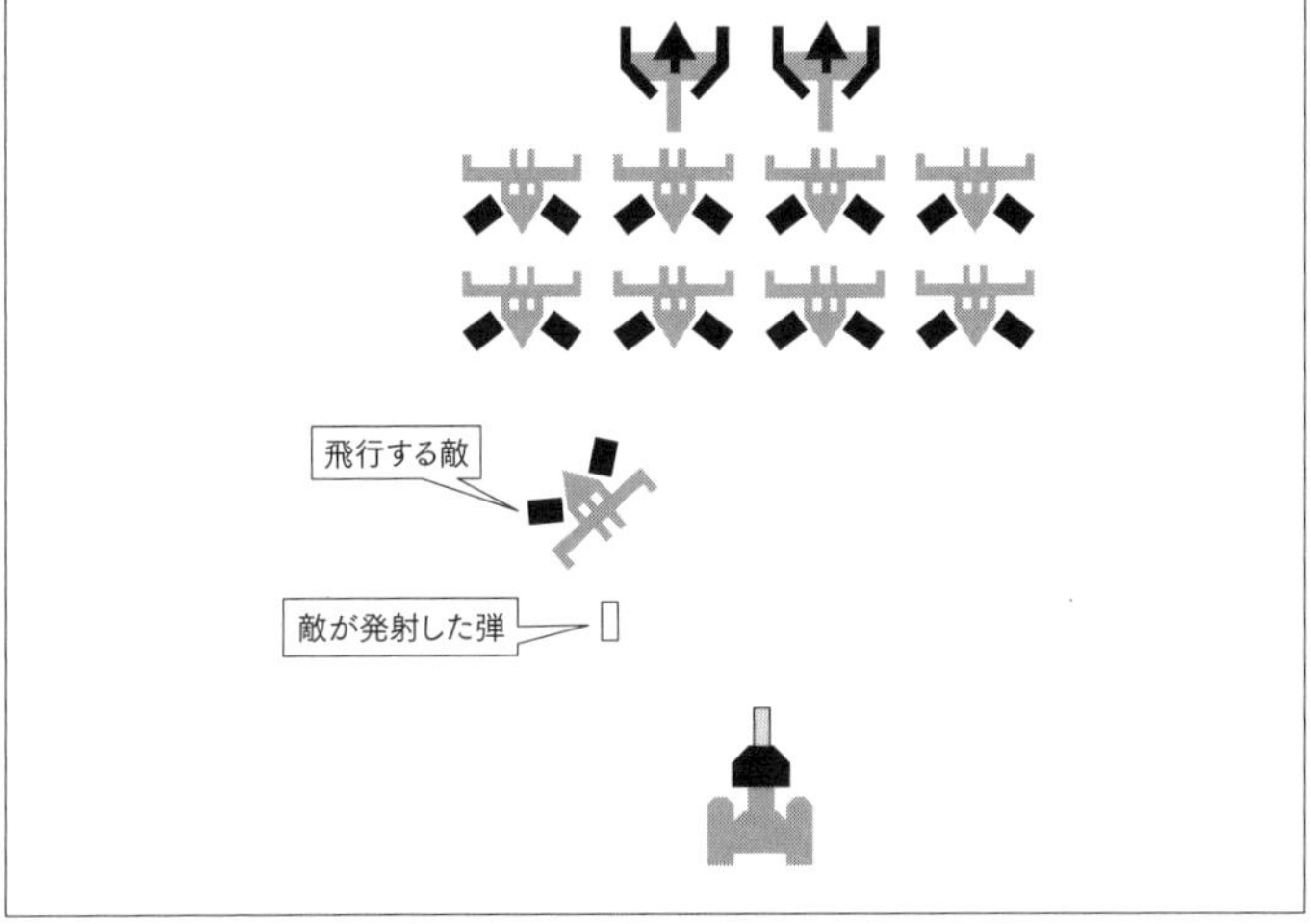

て撃つ楽しみ」を生んでいます。

飛行時に破壊されなかった敵は、画面上部の集団にいったん戻ります。しかし敵の破壊が進んで、集団を構成する敵の数が減ってくると、敵は集団に戻ることなく、続けて飛行する状態になります。多くの敵が同時に、滑らかな軌道を描いて飛行する様子には、美しさと面白さがあります。全ての敵を破壊すると、ステージクリアです。

なお、ギャラクシアンという名称は、銀河系の住人を意味する造語のようです。地球人ならぬ銀河系人、といったところでしょうか。ゲーム中でギャラクシアンと呼ばれるのは、敵側ではなく、プレイヤー側です。これはアドバタイズ（デモ）画面に、「WE ARE THE GALAXIANS」（我々はギャラクシアンである）、

図4　旗艦の飛行

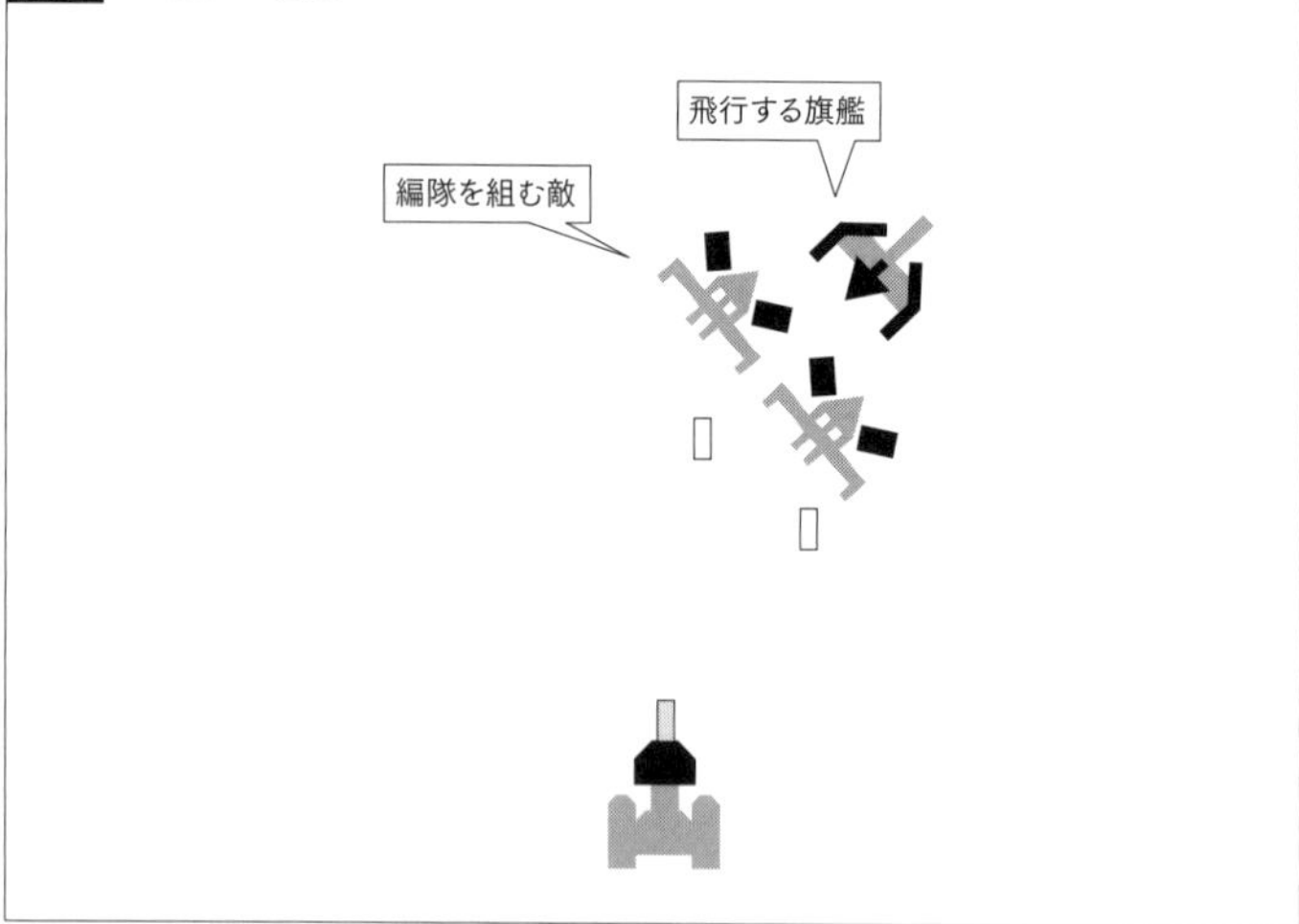

「MISSION: DESTROY ALIENS」（ミッション：エイリアンを破壊せよ）と表示されることからも分かります。ギャラクシアンの続編としては、「ギャラガ」（１９８１年）や「ギャプラス」（１９８４年）などがあります。

スプライト　～画像を滑らかに動かすための「妖精」

ギャラクシアンで印象的なのは、飛行時の敵が見せる非常に滑らかな動きです。この動きには「スプライト」と呼ばれる技術が使われています。スプライトはすでにアタリ社が使用していましたが、日本のアーケードゲームで初めてスプライトを搭載したのはギャラクシアンです。当時のナムコはアタリ社の用語に従って、スプライトのことを「オブジェクト」と呼んでいます。

スプライト（sprite）というのは妖精のことであり、清涼飲料水の名前にもなっていますが、コンピュータゲームにおいては画像を高速に表示する技術の一つとしてよく知られています。特に、画像を滑らかに移動させたり、画像を切り替えてアニメーションさせたり、背景などと重ね合わせたりすることに優れています。まさにゲーム向きの技術だといえます。

スプライトの処理は、ＣＰＵではなく専用のハードウェアが行います。そのためスプライトを使えば、ＣＰＵだけでは実現が難しいような、多数の画像が滑らかに動くゲームを実現することができます。現在ではＣＰＵとソフトウェアだけでも、ある程度滑らかに多数の画像を動かすことができますが、現在に比べてＣＰＵがずっと低速だったギャラクシアンの時代においては、専用のハードウェアが必須でした。

ラインバッファ

スプライトにはいくつかの方式がありますが、ギャラクシアンのスプライトは「ラインバッファ方式」です。ラインバッファ方式のスプライトは、アーケードゲームの他に、「ファミリーコンピュータ」（ファミコン、１９８３年）などのゲーム機や、「ＭＳＸ」（１９８３年）および「Ｘ６８０００」（１９８７年）などのパソコンにも採用されています。

さて、前述のようにビデオゲームは、表示機器に対して画面上の水平方向のラインを順番に出力することにより、画面の表示を行います。ラインバッファは、この1ライン分の容量を持つメモリです。全画面分の容量に比べると、1ライン分の容量はずっと小さくて済むので、ラインバッファには高速な（そして高価な）メモリを使うことができます（図5）。

ラインバッファ方式のスプライトは、このラインバッファを使って、画面に出力するスプライトや背景の画像を合成します。合成した結果を表示機器に対して出力すれば、スプライトや背景が重ね合わされた画面が得られるというわけです（図6）。

なお、スプライトには透明色の機能があります。透明色に設定したピクセルは描画されないので、背景や他のスプライトと重ね合わせた際には、下敷きになった画像のピクセルが透けて見えます（図7）。

重ね合わせ

スプライトの重ね合わせについて、少し詳しく見てみましょう。図のように、スプライト0をスプライト1の上に重ね合わせることにします（図8）。そのためには最初にスプライト1を描き、その上にスプライト0を重ねて描きます。スプライト0のうち透明色の部分は描かないことにすれば、下敷きになった

図5　ラインバッファ

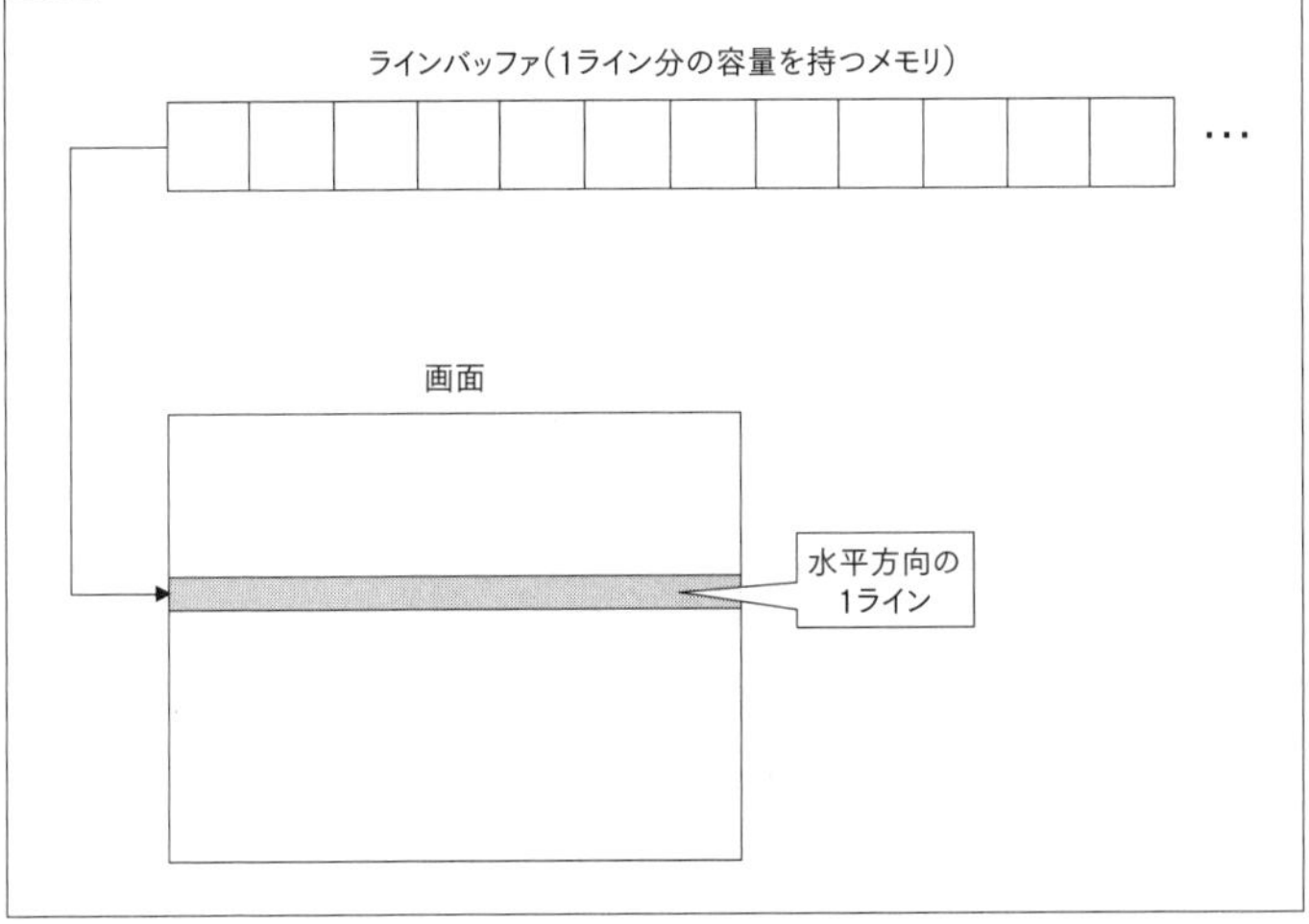

図6 画像の合成

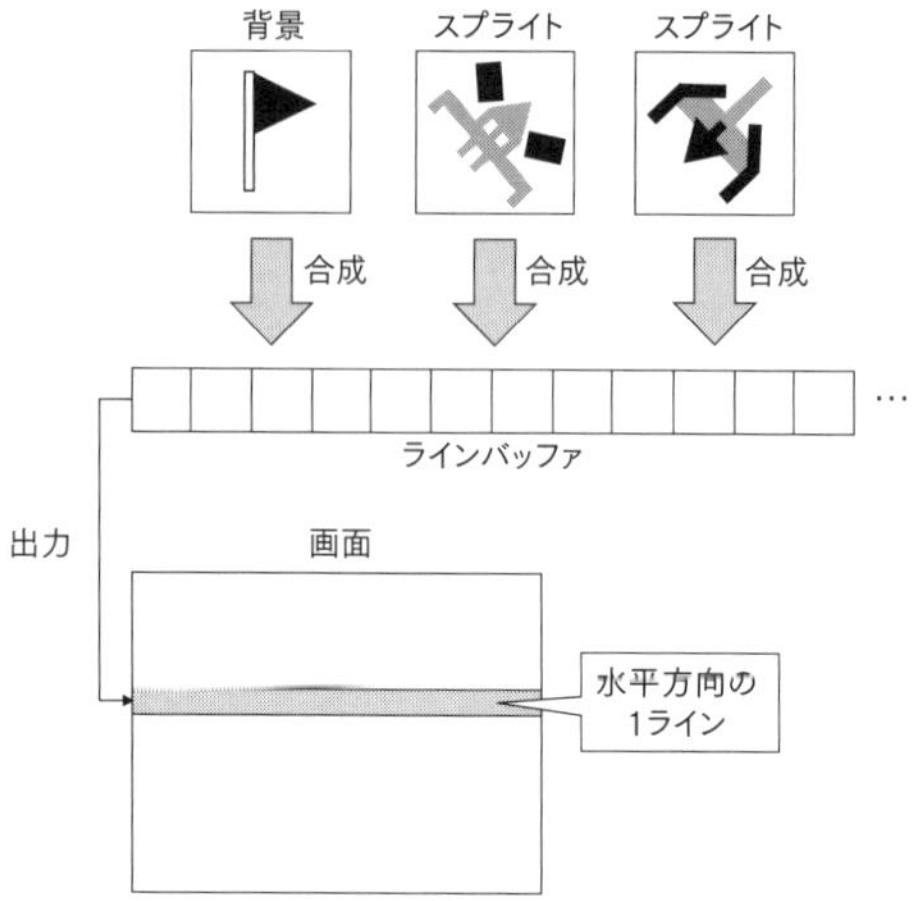

図7 透明色

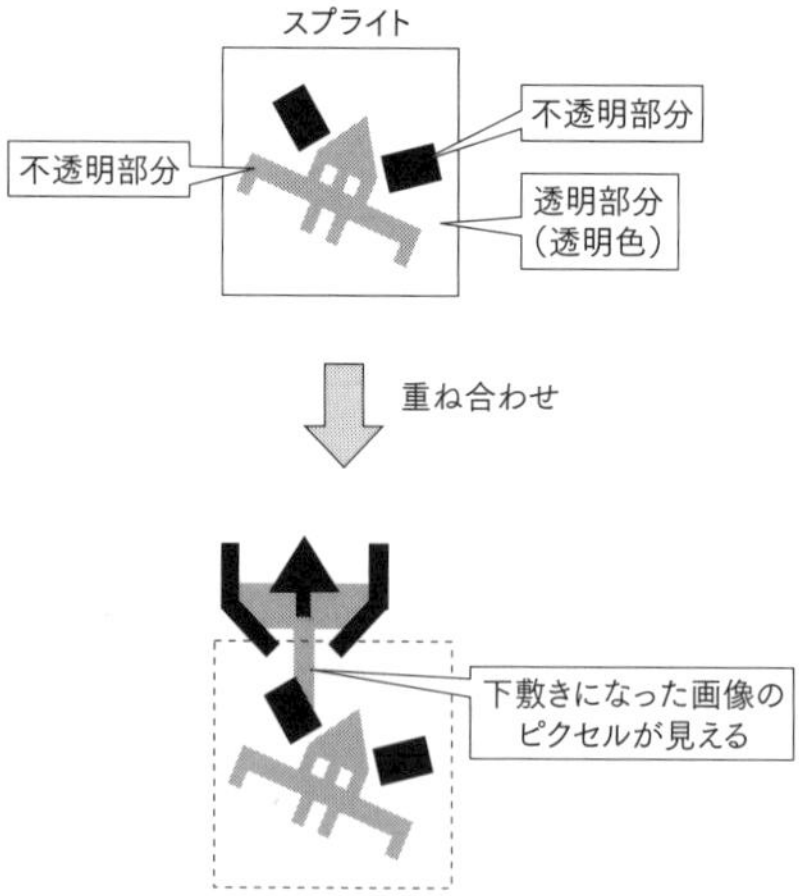

スプライト1のピクセルがそのまま残り、透明色部分ごしにスプライト1がまるで透けて見えているような効果が得られます。

同じ重ね合わせを、ラインバッファを使って行う場合には、水平方向のラインごとに処理します。例えば画面上のあるラインに、スプライト0の2行目と、スプライト1の1行目が入っているときには、これらの行についてピクセルを取り出し、ラインバッファ上で合成します。この1ライン分の合成結果を表示機器に対して出力する処理を、画面上の全ラインについて行えば、スプライト同士が重ね合わされた完全な結果が得られます（図9）。

なおギャラクシアンでは、横長の画面を90度回転させることにより、縦長の画面として使っています。この場合、ラインバッファが

図8　スプライトの重ね合わせ

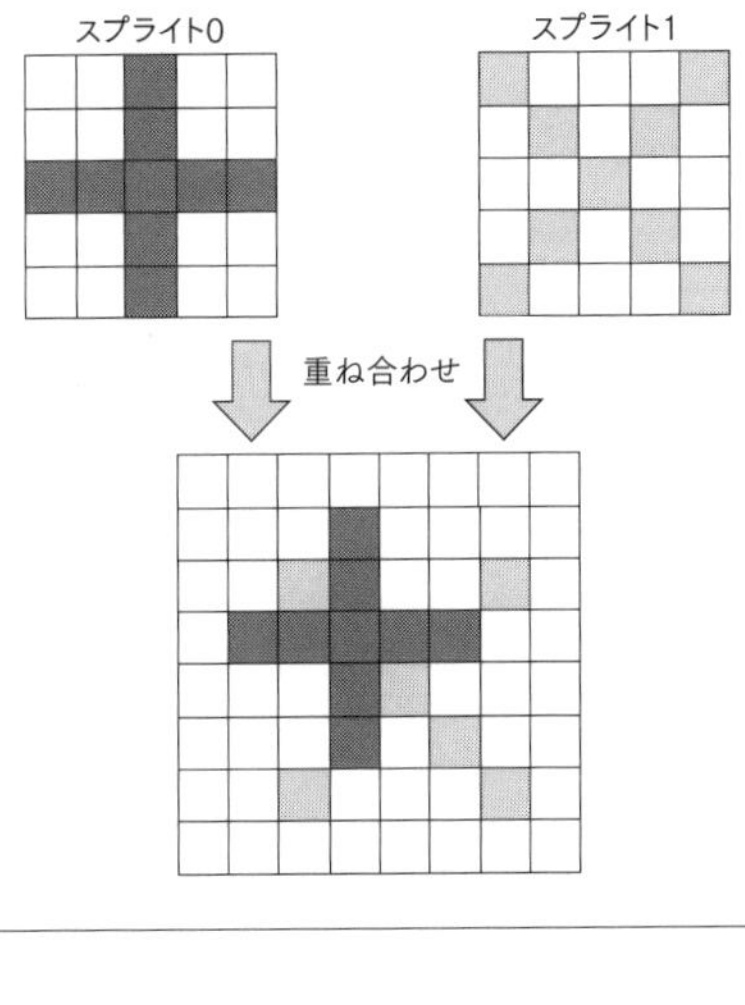

対応するラインは、プレイヤーから見ると垂直方向の1ラインになります。ギャラクシアンの他にも、縦スクロールのシューティングゲームを中心に、画面を90度回転させた縦長の画面を使うゲームは多くあります（図10）。

枚数の制限

強力で便利なスプライトですが、表示できる枚数には制限があります。特に水平方向（画面を回転させた場合は、プレイヤーから見て垂直方向）に並べることができるスプライトの枚数は、厳しく制限されていることが一般的です。これはラインバッファを使って画像を合成する際に、スプライトの枚数が増えるほど、処理に時間がかかるためです（図11）。

合成の処理は、水平帰線期間（水平ブランキ

図9 ラインバッファを使った重ね合わせ

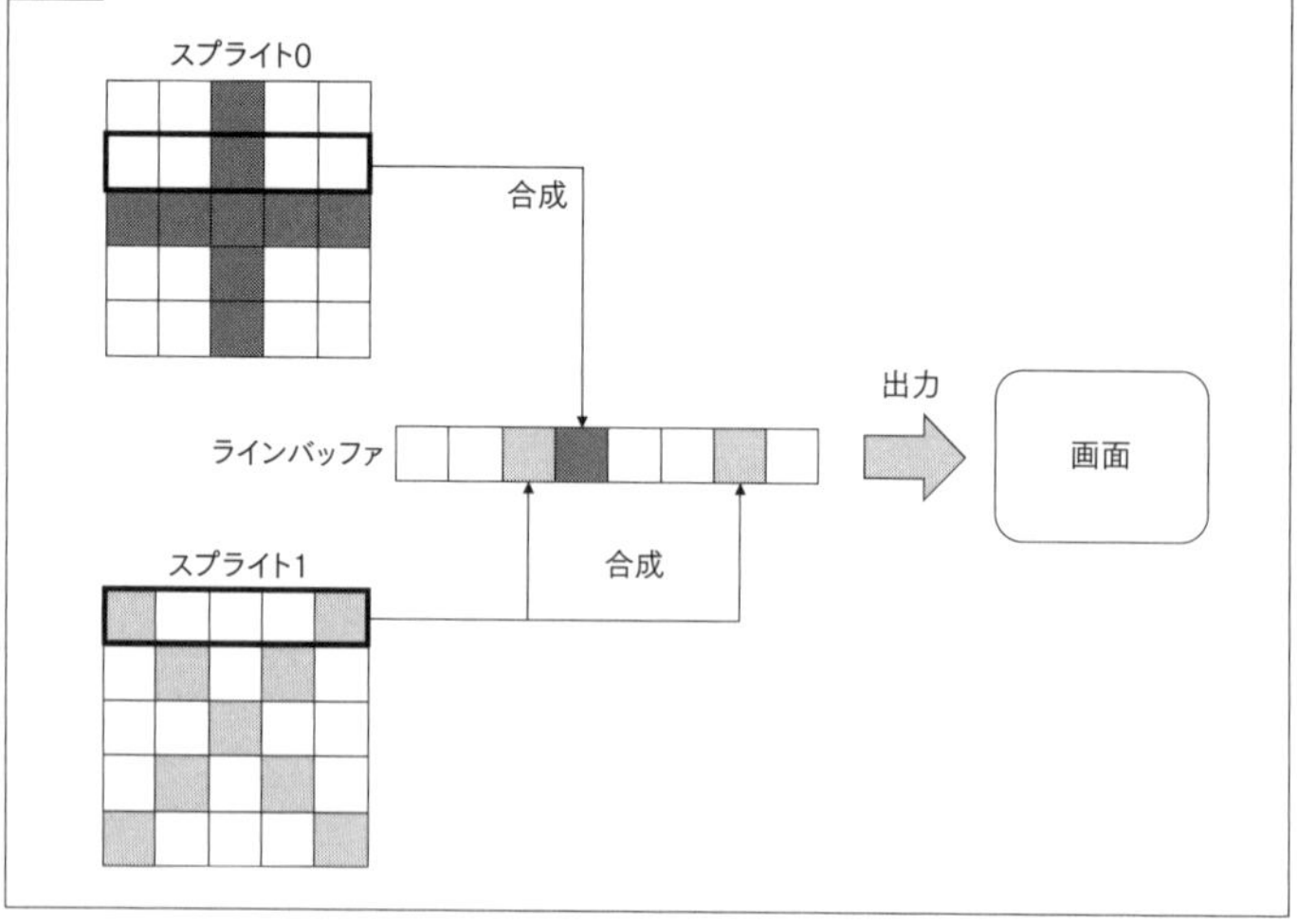

図10　90度回転させた画面とラインバッファの対応

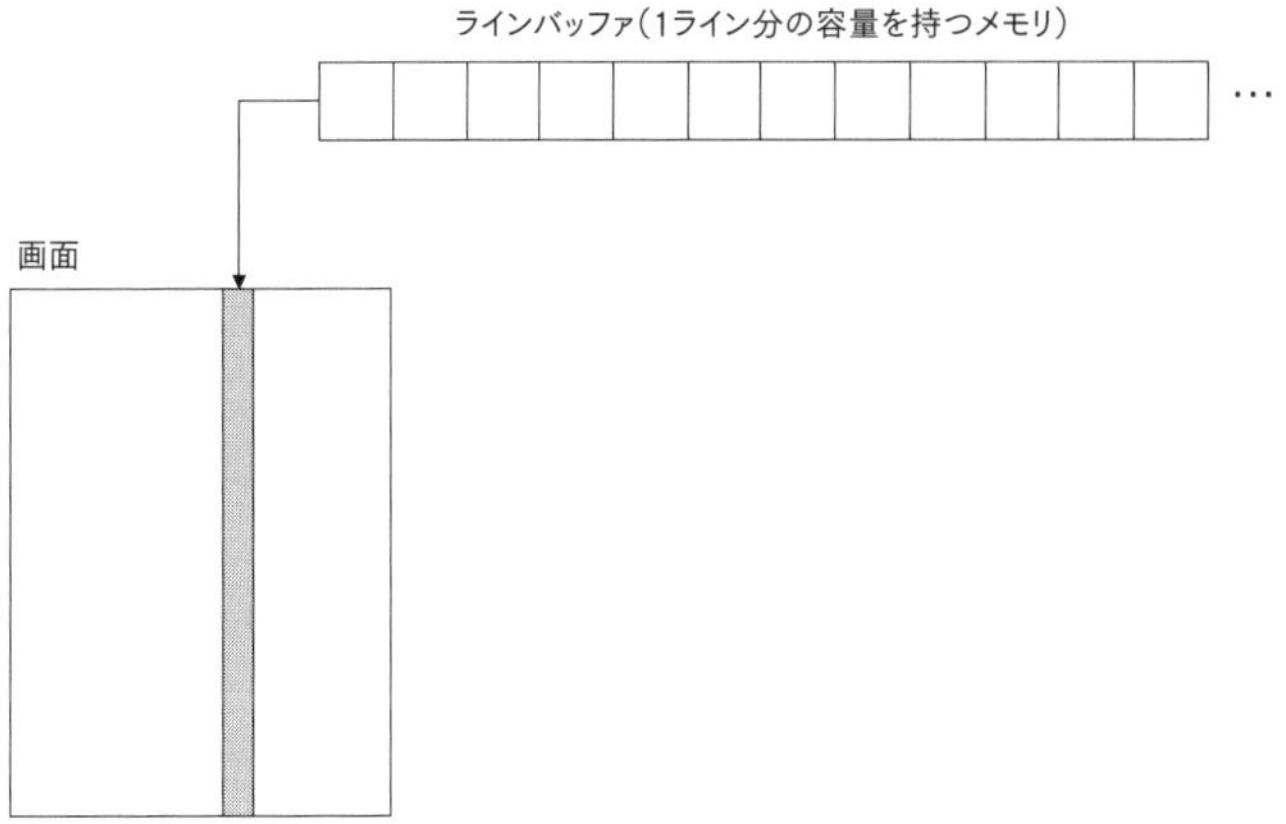

図11　スプライトの枚数制限

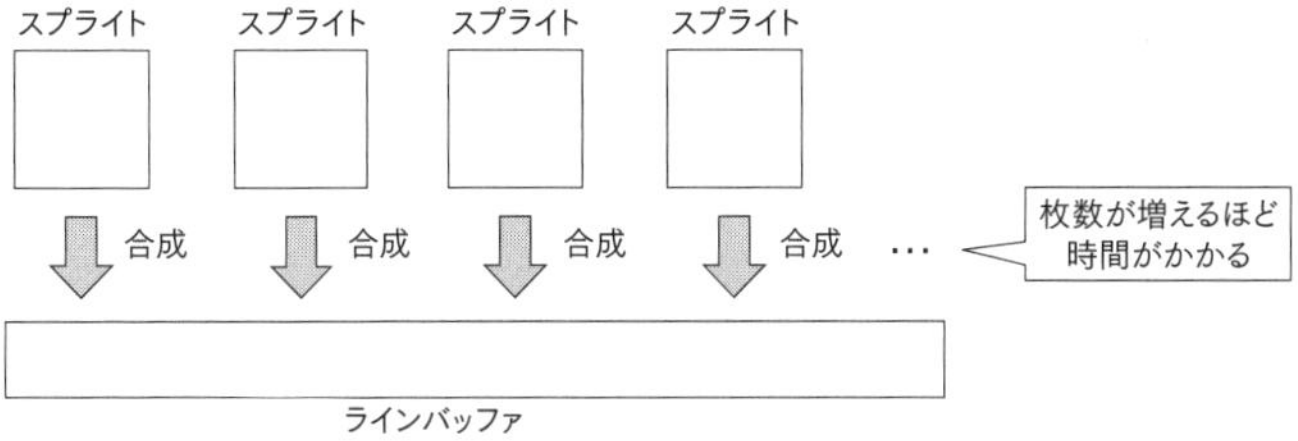

ング期間）に行います。水平帰線期間というのは、画面上の1ラインを出力するために右端まで移動した電子ビームが、次の1ラインを出力するために左端まで戻るための期間のことです（図12）。

水平帰線期間には画面への出力を行わないため、ラインバッファ上で合成の処理を行っても、合成途中の状態が画面に出力されてしまう心配がありません。しかし水平帰線期間は、1ライン分を出力する時間よりもさらに短い時間です。たとえ専用のハードウェアで処理しても、スプライトの枚数を制限せざるを得ません。

枚数の制限を超えてスプライトを表示しようとした場合、優先順位の低いスプライトは表示されない、という結果になります。例え

図12 水平帰線期間（水平ブランキング期間）

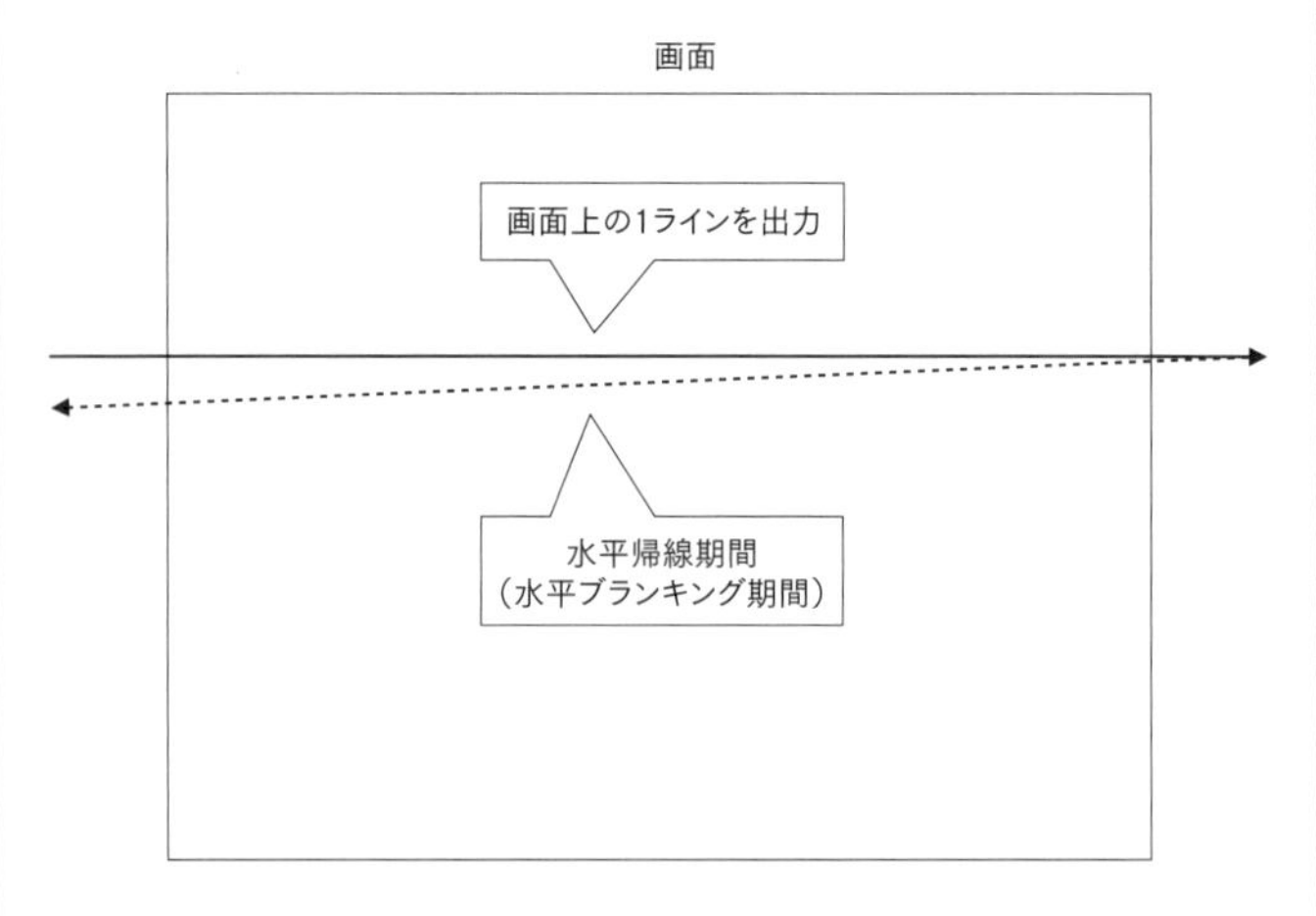

ば、水平方向に並べられるスプライトの枚数が最大で4枚の場合、5枚目以降のスプライトは表示されません（図13）。

ゲームによっては、スプライトの順序をソフトウェアで随時変化させることによって、スプライトを交互に表示させる工夫をしています。この場合、スプライトは点滅して（ちらついて）しまいますが、どのスプライトについても「全く表示されない」ということは避けられます。例えばファミコンの「ドラゴンクエストⅣ」（1990年）では、水平方向に並ぶキャラクターが4人を超えたときに、キャラクターを交互に点滅させることによって、全く表示されないキャラクターが生じるのを防いでいます。これは水平方向に並べられるスプライトの枚数制限への対策です（図14）。

図13　スプライトの枚数制限

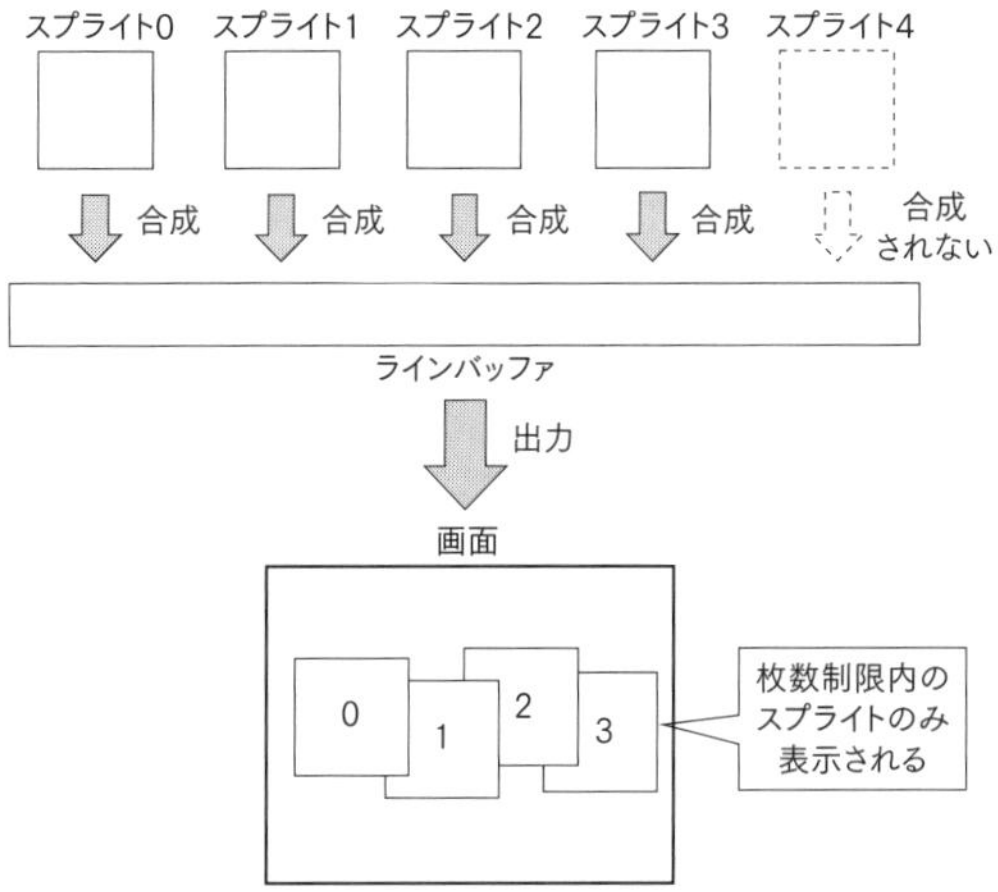

また、スプライトはサイズも制限されています。これは枚数が制限されているのと同じ理由で、スプライトのサイズが大きくなるほど、画像を合成する処理に時間がかかるためです。

ギャラクシアンの場合、最大8枚のスプライトが使えますが、水平方向（プレイヤーから見て垂直方向）に並べて表示できるのは7・5枚までです。7・5枚という半端な数なのは処理時間上の都合で、最後の1枚はその半分を描く時間しかないためです。なお、スプライトのサイズは16×16ピクセルで、色は不透明3色＋透明1色の計4色が使えます。

スプライトを駆使した「ヒューン」

ギャラクシアンでは、「ヒューン」と音をた

図14 スプライトの点滅

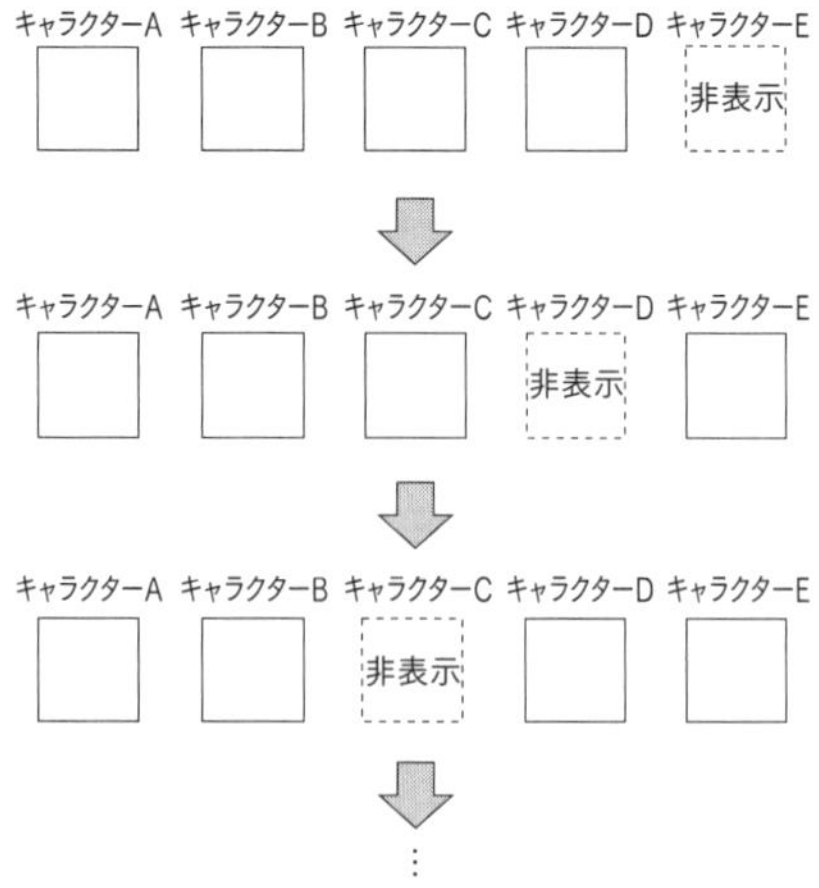

て敵が飛来します。蚊の羽音「プーン」にも似た音ですが、画面中を所狭しと高速で飛び回る敵にぴったりの音です。この敵が飛来する動きは、スプライトが実現しています。

また、自機を襲った敵は元の集団に素早く戻っていくため、プレイヤーの障害となる敵や弾が画面中に占める面積が比較的小さいことも、ギャラクシアンの特徴といえそうです。敵のスピードや、「ヒューン」という効果音とあいまって、軽快なプレイ感を生んでいます。

タイルマップ　～工夫次第で前景にも背景にも使える

ギャラクシアンでは、画面上部に多数の敵が整列して待機しています。実はこれらの待機時の敵には、スプライトは使われていません。前述のように、ギャラクシアンのスプライトは最大8枚までなので、40体以上いる待機時の敵を全てスプライトで表現することはできません。スプライトが使われているのは、飛行時の敵だけです。

待機時の敵には「タイルマップ」と呼ばれる技術が使われています。タイル（tile）というのは、風呂や台所の壁面に貼り付けられているタイルと同じ言葉ですが、タイルマップにおけるタイルとは、正方形または長方形の比較的小さな画像のことです。タイルマップは、これらの画像を格子状に敷き詰めて、画面を表現する技術です（図15）。

アーケードや家庭用のレトロゲームでは、正方形の画像を敷き詰めたような画面をよく見かけます。これがタイルマップです。ファミコンの場合にはＢＧ（background、背景）と呼ばれていますが、これはタイルマップと同じものです。

　スプライトとタイルマップは特性が違います。スプライトの場合には、複数のスプライトをそれぞれ独立して移動させたり、複数のスプライトを重ね合わせたりすることができます。ただし、スプライトの枚数やサイズには制限があるため、比較的少数の小さな画像を表示して、滑らかに動かす用途に向いています。

　タイルの場合には、多数の画像を格子状に並べて、画面を埋め尽くすことができます。

図15　タイルマップ

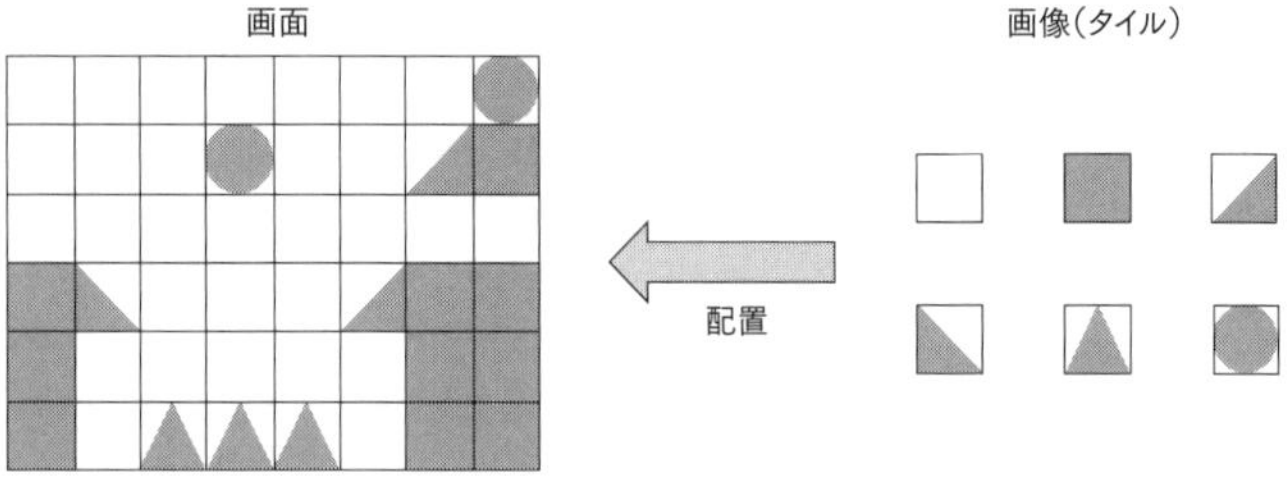

個々の画像を独立して移動させることはできませんが、画面の全体や一部の領域をまとめて移動させる（スクロールさせる）ことは可能です。そのため、ゲームの背景を表現する用途に向いています。タイルマップで表現した背景の中を、スプライトで表現したキャラクターが動き回るという構成が、多くのゲームで採用されています。

タイルマップにおいて、画面のどの位置にどの画像を表示するのかは、画像番号で指定することができます。あとはタイルマップのハードウェアが、番号に対応する画像の内容を読み出し、スプライトなどと合成した上で、表示機器に出力します（図16）。

ギャラクシアンの敵は、待機時はタイルマップで表現され、飛来するときに限って、使

図16　タイルの表示

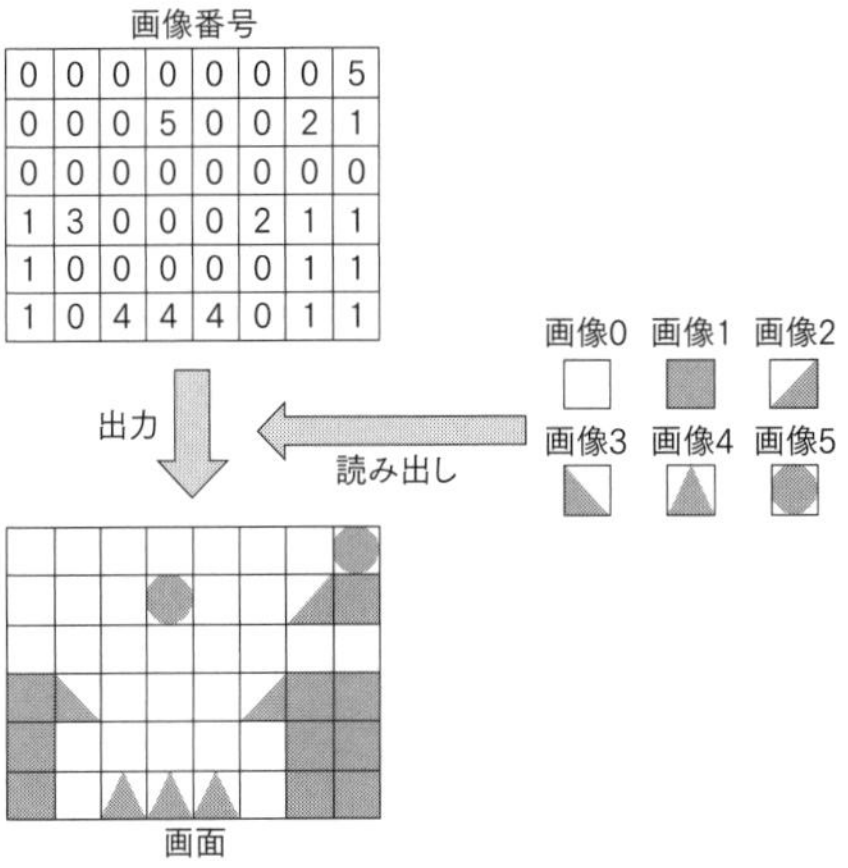

用数の制限が厳しいスプライトを割り当てられています。飛来してプレイヤー機を襲った敵編隊は、素早く元の集団に戻りますが、これはスプライトの空きを作って次の編隊に明け渡すという意味も持っています。

画像番号を指定することは、多数のピクセルからなる画像そのものを書き換えるよりも、ずっと短時間で行えます。そのため、ＣＰＵとソフトウェアで画像番号を変更することにより、タイルの画像を切り替えて、アニメーションさせることも可能です。ギャラクシアンにおける待機時の敵は、静止しているのではなく、個々に細かくアニメーションしています。このアニメーションは、画像番号を変更する方法で実現しています。

このようにギャラクシアンを技術面から見てみると、「敵の多くは待機していて、少数の敵だけが飛行してくる」というギャラクシアンのゲーム内容には必然性があります。スプライトやタイルマップといったハードウェアの制約の中で、できる限り魅力的なゲームを表現することを目指した、ということが感じられます。

スクロール

ギャラクシアンにおける待機時の敵は、個々にアニメーションしながら、集団全体としては左右を往復しています。この左右の動きは、実はタイルマップのスクロールで実現されています。

スクロール（scroll）というのは巻物のことですが、コンピュータにおいては「画面に入りきらないコンテンツを上下や左右にずらしながら表示すること」を指します。巻物を広げたり巻いたりして、必要な範囲を見るイメージでしょうか。

ゲームでスクロールというと、画面全体を左右にスクロールさせる「横スクロール」や、画面全体を上下にスクロールさせる「縦スクロール」が一般的です。8方向など、多くの方向にスクロールするゲームもあります。

ハードウェアによっては、このように画面全体をスクロールするだけではなく、画面の一部だけをスクロールすることが可能です。ギャラクシアンの場合は、画面を水平方向（プレイヤーから見ると垂直方向）に分割し、各部分を独立してスクロールすることができます。具体的には次の図のように、画面を細かく分割しています（図17）。

待機時の敵と自機は、タイルマップをスクロールすることにより、左右に移動させています。時代が下ると自機をスプライトで表現することが当たり前になっていくので、ギャラクシアンの自機がタイルマップとスクロールで実現されていることには、少し驚きを感じます。しかし、同時代の「ブレイクアウト」（1976年）や「スペースインベーダー」（1978年）の自機も左右方向にしか移動しないことを考えると、当時は「自機は左右にのみ移動する」というイメージが強かったのかもしれません。確かに、左右にしか動かない自機はタイルマップとスクロールで実現することができます。また、自機にスプライトを使わないことによって、浮いたスプライトの枚数を飛行時の敵に回すことができます。飛行時の敵をスプライトの上限枚数一杯まで増やすことで、より派手な画面作りができるというわけです。

スコアやステージ数の表示もタイルマップで行います。これらは待機時の敵や自機とは違ってスクロールせず、常に画面上の決まった位置に表示されます。

前述のように、飛行時の敵はスプライトで表現します。一方、敵の弾や自機のミサイルについては、実はこれらを描くための専用のハードウェアが用意されています。これはスプライトを簡易にしたような機能です。詳しくは次に説明します。

図17 ギャラクシアンにおけるスクロール

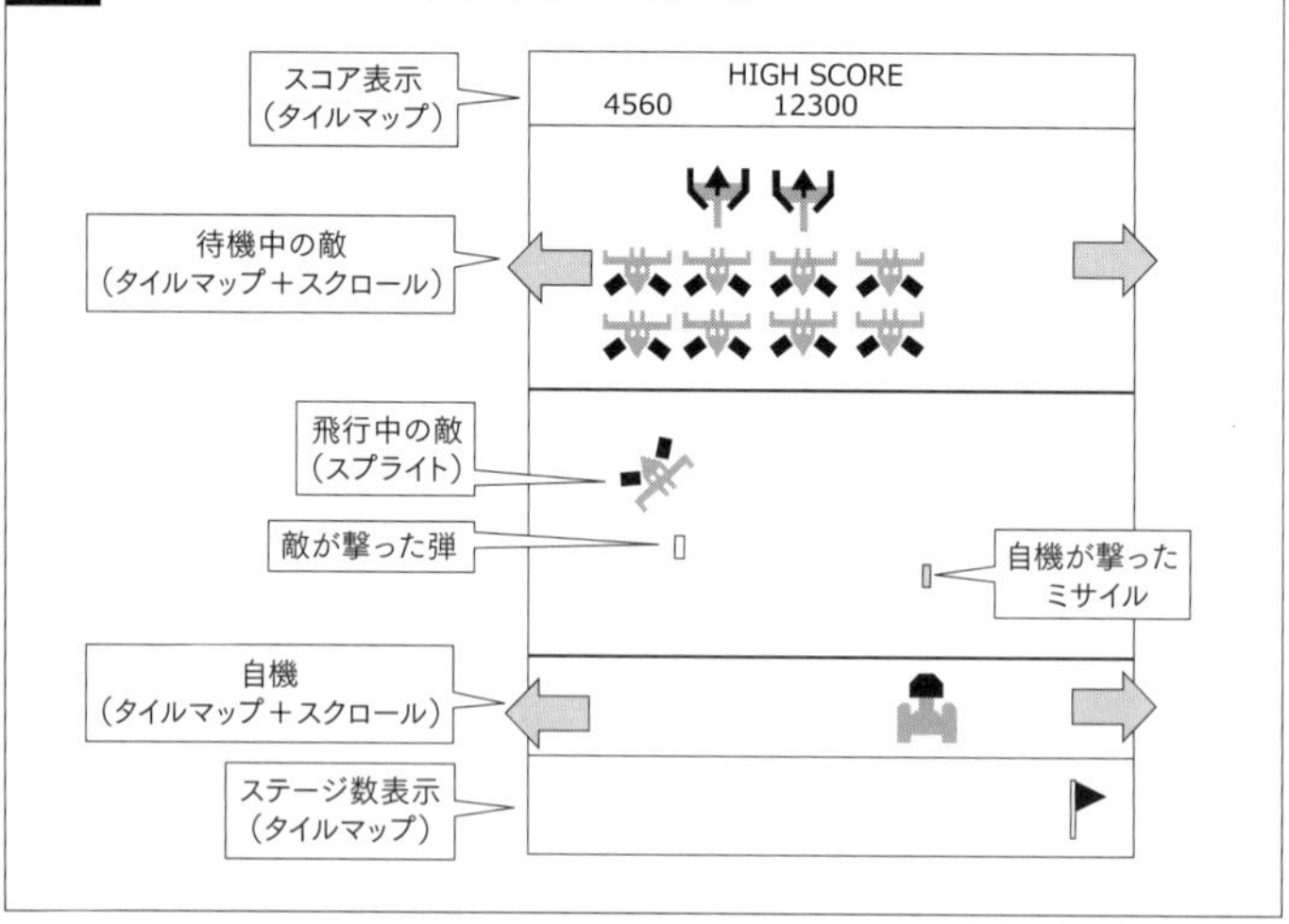

弾の表示

ギャラクシアンのゲーム画面を見ると、弾やミサイルが細い線で表現されていることに気づきます。これらは１×４ピクセル（太さ1ピクセル×長さ4ピクセル）の線で、敵が撃つ弾は白色、自機が撃つミサイルは黄色です。これらの弾とミサイルは、スプライトでもタイルマップでもなく、専用のハードウェアが表示しています。

　このハードウェアの機能はスプライトに似ていますが、任意の画像を表示できるスプライトに比べると、線を描くだけなのでだいぶん単純です。現在のハードウェアにおいては、敵も自機も弾もミサイルも、全てスプライトを使って表示することができます。しかしギャラクシアンにおいては、スプライトよりも軽量な「弾とミサイルを表示するためだけのハードウェア」を、別途用意することに利点があったのでしょう。

　弾やミサイルの表示は、スプライトと同様に、画面上の水平方向（プレイヤーから見ると垂直方向）のラインを表示機器に出力する際に行います。弾を表示するハードウェアは、画面上のラインを出力する際に、弾やミサイルの座標を調べます。もし、出力中のラインに弾やミサイルが存在する場合には、その座標に4ピクセルの長さの線を出力します（図18）。

敵の弾は同時に7発まで、自機のミサイルは1発だけ、画面上に表示することができます。しかし、同一のライン上に表示できるのは、敵の弾が1発と、自機のミサイルが1発だけです。ミサイルはそもそも1発なので問題ありませんが、敵の弾は最大で7発なので、もし同じライン上に複数の弾があると、そのうち1発だけが表示されることになります。

ギャラクシアンで自機が撃てるミサイルが1発だけというルールは、実はハードウェアで表示できるミサイルが1発だけ、という制限に対応していたのです。また、敵の弾が7発までというのは一見少なそうですが、実際にギャラクシアンを遊んでみると、意外に高密度の弾幕に感じられます。敵が弾を撃つタイミングや弾の速度が、巧みに調整されてい

図18　弾の表示

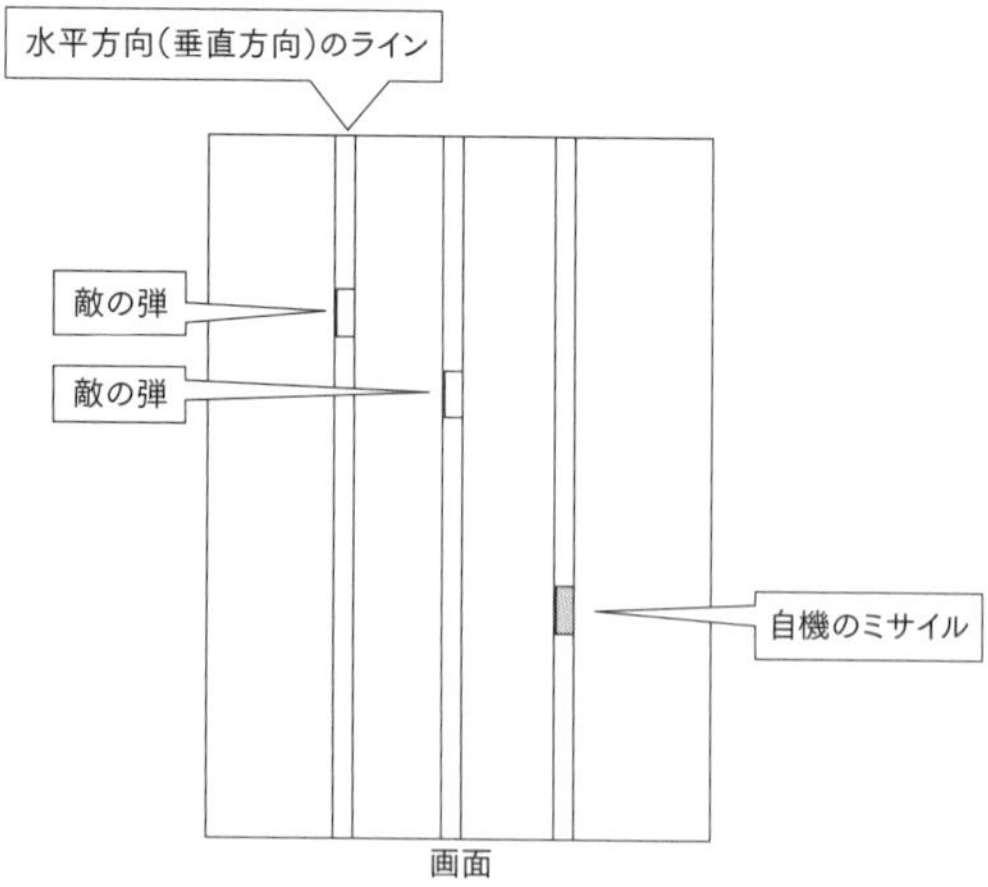

ると思われます。

スタージェネレータ　～星を生み出す専用のハードウェア

ギャラクシアンの背景をよく見ると、上から下に色とりどりの星が多数流れています。これらの星が、宇宙空間の雰囲気やスピード感を演出するとともに、画面に奥行きをもたらしています。

これらの星は、「スタージェネレータ」（星生成装置）と呼ばれる専用のハードウェアで生成されています。スタージェネレータが生成した星は、スプライトやタイルと重ね合わされて、表示装置に出力されます。

星を表示するための方法としては、どんな方法が考えられるでしょうか？　例えば、多くの星々を描いた画像を用意しておき、この画像をスプライトやタイルと重ね合わせれば、星を表示することができそうです。しかしこの方法には、画像の内容を記憶しておくためのメモリが必要である、という難点があります。現在では画像のためのメモリを用意しても大きな問題にはなりませんが、当時はメモリがずっと高価で貴重なので、できるだけメモリを使わない方法が求められます。

別の方法としては、個々の星に一つずつスプライトを割り当てる方法が考えられます。しかし、スプライトは枚数の制限が厳しいので、あまり多くの星は表示できません。それに星を表示するよりも、敵などを表示するためにスプライトを使った方が、制限の中でより派手な映像が作れそうです。

ギャラクシアンにおいては、星は計算を使って生成されています。この計算は一種の乱数（ランダムな数）を生成するので、星はランダムに生成されているともいえます。この方法はメモリもスプライトも消費しないので、とても省資源で効果的な方法です。

擬似乱数

コンピュータで生成する乱数の多くは、擬《ぎ》似《じ》乱数《らんすう》と呼ばれるものです。擬似乱数というのは、本当にランダムな（でたらめな）数ではなくて、一見ランダムのようだけれども実は規則性がある、擬似的な「乱数」のことです。擬似乱数は、種《たね》と呼ばれる数値に対して、何らかの計算を適用することによって生成します。求めた乱数を次の種として使うことにより、次々に新しい乱数を生成することができます（図19）。

擬似乱数の生成方法としては、ソフトウェアにおいては「線形合同法」や「メルセンヌ・ツイスタ」などがよく使われています。一方でギャラクシアンが採用しているのは、「線形帰還シフトレジスタ」という方法です。この方法はハードウェア（デジタル回路）で容易に実装できることが特徴です。「Linear Feedback Shift Register」（線形帰還シフトレジスタ）を略して、LFSRとも呼ばれます。

レジスタ（register）というのは記憶回路の一種で、メモリに比べると小容量ですが高速です。CPUは一般に複数のレジスタを内蔵していて、演算（計算）や制御のために必要な値を保持するために使います。

シフト（shift）というのは、ビット列（0と1が並んだ列）の桁を、左や右に移動させる演算のことです。そしてシフトレジスタというのは、シフトの機能を備えたレジスタのことを指します。

図19　擬似乱数

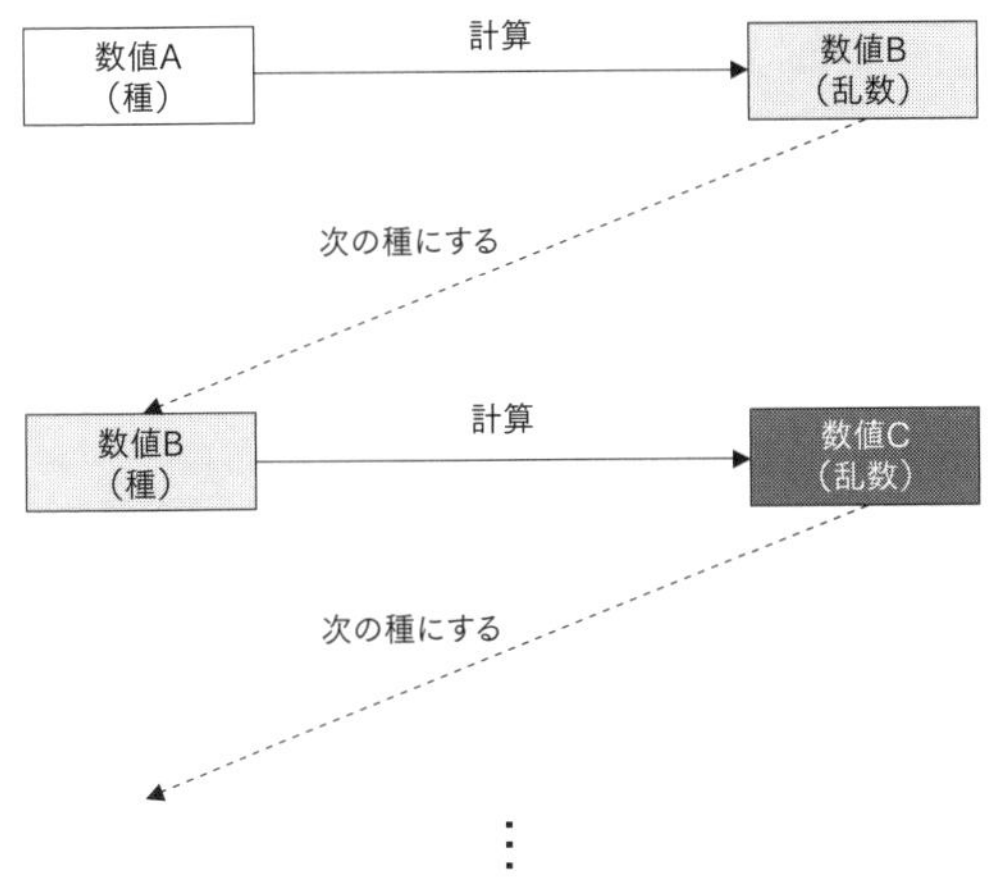

簡単なＬＦＳＲの例

ＬＦＳＲについて知るために、簡単なＬＦＳＲの例を考えてみましょう。次の図は５ビットのＬＦＳＲの例です。ＬＦＳＲの初期値は００００００（10進数で0）としましょう。ここでＬＦＳＲの各ビットを右に１ビットだけシフトすると、ビット４～１がビット３～０に移動します（図20）。

シフトであいてしまった新しいビット４の値は、何らかの方法で決める必要があります。ＬＦＳＲの場合、古いビットのいくつかに対して、排他的論理和（ＸＯＲ）または排他的論理和の否定（ＸＮＯＲ）を計算することにより、新しいビットの値を決めます。

２つの入力（ＡとＢ）に対するＸＯＲとＸＮ

図20 5ビットのLFSR

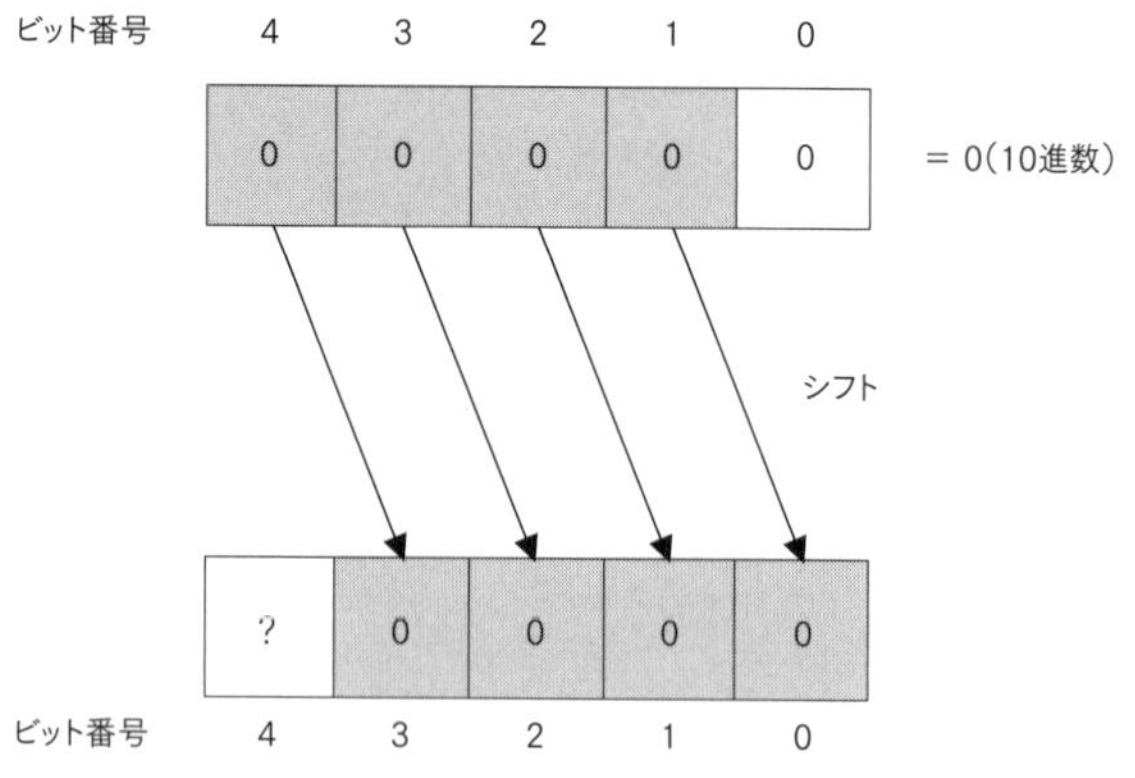

ORの結果は次の通りです。XNORの結果は、XORの結果を否定（NOT）した値になります（表1）。

ここでは古いビット2とビット0に対するXNOR（XORとNOT）の結果を、新しいビット4にしてみましょう。ビット2とビット0に対する排他的論理和（XOR）を求めた後に、その否定（NOT）を求めます。図の場合は新しいビット4が1になり、新しい値の全体は10000になりました（図21）。これで、00000（10進数で0）という種から、10000（10進数で16）という乱数を生成できたことになります。

生成した10000を種にして、さらに乱数を生成してみましょう。先ほどと同様に、ビット2とビット0に対してXNOR（XOR

表1　排他的論理和（XOR）と排他的論理和の否定（XNOR）

入力A	入力B	XORの結果	XNORの結果
0	0	0	1
0	1	1	0
1	0	1	0
1	1	0	1

とＮＯＴ）を計算し、新しいビット4にします。結果は11000（10進数で24）になります（図22）。

　同様の計算を繰り返すと、次のような乱数列が得られます（表2）。最後の00001（10進数で1）を種にして、次の乱数を求めると、結果は00000になります。つまり、最初の値に戻ります。

　この5ビットのＬＦＳＲは、全部で31種類の乱数を生成します。これを「乱数の周期が31である」といいます。5ビットというと、全部で32（2の5乗）種類の値を表せるはずですが、上記の乱数列にはある値が含まれていません。どの値が含まれていないのか、お気づきでしょうか？

　実は、含まれていないのは11111（10

図21　乱数を生成する（5ビット）

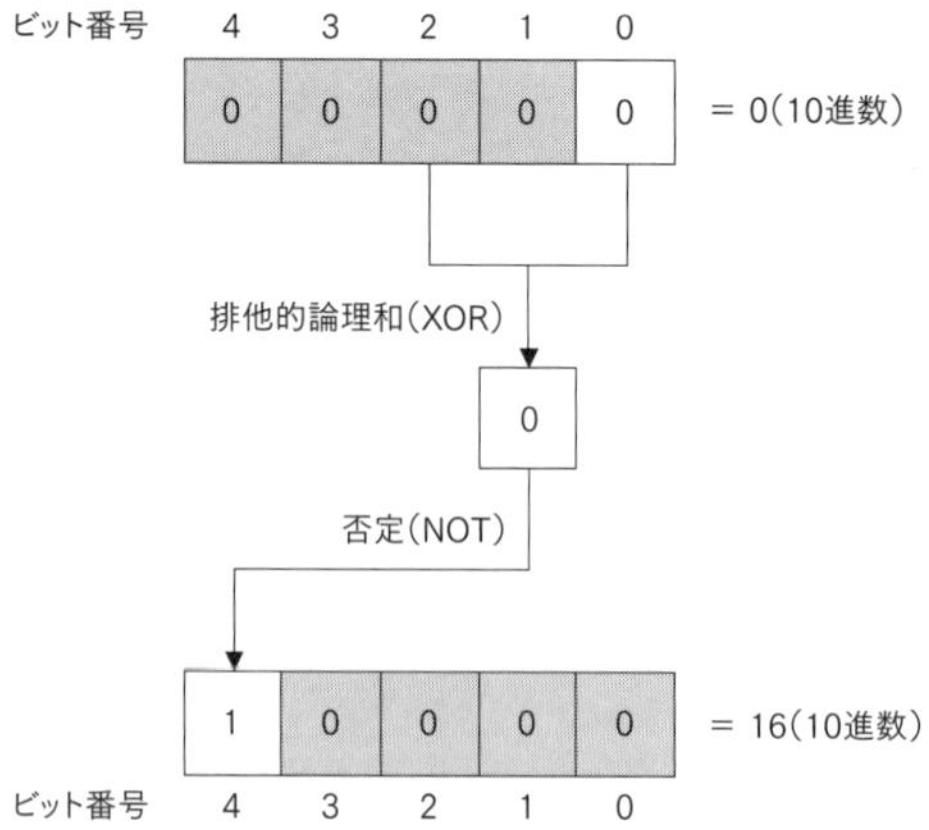

図22　さらに乱数を生成する（5ビット）

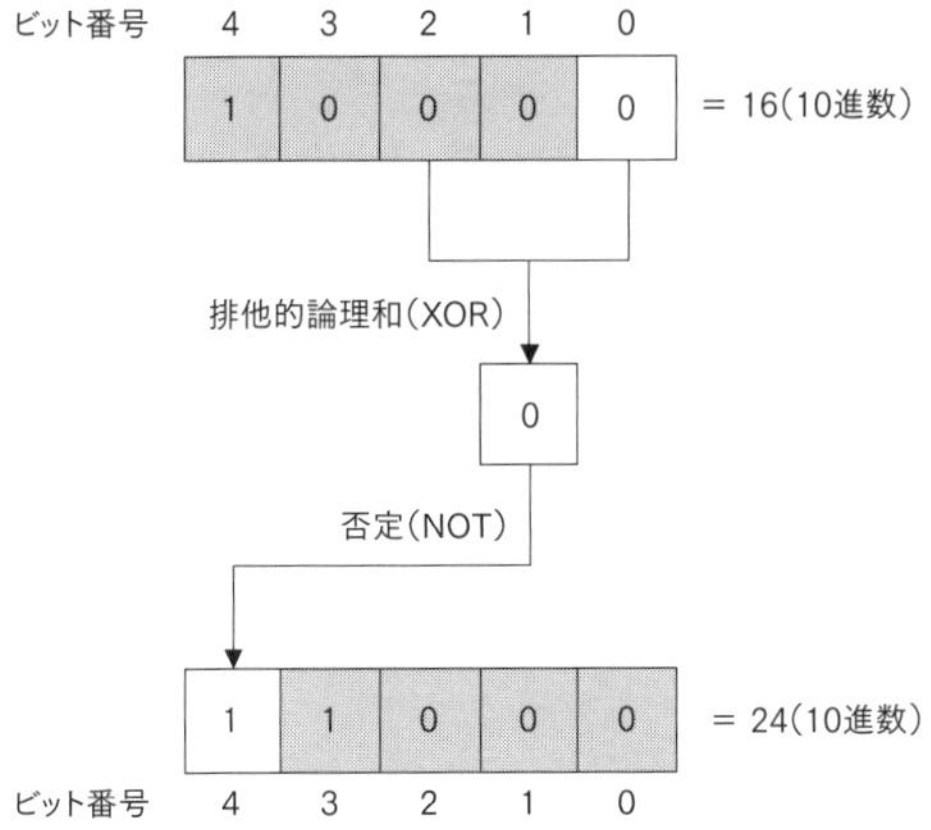

表2　5ビットの乱数列

2進数	10進数
00000	0
10000	16
11000	24
11100	28
01110	14
00111	7
10011	19
01001	9
00100	4
00010	2
10001	17

2進数	10進数
01000	8
10100	20
01010	10
10101	21
11010	26
11101	29
11110	30
01111	15
10111	23
11011	27
01101	13

2進数	10進数
10110	22
01011	11
00101	5
10010	18
11001	25
01100	12
00110	6
00011	3
00001	1

進数で31）です。１１１１１を種にして次の乱数を求めると、結果は１１１１１になります。つまり１１１１１は、このＬＦＳＲにおいては値が変化しません。一度１１１１１を種にしてしまうと、このＬＦＳＲは１１１１１だけを生成し続け、擬似乱数としては機能しません（図23）。

ギャラクシアンのＬＦＳＲ

先ほどは分かりやすさのために、５ビットのＬＦＳＲを例にしましたが、実際のギャラクシアンが搭載しているのは17ビットのＬＦＳＲです。17ビットのうち16ビットを、１ビットだけシフトします。以下の図では、ビット16～１をビット15～０にシフトするように示しました（図24）。

図23 変化しない値（5ビット）

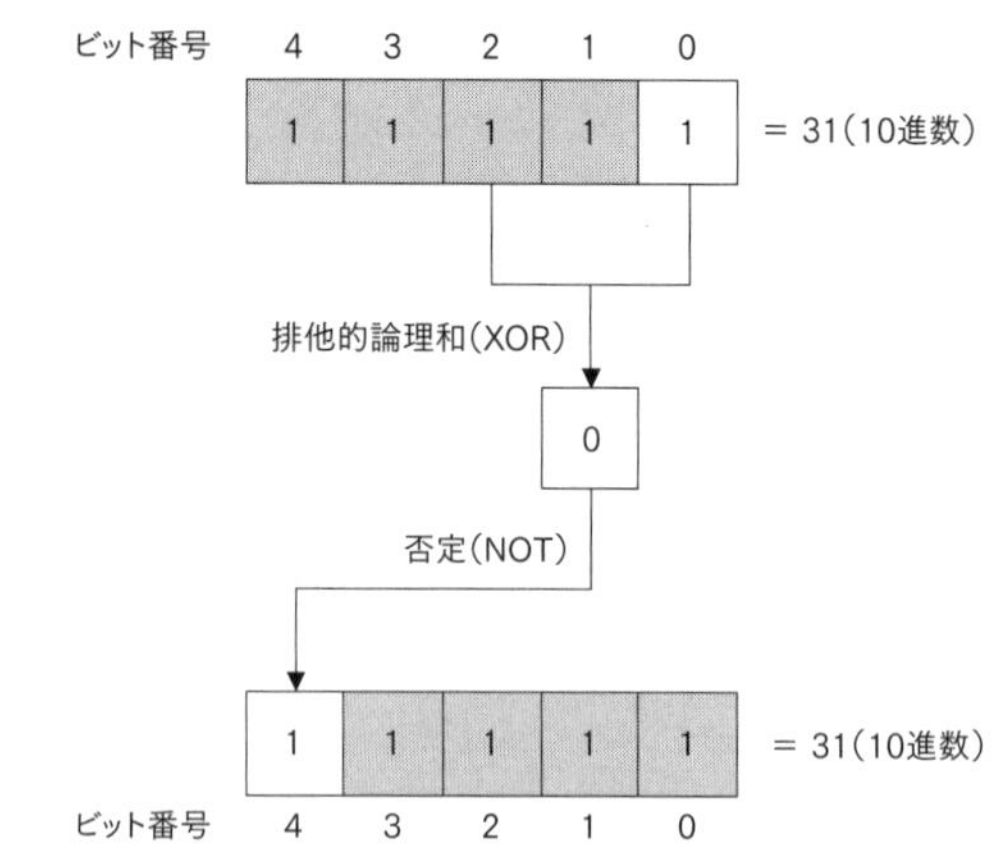

シフトであいたビット16は、古いビット12と、古いビット0の否定（NOT）との間で、排他的論理和（XOR）を求めた値にします。図の場合は新しいビット16が1になり、新しい値の全体は10000000000000000（0が16個）になります（図25）。これで、10進数で0の種から、10進数で65536の乱数を生成できました。

前述のように、LFSRではXOR（排他的論理和）またはXNOR（排他的論理和の否定）を使います。上記のようにギャラクシアンではNOTとXORを使っていますが、これは図のようにXNOR（XORとNOT）を使った場合と同じ結果になります（図26）。以後はXNORを使って説明を続けます。

同様の計算を繰り返すと、次のような乱数

図24　17ビットのLFSR

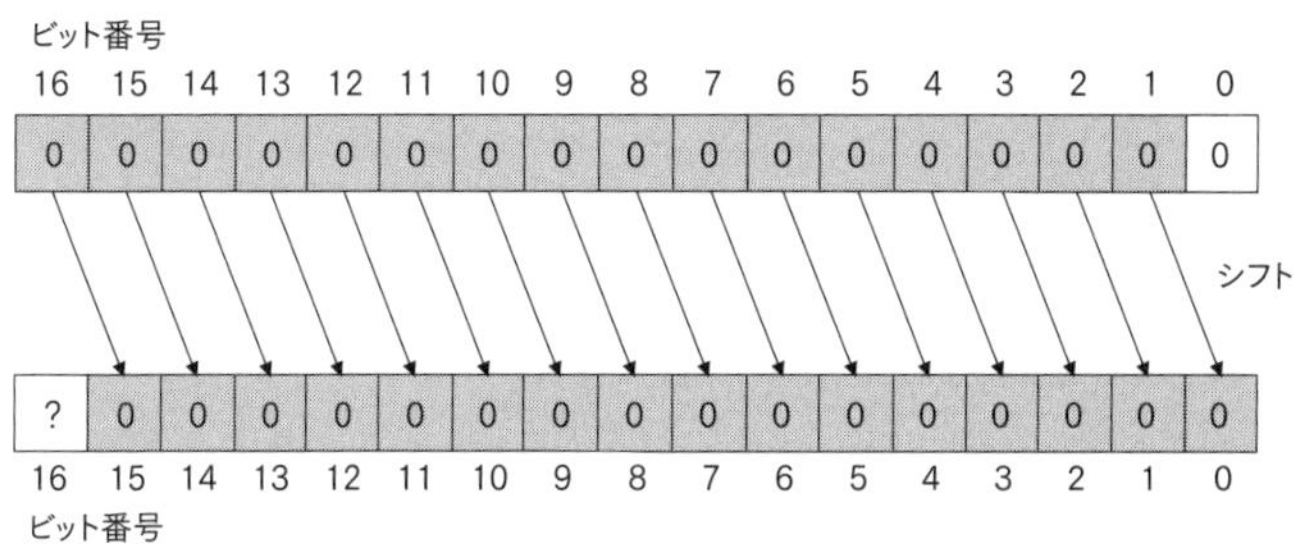

図25 乱数を生成する（17ビット）

図26 乱数を生成する（17ビット、XNOR）

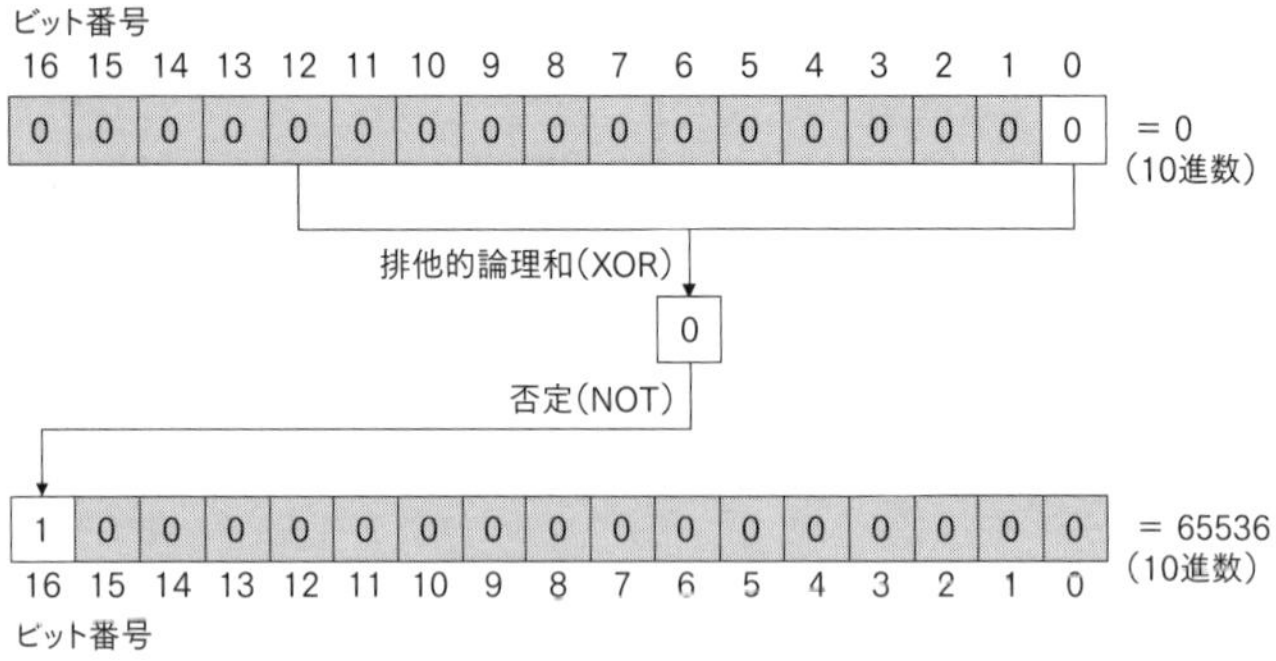

列が得られます（表3）。最後の00000000000000001（10進数で1）を種にして、次の乱数を求めると、結果は00000000000000000（10進数で0）になり、最初の値に戻ります。乱数列が長いので一部のみを掲載しましたが、この17ビットのLFSRは、全部で131071種類の乱数を生成します。つまり、乱数の周期は131071です。

さて、5ビットのLFSRにおいては、11111（10進数で31）は変化しない値でした。17ビットのLFSRにおいては、11111111111111111（1が17個、10進数で131071）が変化しない値になります。この値が変化しないことは、次の図のように確かめられます（図27）。

このようにLFSRを使うと、乱数列を生

表3　17ビットの乱数列

2進数	10進数
00000000000000000	0
10000000000000000	65536
11000000000000000	98304
11100000000000000	114688
11110000000000000	122880
11111000000000000	126976
01111100000000000	63488
00111110000000000	31744
…	…

2進数	10進数
00000000011111111	255
00000000001111111	127
00000000000111111	63
00000000000011111	31
00000000000001111	15
00000000000000111	7
00000000000000011	3
00000000000000001	1

成することができます。次はこの乱数列を使って、星をランダムに配置し、さらに星を移動させます。

星の配置と移動

17ビットの計算を人間が続けるのは少し大変なので、先ほどの5ビットのLFSRを例に、乱数列を使って星を配置する方法を説明します。ここでは画面が6×5ピクセルだと仮定して、各ピクセルごとに乱数を生成したと考えます。ギャラクシアンは画面を90度回転させているので、以下の図では画面の右上から左下に向かって、生成した乱数（0，16，24，…，12，6，3）を順に並べました（図28）。

　これらの乱数を使って、ピクセルごとに星を配置するかどうかを決めます。ここでは乱

図27 変化しない値（17ビット）

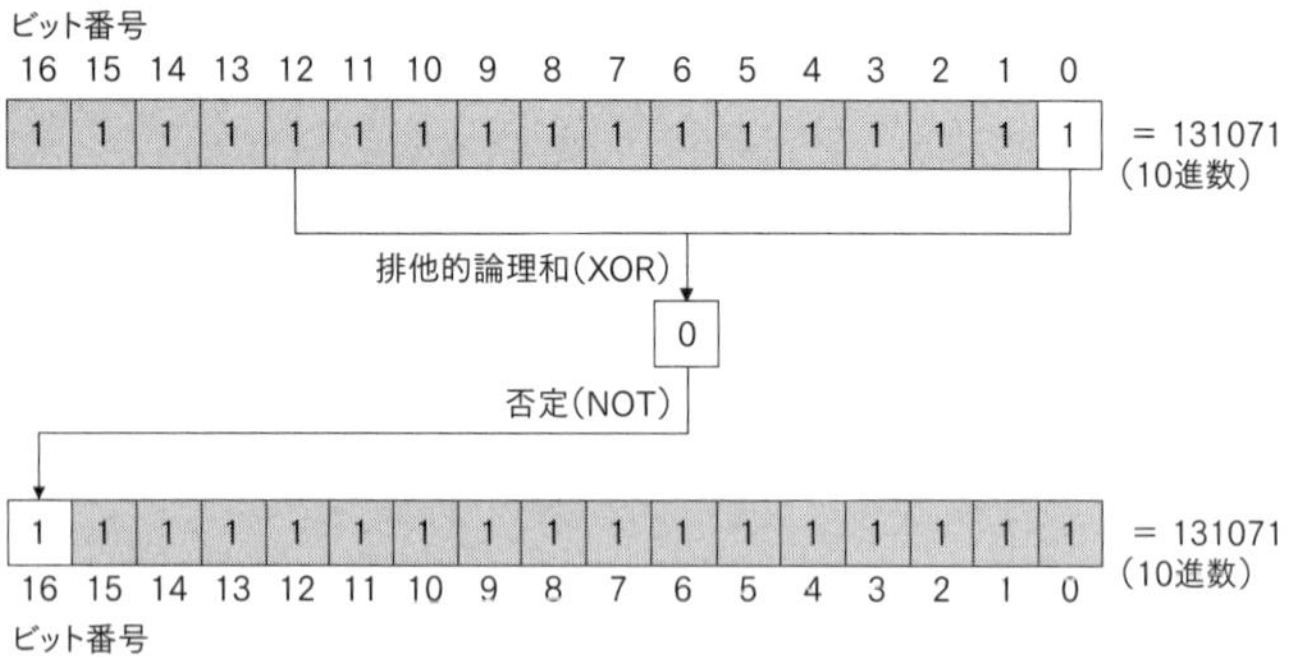

数のビット4とビット0が1ならば、星を配置することにしましょう。ビット3〜1はどんな値でも構いません。言い換えると、10進数で17以上の奇数の場合に、星を配置します。例えば10001（10進数で17）や、11101（10進数で29）の場合には、星を配置します（図29）。

この条件に基づいて、ピクセルごとに星を配置すると、次の図のようになります（図30）。図にグレーで示したピクセルに、星を配置します。なお、この図では少し星が多めで密集して配置されていますが、実際のギャラクシアンでは星と星との間隔はもっとあいています。

さて、ギャラクシアンのように星を上から下へ移動させるには、どうすればよいのでし

図28　ピクセルごとに乱数を生成

開始↓（右上のマス）

5	15	20	19	0
18	23	10	9	16
25	27	21	4	24
12	13	26	2	28
6	22	29	17	14
3	11	30	8	7

図29 星を配置する条件

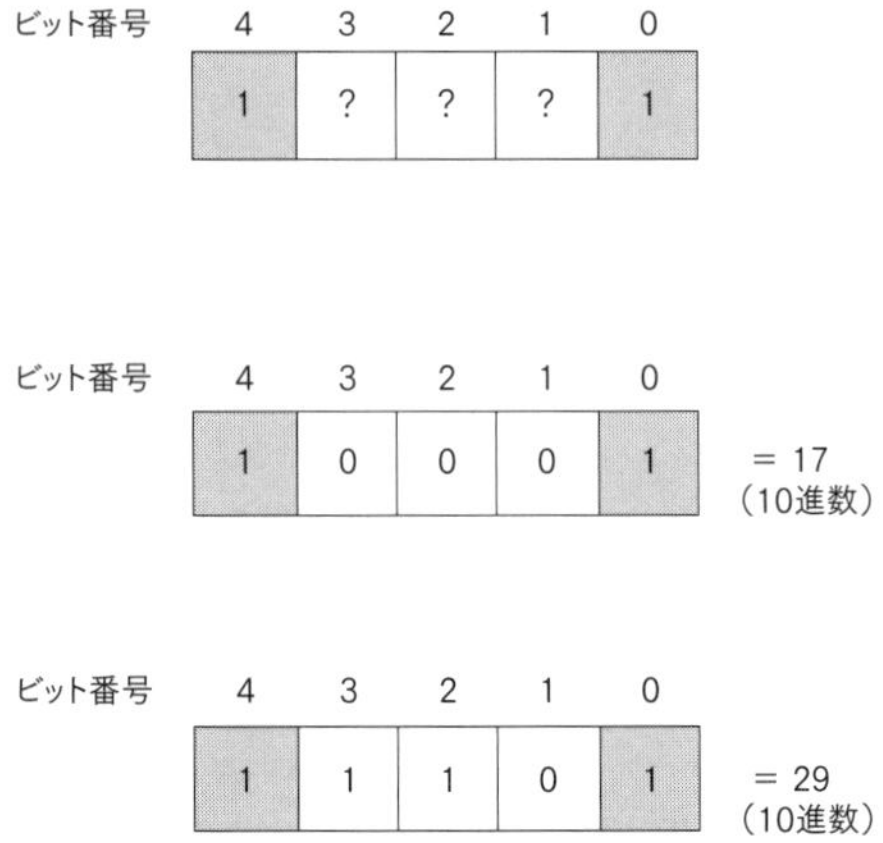

図30 星の配置

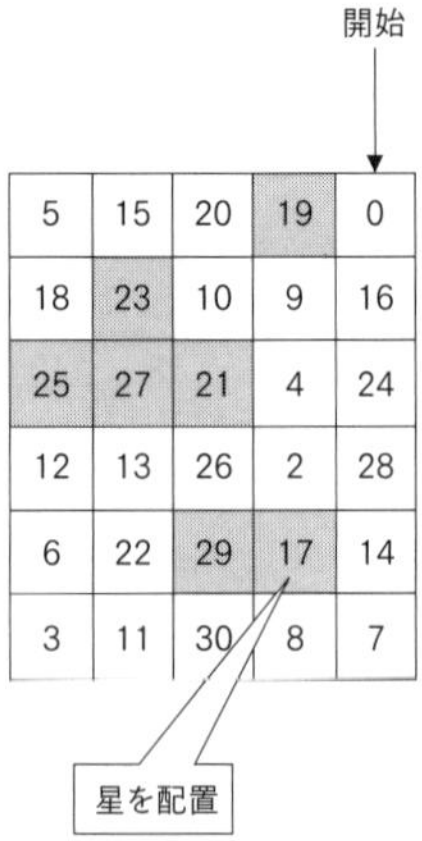

ようか。実は、ピクセルの個数と乱数の周期の関係が鍵になります。この例では、ピクセルの個数は6×5＝30で、乱数の周期は31です。つまりピクセルの個数と乱数の周期が少しだけ（1だけ）異なります。この相違が、星の移動を生み出します。

先ほど作成した星の配置に続いて、次の瞬間（フレーム）の星の配置を作成してみましょう。乱数は3まで生成したので、次に生成されるのは1です。そこで再び、画面の右上から左下に向かって、生成した乱数（1，0，16，…，25，12，6）を順に並べます（図31）。

先ほどと同じ条件で、17以上の奇数の場合に星を配置しました（図にグレーで示したピクセル）。先ほどの図とよく見比べてみてください。全ての星が、1ピクセルずつ下に移動してい

図31　星の移動

開始

11	30	8	7	1
5	15	20	**19**	0
18	**23**	10	9	16
25	**27**	**21**	4	24
12	13	26	2	28
6	22	**29**	**17**	14

星を配置

ることが分かります。このように、ピクセルの個数と乱数の周期がずれていることによって、星の移動が発生するのです。

ギャラクシアンにおける星の配置と移動

実際のギャラクシアンにおいても、同様の方法で星の配置と移動を実現します。星を配置する条件は次の通りで、17ビットのＬＦＳＲにおいて、ビット16〜9の8ビットが1で、ビット０が０のときに、星を配置します。言い換えると、10進数で１３０５６０以上１３１０７０以下の偶数の場合に、星を配置します（図32）。

この17ビットのＬＦＳＲは、乱数の周期が１３１０７１です。１画面（1フレーム）を出

図32 星を配置する条件（17ビット）

ビット番号

16	15	14	13	12	11	10	9	8	7	6	5	4	3	2	1	0
1	1	1	1	1	1	1	1	?	?	?	?	?	?	?	?	0

ビット番号

16	15	14	13	12	11	10	9	8	7	6	5	4	3	2	1	0
1	1	1	1	1	1	1	1	0	0	0	0	0	0	0	0	0

= 130560（10進数）

ビット番号

16	15	14	13	12	11	10	9	8	7	6	5	4	3	2	1	0
1	1	1	1	1	1	1	1	1	1	1	1	1	1	1	1	0

= 131070（10進数）

力する間に生成する乱数の数は、画面のモードによって異なり、５１２×２５６＝１３１０７２か、５１２×２５６－２＝１３１０７０です。いずれの場合も、乱数の周期（１３１０７１）との間にずれがあるので、星を移動させることができます。

なお、ギャラクシアンのスプライトやタイルマップなどの画面解像度は２５６×２２４ピクセルですが、星だけは特別に2倍程度の解像度で表示されます。また、ＬＦＳＲによる乱数の生成は、画面に表示されない領域でも行われます。画面に表示されるピクセルの個数（２５６×２２４＝５７３４４）と、生成する乱数の個数（１３１０７２または１３１０７０）が異なるのは、これらが理由です。

さて、ギャラクシアンの星はさまざまな色で表示されます。この色も乱数で決めています。17ビットの乱数の、ビット8～3の6ビットを使って、星の色を決めます。6ビットなので、64種類の色があります（図33）。

さらに、ギャラクシアンの星は明滅します。これは星のX座標とY座標を使って、周期的に星を表示したり消したりするハードウェアで実現しています。

ギャラクシアンに関する他の話題

ギャラクシアンには他にも話題があります。まず、スタージェネレータに使われているＬＦＳＲは、サウンドにも使われています。サウンド機能の一部であるノイズ生成は、ＬＦＳＲによる乱数を利用しています。

電源投入時に表示されるテストパターンにも見所があります。最初のシーンでは、タイルマップによって画面一杯に文字や記号が表示されます。次のシーンでは、スプライトが斜めに飛び交い、弾が表示され、背景にはスタージェネレータによる星が流れます。最後のシーンでは、再びタイルマップによって、白い格子が表示されます。

図33 星の色

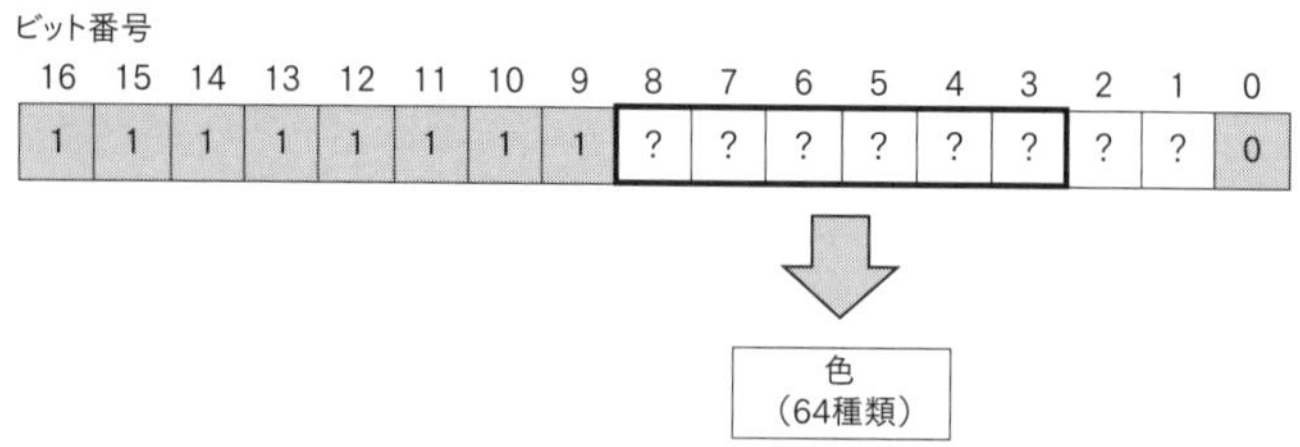

スプライトやタイルマップといった、ゲーム向きの強力な機能を導入したギャラクシアンは、その後の数々の名作アーケードゲームを生み出す契機となります。そういった名作の一つが、翌年に登場して大ヒットする「パックマン」（1980年）です。

1980年へ

1980年

「パックマン」

単純なロジックで
知能を感じさせる技術

この年の事件

- モトローラ社が16ビットCPU「68000」を発売。
- 日本の自動車生産台数が世界第1位に。

PUSH START BUTTON

多くのゲームに採用された16ビットCPU「68000」

１９８０年にモトローラ社が発売した16ビットマイクロプロセッサ「６８０００」は、多くのアーケードゲームや家庭用ゲーム機に採用されました。６８０００は１９７９年に発表され、製品の出荷は１９８０年に始まります。なお６８０００という名前は、同社が１９７４年に発売した8ビットＣＰＵの「６８００」に似ていますが、６８０００は６８００の上位互換ではありません。

６８０００は、先行する16ビットＣＰＵ「８０８６」（１９７８年、インテル社）に比べ、機械語やアセンブリ言語を使ったプログラミングがしやすいという強みがありました。現在ではＣやＣ＋＋といった高級言語によるソフトウェア開発が一般的ですが、当時はまだ機械語やアセンブリ言語を使った開発が広く行われていたので、６８０００は開発者の人気を集めます。

例えば、ＣＰＵの内部に値を記録する「レジスタ」という機能を比較すると、８０８６のレジスタが16ビットなのに対して、６８０００は32ビットのレジスタを備えています。そのため６８０００は、桁数の大きな数値を簡単に扱うことができます。また、メモリにアクセスする機能を比較すると、８０８６はメモリを64ＫＢ単位に区切ってアクセスしなければなりません。

それに対して、６８０００は16ＭＢまでのメモリに継ぎ目なくアクセスできます。８０８６における「大きなメモリを扱うときには分割の境界を意識しないとプログラミングできない」という状況が、６８０００では解消されています。そのため６８０００の方が、大容量のデータを容易に扱えます。

６８０００を採用したパソコンとしては、日本では「Ｘ６８０００」（１９８７年）がよく知られています。Ｘ６８０００はスプライト機能を備えており、ゲームプログラミングに向いたパソコンです。また、現在のＭａｃの元祖である「Macintosh」（マッキントッシュ、１９８４年）も、６８０００を搭載しています。以後、Macintosh の多くの製品において、６８０００やその後継ＣＰＵが使用されます。

日本のアーケードゲームでは、「リブルラブル」（１９８３年）が初めて６８０００を採用します。リブルラブルはモトローラ社の「６８０９」（１９７９年）をメイン用とサウンド用に各１個ずつ搭載し、６８０００はグラフィックス用に使っています。

６８０００はアーケードゲームのシステム基板にも多く採用されています。システム基板というのは、一つの基板を流用して色々なゲームを開発できるようにしたアーケードゲーム基板のことです。別のゲームの基板として使うときには、プログラムのＲＯＭを差し替えるなどします。

例えばセガの「システム16」（１９８５年）、コナミの「バブルシステム」（１９８５年）、カプコンの「ＣＰシステム」（１９８８年）などは、メイン用に６８０００を、サウンド用に「Ｚ80」（１９７６年）を採用しています。また、ナムコが発売した「システムII」（１９８８年）は、メイン用とサブ用に６８０００を各１個ずつ、サウンド用に６８０９を搭載しています。

６８０００は、家庭用ゲーム機にも使われました。セガの「メガドライブ」（１９８８年）やＳＮＫの「ネオジオ」（１９９０年）は、メイン用に６８０００、サウンド用にＺ80を搭載しています。

このように１９８０年代後半のゲームにおいては、メイン用に６８０００を、サウンド用にＺ80を採用することが広く行われます。Ｚ80は補佐的な役割に回るわけですが、１９８０年代前半においては、Ｚ80がメインで活躍していました。１９８０年に生まれて大ヒットした「パックマン」も、Ｚ80をメインＣＰＵに採用した作品です。

パックマン　～それぞれに個性がある4体の敵

パックマンは、自機（パックマン）を操作し、迷路の中に配置されたドット（点）を食べるゲームです。全てのドットを食べるとステージクリアです。迷路内には４体の敵（モンスター）が動き回っていて、この敵に捕まると自機を1機失います。自機を全て失うとゲームオーバーです（図1）。

迷路には4個のパワーエサが配置されています。パワーエサを食べた後の一定時間は、自機が敵に捕まってもミスになりません。逆に、パックマンが敵を食べてしまいます。食べられた敵は、いったん巣に戻った後、再び迷路内を歩き出します。

パックマンのコントローラはジョイスティック1本だけです。ジョイスティックで自機を上下左右の4方向に動かします（図2）。

パックマンのように迷路内のドットを消していくタイプのゲームのことを、「ドットイートゲーム」（ドットを食べるゲーム）と呼びます。パックマンはドットイートゲームとして非常

図1 パックマン（イメージ）

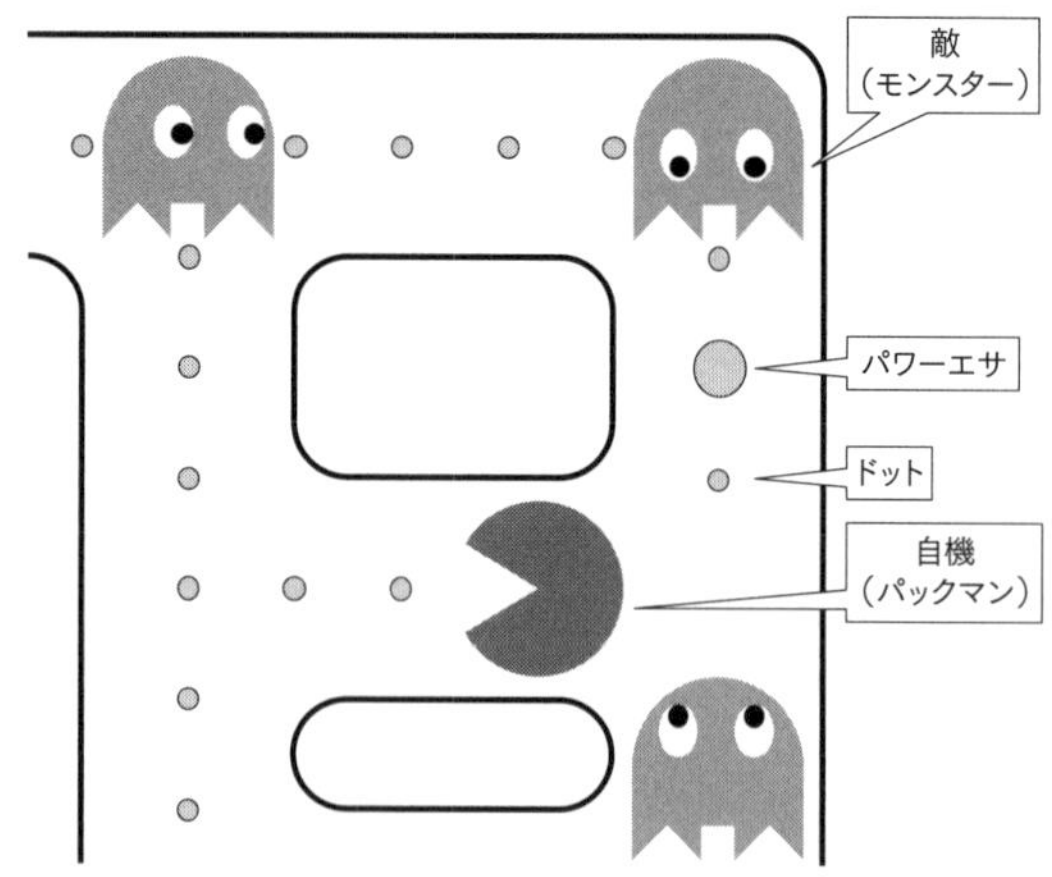

によく知られている作品の一つです。

タイルマップによる迷路の表現

パックマンの迷路（壁、ドット、パワーエサ）は、タイルマップで表現されています（図3）。タイルのサイズは8×8ピクセルで、画面全体では28×36個のタイルがあります。画面の解像度は224×288ピクセルです。

一方、自機や敵はスプライトで表現されています。スプライトのサイズは16×16ピクセルです。これらのスプライトをタイルマップに重ねて、自機や敵が迷路の中にいるように表示しています。

自機や敵の動きには、タイルが深く関係しています。例えば、自機が敵に捕まるのは、自機と敵の中心が同じタイルに入ったときで

図2　パックマンのコントローラ

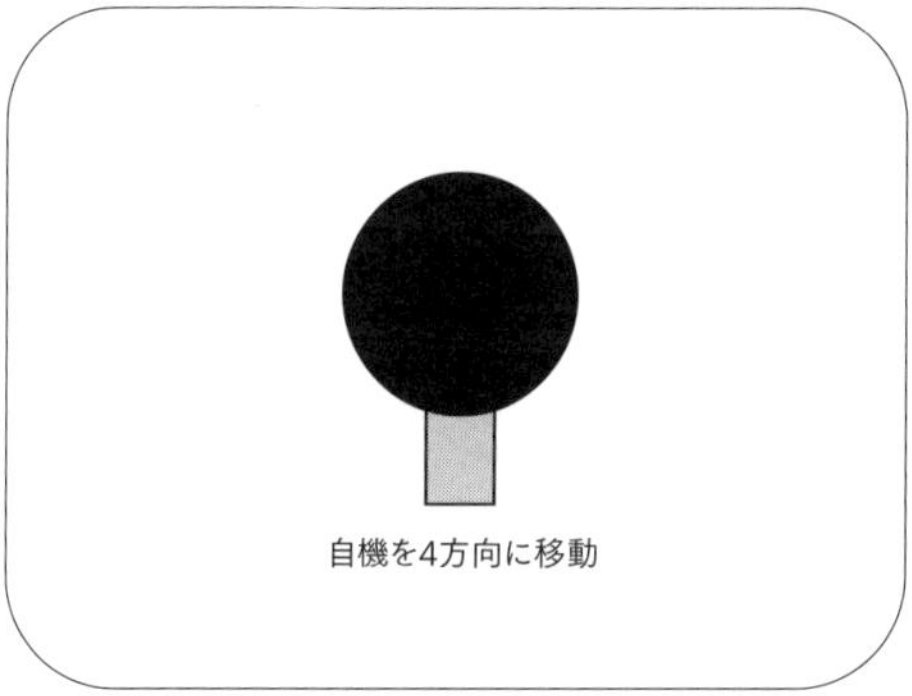

す。自機と敵が少し接触したくらいでは、まだ敵には捕まらないので、ぎりぎりの距離で敵を避ける楽しみが生まれます（図4）。

自機が交差点（あるいは曲がり角）で曲がるときには、交差点の中央にあるタイルに自機の中心が入っていれば曲がれます。自機とタイルの中心が完全に一致している必要はなく、少しくらい位置がずれていても曲がることができます。さらに、自機が通路の中央を通るように、自動的に位置が補正されます。これらの処理により、自機はとても滑らかに交差点を曲がることができます（図5）。

自機と敵の衝突判定を適度に甘くしてあることや、自機が曲がりやすいことは、操作性を大きく向上させています。「敵を避けたと思ったのに捕まった」とか「角を曲がろうと思

図3　タイルマップによる迷路の表現

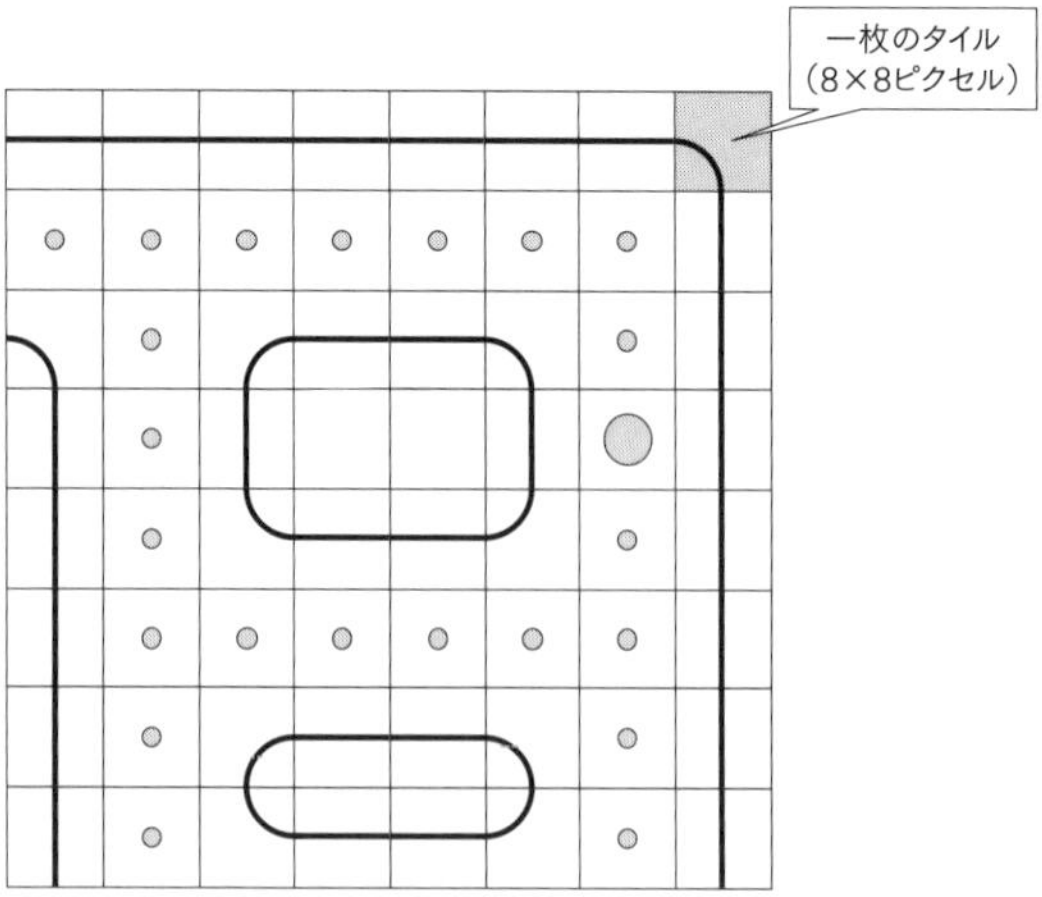

図4　自機が敵に捕まる

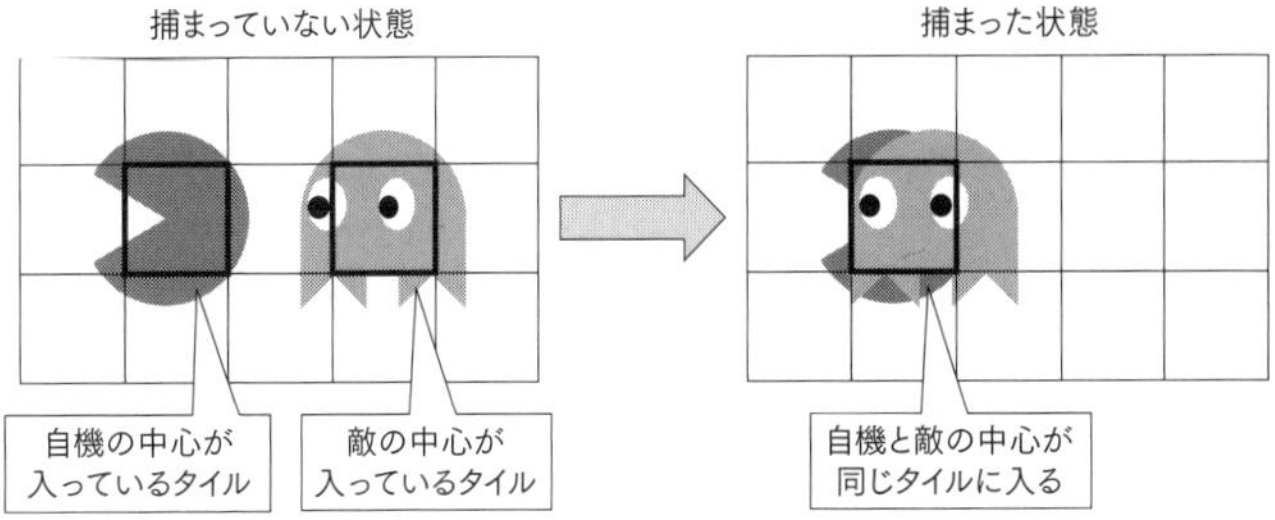

図5　自機が交差点を曲がる

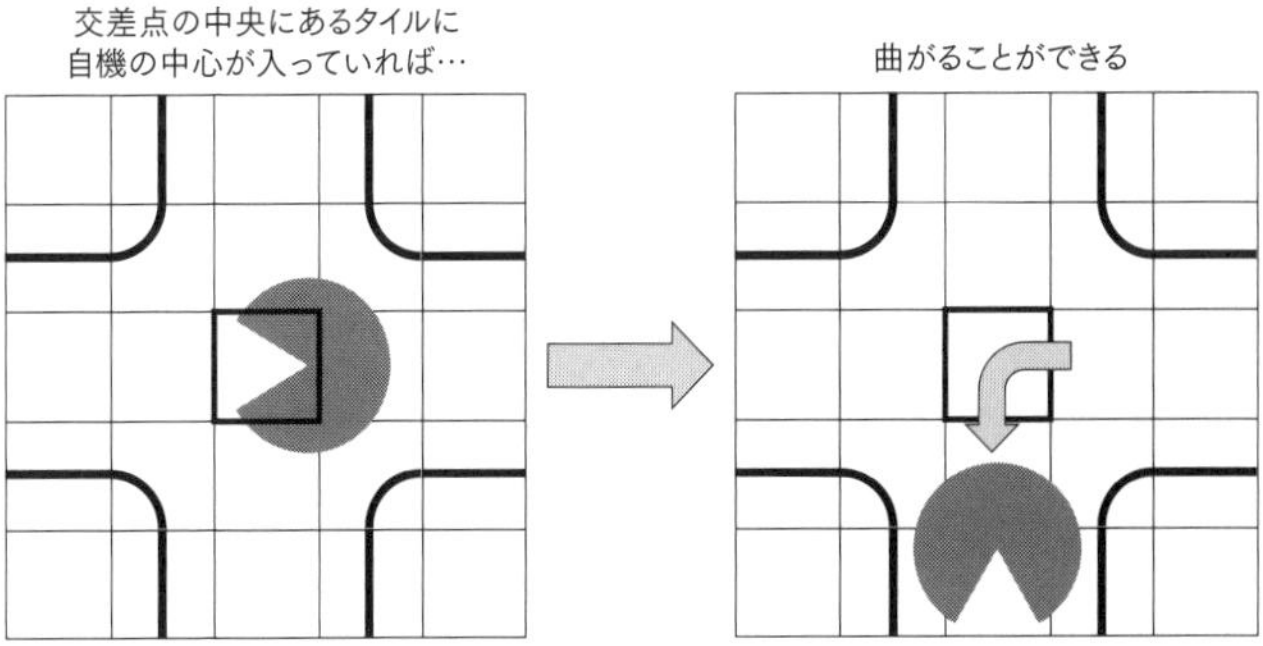

ったのに引っかかった」ということが少ないので、遊んでいて気持ちのいいゲームに仕上がっています。

敵はタイルを目指す

パックマンにおける魅力の一つは、トリッキーな敵の動きです。4種類の敵は次のように命名されていて、それぞれ異なる性格づけがされています。

- ■赤色の「アカベエ」(英語名はブリンキー)。性格は「追いかけ」。
- ■桃色の「ピンキー」(英語名もピンキー)。性格は「待ち伏せ」。
- ■水色の「アオスケ」(英語名はインキー)。性格は「気まぐれ」。
- ■橙色の「グズタ」(英語名はクライド)。性格は「おとぼけ」。

敵ごとに性格は違いますが、実は基本の動きは共通です。どの敵も「目標タイル」という、これから目指す先のタイルを決めています。そして交差点(あるいは曲がり角)に来るたびに、目標タイルまでの距離(直線距離)が短くなるルートを選んで進みます。

交差点にさしかかった敵の挙動を、詳しく見てみましょう。敵は交差点に差し掛かると、交差点の上下左右にあるタイルについて、目標タイルまでの距離を計算します（図6）。ただし敵は後戻りしないので、今通ってきたばかりのタイルについては計算しません。

距離の計算には「ピタゴラスの定理」（三平方の定理）が使えます。あるタイルと目標タイルとの間の、水平座標の差分をX、垂直座標の差分をYとすると、距離の2乗は「X^2+Y^2」で計算できます（図7）。さらに平方根を計算すれば距離が求まりますが、パックマンでは距離が最小になるルートを選ぶことが目的なので、距離までは求めなくとも、距離の2乗のままで比較できます。距離の2乗が最小になるルートは、すなわち距離が最小になるルートだからです。平方根の計算を省略すれば、処理にかかる時間を短縮できます。

図6　交差点の上下左右にあるタイル

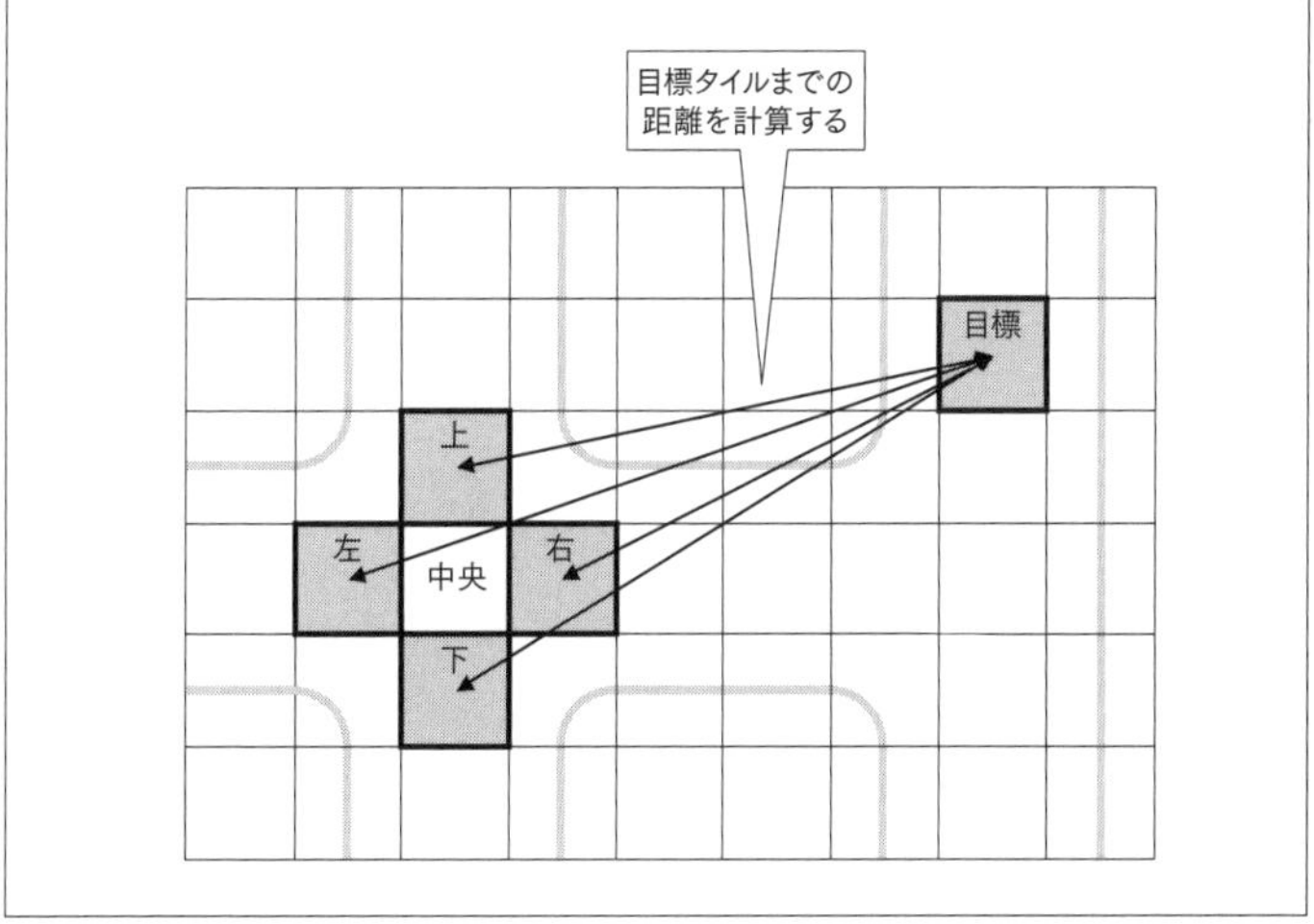

マンハッタン距離（X＋Y）を用いる実装もできそうですが、パックマンでは以上のように距離を計算しているようです。

先ほどの交差点において、各タイルに関する目標タイルまでの距離の2乗を求めます。そして、距離の2乗が最小になるタイルを、次に進むルートにします（図8）。もし、距離の2乗が最小になるタイルが複数ある場合には、上、左、下の優先順位でルートを選びます。

この方法で選択したルートは、目標タイルまでの道のりが最短であるとは限りません。遠周りのルートが選ばれることもあります（図9）。パックマンをまっすぐ追いかけてきた敵が、あえて回り道をすることがありますが、上記のようにルート選択をしていると考える

図7 距離の計算

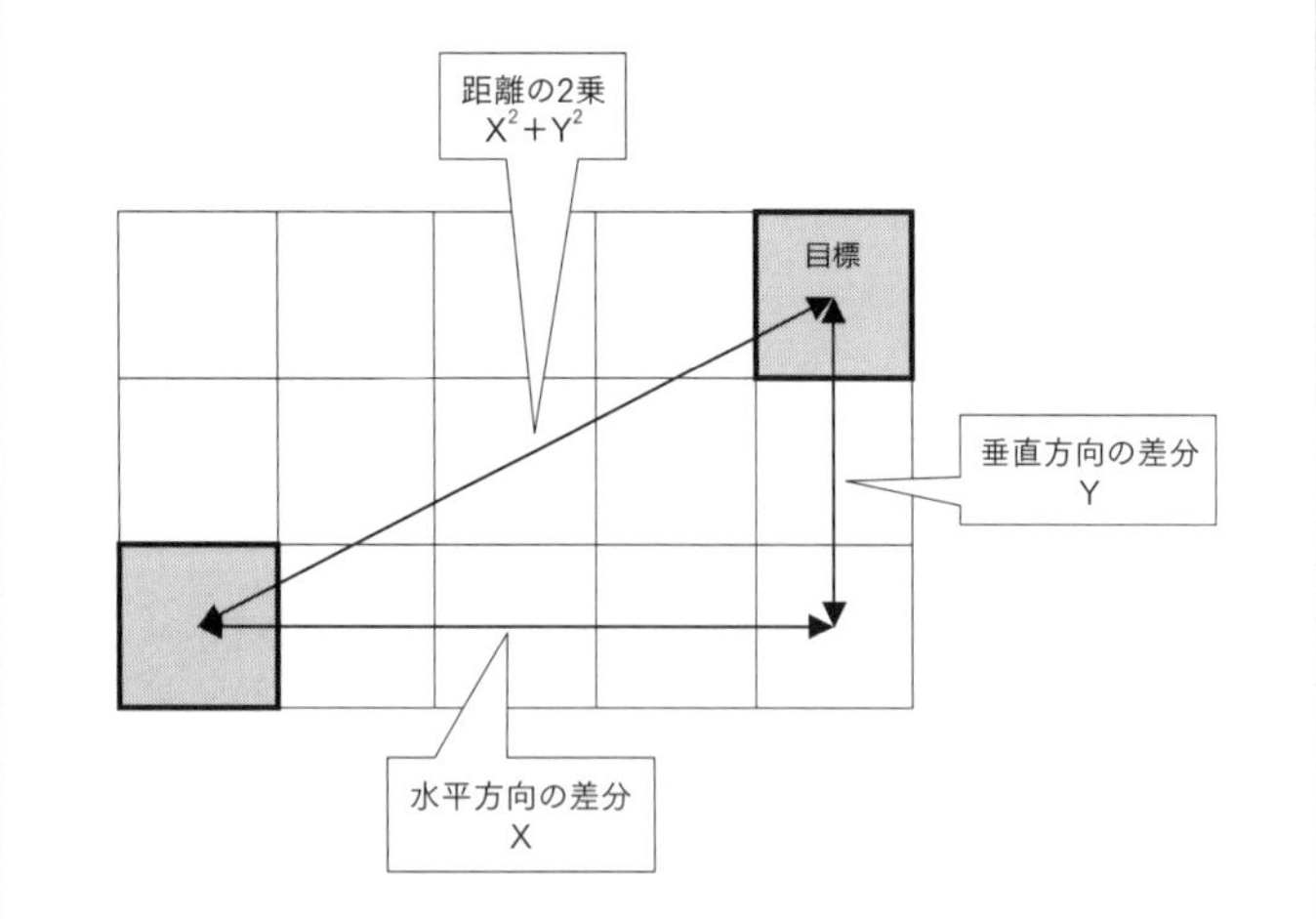

図8　ルートの選択

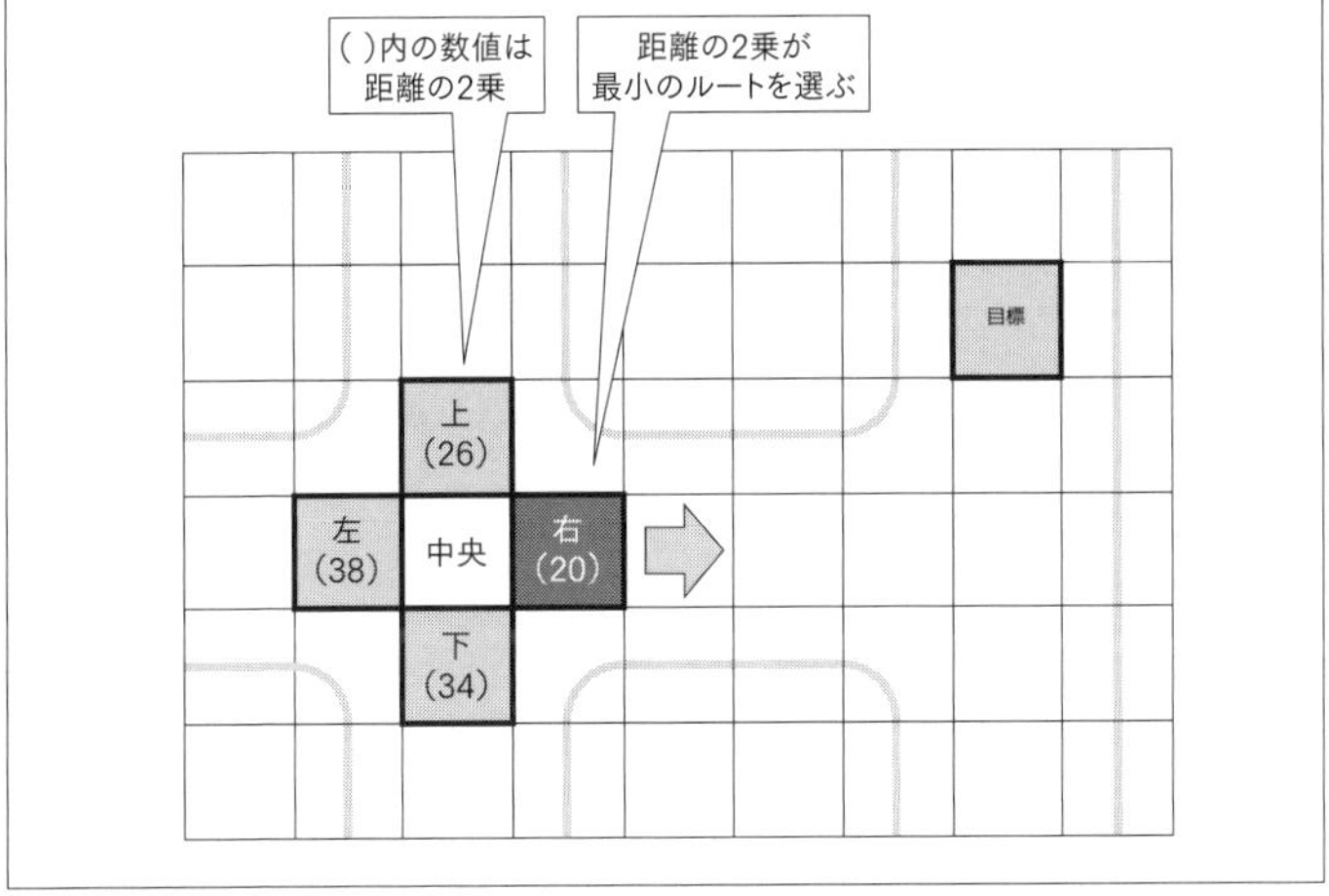

図9　遠回りのルート

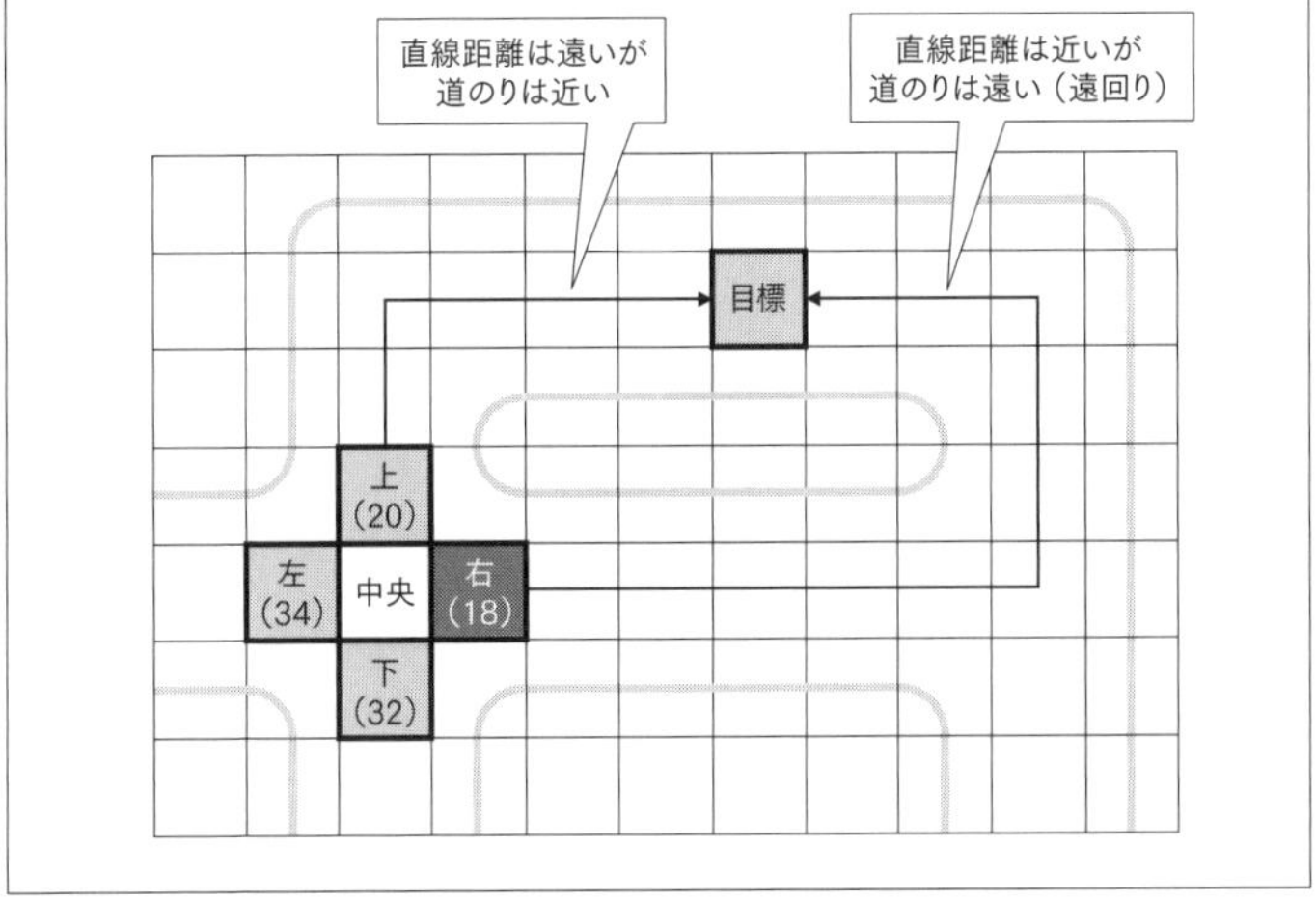

と説明がつきます。パックマンを追いかけてくるようでいて時に不可解な動きを見せるので、「敵が何かを企んでいるような感じ」を作り出して、ゲームの面白さを増しています。

敵ごとの性格の違い

さて、敵には1体ずつに別々の性格が設定されていますが、実はこのような共通の方法で動いているようです。敵ごとの性格の違いは、目標タイルの選び方で実現されています。具体的な選び方は次の通りです。

- 追いかけ「アカベエ」の目標タイルは、「自機がいるタイル」そのものです。自機を直接追いかけてくるイメージです（図10）。

図10 アカベエの目標タイル

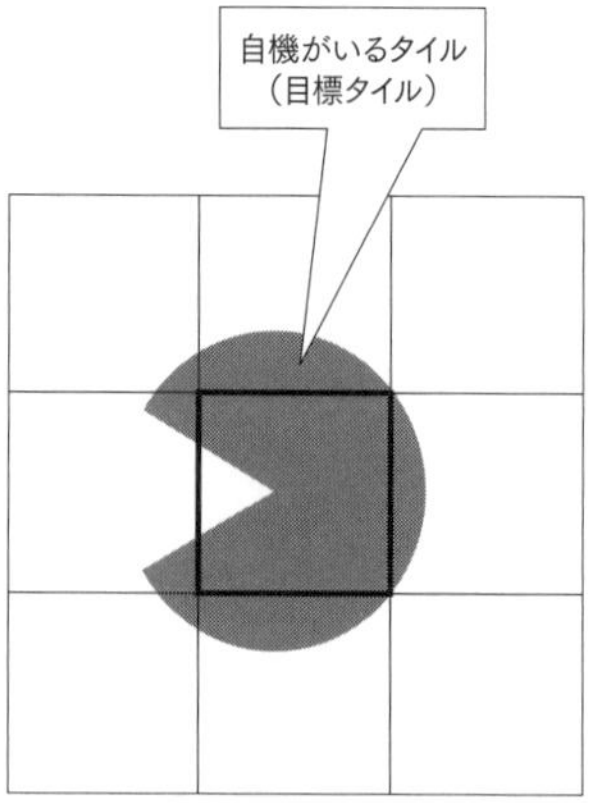

■待ち伏せ「ピンキー」の目標タイルは、「自機の4個先にあるタイル」です。自機がこれから進む先を目指すイメージです（図11）。

■気まぐれ「アオスケ」の目標タイルは、「アカベエがいるタイル」から「自機の2個先にあるタイル」までの矢印（ベクトル）を考えたときに、この矢印を2倍にした位置にあるタイルです。つまりアオスケは、自機だけではなくアカベエの動きにも影響を受けます。アカベエと連携して、自機をはさみ撃ちするイメージです（図12）。

■おとぼけ「グズタ」の目標タイルは、自機までの距離によって変わります。距離が8よりも遠いときには「自機がいるタ

図11　ピンキーの目標タイル

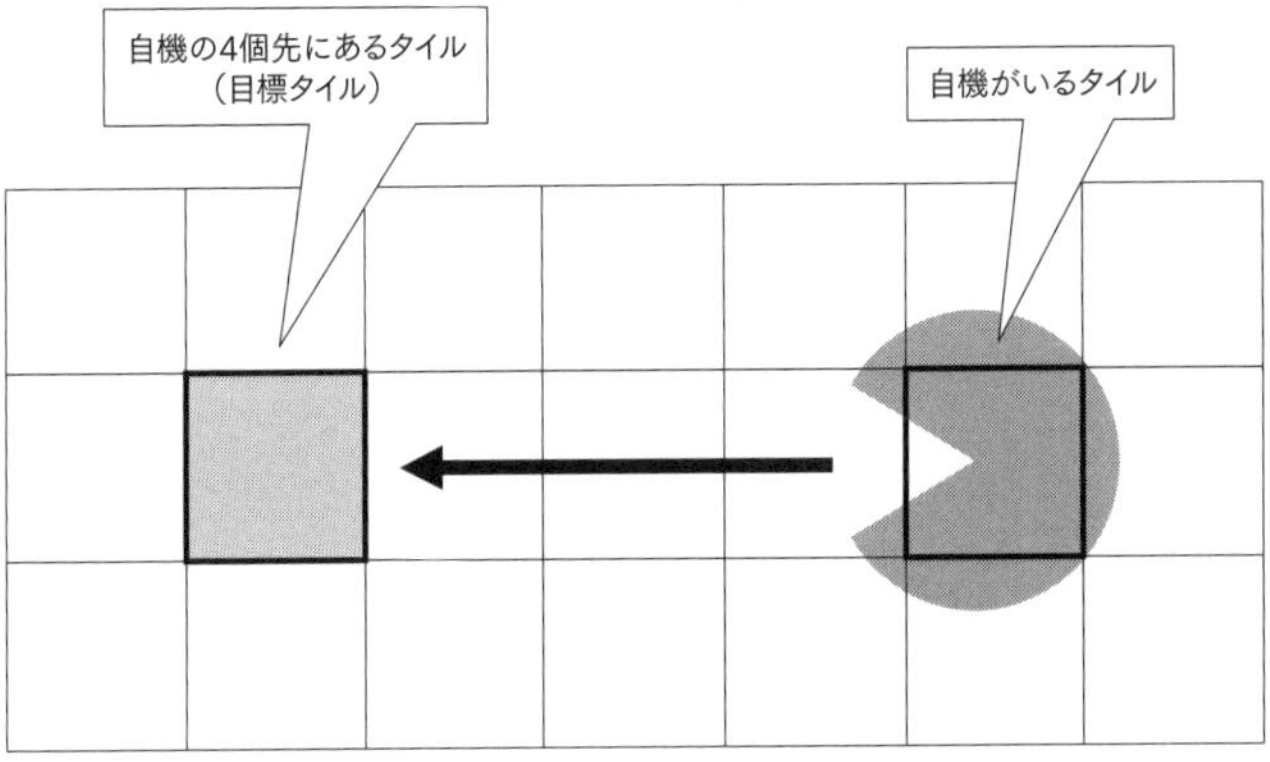

イル」が目標タイルです。距離が8以下のときには、後述する休息モードの所定位置に戻ります（図13）。

なお、ピンキーの動きには、例外があります。自機が上を向いているとき、ピンキーは「自機の4個上にあるタイル」ではなく、「自機の4個上かつ4個左にあるタイル」を目標タイルにします。これは自機の先にあるタイルの座標を計算する際に、水平方向の座標計算に、垂直方向の座標計算の結果が混じっていることが原因で、おそらくプログラムのバグだとされています。アオスケについても同様に、自機が上を向いているときには「自機の2個上にあるタイル」ではなく、「自機の2個上かつ2個左にあるタイル」を目標タイル

図12 アオスケの目標タイル

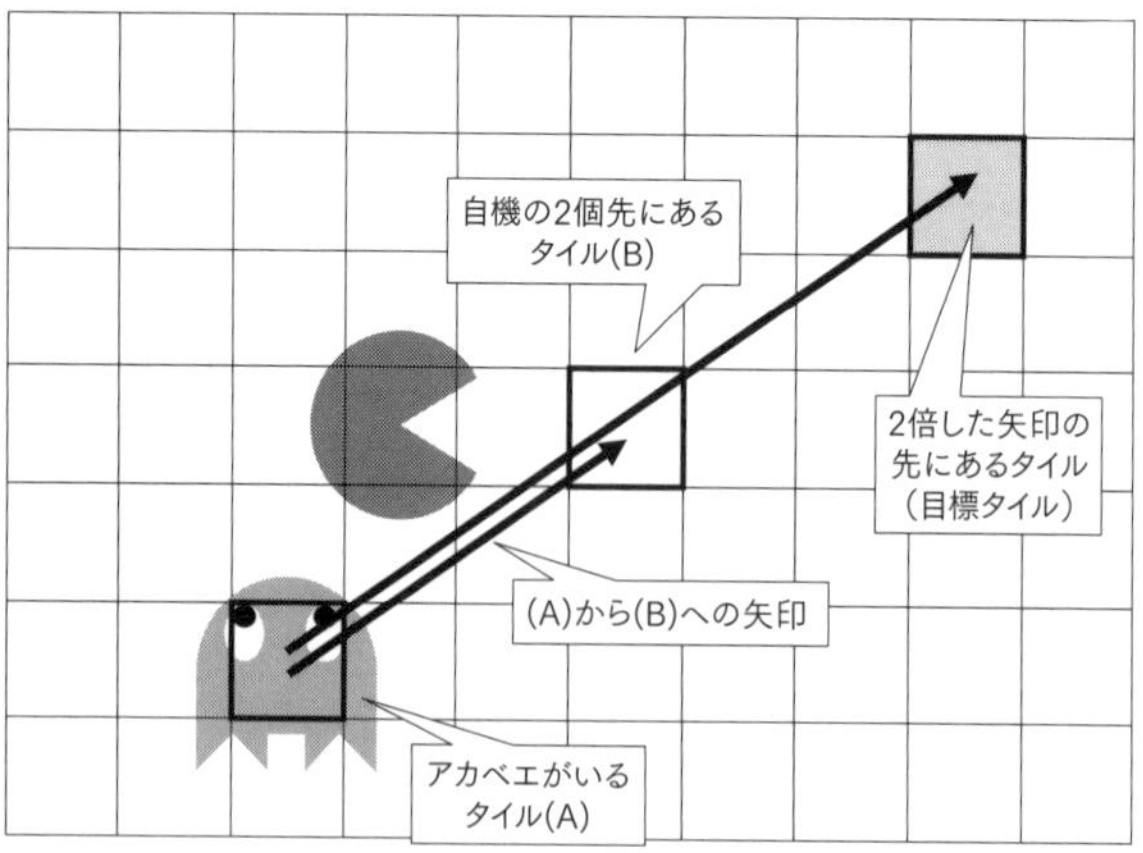

にします。

敵のモード切り替え

　パックマンの敵には、「追跡」「休息」「逃走」という3つのモードがあります。追跡モードと休息モードは、決められた時間で自動的に切り替わります。追跡モードの動きは、先ほど敵ごとの性格の違いを説明したときの動きです。一方、休息モードのときには、敵はそれぞれに決められた目標タイルを目指します。

　休息モードの目標タイルは、迷路の外に設定されています。アカベエは右上、ピンキーは左上、アオスケは右下、グズタは左下です。それぞれの敵は自分の目標タイルを目指しますが、目標タイルにたどり着くことはなく、

図13　グズタの目標タイル

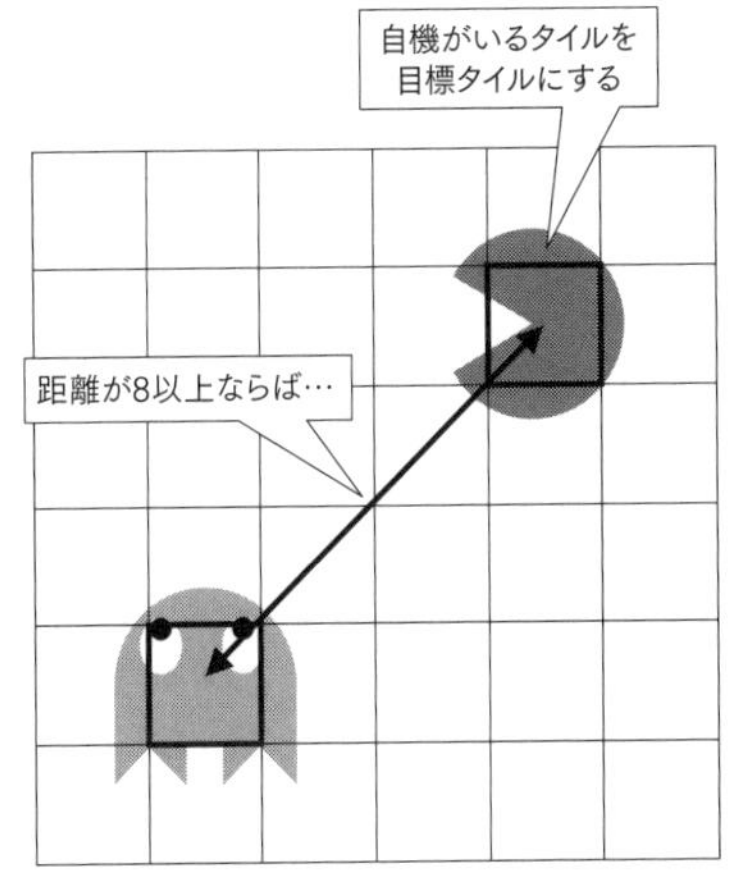

迷路の端付近を決まったルートで周回する動きをします（図14）。

自機がパワーエサを食べたときに、敵が陥るのが逃走モードです。敵は、交差点ごとにランダムな方向に曲がるようになります。

敵のモードが切り替わることによって、攻撃と撤退の緩急が生み出されています。4体の敵があたかも連携しているかのように、集結したり四散したりしながら襲ってくる様子は、見た目にも面白いものです。

二乗の計算

距離の二乗を計算するときには、「X^2」と「Y^2」、つまり「X×X」と「Y×Y」のような乗算（掛け算）を行う必要があります。機械語やアセンブリ言語でプログラミングをした

図14 休息モードの目標タイル

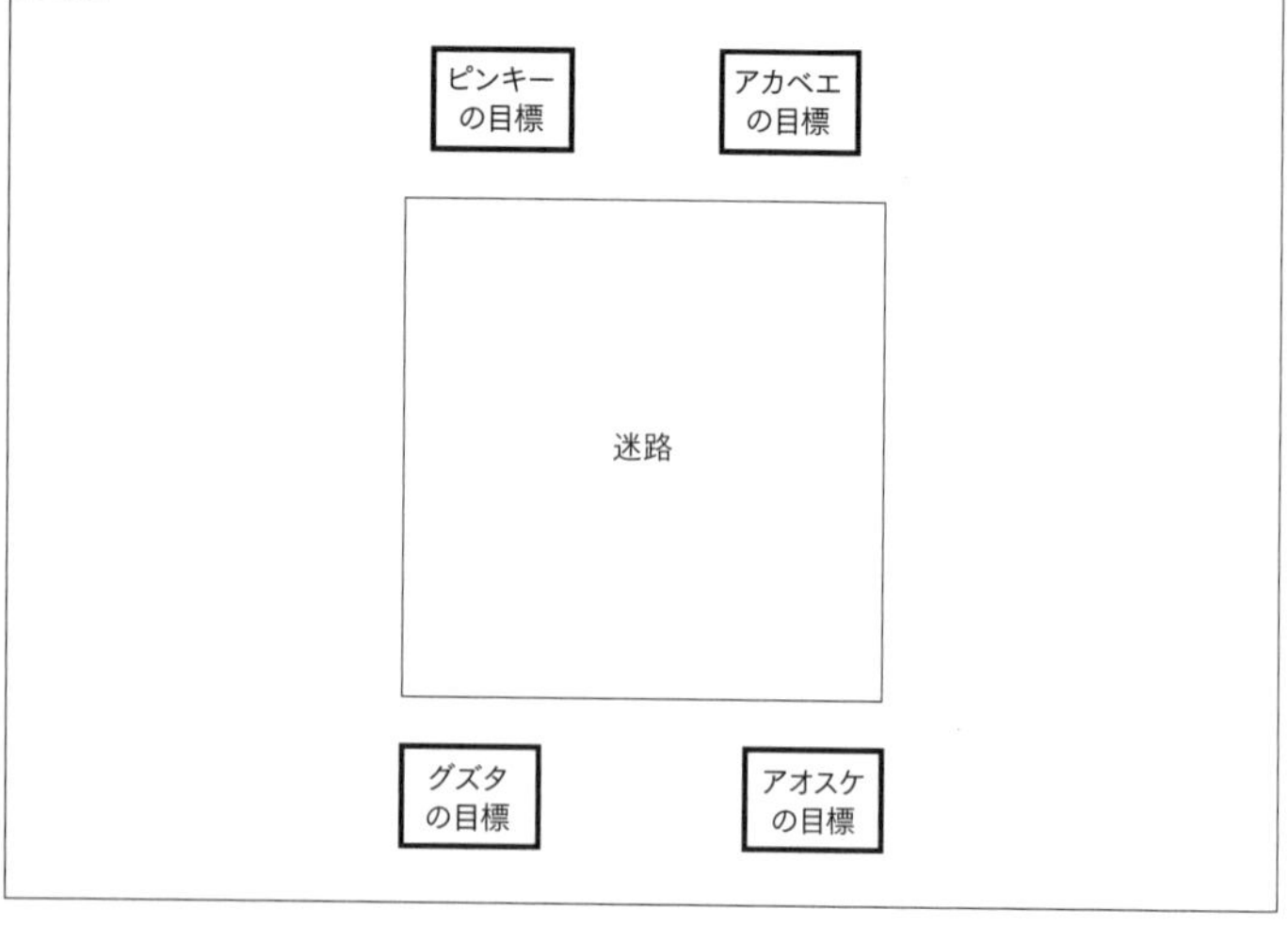

ことがある方は、「乗算は遅いのではないか？」「Ｚ80のような昔のＣＰＵに乗算の機能があるの？」と心配になるかもしれません。

最近のＣＰＵには乗算の機能がありますが、Ｚ80にはありません。そこで、加算（足し算）やシフト（２進数の桁をずらす処理）などの機能を組み合わたプログラムで、乗算の機能を実現します。パズルのようで面白い方法なので、紹介してみます。

例えば「Ｘ×Ｘ」のような二乗を単純に行う方法としては、「ＸをＸ回加算する」という方法が考えられます。例えば「５×５」ならば、「５を５回加算する」で計算できます。しかしこの方法には、値が大きくなるほど加算の回数が増える、という欠点があります。例えば「77×77」ならば、77を77回も加算する必要があります。

桁数が多い値の二乗を手作業で計算するとき、皆さんはどんな方法を使いますか？　そう、筆算を使う方法がありますね。例えば「13×13」は、次のような筆算で計算できます。結果は１６９です（図15）。

実は２進数でも同じことができます。10進数の13は、２進数では１１０１です。「１１０１×１１０１」を２進数の筆算で計算すると、次のようになります。結果は「１０１０１００１」で、これは10進数では１６９となり、10進数で計算した結果と一致します（図16）。

「１１０１×１００」や「１１０１×１０００」の計算には、実は乗算を使う必要がありませ

図15 13×13の計算

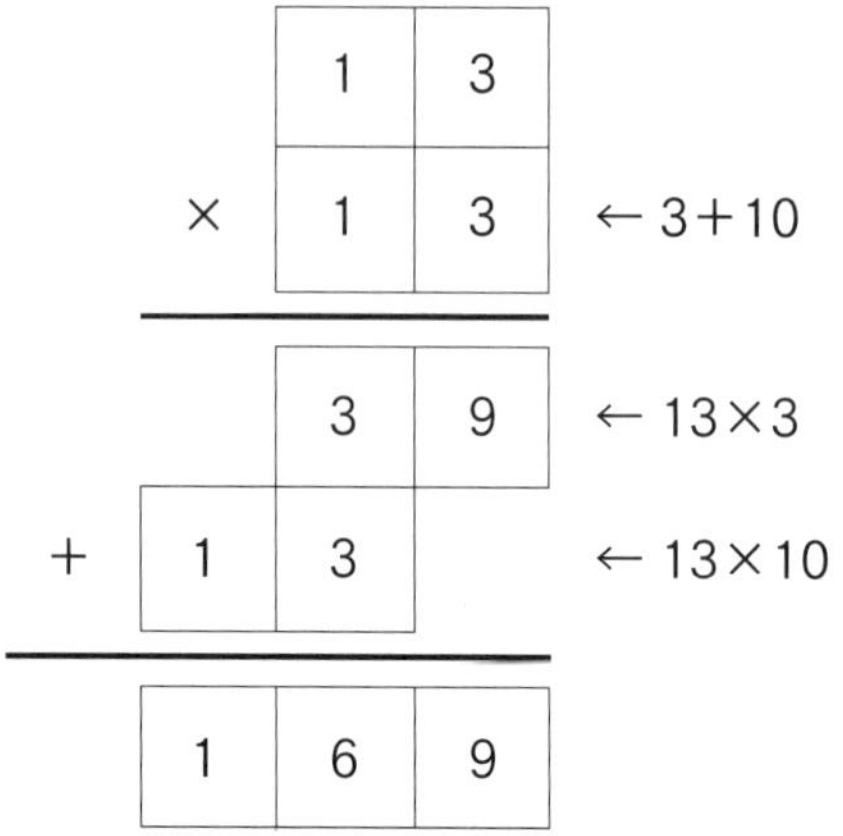

図16 1101×1101の計算

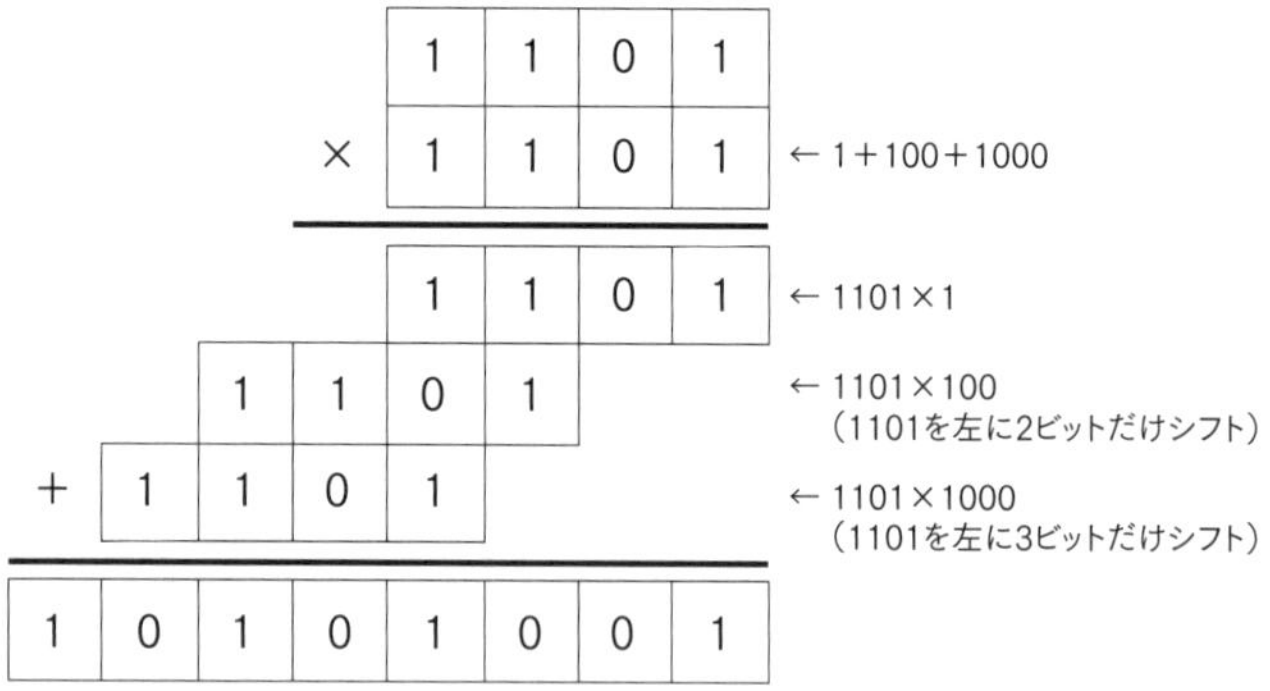

ん。これらの値は、「1101」を左にそれぞれ2ビットおよび3ビットだけシフトした（桁をずらした）値なので、シフトを使えば計算できます。したがって、以上のような2進数の筆算は、加算とシフトの組み合わせで実現可能です。

この方法の利点は、加算の回数が一定回数以下で済むことです。例えば8ビットの値については、最多でも8個の値を加算すれば済みます。加算の回数が最大になるのは、8ビットで表せる最大値の255を乗算するときです。

255は2進数では11111111（1が8桁）なので、10進数の「255×255」は2進数の「11111111×11111111」として、図のように計算できます（図17）。

図17　11111111×11111111の計算

									1	1	1	1	1	1	1	1
								×	1	1	1	1	1	1	1	1
									1	1	1	1	1	1	1	1
								1	1	1	1	1	1	1	1	
							1	1	1	1	1	1	1	1		
						1	1	1	1	1	1	1	1			
					1	1	1	1	1	1	1	1				
				1	1	1	1	1	1	1	1					
			1	1	1	1	1	1	1	1						
+		1	1	1	1	1	1	1	1							
	1	1	1	1	1	1	1	0	0	0	0	0	0	0	1	

8個の値を加算すれば済むことに注目してください。結果は「1111111000000001」で、10進数では65025です。

パックマンの魅力は、滑らかな動きがもたらす気持ちのいい操作感と、どことなく知能を感じるトリッキーな敵の動きです。これらを支えているのは、スプライトやタイルマップを備えたハードウェアと、単純なロジックで面白い動きを作り出しているソフトウェアの工夫だといえます。

次の1981年には、より強力なハードウェアを使ったスピード感あふれるゲーム、ナムコの「ギャラガ」が登場します。その一方で、スプライトやタイルマップではなく、フレームバッファを使ってユニークなゲーム性を実現した、タイトーの「クイックス」にも注目してみましょう。

1981年へ

1981年

「ギャラガ」
スピード感あふれる動きを支える マルチCPUの技術

「クイックス」
ユニークなゲーム性を実現する 塗りつぶしの技術

この年の事件

- IBMが16ビットパソコン「IBM PC」を発売。
- NECが8ビットパソコン「PC-8801」を発売。
- 富士通が8ビットパソコン「FM-8」を発売。
- IBM社がOS「PC DOS」を発売。
- マイクロソフト社がOS「MS-DOS」を発売。
- エポック社が家庭用ゲーム機「カセットビジョン」を発売。
- スペースシャトル「コロンビア」打ち上げ。

PUSH START BUTTON

各社からパソコンの新機種が登場

１９８１年は各社から新しいパソコンが登場します。ここで紹介する3機種は、どれもその後シリーズ化されるロングラン商品です。

ＩＢＭ社が発表した「ＩＢＭ ＰＣ」は、ＣＰＵに「８０８８」（１９７９年）を搭載した16ビットパソコンです。ＯＳ（Operating System、オペレーティングシステム）には、「ＰＣ ＤＯＳ」を採用しています。ＰＣ ＤＯＳは、マイクロソフト社の「ＭＳ－ＤＯＳ」をベースにした、ＩＢＭ社のＯＳです。その後、多くのメーカーがＩＢＭ ＰＣと互換性がある「ＩＢＭ ＰＣ互換機」を発売するようになり、ＩＢＭ ＰＣはパソコンの標準として普及していきます。特に、ＩＢＭ ＰＣの後継機である「ＩＢＭ ＰＣ ＡＴ」（１９８４年）の互換機は、「ＰＣ／ＡＴ互換機」あるいは「ＤＯＳ／Ｖ機」として日本にも導入され、１９９０年代には日本のパソコンもＰＣ／ＡＴ互換機が隆盛になります。

１９８１年の日本では、ＮＥＣが8ビットパソコン「ＰＣ－８８０１」を発売します。ＰＣ－８８０１は、同じ8ビットパソコンの「ＰＣ－８００１」（１９７９年）の上位機種という位置づけで、ホビー用途とビジネス用途の両方を狙った機種です。ＣＰＵは「Z80」（１９７６年）との互換性があるＮＥＣ製の「μＰＤ７８０Ｃ－１」で、動作周波数は４ＭＨｚです。メインメモリとして64ＫＢのＲＡＭを搭載し、ＢＡＳＩＣなどを記録したＲＯＭも備えています。価格は２２８０００円でした。

ＰＣ－８８０１はグラフィックス機能が強化されています。フレームバッファとして使う４８ＫＢのＶＲＡＭ（Video RAM、ブイラム）を搭載していて、６４０×２００ピクセルで８色の表示が可能です。ここで８色というのは、光の三原色であるＲ（Red、赤）、Ｇ（Green、緑）、Ｂ（Blue、青）の各々についてオンとオフを切り替えることにより、２の３乗＝８通りの色を表現する方式です。この方式は「デジタルＲＧＢ」とも呼ばれます。表現できる８色は、黒、青、赤、紫、緑、水、黄、白です。

一方、１色だけを用いて６４０×４００ピクセルを表示することもできます。これは別売の漢字ＲＯＭ（漢字のフォントが記録されたＲＯＭ）と組み合わせて、漢字を表示するときに役立ちます。漢字は１字で16×16ピクセルの大きさがあったので、６４０×２００ピクセルの画面では漢字が縦長になってしまいますが、６４０×４００ピクセルの画面ならば、正方形に近い漢字を40文字×25行まで表示することができます。

ＰＣ－８８０１はその後、「ＰＣ－８８００シリーズ」として展開し、多くの機種が登場します。後の機種では、アナログＲＧＢと呼ばれる機能が搭載されて、５１２色中８色が表示できるようになります。また、ＦＭ音源やＰＳＧといったサウンド機能も搭載されたので、ホビーパソコンとして好評を博し、数多くのゲームが発売されます。

　ところで、ＣＰＵのＺ80がアクセスできるメモリの容量は６４ＫＢまでです。ＰＣ－８８０１ではメインＲＡＭとＶＲＡＭを合計した容量が64ＫＢを超えるので、「バンク切り替え」という機能を使って、アクセスの対象になるメモリを切り替えながら処理を進めます。

　一方、富士通は8ビットパソコンの「ＦＭ－８」を発売します。価格は２１８０００円です。ＰＣ－８８０１と同様に、64ＫＢのメインＲＡＭと、48ＫＢのＶＲＡＭを搭載し、６４０×２００ピクセルで8色の表示が可能です。ＣＰＵは「６８０９」（１９７９年）をメイン用とサブ用に2個搭載しています。メインＣＰＵ（詳しく言うと、６８０９の高速版である６８Ａ０９）は１・２ＭＨｚで、メインＲＡＭに接続されています。サブＣＰＵ（６８０９）は１ＭＨｚで、ＶＲＡＭに接続されており、主にグラフィックスの描画を行います。Ｚ８０と同様に、６８０９がアクセスできるメモリの容量は64ＫＢまでです。バンク切り替えを採用したＰＣ－８８０１とは異なり、ＦＭ－８では2個のＣＰＵに容量を割り振っています。この方法には、メインＣＰＵが処理を進めている間に、サブＣＰＵが別の処理を進めることができるという利点があります。これは「並列処理」と呼ばれる技術の一種で、上手く活用すると、処理速度を向上することができます。

実は1981年に登場するアーケードゲームには、Z80を3個も搭載して、並列処理を行っている作品があります。ナムコの「ギャラガ」です。

ギャラガ～プレイヤーを魅了する敵の編隊飛行

ギャラガは「ギャラクシアン」（1979年）の後継作品です。自機を左右に操作し、ミサイルを発射して、敵（ギャラガ）を倒すことが目的です。画面上の全ての敵（40体）を倒すとステージクリアです（図1）。

ギャラガのコントローラはギャラクシアンと同じです。ジョイスティックで自機を左右に動かし、ボタンでミサイルを発射します（図2）。

図1 ギャラガ（イメージ）

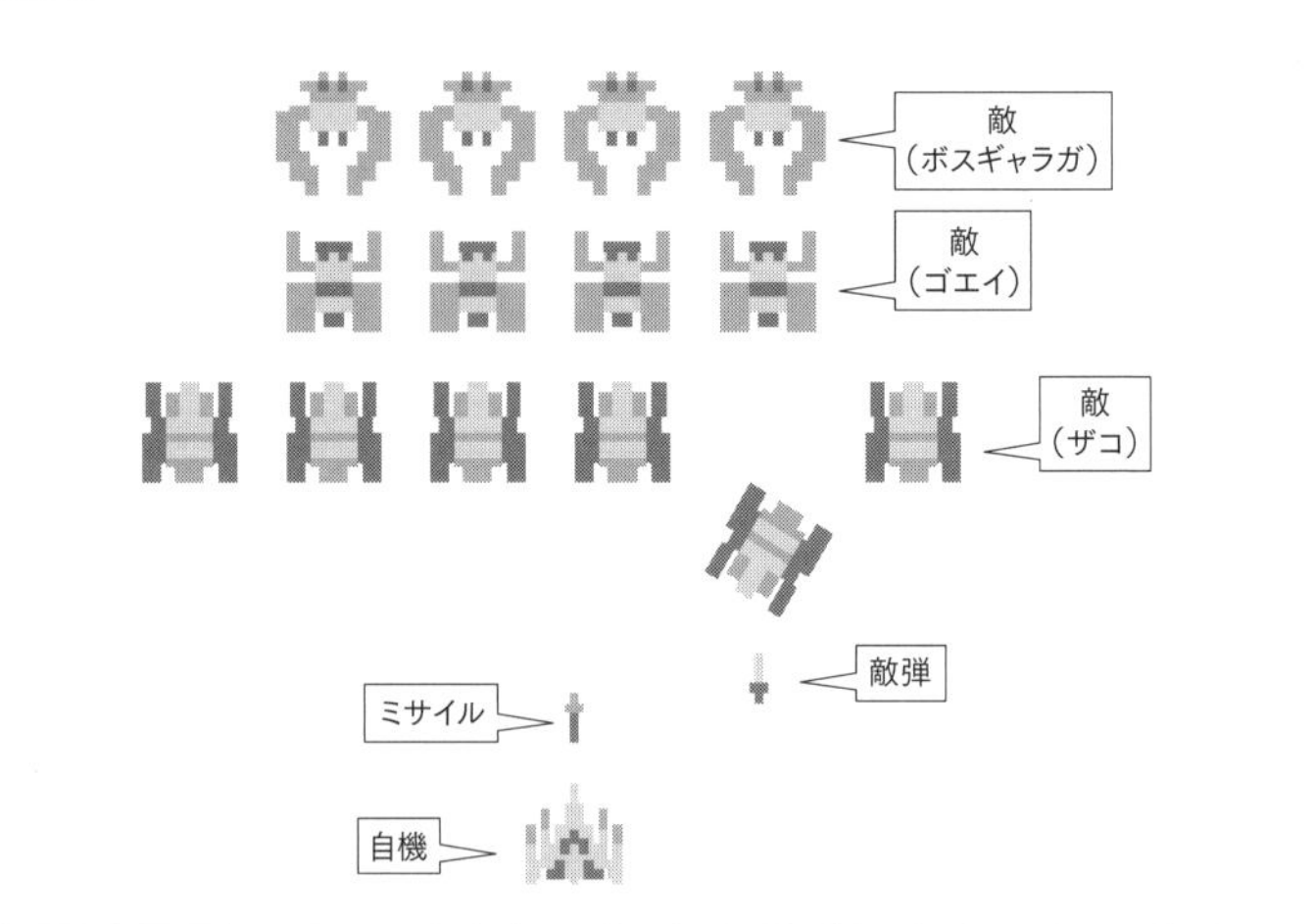

ゲームの基本的な流れはギャラクシアンを踏襲していますが、内容は大幅にパワーアップしています。まずステージが始まると、敵が10体ほどの編隊を組んで、滑らかな軌道で飛行しながら画面に入ってきます。この美しい敵の編隊飛行がギャラガの特徴で、3ステージごとに現れる「チャレンジングステージ」と呼ばれるボーナスステージでは、トリッキーな軌道を描く敵の編隊を倒すゲームが楽しめます（図3）。

また、画面の最上部にいる「ボスギャラガ」と呼ばれる敵は、集団から離れて自機を襲ってくる際に、「トラクタービーム」と呼ばれる攻撃をすることがあります。トラクタービームに自機が接触すると、自機がボスギャラガに捕獲されてしまいます（図4）。

図2　ギャラガのコントローラ

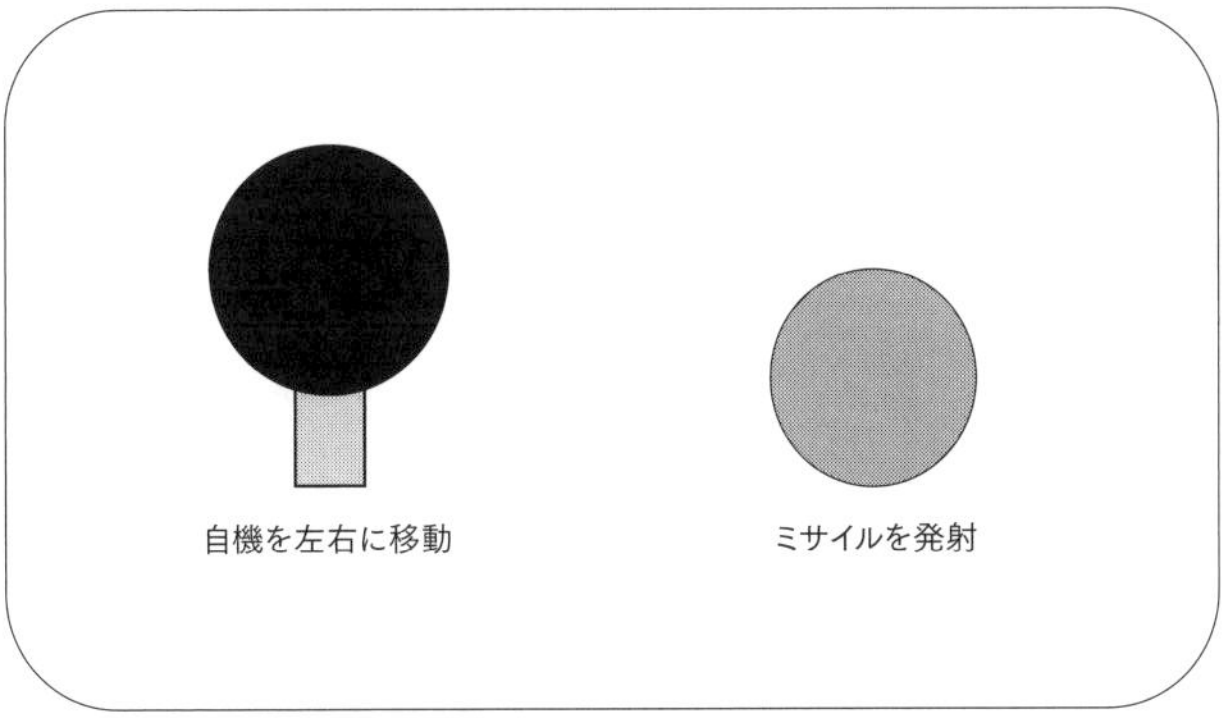

しかし、自機を捕獲したボスギャラガが再び襲ってきたときに撃破すれば、捕獲された自機を取り戻すことができます。自機を取り戻すと、自機が横に2機並んだ「デュアルファイター」となり、ミサイルを2発同時に発射することが可能になります。デュアルファイターは通常の状態（シングルファイター）と比べて幅が広いので、敵弾を避けにくくなりますが、チャレンジングステージで敵を全滅させることが容易になります（図5）。

ギャラクシアンではミサイルを画面内に1発しか撃つことができませんが、ギャラガでは2発撃つことができます。デュアルファイターになると、合計で4発撃つことができるので、敵を派手に攻撃して撃破する爽快感があります。

図3　敵の編隊飛行

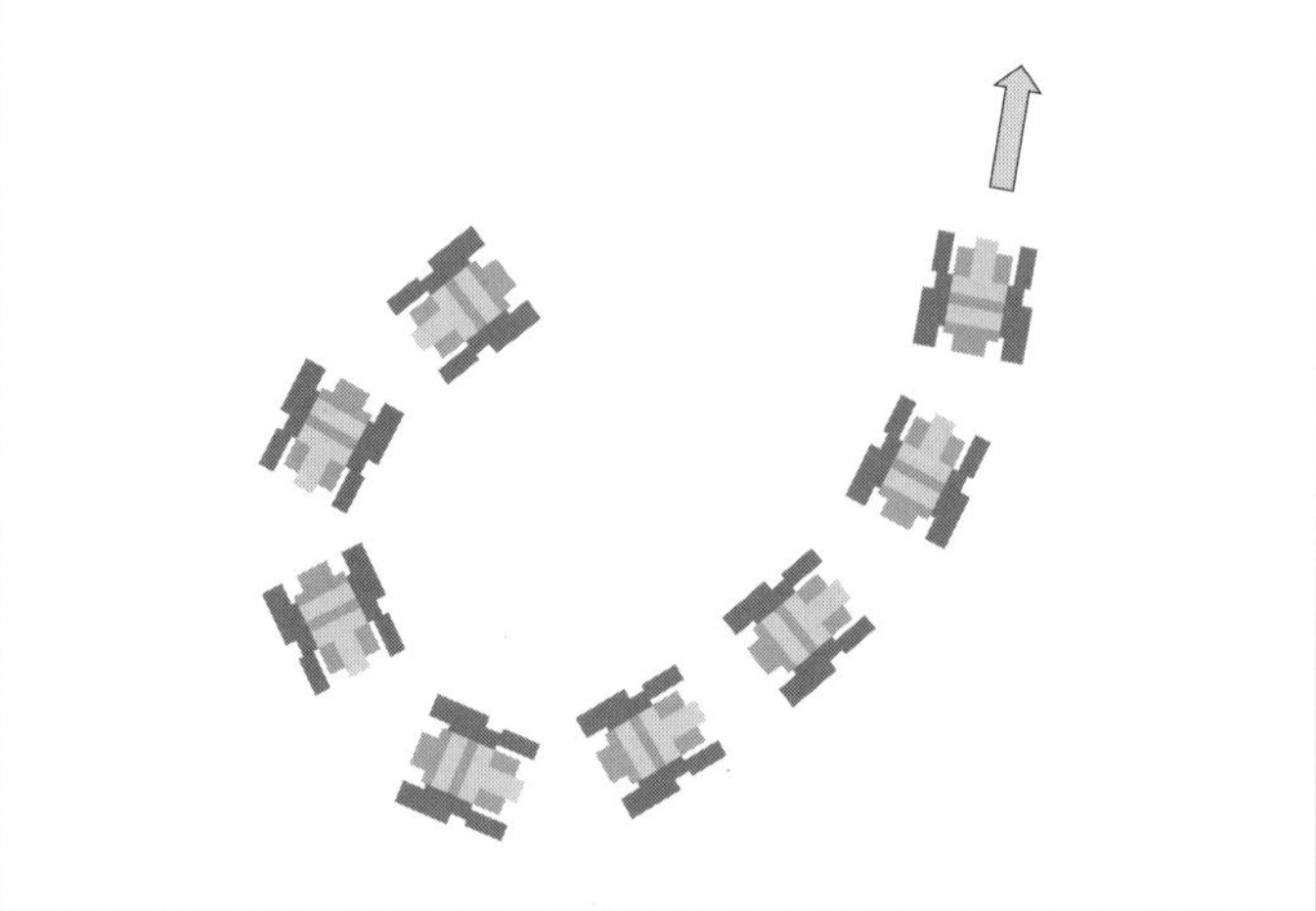

図4　トラクタービーム

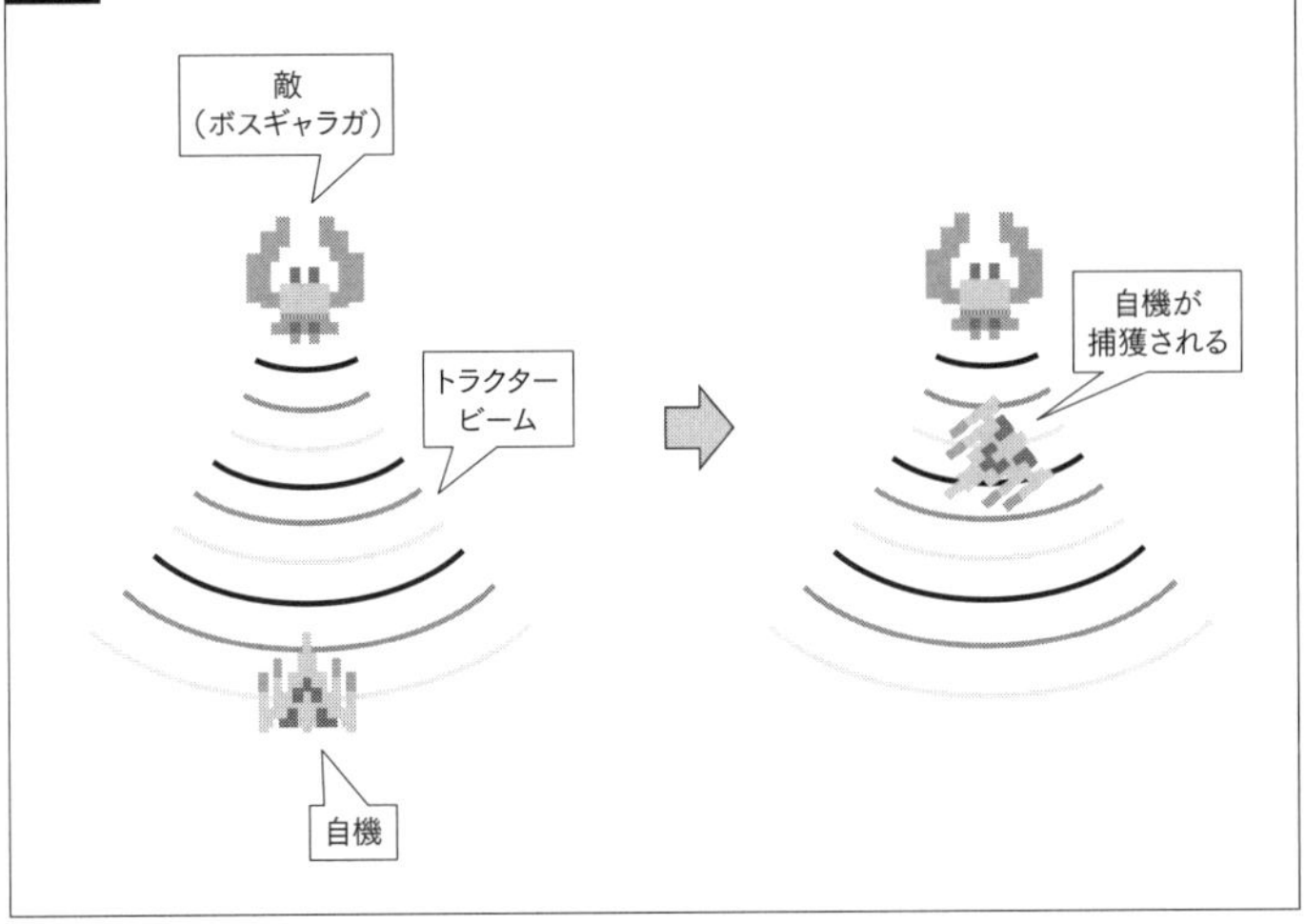

図5　デュアルファイター

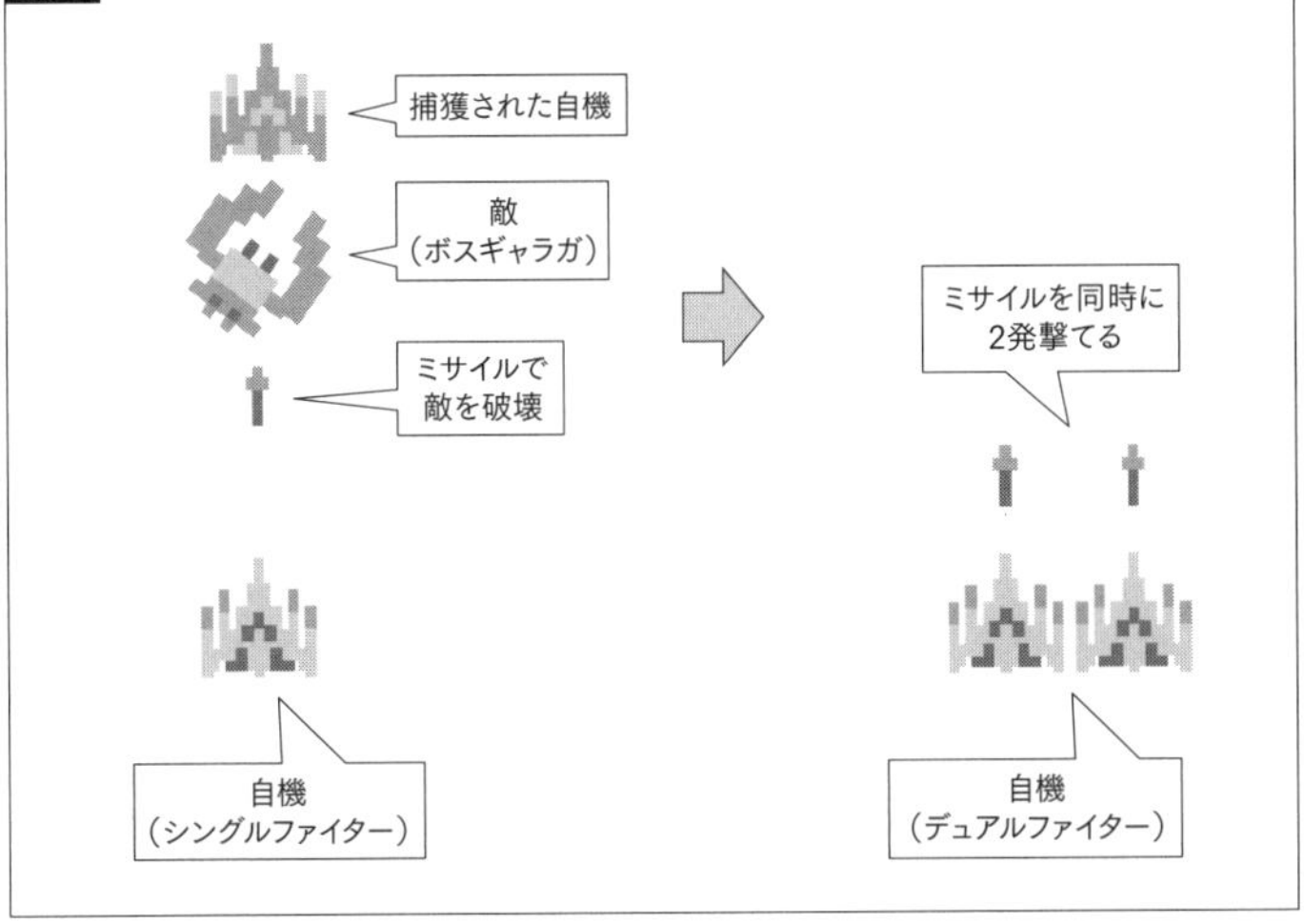

強化されたスプライト機能

ギャラガはギャラクシアンとは異なるハードウェアを使っています。スプライト、タイルマップ、スタージェネレータを使っていることは共通ですが、ギャラガでは特にスプライトが大幅に強化されています。これは、多数の敵が同時に動いていることから分かります。スプライトの枚数は、ギャラクシアンでは8枚ですが、ギャラガでは64枚に増えています。

スプライトが豊富になったことで、敵の弾や自機のミサイルも、見た目が豪華になっています。ギャラクシアンでは弾やミサイルをシンプルな線で表しますが、ギャラガではスプライトを使って、カラフルな弾やミサイルを表示しています。

3個のＣＰＵによる並列処理

ギャラガではＣＰＵも強化されています。ギャラクシアンはZ80を1個使っていますが、ギャラガはZ80を3個使っています。ここでは3個のＣＰＵを、ＣＰＵ１～３と呼ぶことにしましょう。ＣＰＵ１はメイン用、ＣＰＵ２はサブ用、ＣＰＵ３はサウンド用と言われています。ゲームの主要な処理はＣＰＵ１が行います。ＣＰＵ２とＣＰＵ３は、ＣＰＵ１からの指示を受けて、それぞれに割り当てられた処理を行います。

CPU2は例えば、敵の描画や移動、ミサイルの移動、自機の衝突判定などを行います。それに対してCPU1は、自機の描画や移動、敵の爆発、敵弾の移動、ミサイルやトラクタービームの発射、自機の捕獲や解放などを行います。このようにギャラガでは、ゲームに必要な色々な処理を、CPU1とCPU2で分担しています。

3個のCPUは次のような仕組みで連携します。まず、どのCPUからも共通のメモリ（RAM）を読み書きすることができます。このようなメモリのことを「共有メモリ」と呼びます。また、CPU1からCPU2やCPU3に対して「割り込み」をかけることができます。割り込みというのは、CPUに現在実行している処理を中断させて、指定した処理をさせる機能です（図6）。

例えば、CPU1の指示をCPU2が受ける場合には、次のような手順で処理します（図7）。

（1）通常、CPU2は待機しています。待機中のCPU2は、待機用プログラムの同じ箇所を無限にループして実行しています。

（2）CPU1がCPU2に実行させたいコマンド（指示）を、共有メモリに書き込みます。

（3）CPU1がCPU2に対して割り込みをかけます。

（4）割り込みをかけられたCPU2は、待機用プログラムの実行を中断し、共有メモリ上の

図6　3個のCPUの連携

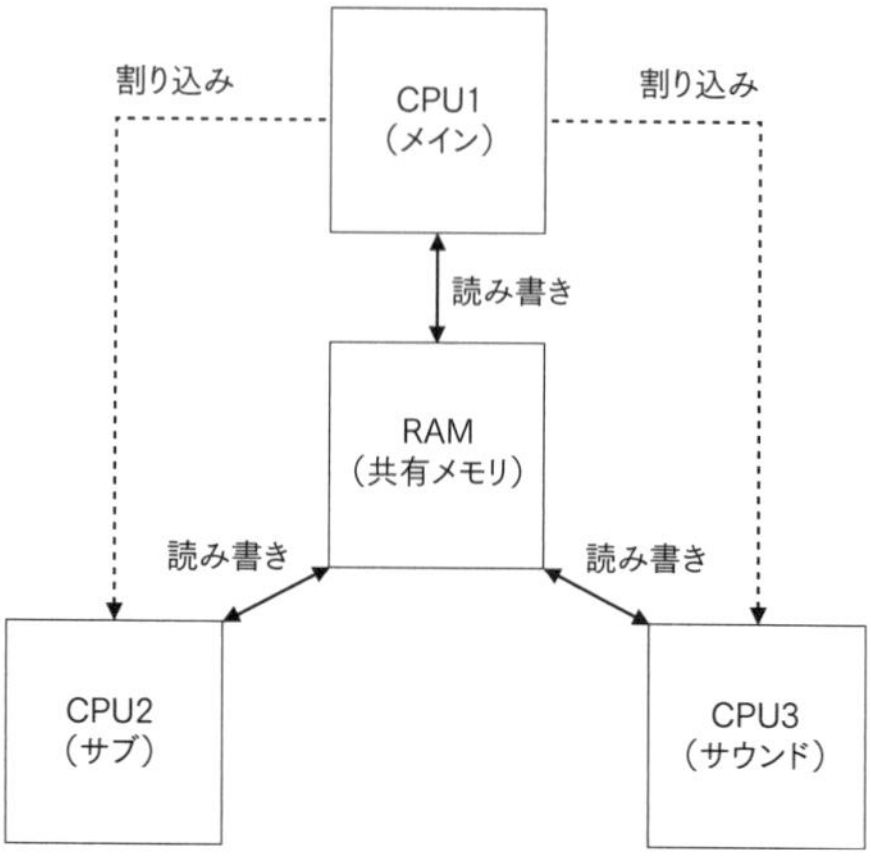

図7　CPU 1の指示をCPU 2が受ける手順

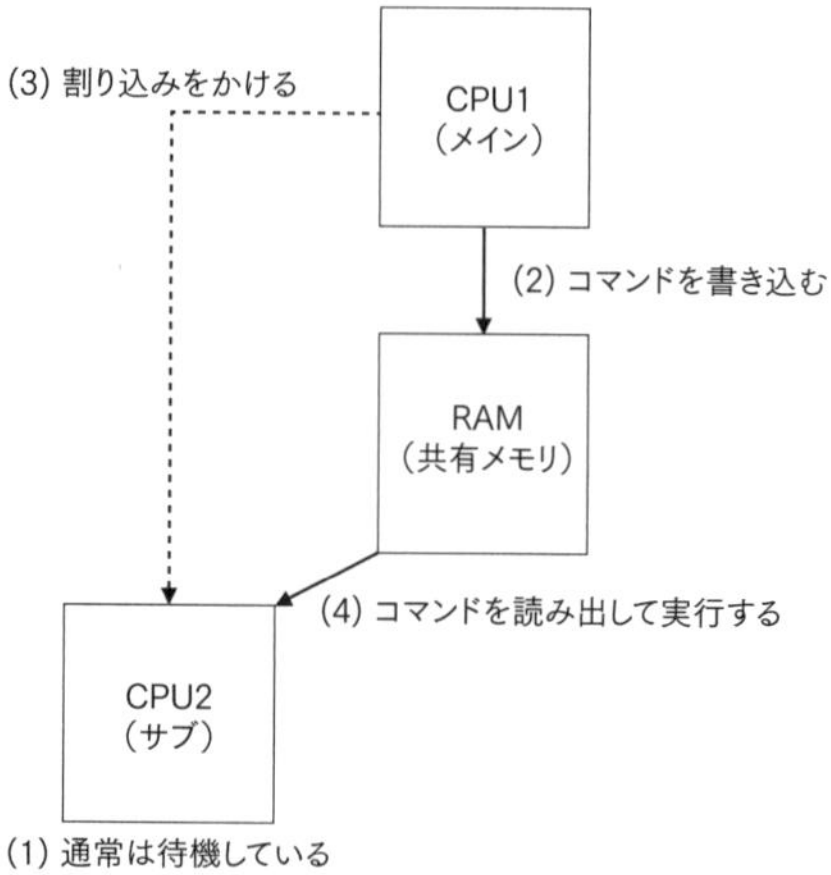

コマンドを解釈して、指定された処理
を実行します。

複数のCPUで処理を分担することは、複数の人で仕事を分担することに似ています。仕事を指示したり、指示を受け取ったり、仕事が終わったことを確認したりする手間はかかりますが、上手に仕事を分担すれば、限られた時間内に多くの仕事をこなすことができます。

こういった複数のCPUを組み合わせたシステムは、最近ではマルチコアCPUとして一般的になっています。マルチコアCPUは、CPUの中核部分（コア）を一つのパッケージの中に複数、封入した製品です（図8）。マルチコアCPUは、複数のCPUと同様の働き

図8　マルチコアCPU

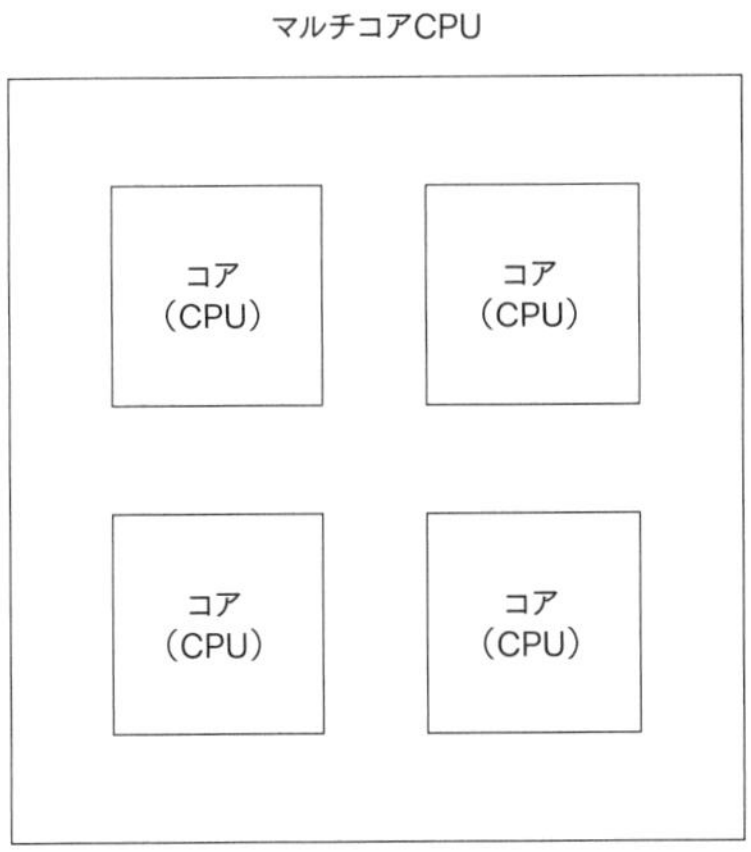

をします。

複数のＣＰＵやマルチコアＣＰＵは、単独のＣＰＵでは十分な性能が得られないため、複数のＣＰＵを並べることで性能を出そうとする試みだといえます。もし単独のＣＰＵが十分に高速ならば、単独で使った方がプログラミングは容易です。現在マルチコアＣＰＵが普及している背景には、ＣＰＵの動作周波数を上げることが限界に近づいており、単独のＣＰＵの性能が頭打ちになっているという事情があります。一人の能力では足りないので、何人か集めたら何とかならないか…と期待するのは、ＣＰＵも人間も似ていますね。

さて、強力なスプライトを武器に、ダイナミックなグラフィックス表示を実現しているギャラガですが、この後は同様にスプライトを活用したゲームが人気を集めていきます。一方で１９８１年には、スプライトは使わずに、フレームバッファを活用したユニークなゲームも登場します。タイトーの「クイックス」です。

クイックス
～思わず没頭する陣取りゲーム

クイックス（ＱＩＸ）は、タイトーアメリカ社が開発し、日本ではタイトーが発売したゲームです。自機（マーカー）を操作し、ゲーム名と同じ「クイックス」と呼ばれる敵に触れないように、ステージを線で囲んで塗りつぶすことが目的です。塗りつぶした面積が規定の割合（最初のステージでは75％）に達すると、ステージクリアとなります（図9）。

　クイックスのコントローラには、1本のジョイスティックと2個のボタンがあります。ジョイスティックで自機を上下左右の4方向に動かし、ボタンを押して線を引きます。速く線を引くボタンと、遅く線を引くボタンがあり、遅く線を引いた方が高いスコアが得られます。これは遅い方が敵に接触してミスになる危険性が高いためです（図10）。

　新しい線を引いて既存の線と結ぶと、ステージを塗りつぶすことができます。図のよう

図9　クイックス（イメージ）

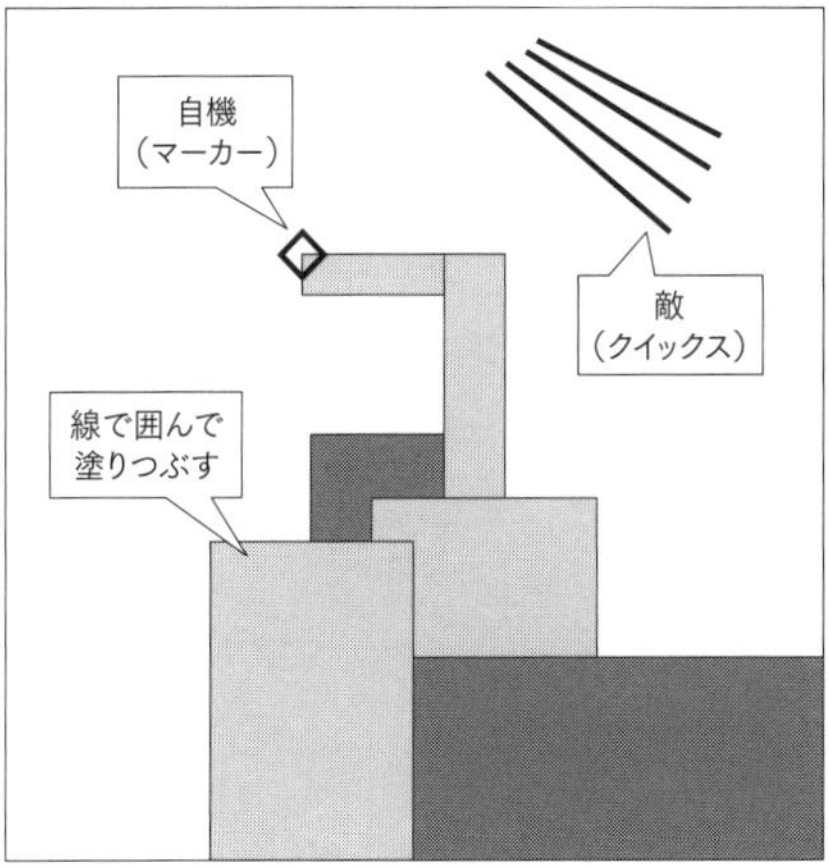

に、領域を囲む場合と、領域を分ける場合がありますが、いずれの場合もステージは二つの領域に分割されます（図11・図12）。塗りつぶされるのは、常に「クイックスがいない方の領域」です。クイックスは、まだ塗りつぶされていない領域の中を動き回ります。

　敵はクイックス以外にもいます。時間とともに出現する「スパークス」という敵は、線に沿って動き回ります。また、ラインを引く動作を中断すると「ヒューズ」という敵が出現し、あたかも導火線に付いた火のように、自機を追ってきます。いずれの敵に自機が触れてもミスになります。

　なお、このゲームもギャラガと同様に、複数のＣＰＵを搭載しています。「６８０９」（１９７９年）をメイン用とグラフィックス用に

図10　クイックスのコントローラ

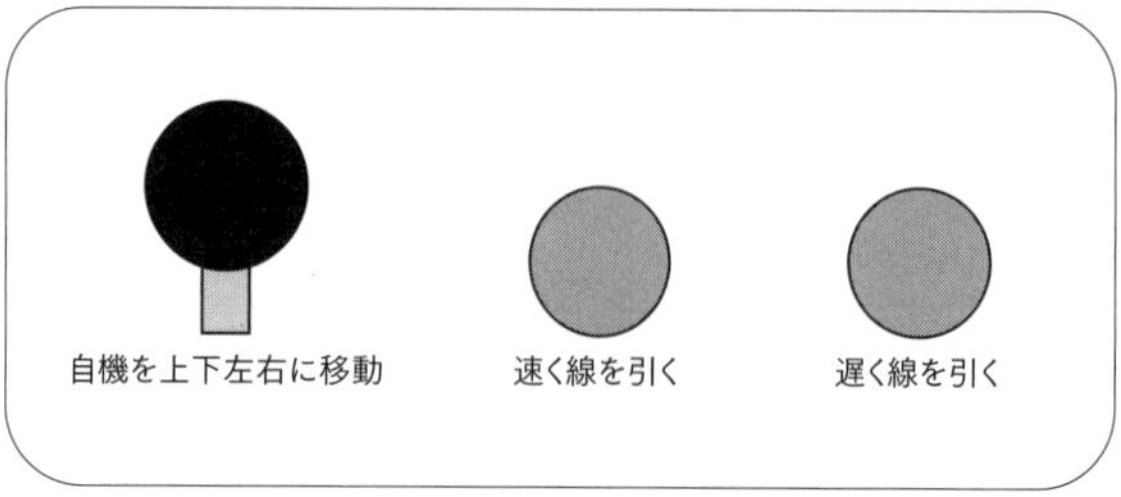

図11　領域を囲んだ場合

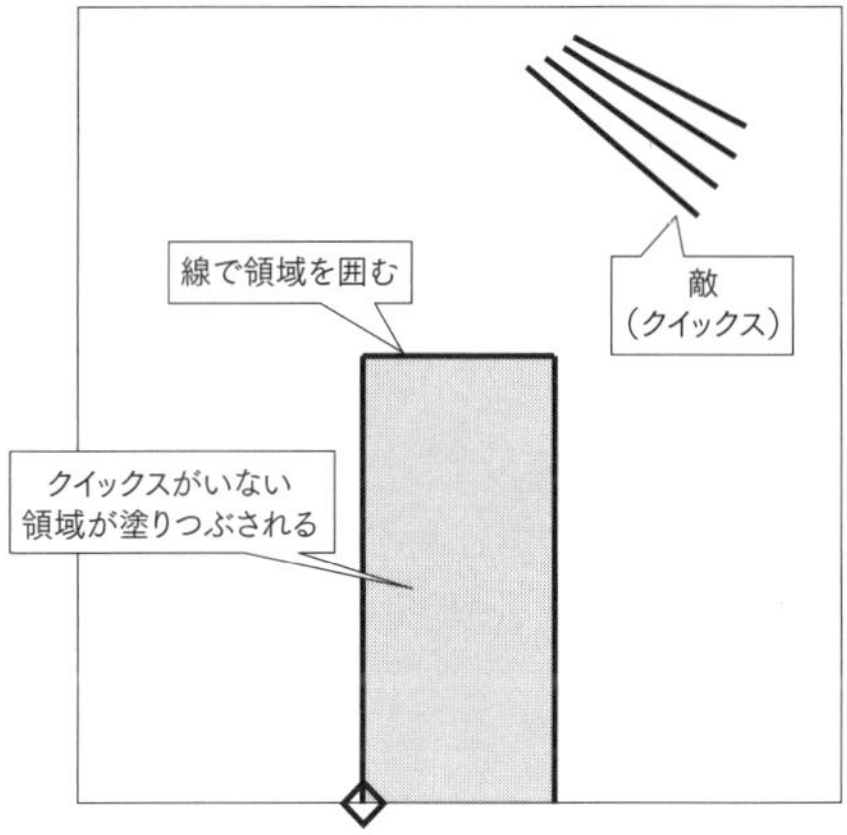

図12　領域を分けた場合

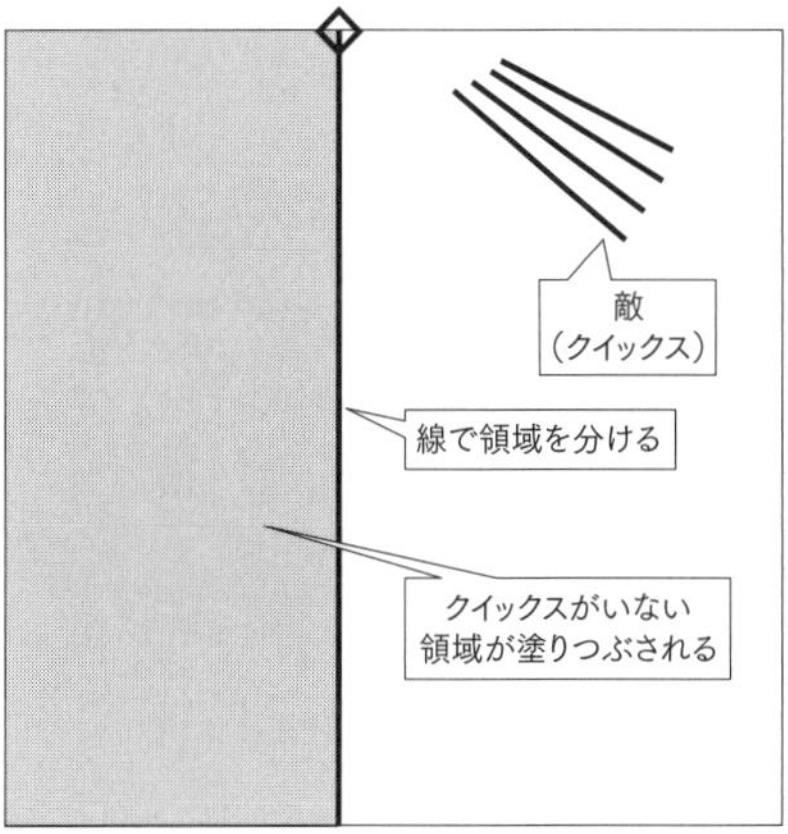

1個ずつ、そして「6800」（1974年）の派生製品である「6802」をサウンド用に1個で、合計3個のCPUを使っています。

領域を塗りつぶす方法

クイックスを遊んでいて興味をひかれるのは、領域を塗りつぶす処理です。クイックスは人気を集めたので、その後も同様の塗りつぶし処理を採用したゲームが多数登場しました。こういった「クイックス」タイプのゲームは、次のような仕組みを使って実現できます。

線を引いて領域を囲むか分けるかしたら、塗りつぶしを行います。図は塗りつぶす前の状態です（図13）。ここでクイックスがいない領域を塗りつぶしたいのですが、問題はこの領域を判別する方法です。もし人間が塗りつぶす場合には、画面全体を見渡せば、どの領域を塗りつぶせばよいのかが分かるでしょう。しかし、コンピュータに「画面全体を見渡せ」と曖昧に命じても、処理することはできません。もっと具体的な方法が必要です。

そこで、クイックスがいない領域ではなく、クイックスがいる領域を塗りつぶします。コンピュータはクイックスの座標を知っているので、この座標から塗りつぶしを開始することは容易です。この塗りつぶしは、画面には表示せずにメモリ上で行い、プレイヤーには見えないようにします（図14）。

図13　塗りつぶす前の状態

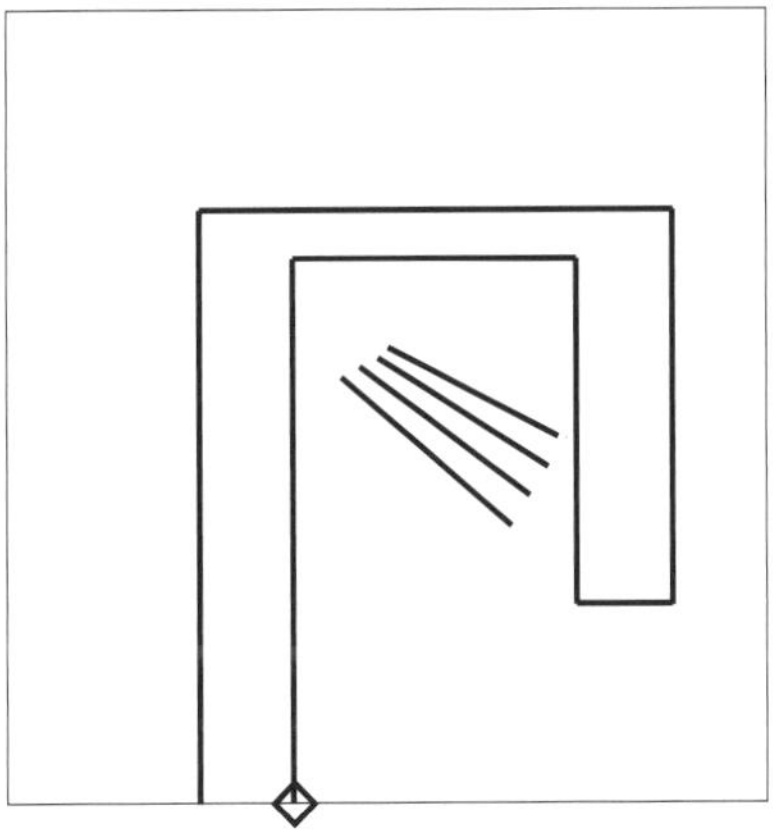

図14　クイックスがいる領域を塗りつぶす

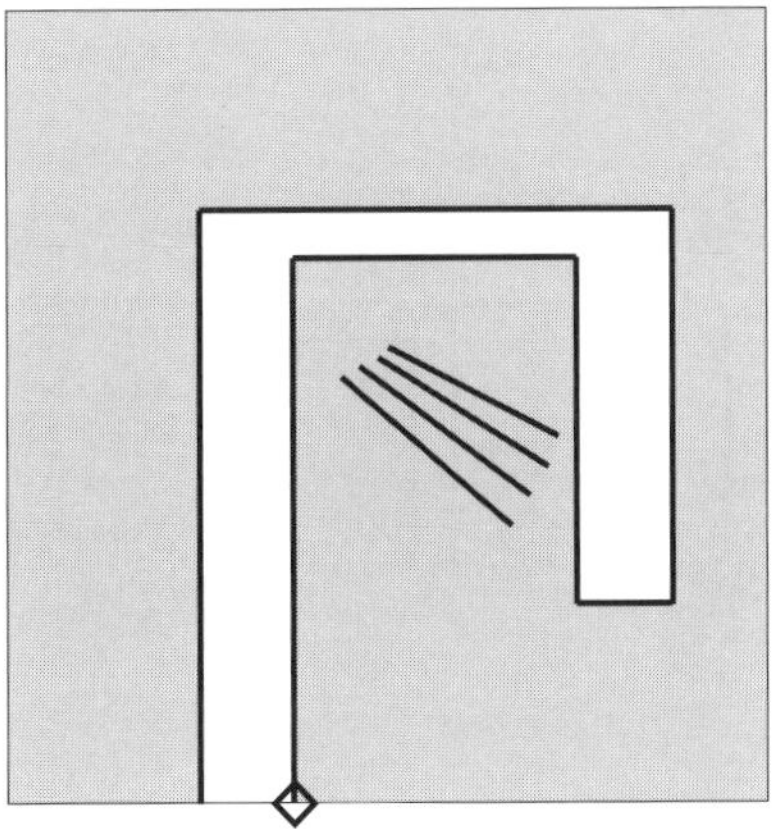

塗りつぶしの動作は、パソコン用のペイントツール（お絵かきツール）が備えている塗りつぶし機能と同じです。バケツで絵の具をこぼしたように塗りつぶすので、ツールによってはバケツのアイコンで表しています。この機能は、塗りつぶしの始点を指定すると、その始点に連続する同じ色の領域を塗りつぶします。このような塗りつぶしの手法を、フラッドフィル（flood fill）と呼びます。確かに洪水（flood）が広がるように塗りつぶす（fill）というイメージです（図15）。

次は、プレイヤーに見せる画面を作ります。先ほどの塗りつぶしで、塗りつぶさなかったピクセルの色を変えます。メモリ上にある先ほどの塗りつぶしの結果を参照すれば、あるピクセルを塗ったのか塗らなかったのかは簡

図15 フラッドフィル

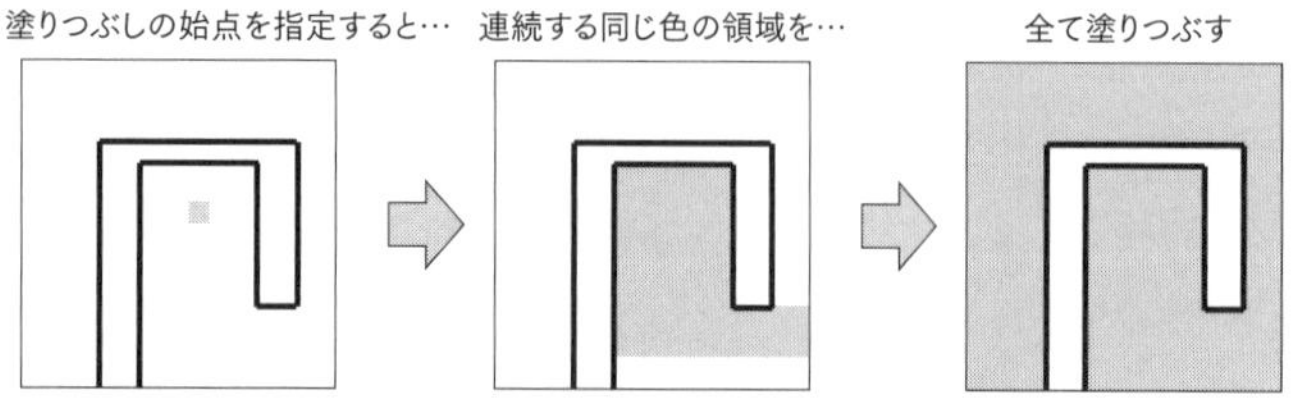

単に分かります。クイックスの場合には、画面の左から右に向かって、ピクセルの色が変わっていきます。プレイヤーからは、今回、色が変わったピクセルを自分が「塗りつぶした」ように見えます（図16）。

これで「クイックスがいない方の領域」を塗りつぶすことができました。次は、一回目の塗りつぶし（フラッドフィル）の方法を、もう少し詳しく見てみることにしましょう。

詳細な塗りつぶしの方法

図のような黒いピクセルに囲まれた白いピクセルの領域を、灰色で塗りつぶす例を考えてみましょう（図17）。まずは始点となるピクセルから左右に進んで、白いピクセルが続く限り塗りつぶします。

図16　塗りつぶさなかったピクセルの色を変える

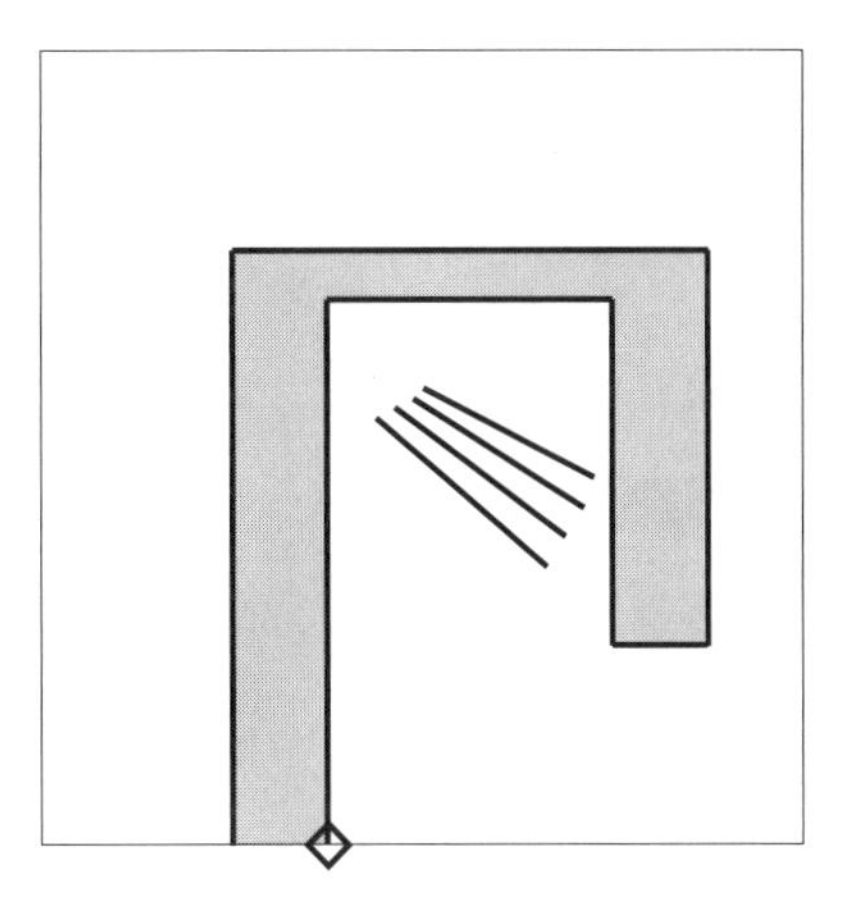

次に、塗りつぶした範囲の上下にあるピクセルを見て、白いピクセルがある範囲を記録しておきます（図18）。これらは後で塗りつぶす必要がある範囲です。

記録しておいた範囲の中から一つを選び、最初と同じ手順を繰り返します。つまり、左右に進んで白いピクセルを塗りつぶした後に、塗りつぶした範囲の上下にある白いピクセルの範囲を記録します。図では、先ほど記録した上の方の範囲を選んでいます（図19）。

あとは記録した範囲の全てについて、同様の処理を繰り返します（図20）。

これで、始点と連続する全ての白いピクセルを塗りつぶすことができます。少し不思議で面白いので、方眼紙と鉛筆などを使って、ぜひ実際に塗りつぶしを体験してみてください！

図17 左右に塗りつぶす

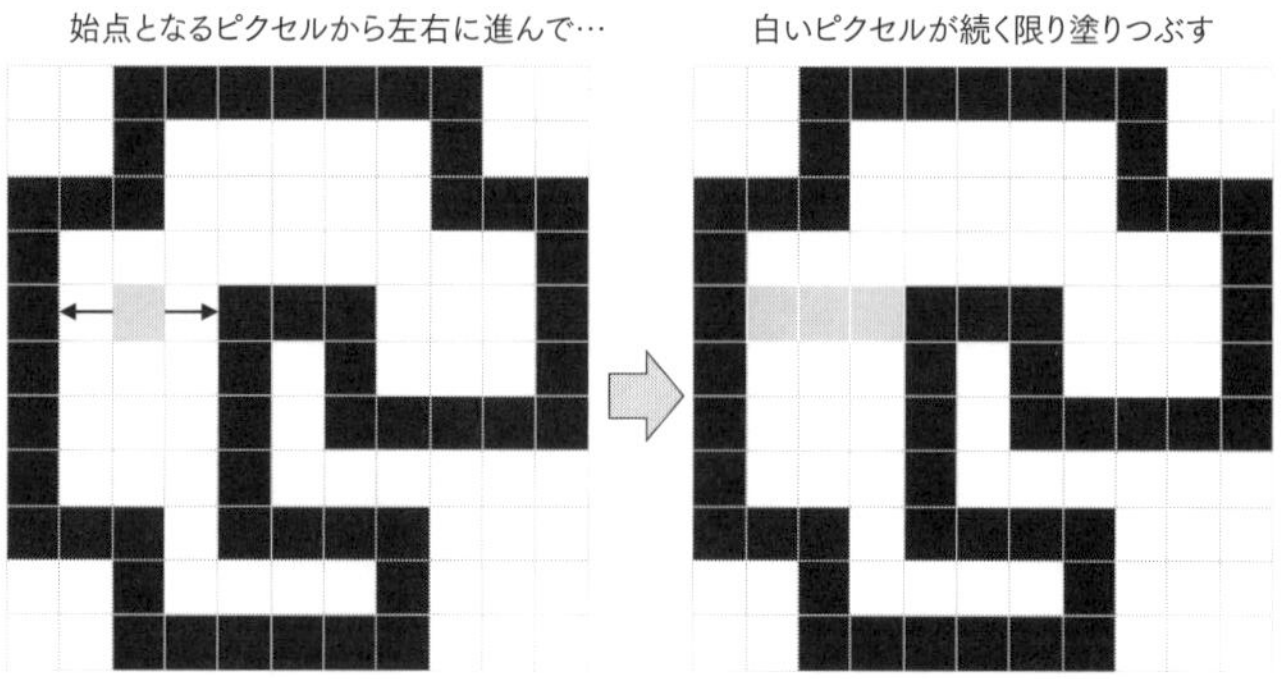

図18　上下にある白いピクセルの範囲を記録する

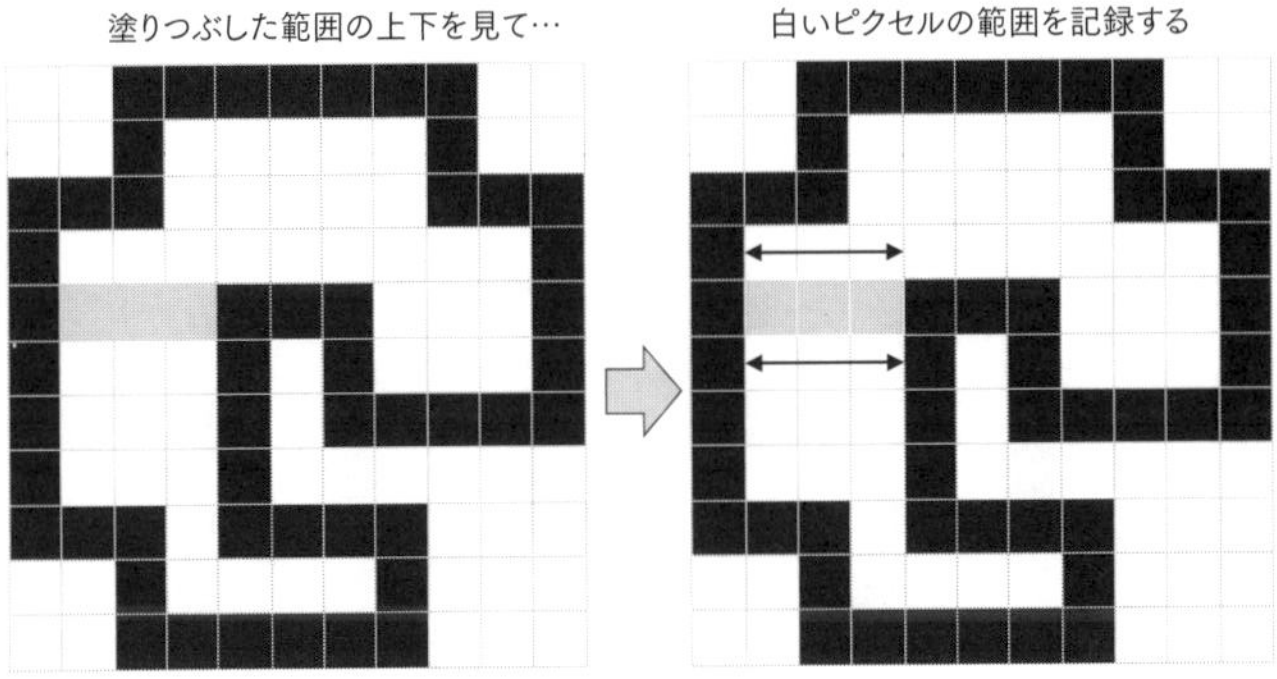

図19　最初と同じ手順を繰り返す

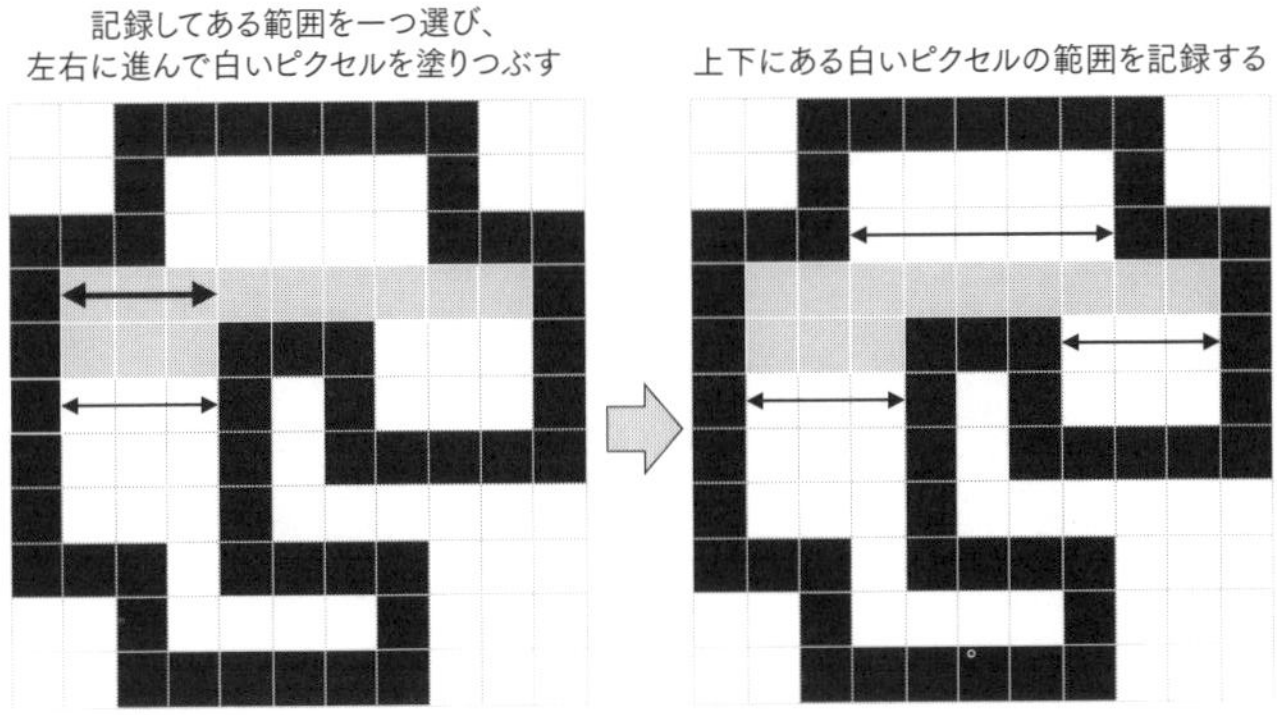

図20 記録した範囲がなくなるまで繰り返す

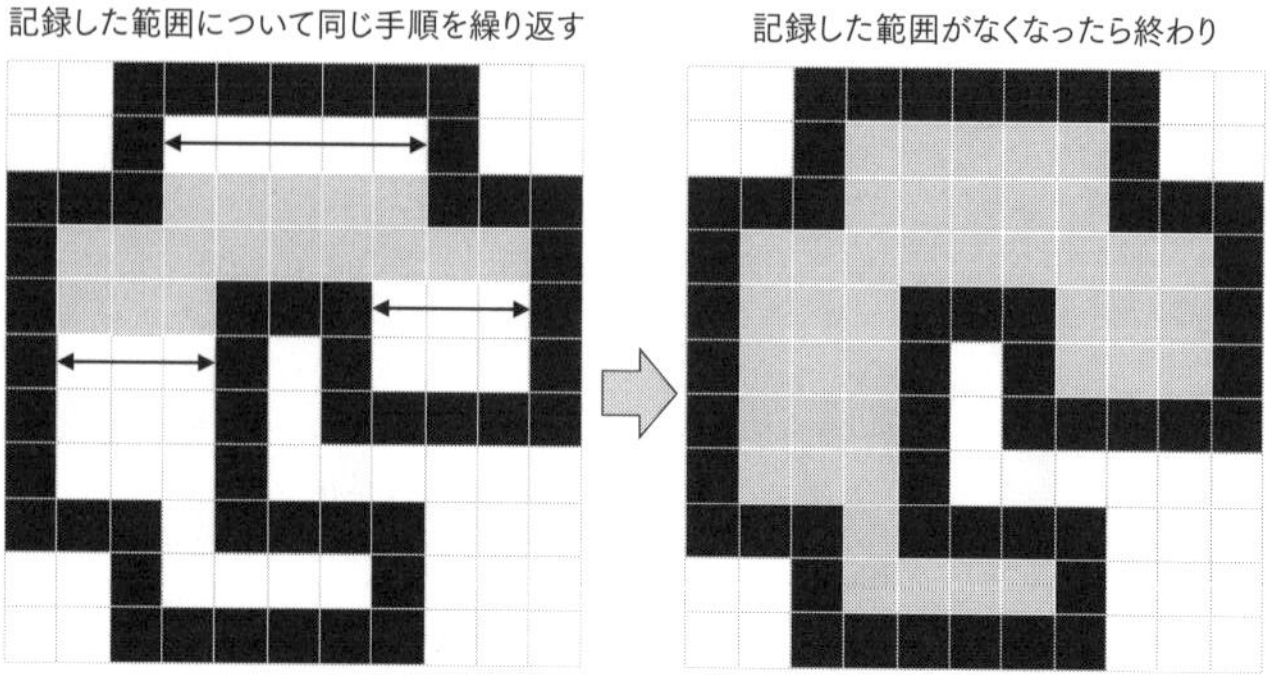

１９８１年に登場したギャラガとクイックスは、対照的な技術でどちらも魅力的なゲームを作り上げています。この後のアーケードゲームは、ギャラガのように豊富なスプライトを武器にしたゲームが増える一方で、ときどきクイックスのようにユニークな処理を使ったゲームがプレイヤーの心をつかむ、という展開を見せます。

次の１９８２年には、スプライトとはまた異なる画面処理技術を使ったゲームが登場します。今までになかったスピード感を持つ「ポールポジション」です。

1982年へ

1982年

「ポールポジション」

サーキットを再現する
ラスタースクロールの技術

この年の事件

- 東北新幹線が大宮〜盛岡間で開業。
- 富士通が8ビットパソコン「FM-7」を発売。
- シャープが8ビットパソコン「X1」を発売。
- NECが16ビットパソコン「PC-9801」を発売。
- トミーが16ビットパソコン「ぴゅう太」を発売。
- ソニーが世界初のCDプレーヤー「CDP-101」を発売。

PUSH START BUTTON

8ビットパソコンと16ビットパソコンの競演

１９８２年も各社からパソコンの新機種が発売されます。旧機種に比べて高機能になる一方で、価格も安くなって入手しやすくなります。

富士通は「ＦＭ－８」（１９８１年）の後継機種として、８ビットパソコンの「ＦＭ－７」を発売します。ＦＭ－８に対して、ＣＰＵを高速化した上で、サウンド機能などを追加し、価格も１２６０００円に下げています。ＣＰＵは「６８０９」（１９７９年）の高速版である「６８Ｂ０９」を2個搭載し、２ＭＨｚで動作させています。

シャープは８ビットパソコンの「Ｘ１」を発売します。価格は１５５０００円です。シャープは電子機器事業部が「ＭＺ－８０Ｋ」（１９７８年）などのＭＺシリーズを展開し、テレビ事業部がＸ１シリーズを展開します。テレビ事業部の製品らしく、Ｘ１はテレビとの連携が可能で、例えばテレビとパソコンの画面を重ね合わせる「スーパーインポーズ」などの機能があります。ＣＰＵは「Z80」（１９７６年）の高速版である「Z80Ａ」で、動作周波数は４ＭＨｚです。

魅力的で入手しやすい８ビットパソコンが増える一方で、高性能を売りにした16ビットパソコンも登場します。ＮＥＣが発売した「ＰＣ－９８０１」は、ＣＰＵに「８０８６」（１９７８

年）に互換性があるＮＥＣ製の「μＰＤ８０８６」を採用した、16ビットパソコンです。価格は２９８０００円と、前述の８ビットパソコンに比べて高価ですが、６４０×４００ピクセルで８色が表示できるグラフィックスなど、強力な機能を備えています。

　個性的な16ビットパソコンとしては、トミーが発売した「ぴゅう太」があります。価格は安く、５９８００円です。日本語で記述できるＢＡＳＩＣを搭載していることが特徴で、「モシ」や「マワレ」といった日本語のキーワードを使って、プログラムを書くことができます。ＣＰＵにテキサス・インスツルメンツ社の「ＴＭＳ９９９５」を、グラフィックス処理を行うＶＤＰ（Video Display Processor）に同社の「ＴＭＳ９９１８」を搭載しています。グラフィックスは16色表示に対応しており、スプライトも使えます。

　このように８ビットと16ビットのパソコンが混在する中で、アーケードゲームにおいては、８ビットＣＰＵと16ビットＣＰＵを組み合わせて使った製品が登場します。非常にスピード感があって迫力のあるグラフィックスが印象的な、ナムコの「ポールポジション」です。

ポールポジション　〜擬似3Dで表現する圧倒的なスピード感

ポールポジションは擬似３Ｄグラフィックスを使ったレースゲームです。擬似３Ｄというのは、２Ｄ（2次元）グラフィックスを使って、あたかも３Ｄ（3次元）のような表現を行う手法です。現在では、本格的な３Ｄグラフィックス機能を提供するＧＰＵ（Graphics Processing Unit）などのハードウェアが普及していますが、まだこのようなハードウェアがない時代には、擬似３Ｄグラフィックスを使ったゲームが多く見られました。このポールポジションのようなレースゲームは、擬似３Ｄの代表的な活用例です。

このゲームの目的は、高速で走行するレーシングカーを操作して、サーキットをできる限り速く走り抜けることです。ゲーム内のサーキットは、実在のサーキットである「富士スピードウェイ」をモデルにしています。続編の「ポールポジションII」（１９８３年）では、日本の「鈴鹿サーキット」や米国の「ロングビーチ市街地コース」をモデルにしたサーキットが追加され、全部で４種類のサーキットを遊ぶことができます。

ポールポジションでは画面の手前から奥に向かうように、擬似３Ｄで道路が描かれます。自車（プレイヤーが操作するレーシングカー）が加速すると、道路が奥から手前に流れて、実際に車を運転しているような感覚が味わえます（図1）。

ポールポジションのコントローラは、現実の車を模したものになっています。左右に曲がるためのハンドルと、加速のためのアクセル、減速のためのブレーキ、そしてギアを切り替えるためのレバーがあります。ギアはロー（LOW）とハイ（HIGH）の二段階です。低速時にはロー、高速時にはハイに合わせることで、自車を速く走らせることができます（図2）。

サーキットには直線だけではなく、左右に曲がりくねったカーブも含まれています。カーブでは、ハンドルで左右に曲がったり、アクセルやブレーキで加減速を調整したりして、できるだけ自車が路肩にはみ出さないように走る必要があります。路肩に設置された看板

図1 ポールポジション（イメージ）

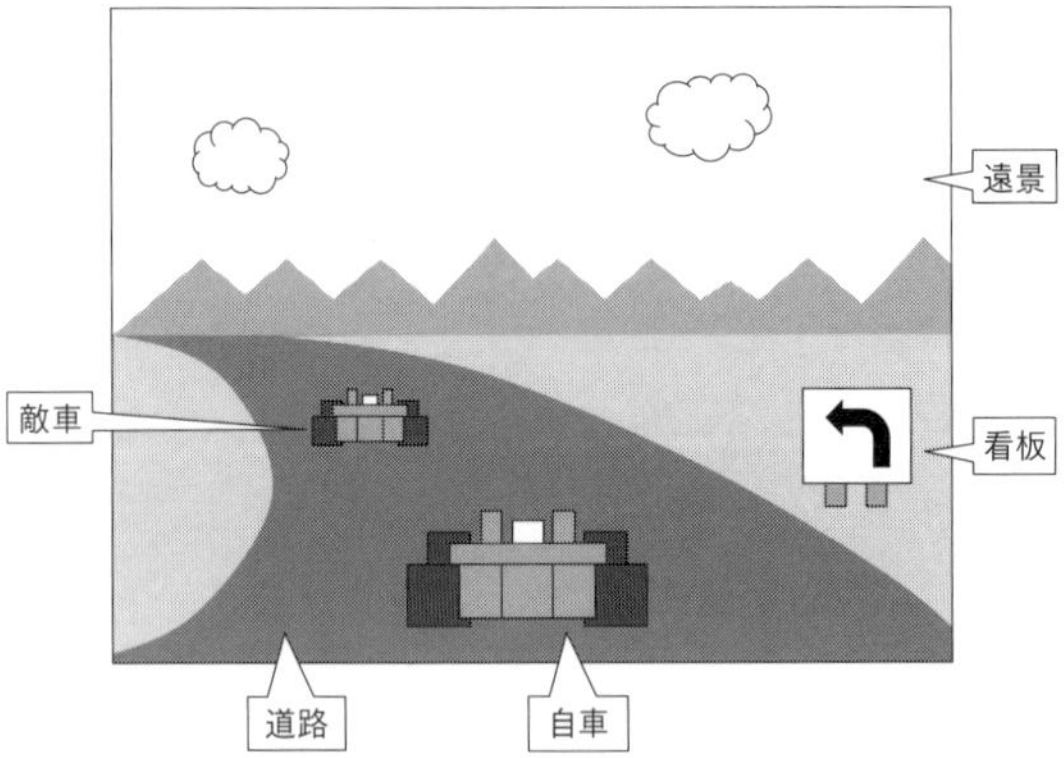

や、サーキットを走っている敵車（ライバル）に衝突すると、自車が爆発してタイムロスになります。

8ビットCPUと16ビットCPUの両方を搭載

ポールポジションは複数のCPUを搭載しています。メインCPUはお馴染みのZ80ですが、サブCPUとして16ビットCPUの「Z8002」を2個搭載しています。Z8002は、Z80と同じザイログ社が開発した16ビットCPU「Z8000」（1979年）の、派生製品の一つです。

ポールポジションはグラフィックス機能も強力です。例えば、スプライトには拡大縮小

図2　ポールポジションのコントローラ

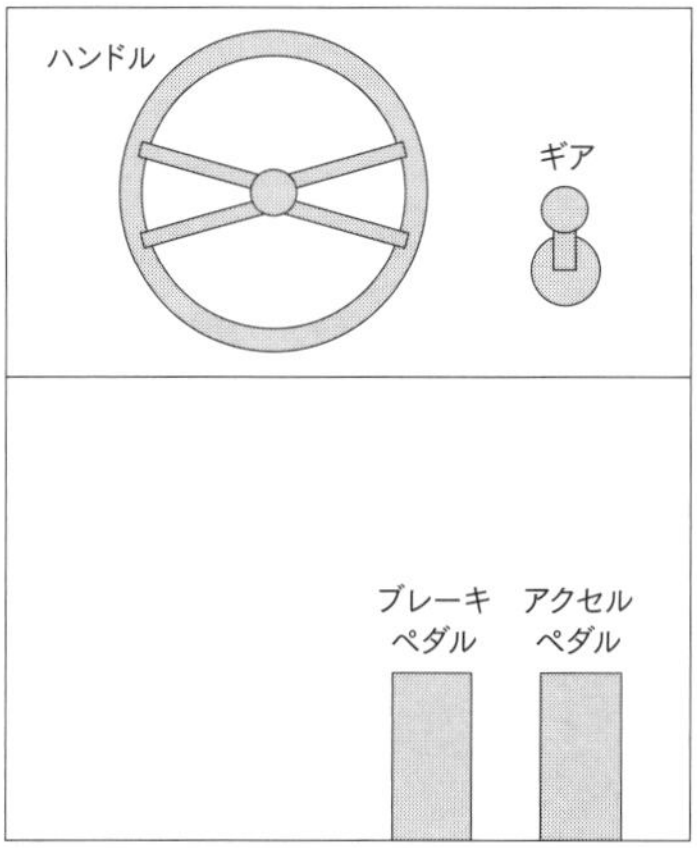

機能があります。看板や敵車などを表示する際には拡大縮小機能を使い、遠くにあるうちは小さく、近づいてきたら大きく表示して、遠近感を出しています。

また、スプライトには左右反転機能もあります。ポールポジションでは、自車や敵車が滑らかに左右に旋回するのが印象的ですが、これは少しずつ旋回する車の画像を、切り替えながら表示することによって実現しています。このときに左右反転機能を活用して、左に曲がるときと右に曲がるときで、同じ画像を左右に反転させて使い回しています。

タイルマップも活用しています。タイルマップは、遠くに見える風景を表示するために使います。カーブを曲がるときに、山や雲などが左右にスクロールするので、臨場感が増します（図3）。

それでは道路はどのように表示しているのかといえば、実はスプライトやタイルマップとは別に、道路の画像を重ね合わせています。そして、次に説明するラスタースクロールと呼ばれる手法を使って、左右に曲がりくねった道路を表現します。

ラスタースクロール

ラスターというのは、ブラウン管における走査線のことです。スクロールというのは、画面に入りきらないテキストや画像などを、左右や上下などにずらしながら表示することです。そしてラスタースクロールというのは、ラスター単位でスクロールを行うこと、つまり画面を走査線単位でずらしながら表示することを指します。

通常のスクロールとラスタースクロールを比較してみましょう。ここでは画面を右から左にスクロールすることを考えます。通常のスクロールでは、画面全体が右から左に、同じ幅だけずれます（図4）。

ラスタースクロールでは、走査線ごとにずらす幅を指定することができるので、色々な結果を作り出すことができます。例えば、ずらす幅を波状に変化させれば、画面全体を波打たせることができます（図5）。これはシューティングゲームの「ダライアスII」（1989年）などに採用されています。

図3 スプライトとタイルマップ

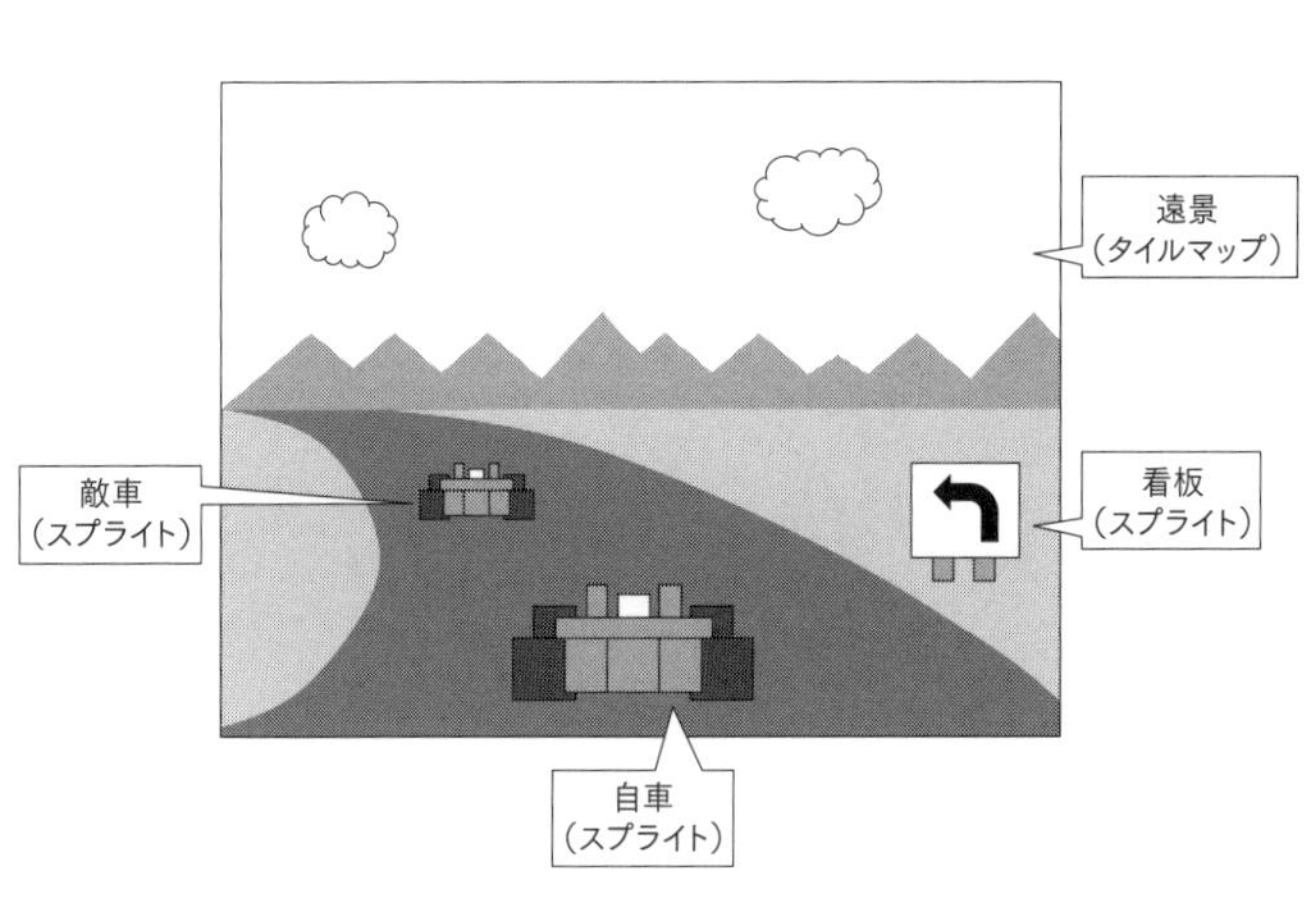

図4 通常のスクロール

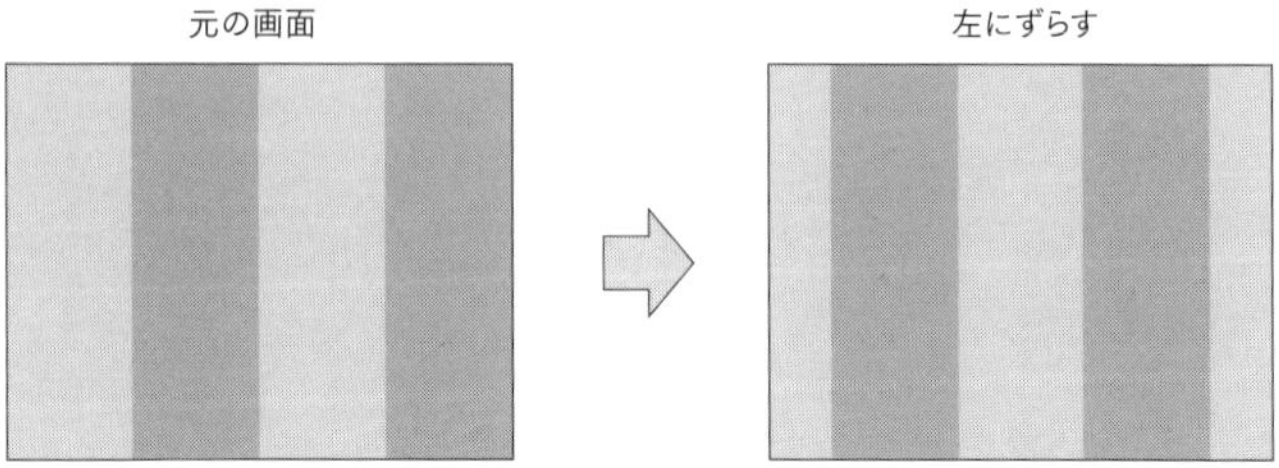

図5 波状のラスタースクロール

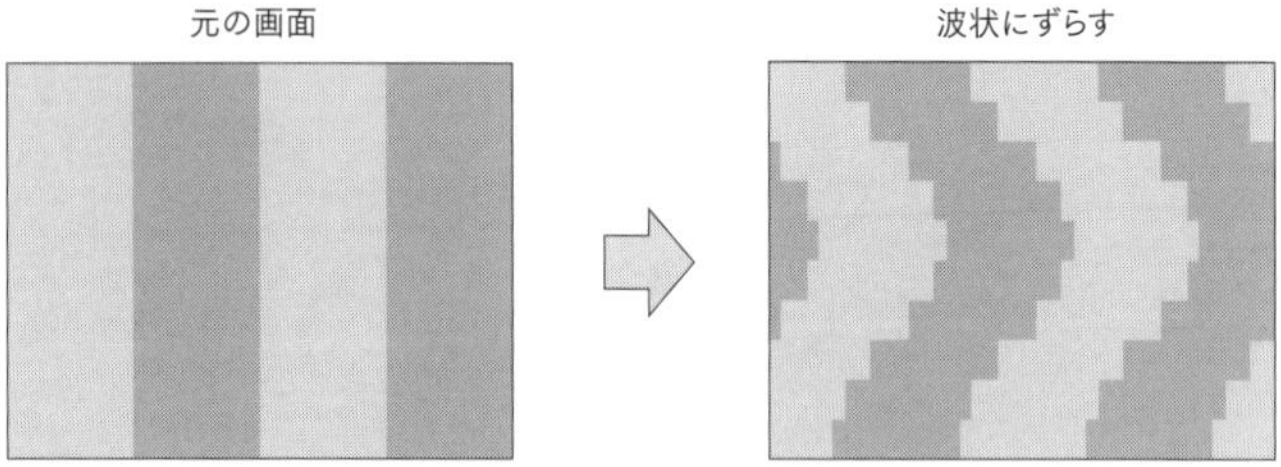

また例えば、遠景に相当する走査線を遅く、近景に相当する走査線を速くずらすことによって、遠近感を表現することもできます（図6）。これは前述のダライアスIIの他に、格闘ゲームの「ストリートファイターII」（1991年）などにも採用されています。ストリートファイターIIでは、キャラクターの足下にある地面について、遠景を遅く、近景を速くスクロールさせることで、遠近感を出しています。

ラスタースクロールの機能を持つハードウェアは、テレビなどの表示機器に画面を出力する際に、走査線ごとに出力する位置をずらします。これはメモリ上のピクセル情報を書き換えて位置をずらすよりも、ずっと少ない負荷で実現できます。

図6　ラスタースクロールによる遠近感

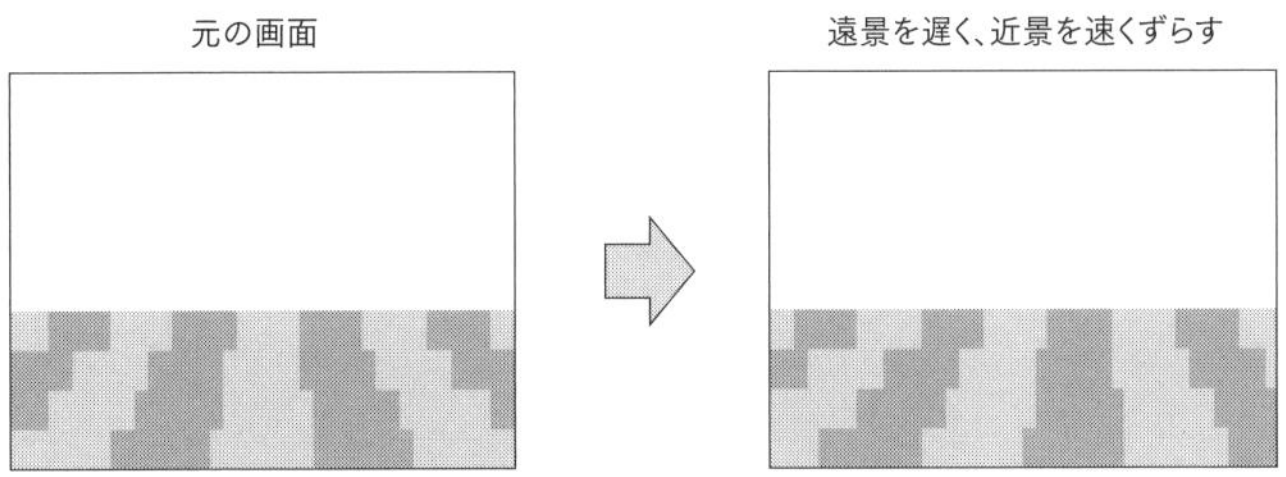

さて、ポールポジションのような遠近感がある道路を表現するには、どのようにラスタースクロールを使えばよいのでしょうか？

ラスタースクロールによるカーブの表現

最初にまっすぐな道路の画像を用意しておきます。遠近感を表現するために、奥は狭く、手前は広くしておきます（図7）。

左に曲がるカーブを表現するには、ラスタースクロールを使って走査線を左にずらしていきます。奥（画面上方）にある走査線ほど大きく、手前（画面下方）にある走査線ほど小さくずらします。これで、直線から左カーブに変化したような効果が得られます（図8）。

左カーブが終わって直線に戻るときには、

図7　まっすぐな道路

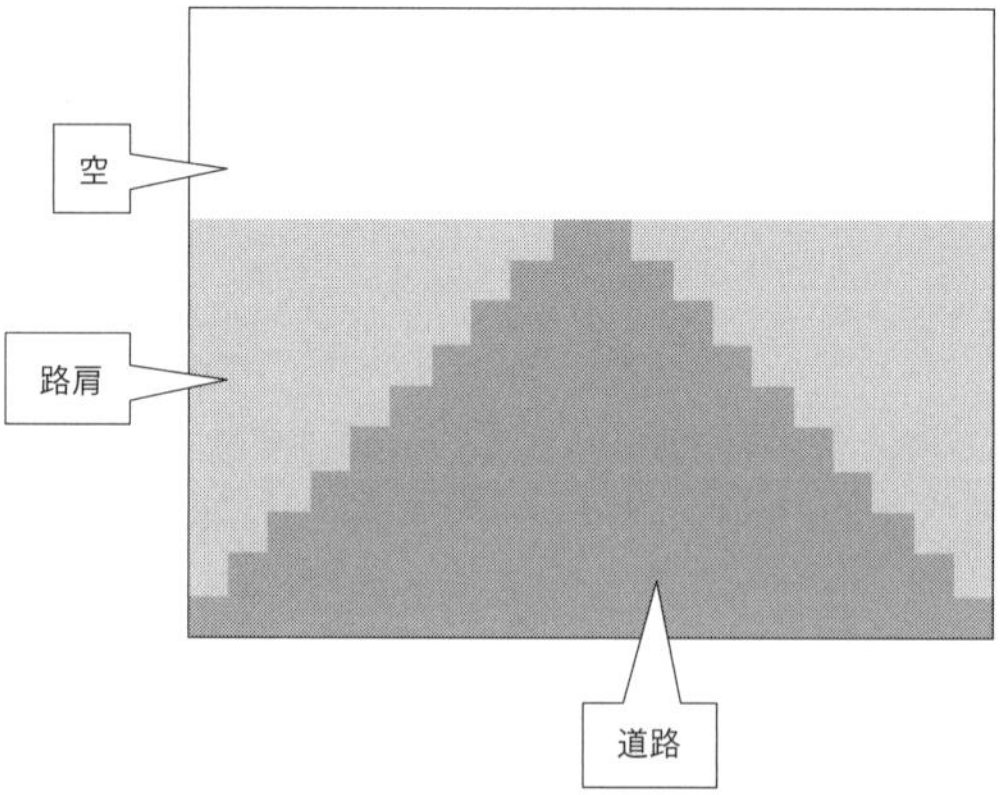

先ほどとは逆の手順で、走査線を右にずらしていきます。直線の状態から、さらに走査線を右にずらせば、今度は右カーブになります。この方法で、左右に曲がりくねった道路を表現することができます（図9）。

パレットによるスピード感の表現

実際にポールポジションを遊んでみると、道路が左右に曲がることに加えて、道路の中央にある白線や、道路の端にあるタイヤバリア（赤と白の縞）が、奥から手前に流れることに気づきます。これは「パレット」という機能を使って実現します。

パレットというのは、色を表す番号に対して、実際の色を割り当てるための機能です。例えば、道路の中央に白線を描いた画像を考

図8　直線から左カーブへ

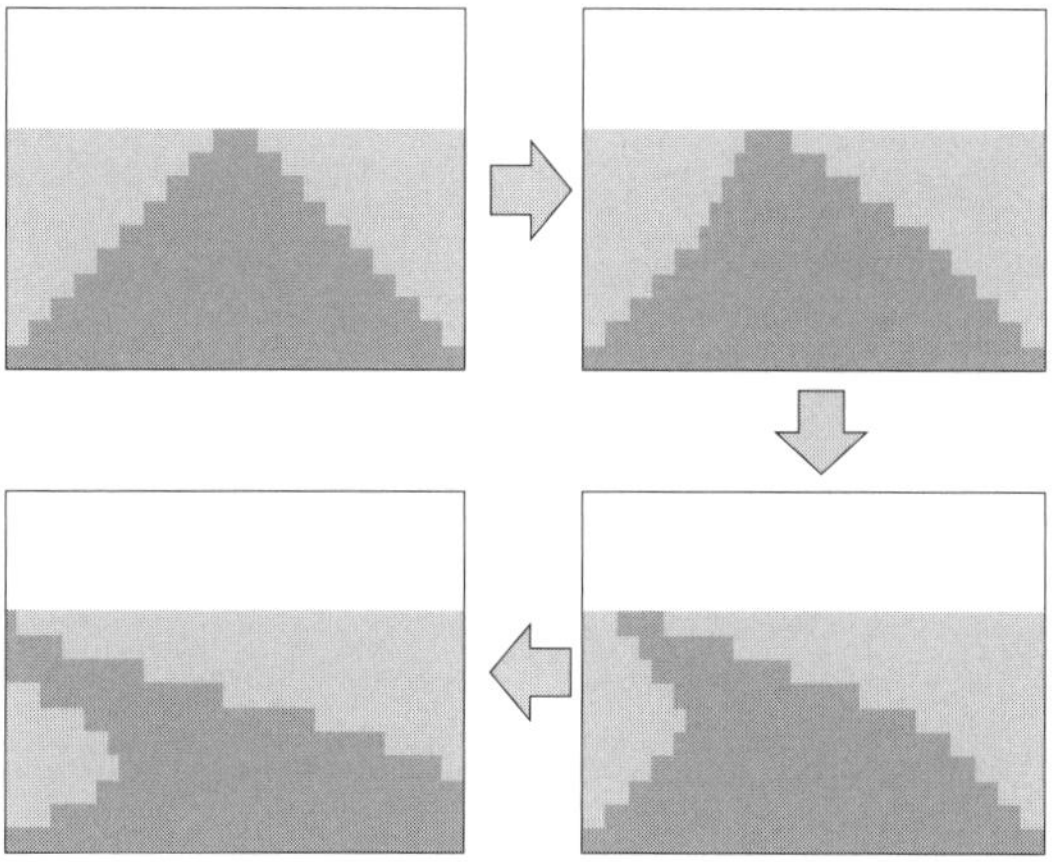

えます。道路は色番号0、白線は色番号1で描かれているとしましょう。パレットを使って、色番号0に灰色、色番号1に白色を割り当てれば、中央に白線がある道路になります。一方、色番号0と色番号1の両方に灰色を割り当てると、白線がない道路になります（図10）。

パレットを使って、ラスター（走査線）ごとに異なる色の割り当てを行えば、白線を動かすことができます。最初は、白線が点線になるように、パレットで色を割り当てておきます。白線がある走査線と、白線がない走査線とが生じます。

少し時間が経った後に、白線が少し手前（画面下方）になった画面を表示すると、まるで白線が手前に流れたように見えます。この画面

図9 左カーブから直線を経て右カーブへ

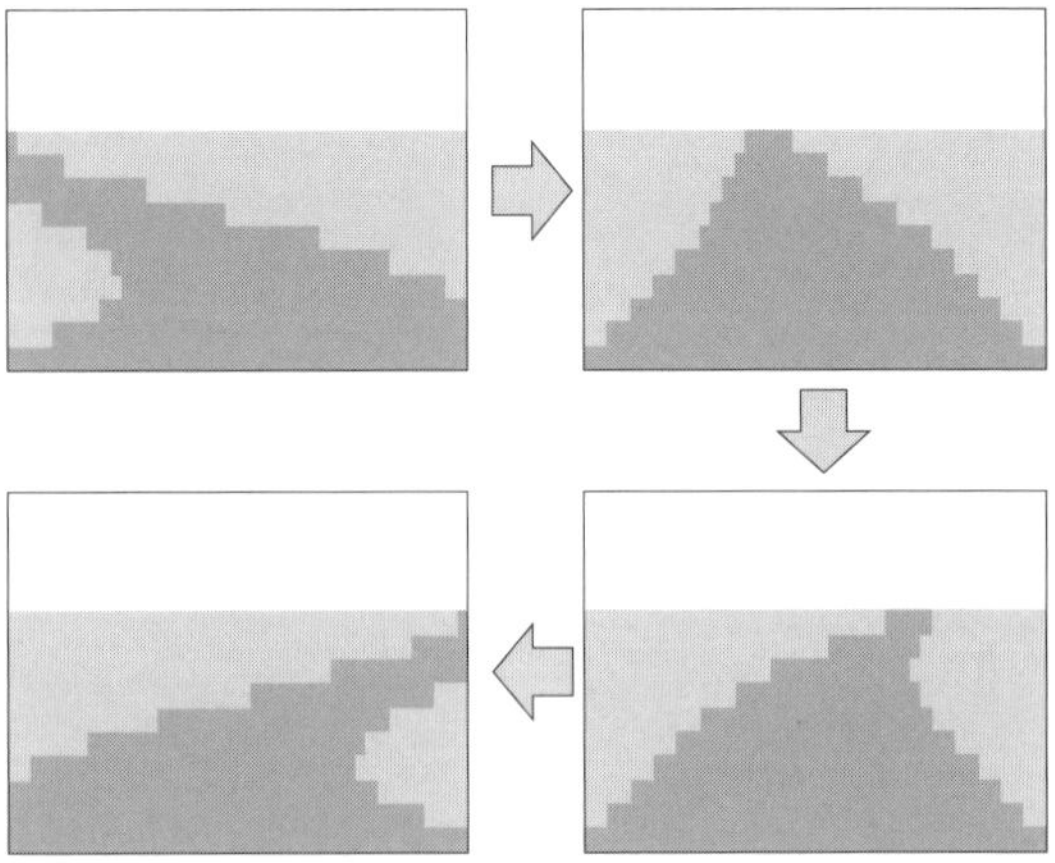

も、同様にパレットで色を割り当て直して作ることができます（図11）。

ポールポジションでは白線に加えて、タイヤバリアも奥から手前に流れるように見せています。タイヤバリアを動かすのも、白線と同様に、パレットを使って実現できます。

ラスタースクロールによるアップダウンの表現

ここまでに説明したような、ラスターを横方向にずらすラスタースクロールのことを、「横ラスタースクロール」と呼ぶことがあります。それに対して、ラスターを上下にずらしたり、複製したり、他のラスターと入れ換えたりする処理のことを、「縦ラスタースクロール」と呼ぶことがあります。

図10　パレットで白線の有無を変える

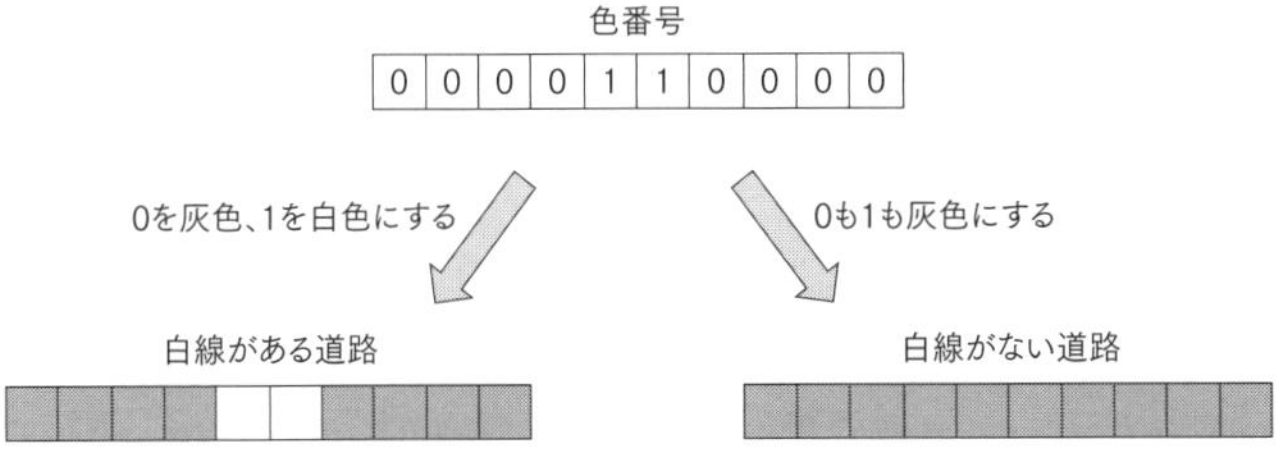

道路を表現する際に、縦ラスタースクロールを併用すると、道路のアップダウンを表現することができます。例えば、奥（画面上方）にあるラスターを、複製しながら上にずらして描くと、上り坂のような雰囲気になります。逆に、奥（画面上方）にあるラスターを下にずらしていくと、下り坂のような雰囲気を出すことができます（図12）。

アップダウンを活用したレースゲームとしては、セガの「アウトラン」（1986年）などがあります。崖の上や渓谷の間など、変化に富んだ地形の間を走り抜けるのが魅力のゲームです。

図11 パレットで白線を動かす

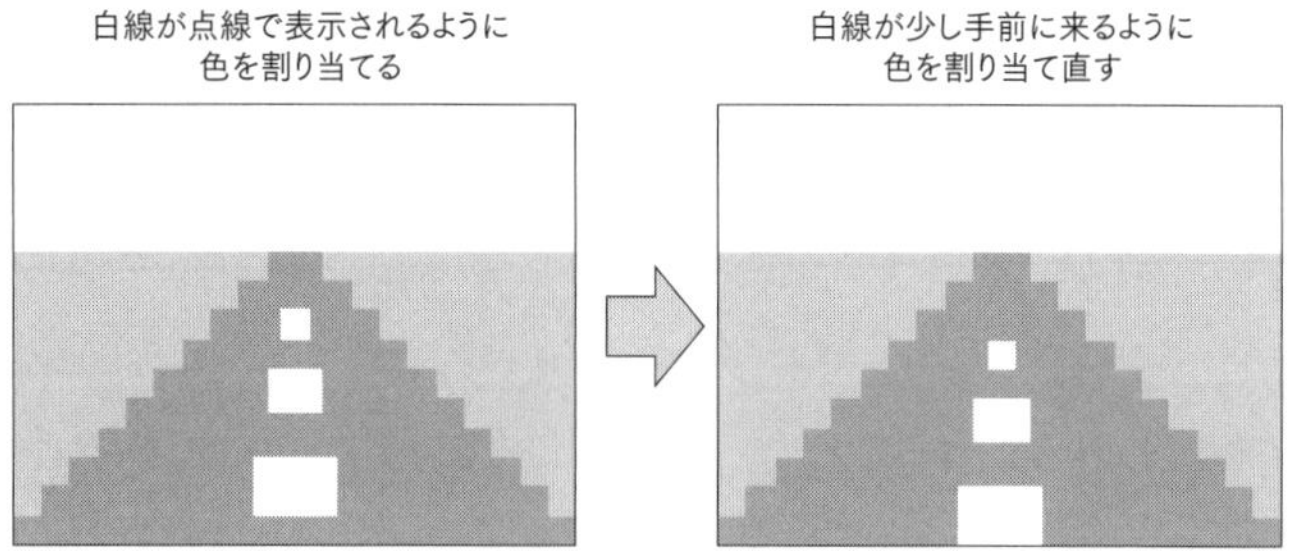

その後のレースゲーム

ポールポジションのような擬似3Dグラフィックスは、本格的な3Dグラフィックスが処理できるハードウェアが登場するまで、数多くのレースゲームで採用されます。例えばナムコの「ファイナルラップ」（1987年）などは、最大8人までの対戦プレイにも対応し、人気を集めます。セガの「パワードリフト」（1988年）も擬似3Dグラフィックスのレースゲームですが、ポールポジションのようなラスタースクロールではなく、大量のスプライトを使って道路を表現します。スプライトの拡大縮小や回転を活用することにより、まるでジェットコースターのようにダイナミッ

図12　上り坂と下り坂

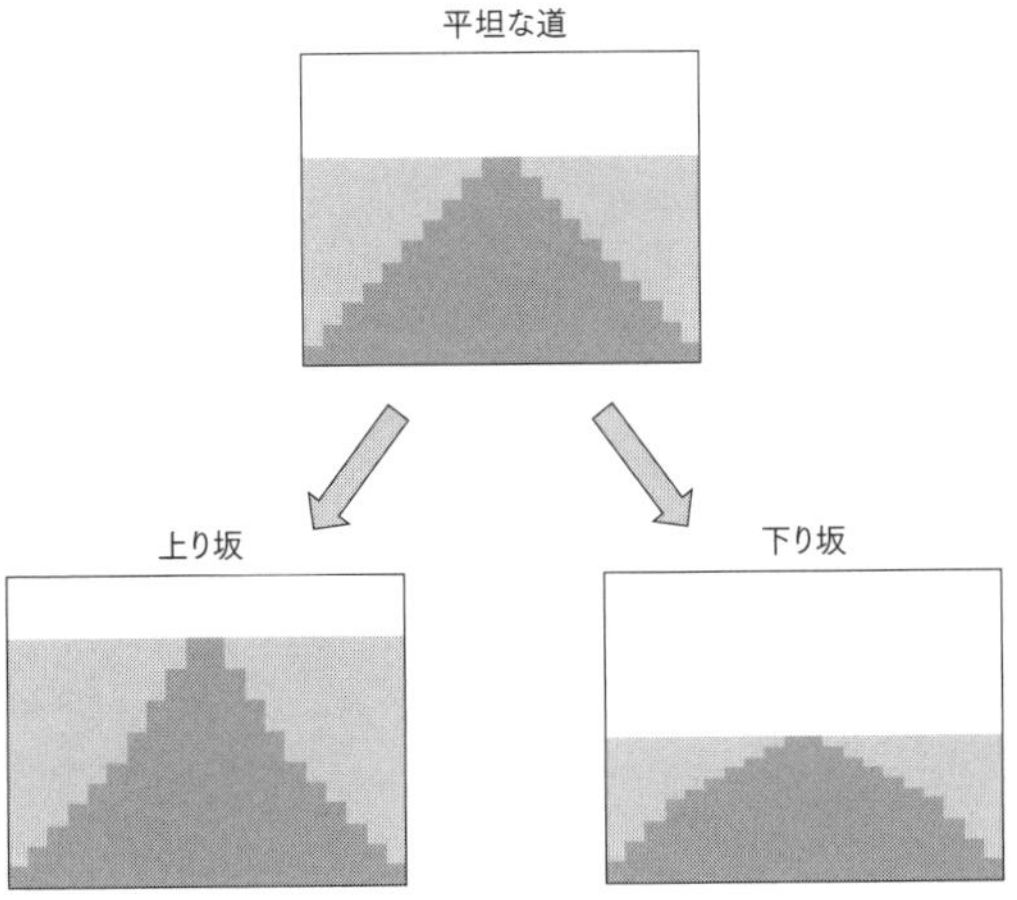

クな、立体感のあるコースを表現していることが特徴です。

その後、ナムコの「ウイニングラン」（１９８８年）、セガの「バーチャレーシング」（１９９２年）、そしてナムコの「リッジレーサー」（１９９３年）など、ポリゴンによる３Ｄグラフィックスを採用したゲームが登場します。リッジレーサー以後は、ポリゴンに画像を貼り付けるテクスチャマッピングの技術が導入されて、見栄えのする画面が作れるようになり、ポリゴンによるレースゲームが主流になっていきます。

疑似３Ｄグラフィックスを使ったゲームが登場する一方で、２Ｄグラフィックスを使ったゲームについても、まだまだ新しいタイプの作品が生まれます。次の１９８３年には、色数の多さを活かした立体的なグラフィックスや、謎めいた隠れキャラクターの存在などが話題になった、シューティングゲームのヒット作が登場します。ナムコの「ゼビウス」です。操作と塗りつぶしの方法がユニークな「リブルラブル」についても紹介しましょう。

1983年へ

1983年

「ゼビウス」
立体感と浮遊要塞を実現するグラフィックスの技術

「リブルラブル」
新感覚のゲームを支える少し変わった塗りつぶしの技術

この年の事件

- 任天堂が家庭用ゲーム機の「ファミリーコンピュータ」を発売。
- セガが家庭用ゲーム機の「SG-1000」と「SG-3000」を発売。
- 各社がMSX規格のパソコンを発売。
- インターネットの前身であるARPANET（アーパネット）のプロトコルがTCP/IPになる。
- ローマ教皇ヨハネ・パウロ2世が、地動説を支持したガリレオ・ガリレイに対する宗教裁判の誤りを認める。

PUSH START BUTTON

ファミコンの登場

１９８３年、任天堂が家庭用ゲーム機「ファミリーコンピュータ」（ファミコン）を発売します。価格は１４８００円です。ＣＰＵには「６５０２」（１９７５年）に対してサウンド機能などを追加した、リコー製の「２Ａ０３」を採用しています。また、画面処理用のＰＰＵ（Picture Processing Unit、画像処理ユニット）として、同じくリコー製の「２Ｃ０２」を搭載しています。このＰＰＵが提供する機能は「ギャラクシアン」（１９７９年）に似ていて、スプライトとタイルマップを使うことができます。なお、ファミコンのタイルマップはＢＧ（background、背景）と呼ばれています。

ファミコンと同じ発売日に、セガも家庭用ゲーム機「ＳＧ－１０００」を発売します。価格は１５０００円です。ＣＰＵには「Ｚ80」（１９７６年）の互換品であるＮＥＣ製の「μＰＤ７８０Ｃ」を採用しています。また、画面処理用のＶＤＰ（Video Display Processor、ビデオ表示プロセッサ）として、テキサス・インスツルメンツ社の「ＴＭＳ９９１８」を搭載しています。

１９８３年は家庭用ゲーム機の発売ラッシュだったといえます。エポック社は「カセットビジョンJr.」（価格は５０００円）を、トミーは「ぴゅう太Jr.」（価格は１９８００円）を発売します。

一方、ゲームを指向したパソコンも登場します。例えばセガは、「ＳＧ－１０００」と同じ発売日に、キーボードを備えた「ＳＧ－３０００」を発売します。価格は２９８００円です。別売のＢＡＳＩＣカートリッジを使用して、プログラミングも楽しめます。

アスキーとマイクロソフト社が提唱した「ＭＳＸ」規格のパソコンも、各社から多数発売されました。どの製品も共通して、ＣＰＵにはZ80を、ＶＤＰにはＴＭＳ９９１８を採用しています。メモリの容量や価格などは製品によって異なります。ＭＳＸの強みは、ＭＳＸ規格のパソコン間には互換性があるので、多数の製品上において同じソフトウェアが動作することです。

数々の家庭用ゲーム機や、ゲームを指向したパソコンの中で、最も人気を集めたのはファミコンだといえます。ファミコンがヒットした理由の一つとしては、グラフィックスの性能が優れていた点が挙げられます。他機種のスプライトが単色だったり、背景がスクロールできなかったりするのに対して、ファミコンのスプライトは複数色に対応し、背景もスクロールが可能です。これらの機能を活用して、アーケードゲームに近い品質のゲームを開発できたことが、ファミコンの人気につながったと考えられます。

１９８３年はアーケードゲームでも、優れたグラフィックス性能を武器にしたゲームが人気を集めます。ナムコの「ゼビウス」です。

ゼビウス ～美しいグラフィックスと散りばめられた謎

ゼビウスは縦スクロールのシューティングゲームです。「ソルバルウ」と呼ばれる自機を操作して、上から下にスクロールするステージを進んでいきます。各ステージは「エリア」と呼ばれ、全部で16のエリアがあります。一つのエリアが終わると、森をはさんで、次のエリアにそのままつながります。ゲーム画面が結果表示画面などに切り替わらないので、ゲームへの没入感が高まっています（図1）。

ゼビウスのコントローラには、自機を上下左右斜めの8方向に移動するためのジョイスティックと、武器を発射するためのボタンが

図1　ゼビウス（イメージ）

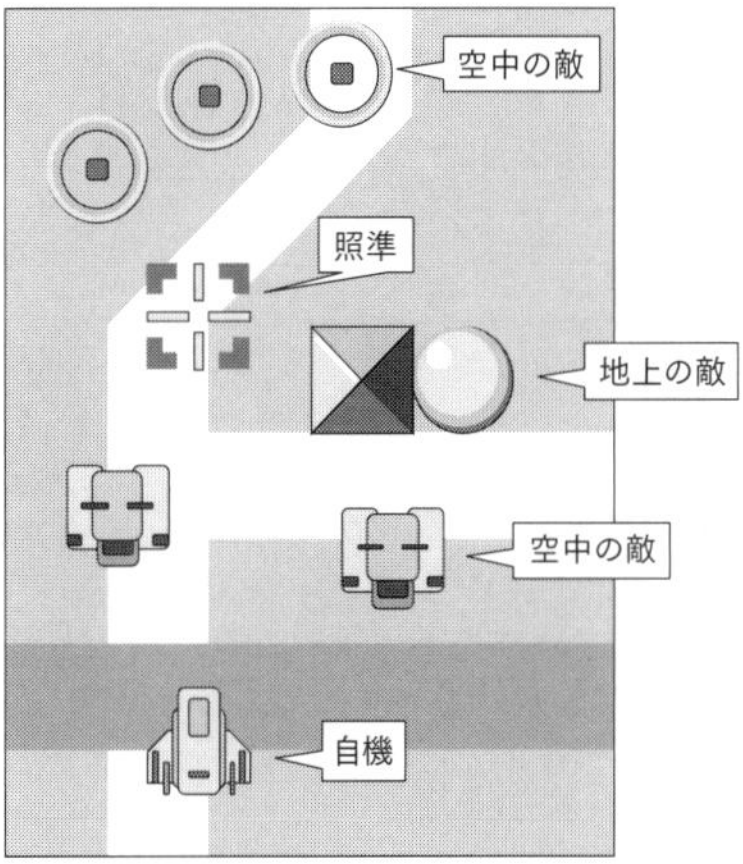

2個あります（図2）。武器は空中用の「ザッパー」と地上用の「ブラスター」です。ザッパーは画面内に3発まで連射することができます。ブラスターは、自機の前方に表示されている照準の位置に投下されます。空中の敵にはザッパー、地上の敵にはブラスターと、武器を使い分けます。

ゼビウスの特徴の一つは、バリエーション豊かな敵です。それぞれの敵は、個性的な動きで攻撃を仕掛けてきます。例えば、破壊不可能な壁「バキュラ」や、テレポート（瞬間移動）して弾を放つ「ザカート」、巨大な空中要塞「アンドアジェネシス」、同名のスピンアウト作品（1984年）も発売された戦車「グロブダー」など、実に多くの敵が登場します。また、各敵について名前や設定が用意されて

図2　ゼビウスのコントローラ

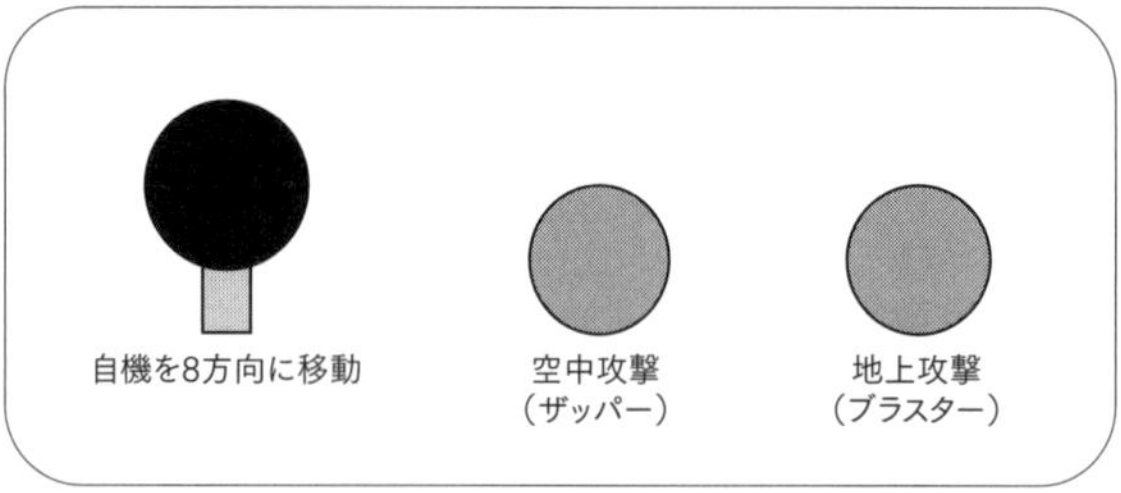

いるだけでなく、ゼビウスの世界で使われている「ゼビ語」や「ゼビ数字」まで創作され、設定の作り込みに魅了されたファンも少なくありません。

ゼビウスのヒットを受けて、スクロールするステージを進んでいくタイプのシューティングゲームが多数登場します。現在でも人気がある「弾幕系シューティング」も、こういったシューティングゲームの中から生まれたジャンルです。

立体感のあるグラフィックス

ゼビウスのハードウェアは、「ギャラガ」（1981年）をベースにしています。ゼビウスもギャラガも共通して3個のZ80を搭載していますが、ゼビウスにおいてはグラフィックス機能が強化されています。

各スプライトで使える色数は、透明な部分を除くと、ギャラガでは3色ですが、ゼビウスでは7色に増えています。この色数を活かして、ゼビウスのキャラクターには陰影やハイライトが描き込まれています。明暗が何段階かのグラデーションで表現されているため、キャラクターに立体感が生まれています（図3）。

複数のタイルマップ

ゼビウスもギャラガと同様にタイルマップを使いますが、ゼビウスでは2枚のタイルマップを重ね合わせることが可能になっています。そこで、1枚のタイルマップを使って地上を表示し、もう1枚のタイルマップを使ってスコアを表示しています。自機や敵や弾などは、スプライトを使って、2枚のタイルマップの間に重ね合わせます。重ね合わせの順番は、上からスコア、スプライト、地上の順です（図4）。

　地上のタイルマップには、敵は描かれていません。地上の敵は空中の敵と同様に、スプライトを使って表示します。タイルマップではなくスプライトを使うことによって、地上

図3 陰影とハイライト

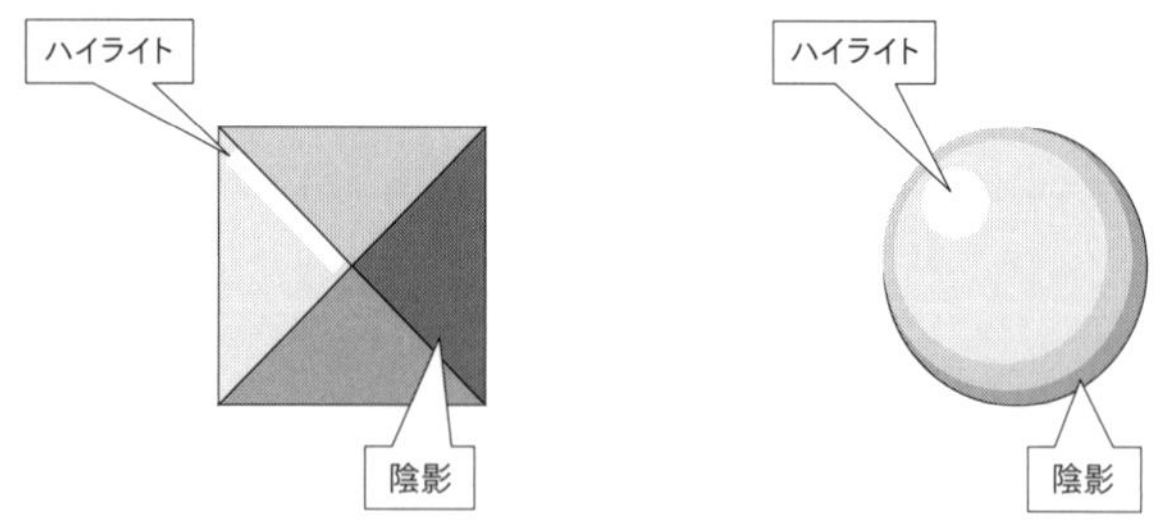

の敵を移動させることが容易になります。ゼビウスには、前述のグロブダーや「ドモグラム」などの、移動する地上の敵も登場します。

アンドアジェネシスの表示方法

ところで、ゼビウスにはアンドアジェネシスという大型の敵が出現します。アンドアジェネシスは画面の上方から出現し、画面の中央付近で停止します。停止しているといっても、この間も地上は上から下にスクロールを続けているので、自機と同じ速度で飛行しているイメージです。アンドアジェネシスは、自機に破壊されたり、一定時間が経過したりすると、画面の上方に去って行きます（図5）。

スプライトはサイズや枚数が限られています。そのため、大型の敵についてはタイルマ

図4　2枚のタイルマップとスプライト

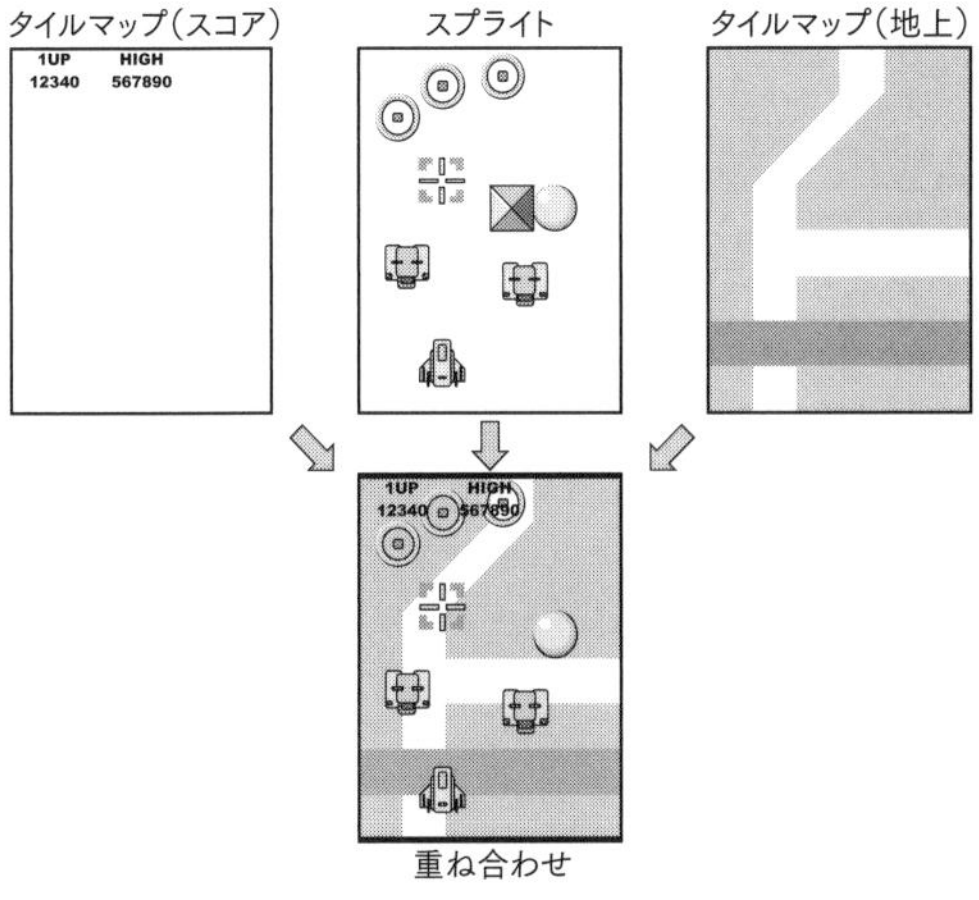

ップを使って表現する方法も考えられますが、アーケード版のアンドアジェネシスはスプライトで表現されているようです。

　自機が16×16ピクセルなのに対して、アンドアジェネシスは96×96ピクセルあります。16×16ピクセルのスプライトを使うと、自機に必要なスプライトは1枚、アンドアジェネシスに必要なスプライトは36枚になります。これは少ない枚数ではありませんが、アンドアジェネシスの出現中には地上の敵が出現しないこともあり、十分な枚数のスプライトが使えるようです。

　ファミコンに移植されたゼビウスでは、スプライトの枚数が足りないため、タイルマップ（BG）を使ってアンドアジェネシスを表現しています。そのため、アンドアジェネシス

図5 アンドアジェネシス

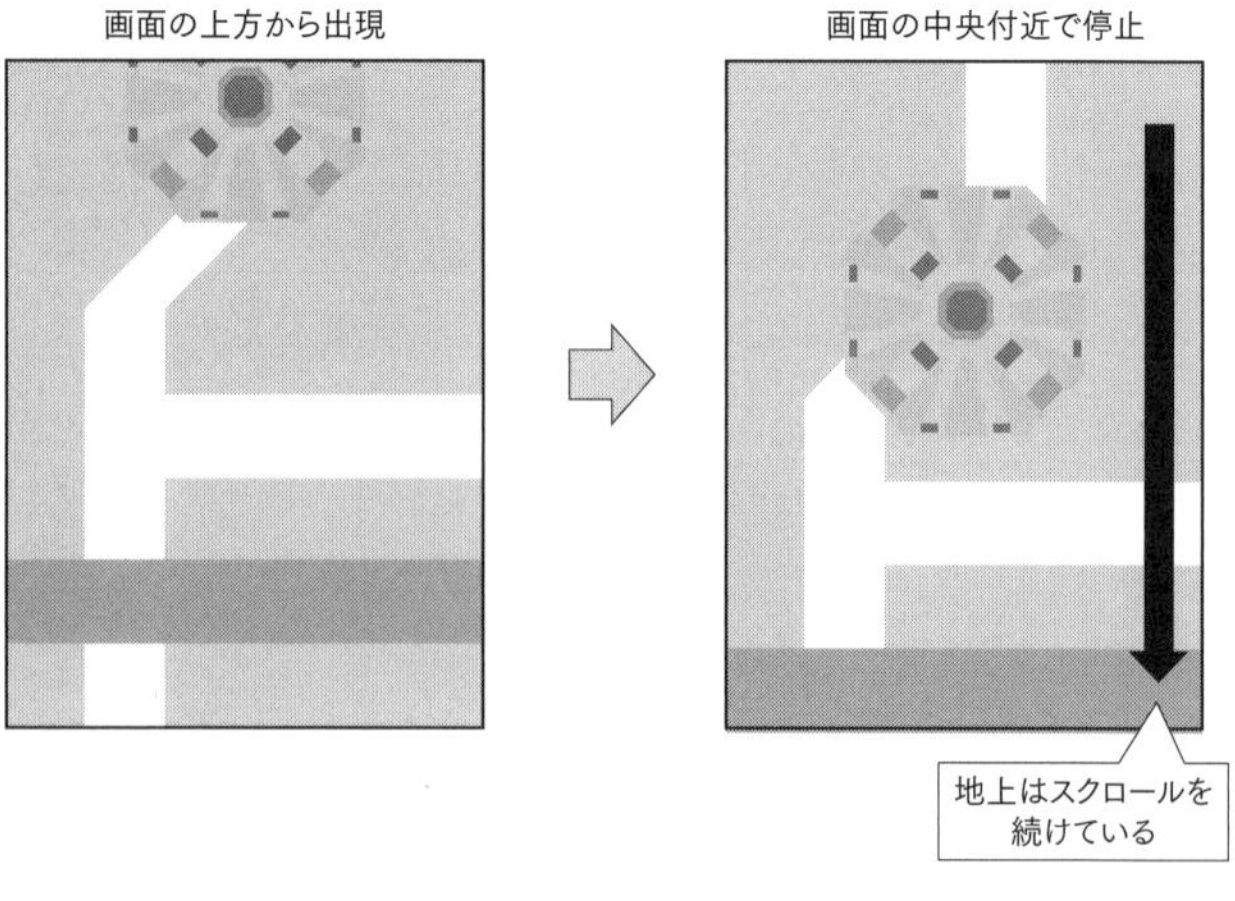

は地上と一緒にスクロールして出現し、アンドアジェネシスが停止している間は、地上のスクロールも停止します（図6）。

ロゴの焼き付きとタイルマップ

ゼビウスの画面には、「XEVIOUS」（ゼビウス）というロゴが焼き付いていることがありました。焼き付きが起きた画面では、ロゴが表示されていないシーンでも、XEVIOUSというロゴがうっすらと見えます。この焼き付きが起きた筐体を、他のゲームに転用した場合には、ゼビウスとは別のゲームなのに、画面にうっすらとXEVIOUSというロゴが見える…という、大変奇妙な見た目になります。

ロゴが焼き付いた原因は、ロゴが表示され

図6　ファミコン版のアンドアジェネシス

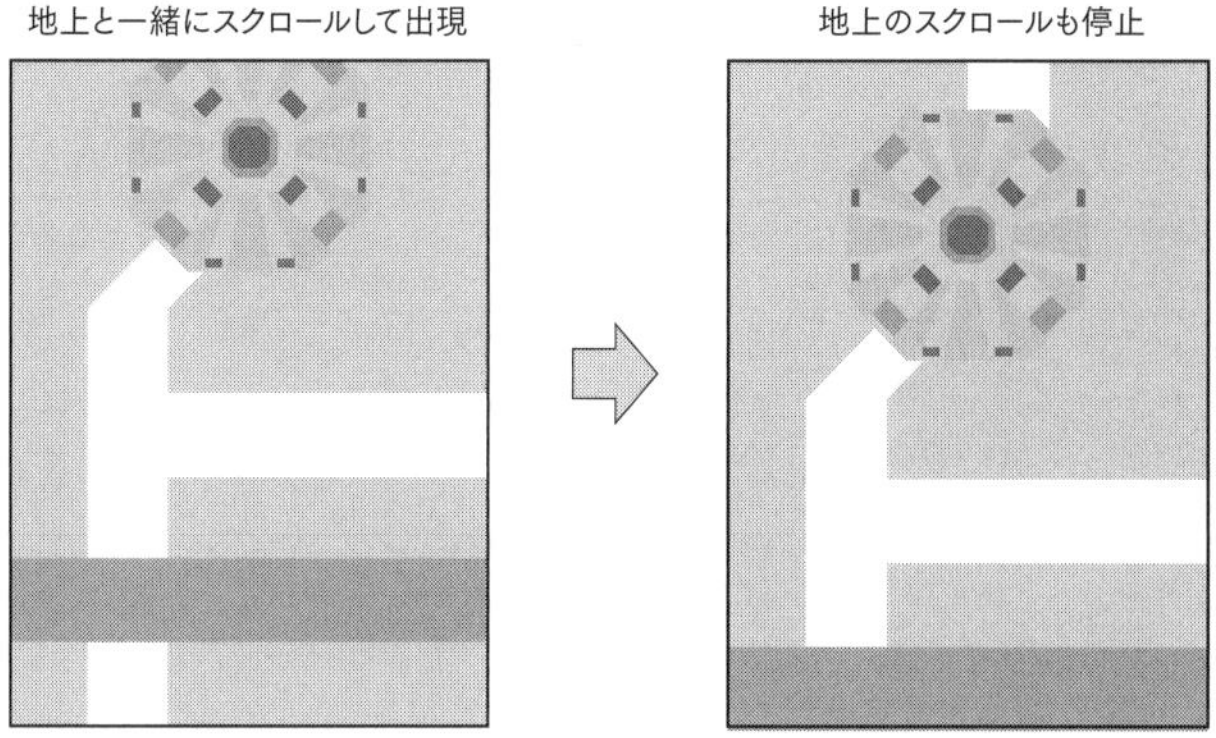

ている時間が長いためです。コインを投入する前のゼビウスは、タイトルとデモプレイを交互に表示しますが、どちらのシーンにもXEVIOUSというロゴが表示されています。そのためコインが投入されていない筐体は、ずっとロゴを表示し続けていることになります。これが焼き付きの原因です。

さて、デモプレイにおけるXEVIOUSというロゴを表示する際には、実は2枚のタイルマップが活用されています。1枚のタイルマップで地上を表示し、もう1枚のタイルマップでロゴとスコアを表示します（図7）。もしタイルマップが1枚しかなかったら、ゲームのデモプレイにロゴを重ねることは困難です。実際に、タイルマップが1枚しかないファミコンのゼビウスでは、デモプレイにロゴを重ねることはなく、ロゴだけを単独で表示します。

また、タイトルにおいてロゴを表示する際にも、2枚のタイルマップを活用しています。1枚のタイルマップでロゴの文字を表示し、もう1枚のタイルマップでロゴの文字以外の部分を表示します。このロゴの背景ともいえる部分は、時間とともに色が切り替わり、明滅するような派手な効果を生んでいます。なお、ロゴの上端を左から右に回転しながら通過する星は、スプライトで表示しているようです（図8）。

図7　デモプレイにおけるロゴの表示

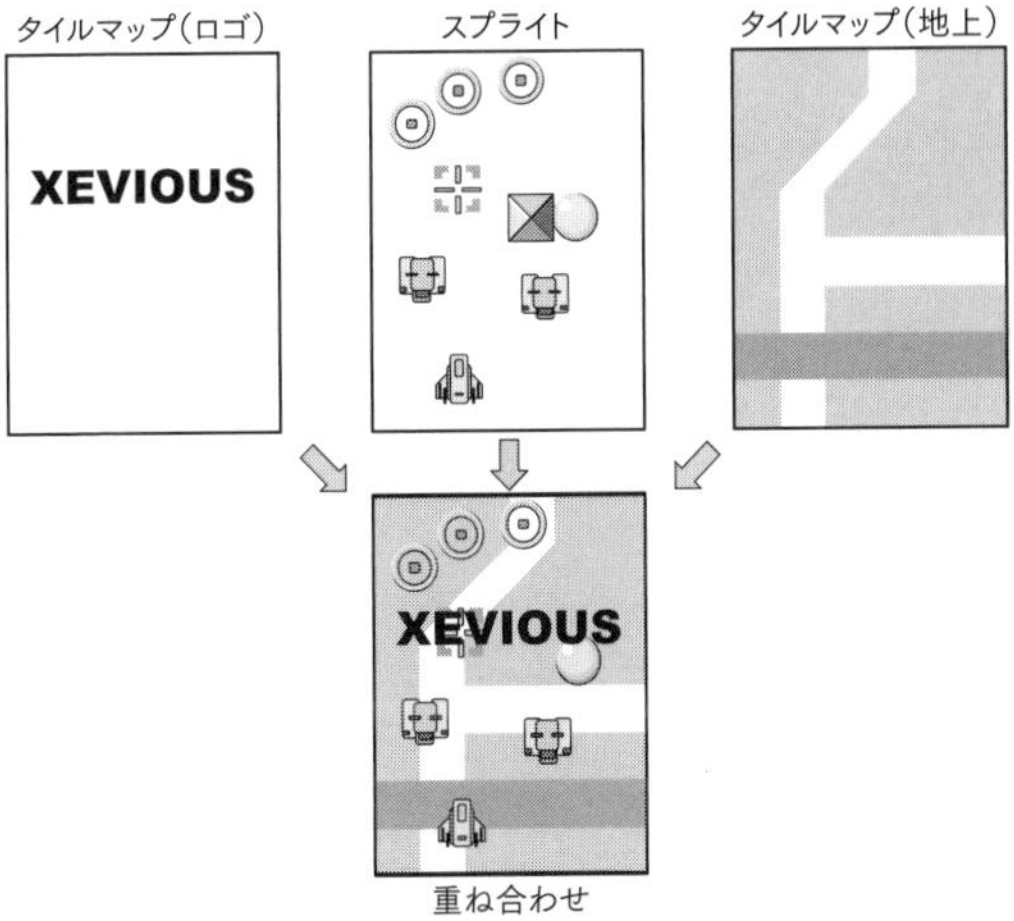

図8　タイトルにおけるロゴの表示

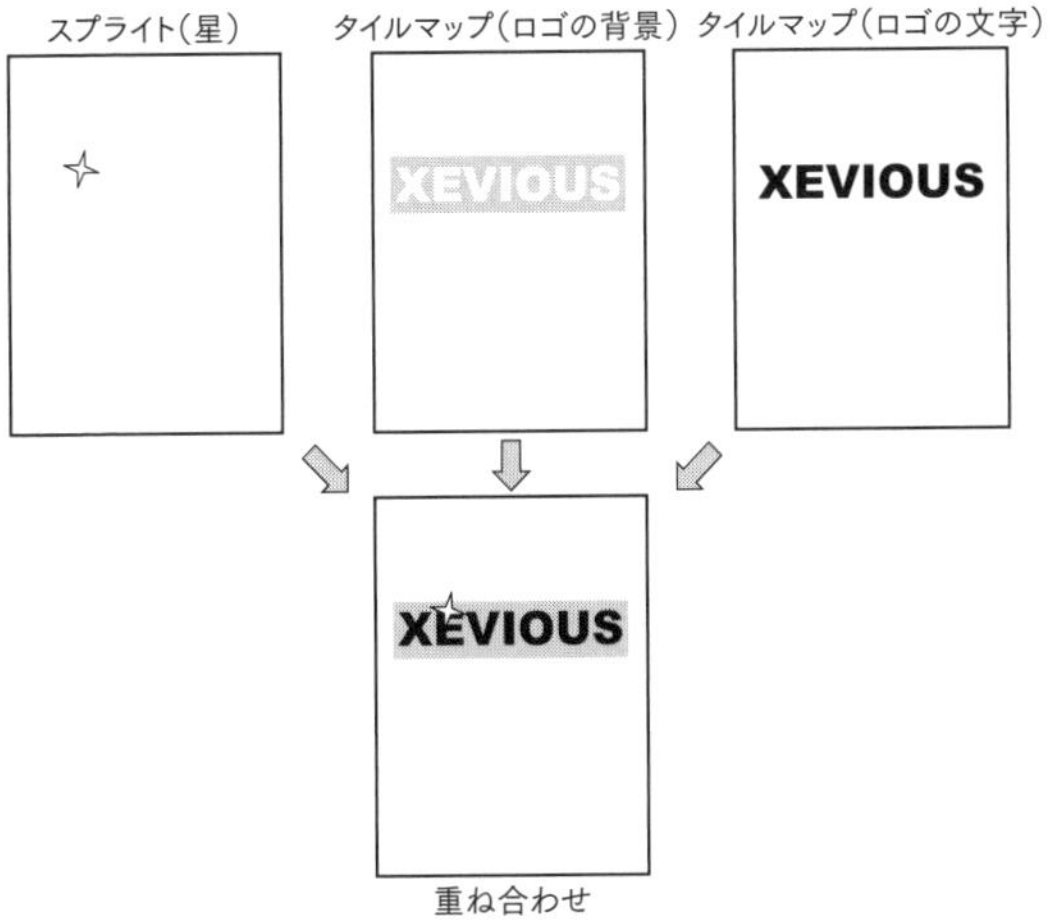

ステージデータの使い回し

ゼビウスのエリア（ステージ）は、１つのエリアで８画面分の長さがあります。このエリアが16あるので、全エリアでは相当な広さになりますが、実はデータを使い回すことによって、データの容量を減らすとともに、データを作成する労力を巧みに省いています。

具体的には、一枚の大きな地図を用意しておき、この地図から細長い領域を切り出して、各エリアとして使っています。あるエリアで見たことのある地形を、別のエリアでも見かけるのは、同じ地図を使い回しているためです。しかし、エリアごとに地図から切り出す範囲をずらしてあるので、いかにも使い回している、という印象は受けません。図ではエリア１〜５を示しましたが、エリア６〜16についても同様に、この地図から切り出しています（図９）。

大きな地図の面積は、１エリアの面積の、４・６倍ほどです。16エリア分の地図を単純に作成すれば、１エリアの16倍の面積になることを考えると、大幅な容量削減と省力化に成功しているといえます。

このようにステージの作成を省力化する手法は、ゼビウスの開発者である遠藤 雅伸氏が関わった「ドルアーガの塔」（１９８４年）にも見られます。ドルアーガの塔では、各ステージが迷路になっていますが、これらの迷路は乱数によって自動的に生成されています。ステージ数が６０

もあるので、自動生成による省力化の効果も大きかったと思われます。

さて、ゼビウスはスプライトやタイルマップを活用したゲームですが、フレームバッファの特性を活かしたゲームも同じ1983年に登場します。ナムコの「リブルラブル」です。

リブルラブル〜独特の操作方法と塗りつぶし方法

リブルラブルは、「パックマン」（1980年）の開発者である岩谷 徹氏が関わったゲームです。「リブル」という左向きの矢印と、「ラブル」という右向きの矢印を操作し、リブルとラブルを結ぶ線を使って、敵などを囲むこと

図9　ステージデータの使い回し

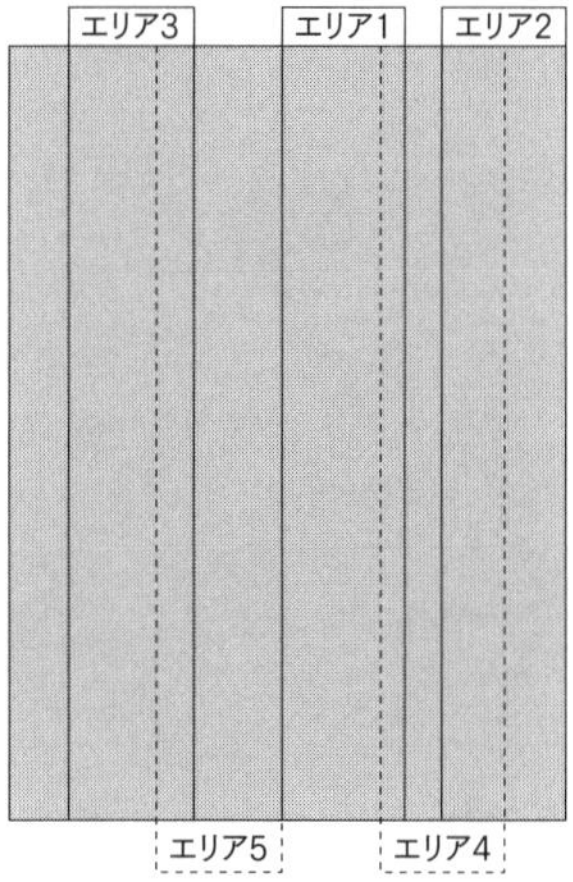

が目的です（図10）。

　線を画面上の杭に引っかけると、色々な形に曲げることができます。線で囲むと「バシシ」という名称の魔力が発生し、囲んだ部分が塗りつぶされます（図11）。そして、塗りつぶされた領域にいるキャラクターを捕まえたり、アイテムを取得したり、隠されたアイテムを出現させたりすることができます。

　リブルラブルのコントローラは少し特殊で、2本のジョイスティックがあります。左側のジョイスティックでリブルを、右側のジョイスティックでラブルを、それぞれ8方向に移動します（図12）。

　リブルラブルは3個のＣＰＵを搭載しています。メインＣＰＵとサウンドＣＰＵは8ビットの「６８０９」（１９７９年）、サブＣＰＵ

図10　リブルラブル（イメージ）

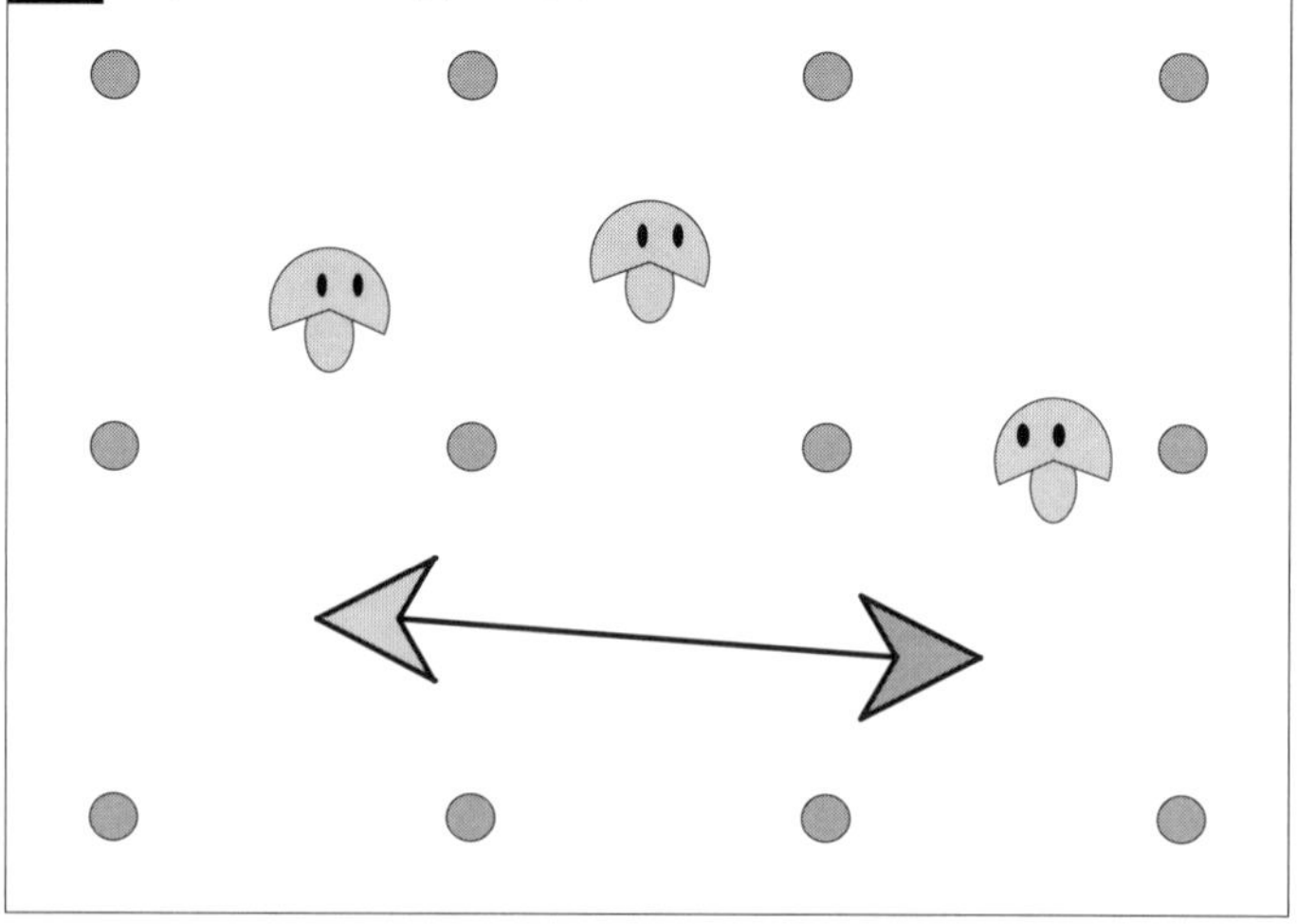

図11　バシシ

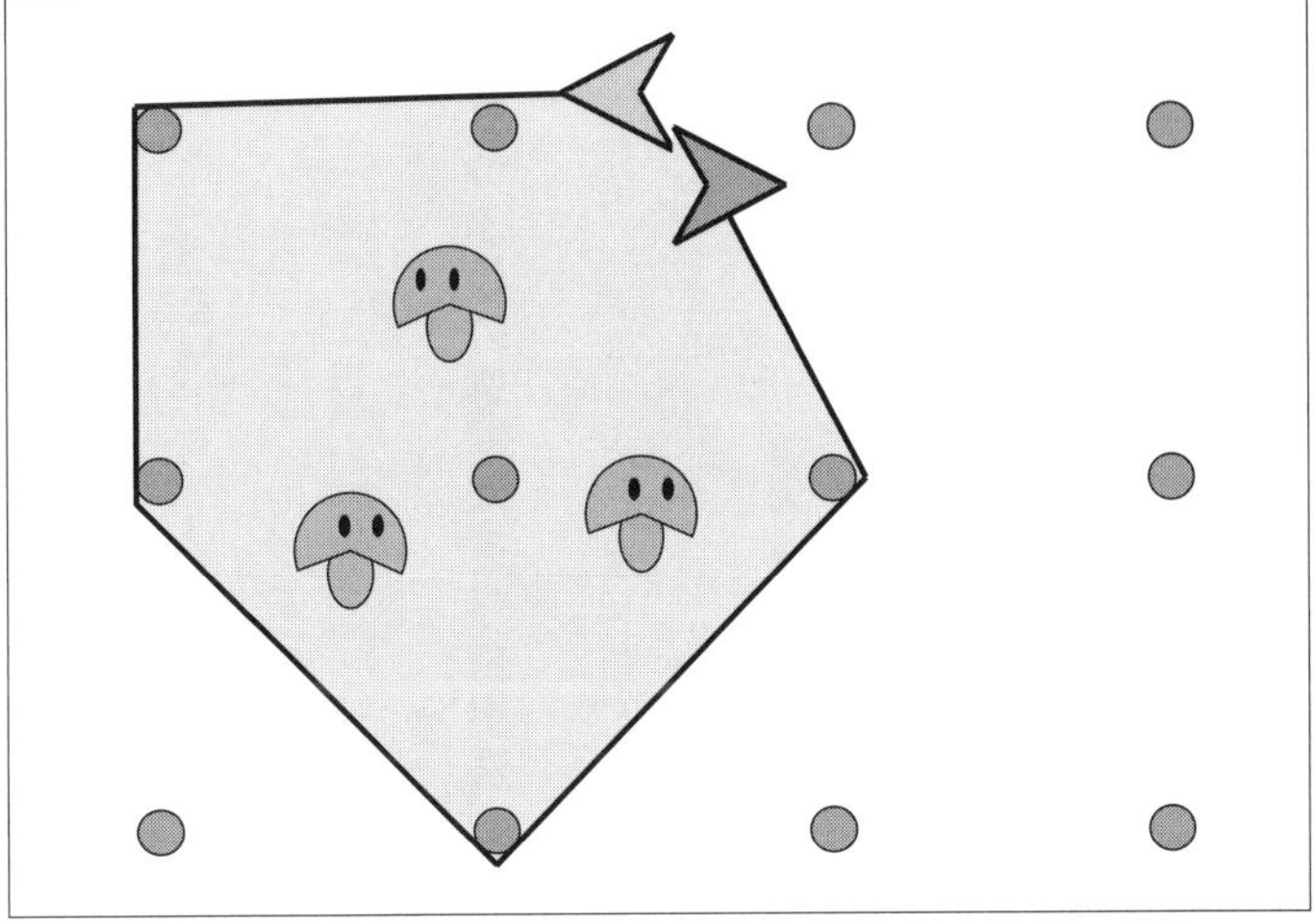

図12　リブルラブルのコントローラ

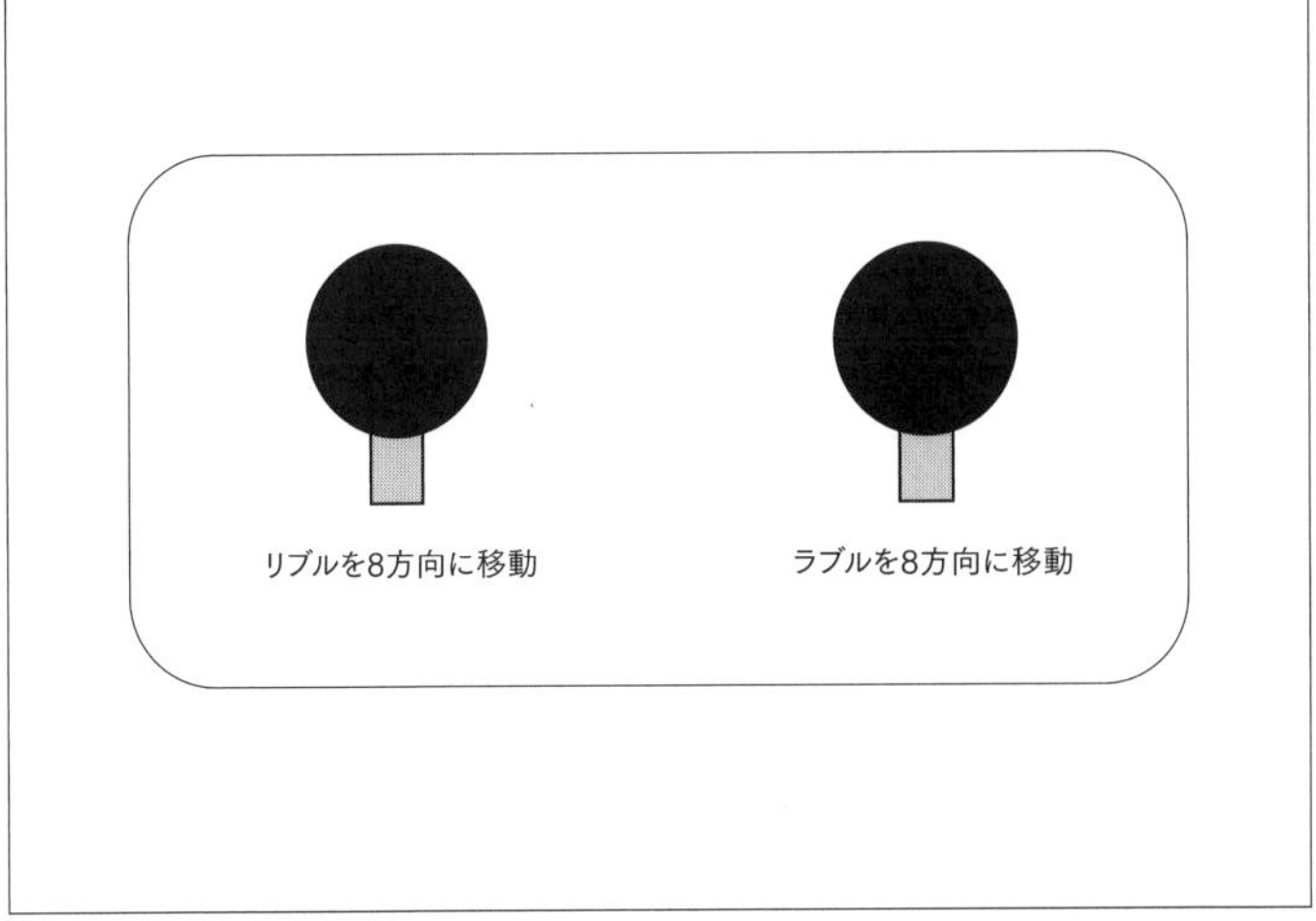

は16ビットの「68000」（1980年）です。グラフィックスに関しては、スプライトとフレームバッファを採用しています。キャラクターの表示にはスプライトを使い、塗りつぶしにはフレームバッファを使います。

塗りつぶしの処理は迷路脱出法

「囲んで塗りつぶす」という点において、リブルラブルは「クイックス」（1981年）に似ています。しかし、リブルラブルでは水平と垂直だけではなく、斜めにも線が引くことができます。塗りつぶしの方法もクイックスとは異なり、線から内側に向かって塗りつぶしていく方式を採用しています（図13）。

　この塗りつぶしは、迷路を解くときの「右手法」あるいは「左手法」に似た方法で、再

図13 リブルラブルの塗りつぶし

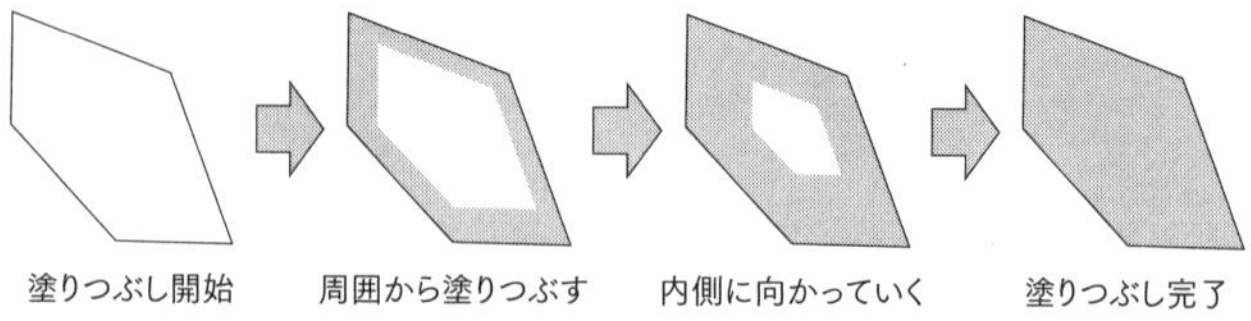

現することができます。迷路における右手法とは、迷路の中で右手を自分の右側にある壁に当てて、右手が壁から離れないように、壁に沿って前進する方法です。左手法は同様に、左手を壁に当てて、左手を壁から離さずに進みます。最短のルートを通るとは限りませんが、どちらの方法を使っても、壁の切れ目が入口と出口にしかない迷路に関しては、いつかは出口に到達できます（図14）。

この方法は塗りつぶしに応用することができます。右手法を使って、線で囲んだ領域を塗りつぶすことを考えてみましょう。線のピクセルに右手を当てて前進しながら、内側のピクセルを塗りつぶしていきます（図15）。

塗りつぶしたピクセルには、線と同様に、右手を当てて前進することができます（図16）。

図14　迷路における右手法と左手法

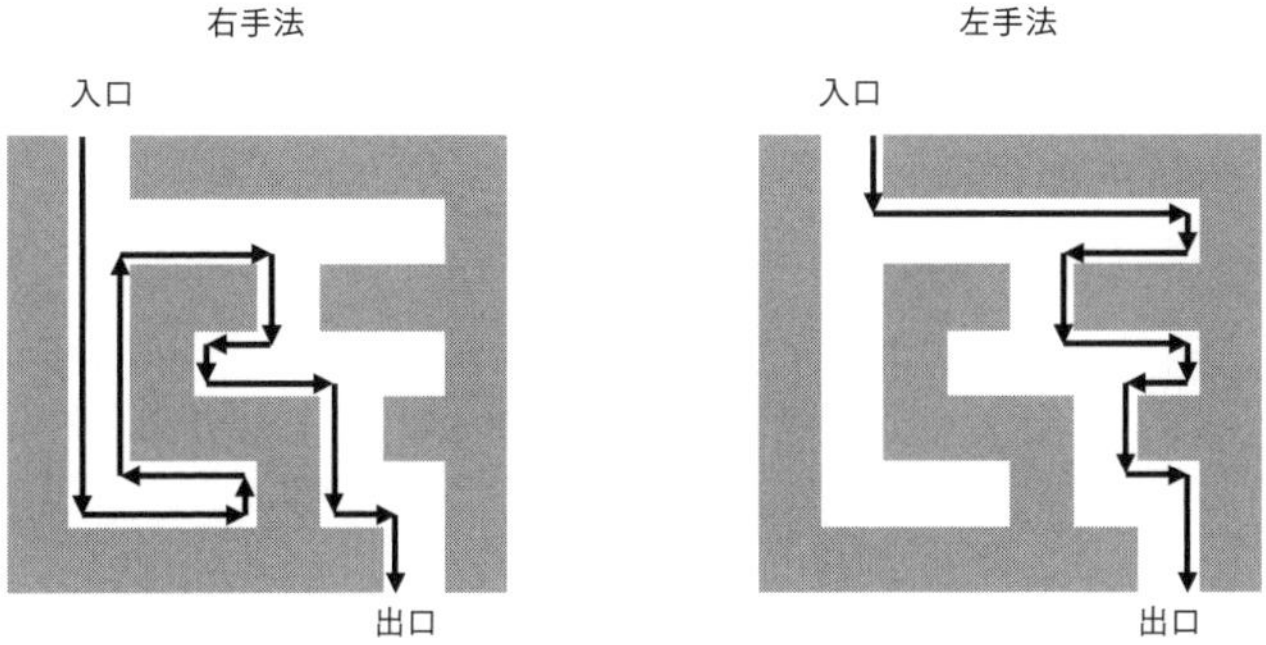

図15 右手法による塗りつぶし

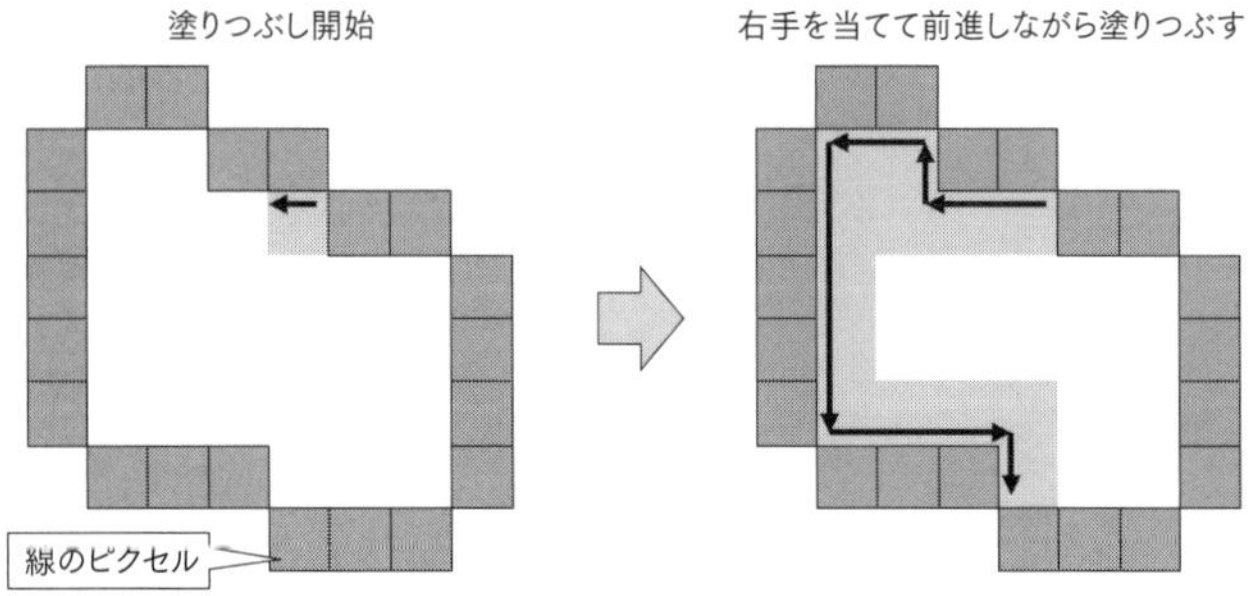

図16 塗りつぶしたピクセルに右手を当てる

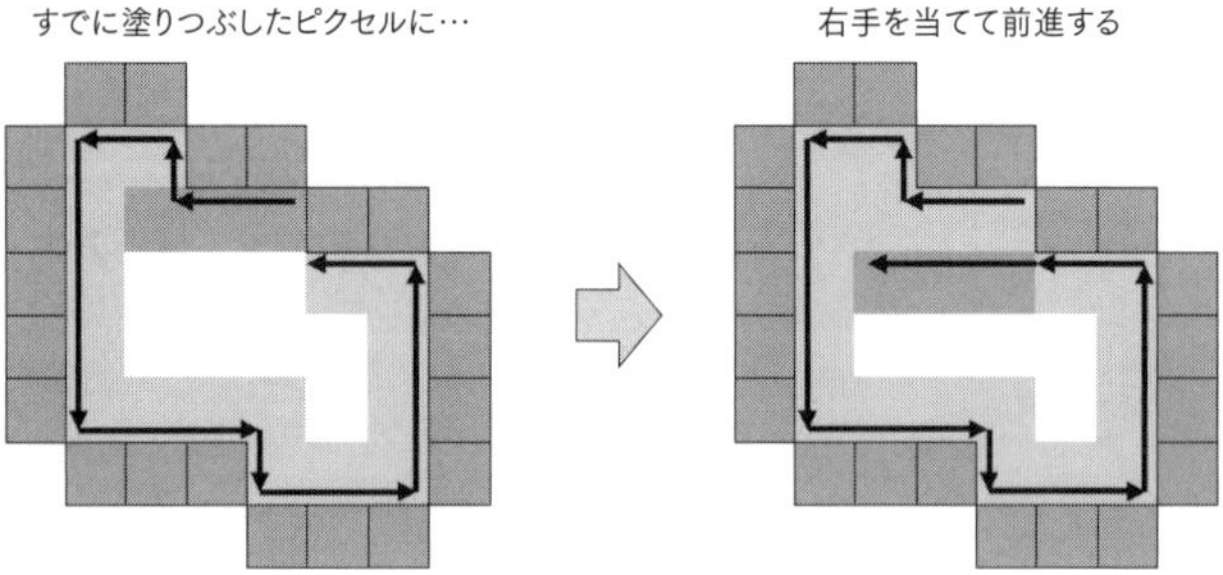

四方を線や塗りつぶし済みのピクセルで囲まれて前進できなくなったら、塗りつぶしは終了です（図17）。

　塗りつぶしの途中で、後で必要になる通路を塗りつぶすと、塗り残しが生じてしまいます（図18）。こういった通路は、塗りつぶさないで通過する必要があります（図19）。

　以上は右手法を使った例でしたが、左手法を使っても同様の結果になります。このような右手法あるいは左手法による塗りつぶしは、塗りつぶしの方法としては高速ではありませんが、塗りつぶしている様子が面白いので、ゲームにおいてはプレイヤーの目を楽しませる効果があります。

図17　四方を囲まれたら終了

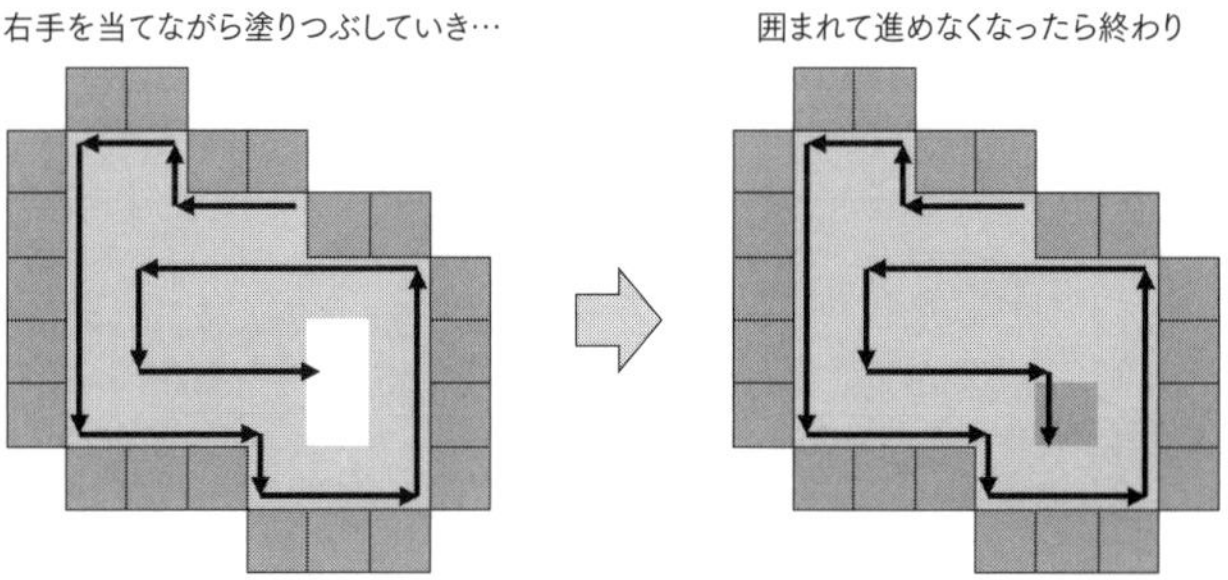

図18 後で必要になる通路を塗りつぶす

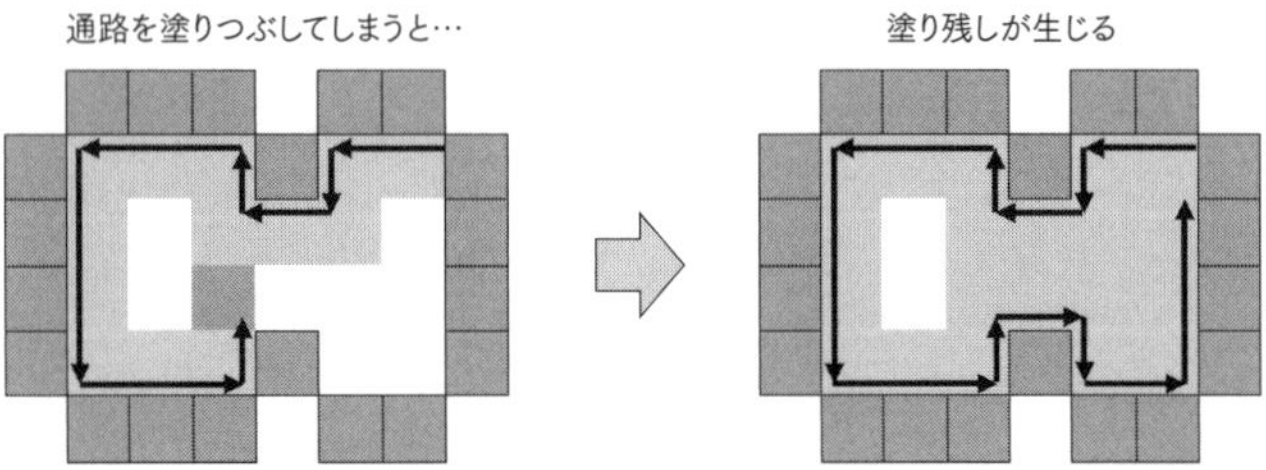

図19 通路を塗りつぶさないで通過する

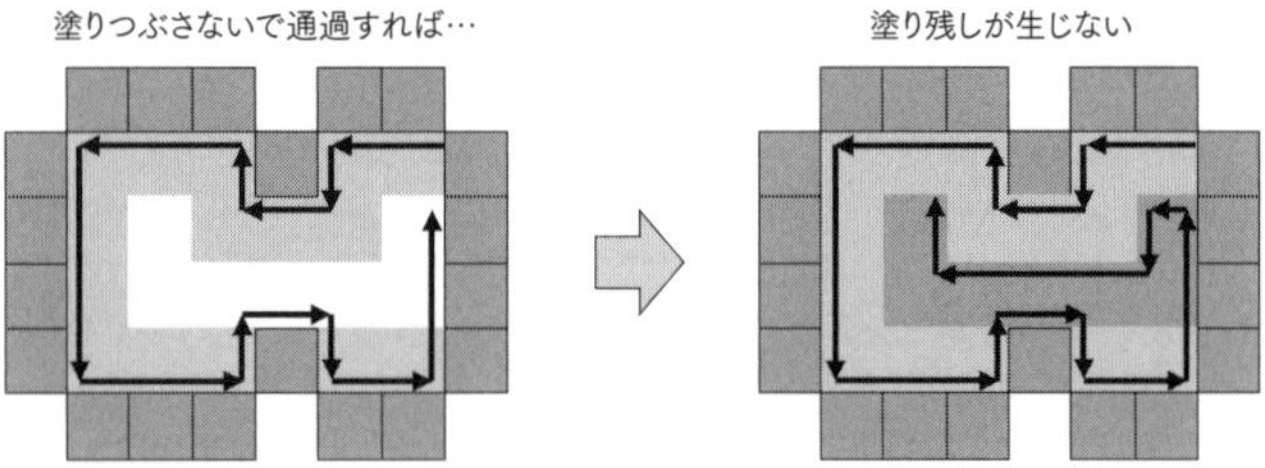

1984年へ

ゼビウスを見ると、スプライトやタイルマップといったハードウェアの性能に、少し余裕が出てきたように感じます。初期のアーケードゲーム開発では、その時点で使えるハードウェアを使って何ができるのかを見切るのが、開発者の創意といった感がありました。ゼビウスの頃になると、性能に余裕があるので、ハードウェアをそこまでは意識せずにゲームのアイディアを練ることもできそうです。開発者が思い描いたゲームを実現することに、ハードウェアが対応できるようになってきた一方で、「どんなゲームを作ったら面白いのか?」という、ゲームデザインの重要性が高まってきたように思われます。

次の１９８４年にも数多くのゲームが登場します。興味深いゲームは色々ありますが、本書ではアタリ社の「マーブルマッドネス」に注目してみます。

1984年

「マーブルマッドネス」

起伏に満ちた世界を描き出す
レイトレーシングの技術

この年の事件

- 衛星放送開始。

PUSH START BUTTON

ゲームの開発を加速するシステム基板

アーケードゲームが人気を集めるにつれて、遊びきれないほど多くの作品が発売されるようになります。短期間に多数の作品が開発できるようになった理由の一つは、新しいゲームを作るたびに基板（ハードウェア）を開発するのではなく、同じ基板を別のゲームに流用する手法が普及したためと思われます。流用においては、一部の部品を入れ換える場合もあれば、ソフトウェアだけを入れ換える場合もあります。

例えば「ギャラクシアン」（１９７９年）の基板は、「キング＆バルーン」（１９８０年）に流用されています。キング＆バルーンでは、ソフトウェア（プログラムやデータ）を入れ換えるだけではなく、効果音の音声を再生するためのハードウェアを追加しています。

「ギャラガ」（１９８１年）の基板は、より多くのゲームに流用されています。「ボスコニアン」（１９８１年）、「ディグダグ」（１９８２年）、「ゼビウス」（１９８２年）、「スーパーゼビウス」（１９８４年）です。これらのゲームでは、ソフトウェアに加えて、グラフィックス用のハードウェアも変更されています。

１９８４年に登場した「パックランド」の基板も、同年の「ドラゴンバスター」や、１９８５

年の「メトロクロス」「バラデューク」「スカイキッド」に流用されています。

このように、あるゲームの基板を流用して色々なゲームを開発するのが一般的になると、色々なゲームの開発に使うことを最初から想定して基板を作ろう…という発想が生まれてきます。こういった基板のことを、システム基板と呼びます。

例えばナムコのシステム基板としては、「システム86」（１９８６年）、「システムⅠ」（１９８７年）、「システムⅡ」（１９８８年）などがあります。システム86を使ったゲームは6作品ありますが、システムⅠは21作品、システムⅡは16作品もあります。このようにシステム基板を使うことで、短期間に多数のゲームを開発することが可能になっています。

アーケードビデオゲーム開発の先駆者であるアタリ社も、１９８４年に「アタリシステム１」というシステム基板を開発し、5作品のゲームを発売しています。この中の最初のゲームが、１９８４年に発売された「マーブルマッドネス」(Marble Madness) です。

マーブルマッドネス　～直観的な操作でビー玉を転がす

マーブルマッドネスは縦スクロールのアクションゲームです。ゲームの目的は、自機のマーブル（ビー玉）を転がして、制限時間内にゴールに到達するという、とてもシンプルなものです。

コースの途中には色々な敵や罠が仕掛けられていて、これらに捕まると時間を失うので、上手に避けながら進む必要があります。ステージは起伏に満ちていて、「クォータービュー」と呼ばれる斜め上から見下ろしたような視点で描かれます（図1）。

マーブルマッドネスのコントローラは非常にシンプルで、トラックボールが1個あるだけです（図2）。手でトラックボールを転がすと、転がした方向や速さの通りにマーブルが動くので、直観的な操作が楽しめます。

C言語で書かれたプログラム

マーブルマッドネスのシステム基板であるアタリシステム1は、メイン用に「68000」（1980年）の後継製品である16ビットCPU

図1　マーブルマッドネス（イメージ）

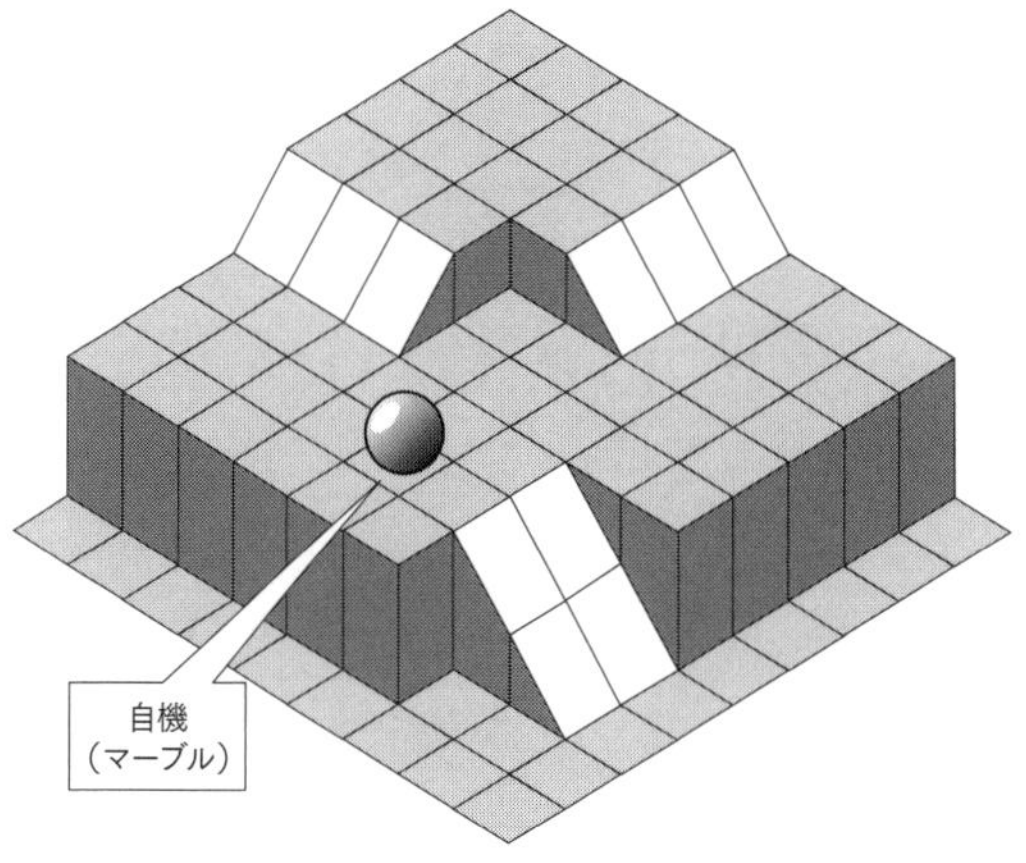

の「６８０１０」を、サウンド用に８ビットＣＰＵの「６５０２」（１９７５年）を搭載しています。６８０１０（６８０００）は機械語（アセンブリ言語）のプログラムが書きやすいＣＰＵであり、また当時のＣＰＵにおいて十分な処理速度を得るには機械語でプログラムを書くことが有効だったので、多くのアーケードゲームは機械語で書かれていますが、マーブルマッドネスはＣ言語を使って書かれています。

Ｃ言語は高級言語（高水準言語）の一種です。高級言語に対して、機械語は低級言語（低水準言語）と呼ばれます。高級言語は低級言語に比べて、人間にとってプログラムの記述がしやすいという利点があり、プログラムの実行速度は遅いという欠点があります。Ｃ言語は

図2 マーブルマッドネスのコントローラ

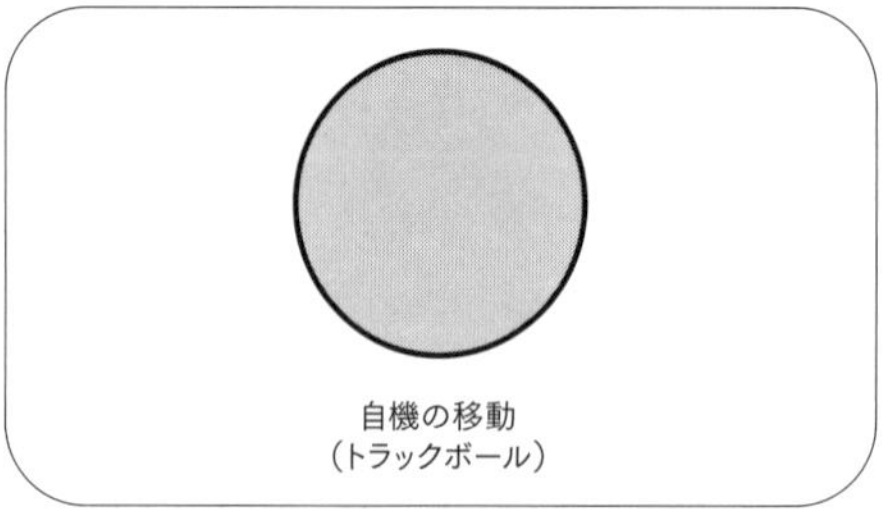

高級言語の中でも、記述のしやすさで開発の効率を上げつつ、低級言語に近い実行速度が得られる言語だといえます。

例えばC言語で計算を行うときには、「A＝B＋C」のような式を書くことができます。機械語で同じ計算を行うには、次のようなプログラムを書く必要があります。

（1）レジスタにBの値を読み込む
（2）レジスタにCの値を足す
（3）レジスタの値をAに書き出す

このプログラムの開始時点では、A、B、Cの値はメモリに記録されています。計算はCPUの内部にあるレジスタという記憶領域で行う必要があるので、計算に使う値をメモリからレジスタに読み込み、計算を実行して、結果の値をレジスタからメモリに書き出す、という手順になります。このように、機械語では処理の手順が多くなる傾向がありますが、C言語では式などを使って簡潔で分かりやすいプログラムを書くことができます。両者を比べると、特にプログラムが大規模で複雑になったときには、C言語の方が開発効率が高そうなことが分かるでしょう。マーブルマッドネスは開発期間の短縮を狙って、システム基板と共にC言語を採用したのかもしれません。

レイトレーシングで描かれたステージ

マーブルマッドネスの立体感があるステージを描画するにあたっては、レイトレーシングと呼ばれる手法が使われています。傾斜の角度に応じて明るさが異なっていることや、高い部分の影が地面に落ちていることは、レイトレーシングらしい表現です。

レイトレーシングとは、レイ（ray、光線）をトレーシング（tracing、たどること）という名前の通り、プレイヤーの目に届く光線の道筋をたどることによって、現実に近い見た目のグラフィックスを描き出す手法です。反射や屈折といった現象や、物体の材質なども考慮することにより、非常にリアルな画像が得られます。

簡単な例で、レイトレーシングの基本的な仕組みを学んでみましょう。目と画面上の1ピクセルを結んだ線を、画面の奥にある仮想的な3次元空間に向かって飛ばし（延ばし）ます。レイトレーシングでは、こういった線のことをレイと呼びます（図3）。

レイが物体に当たったら、当たった点から光源に向かって、シャドウレイ（shadow ray、影のレイ）と呼ばれるレイを飛ばします。シャドウレイが他の物体に当たらなかったら、光源との間にさえぎる物体がないということなので、この点は明るく見えるはずです。この点を画面上に描くときは、先ほど選んだピクセルの位置になるので、このピクセルを明るく描画します（図4）。点の明るさは、物体の表面とシャドウレイがなす角度や、物体の材質を考慮して決めます。

次のように、シャドウレイが他の物体に当たった場合は、光源をさえぎる物体があるということなので、画面上のピクセルを暗く描画します（図5）。つまり、この点に他の物体の影が落ちていることを表現できます。

レイトレーシングでは、シャドウレイ以外にも、反射を表現するためのレイや、屈折を表現するためのレイを飛ばして、リアルな画面を実現します。これらのレイが他の物体に当たったら、当たった点からまたレイを飛ばして…という処理を行います。こういった処

図3　レイ

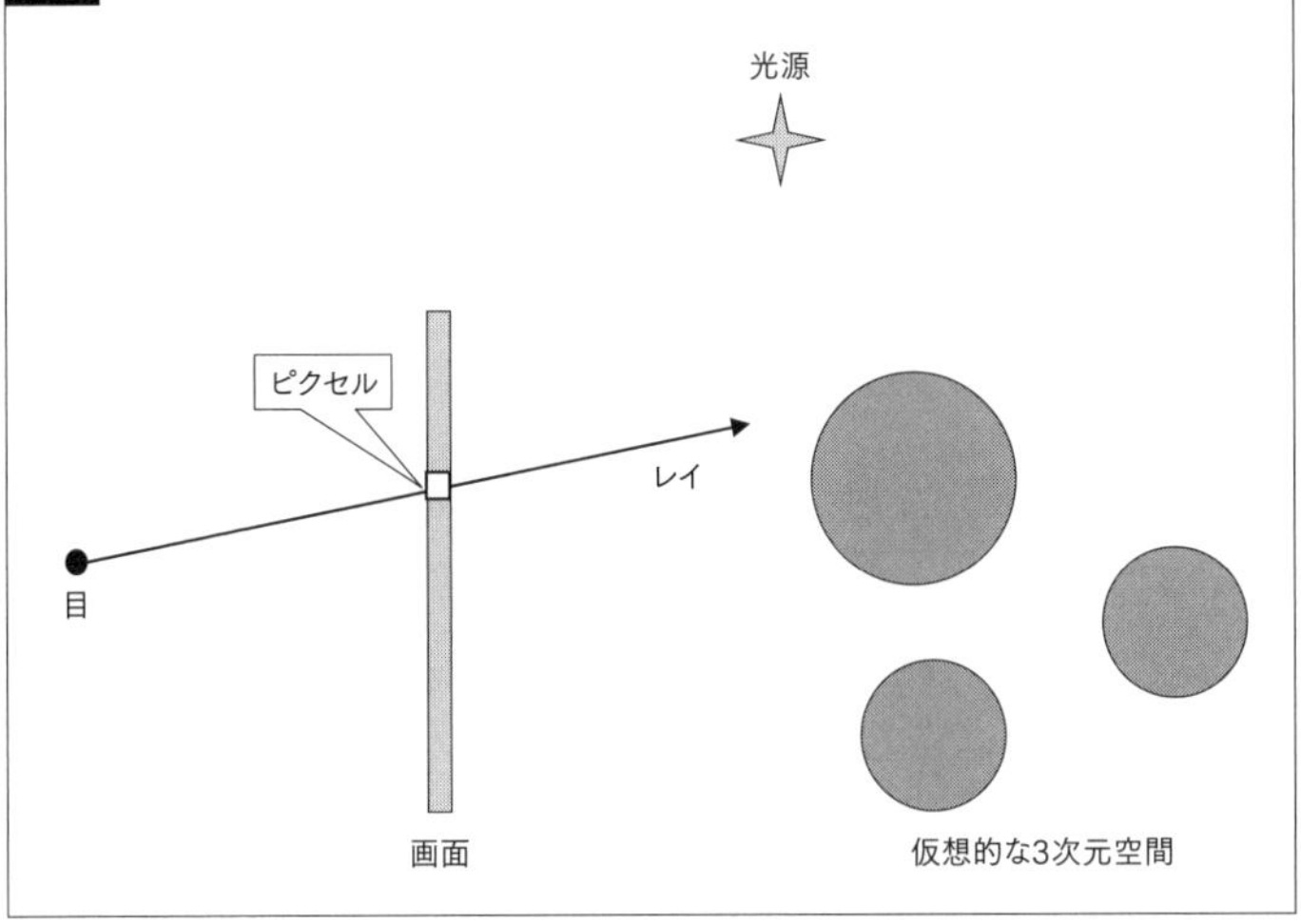

図4 シャドウレイ

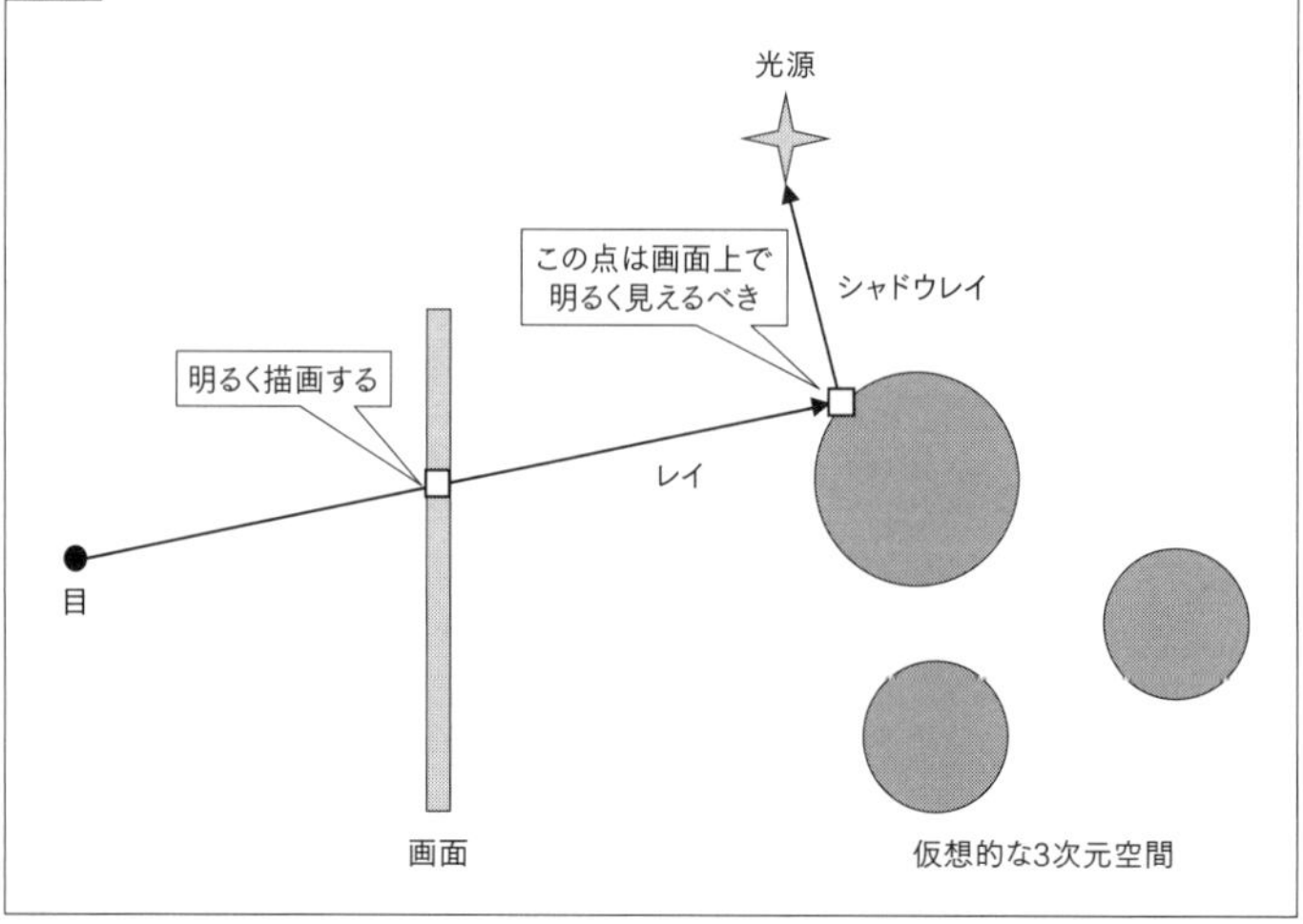

図5 影の表現

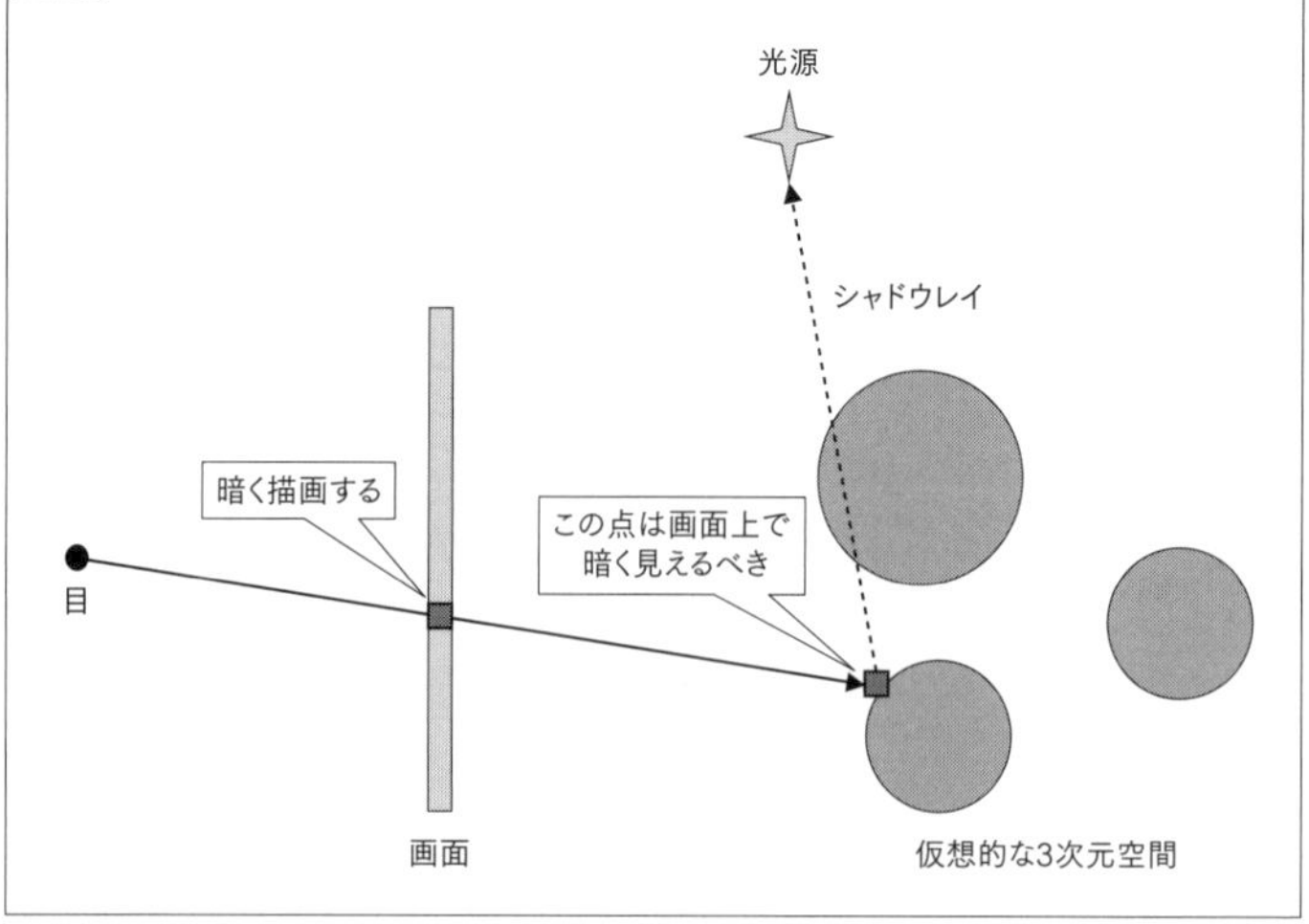

理を画面上の全てのピクセルに対して行うので、レイトレーシングは一般にかなり負荷が重い処理です。

最近は、レイトレーシングを高速化するＧＰＵが登場したので、ゲームでリアルタイムにレイトレーシングを行えるようになってきました。あらかじめレイトレーシングを実行した結果の画像を用意しておいて表示するのではなく、プレイ時に計算して画面を作成しても間に合うようになったのです。こういったＧＰＵは、レイと物体の衝突判定処理などを高速化します。

マーブルマッドネスの時代には、リアルタイムでレイトレーシングを行うことはまだ困難でした。そのため、別のコンピュータであらかじめレイトレーシングを行い、その結果をステージの画像として利用しています。レイトレーシング用のコンピュータは、ＤＥＣ社の「ＶＡＸ－11」という32ビットのミニコンです。ＤＥＣ社は、「スペースウォー！」（１９６２年）が動いていたミニコン「ＰＤＰ－１」も作っています。

ロータリエンコーダが直感的な操作をもたらすトラックボール

マーブルマッドネスの操作にはトラックボールを使います。トラックボールはパソコン用にも発売されていて、マウスの代わりに使えます。マウスと違って本体を動かさないので場所をとらず、またボールを転がす操作感が快適なので、愛用している方も少なくないでしょう。

トラックボールには光学式と機械式があり、現在は光学式が主流です。光学式トラックボールは回転がスムーズですが、機械式トラックボールのゴロゴロとした独特の触感もなかなか魅力的です。

光学式トラックボールは、ボールの表面に印刷された模様の動きをセンサーで読み取ることによって、ボールを転がした方向や分量を検出します。多くのトラックボールでは、支持球と呼ばれる小さな球体を使って、ボールを支えています。支持球は摩耗しやすいので、金属ではなく、硬度の高いルビーなどが使われています（図6）。なお、センサーや支持球の配置は製品によって異なります。

マーブルマッドネスのトラックボールは機械式です。機械式トラックボールでは、縦方

図6 光学式トラックボール

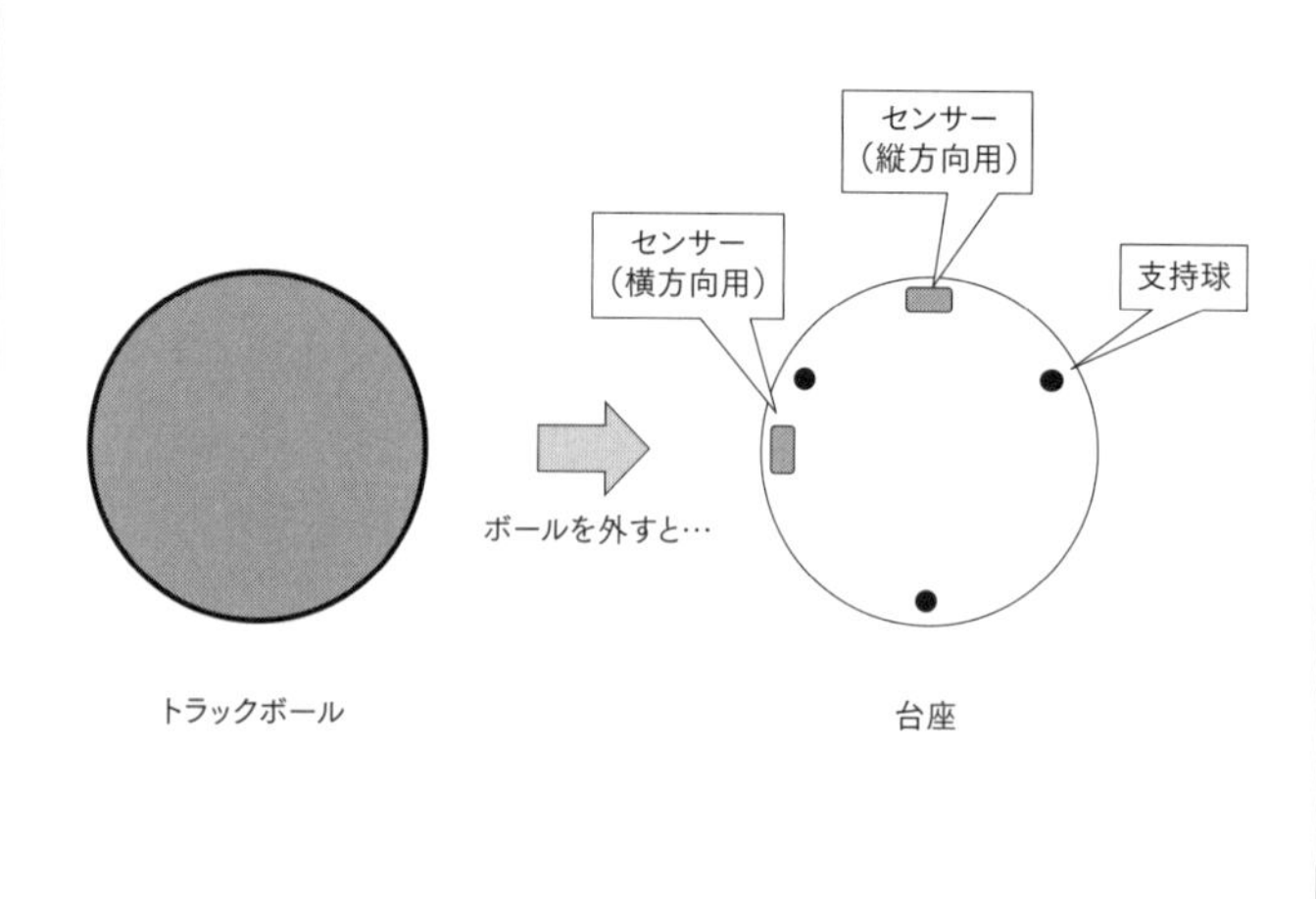

向と横方向の2本の軸がボールに接しています。ボールを転がすと、軸も回ります。縦と横の軸の回転量から、ボールを転がした方向や分量を検出します（図7）。

軸の端には、格子状のスリット（穴）があいた円盤が付いています。この円盤の両側には、光を発するLED（発光ダイオード）と、光を検出するフォトダイオード（またはフォトトランジスタ）が設置されています。円盤の片側でLEDが発した光を、反対側にあるフォトダイオードが検出する仕組みです。

円盤のスリットは光を通しますが、スリット以外の部分は光を通しません。そのため円盤が回ると、フォトダイオードは光のオンとオフを繰り返し検出することになります。このオンとオフの回数をカウントすれば、軸が

図7　機械式トラックボール

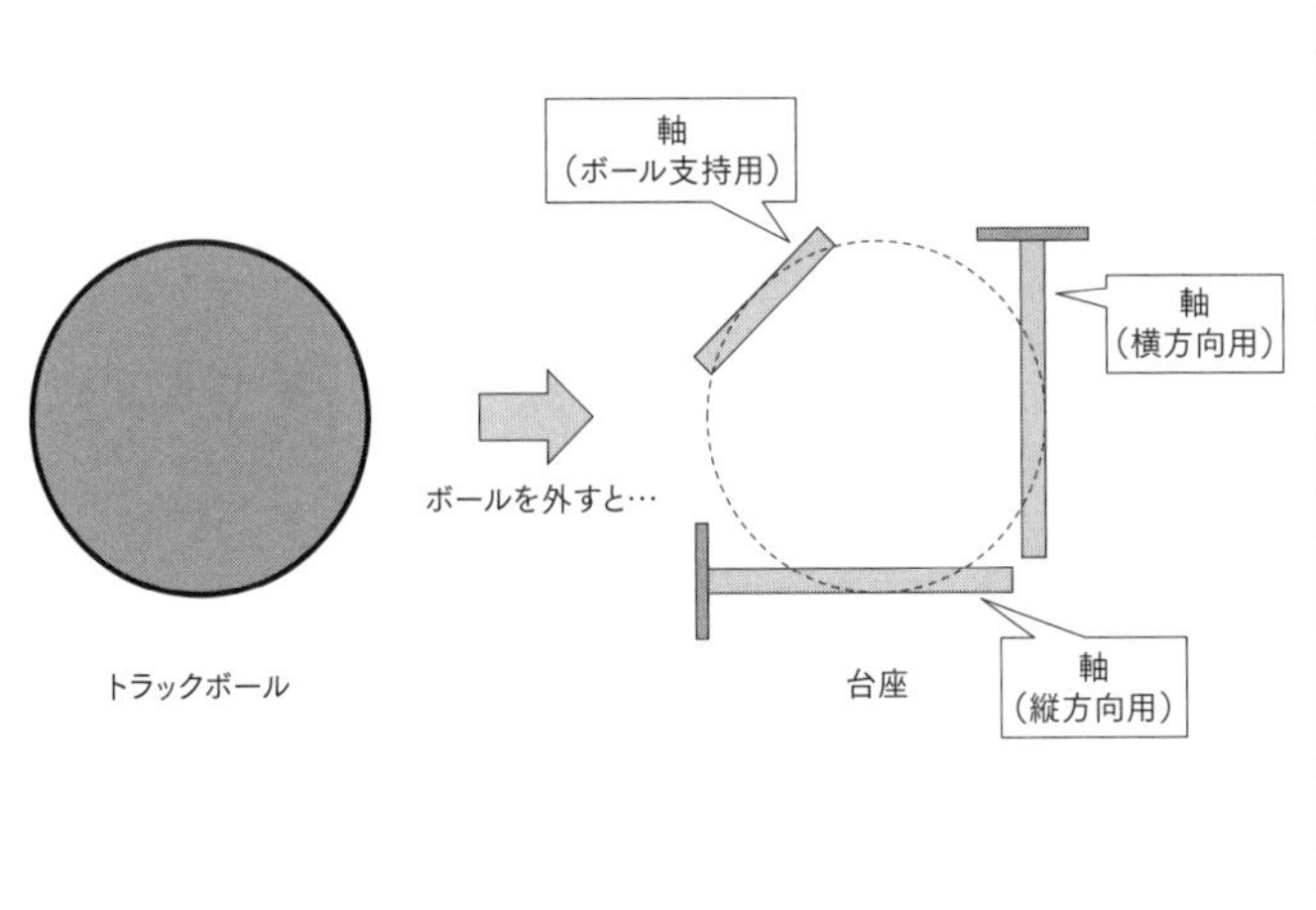

回転した量が分かるので、ボールをどの方向へどれだけ転がしたかを知ることができます。このような仕組みで回転を検出する装置のことを、ロータリエンコーダと呼びます（図8）。

さて、マーブルマッドネス以外にも、トラックボールを使ったアーケードゲームはあります。ジョイスティックを使ったゲームに比べると数は少ないのですが、個性的なゲームが揃っているので、幸運にも見かけたらぜひ遊んでみてください。

アタリ社の「ミサイルコマンド」（Missile Command、１９８０年）は、トラックボールで照準を動かして、多数のミサイルを撃ち落とすゲームです。ミサイルの爆風を使って、他のミサイルを誘爆することができます（図9）。

セガの「ＳＤＩ」（１９８７年）は、ミサイ

図8 ロータリエンコーダ

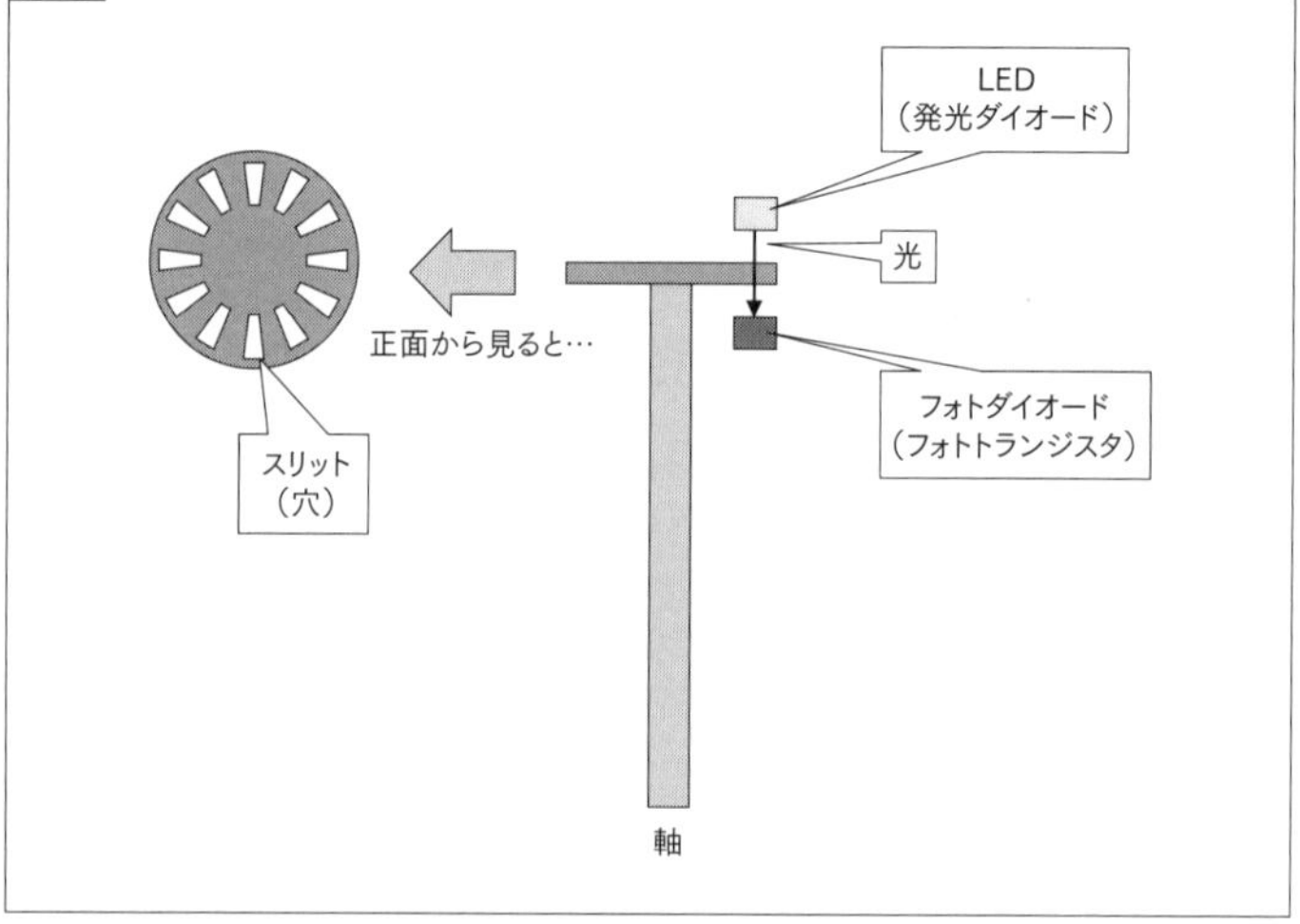

ルコマンドと同様にトラックボールで照準を動かして、ミサイルなどの敵を撃ち落とすゲームです。ミサイルコマンドと異なるのは、ジョイスティックで自機を動かして、敵の攻撃を避ける必要があることです。このジョイスティックは先端にボタンが付いた独特なもので、このボタンを使ってショットを発射します。両手を使って照準と自機を同時に動かす高度な内容ですが、上手なプレイを見ると、まるで左手と右手が別々の生き物のように見えます（図10）。

マーブルマッドネスと似たタイプのゲームとしては、ナムコの「アルマジロレーシング」（1997年）があります。これは3Dグラフィックスを採用したレースゲームで、トラックボールを転がして、自機のアルマジロを走ら

図9　ミサイルコマンド（イメージ）

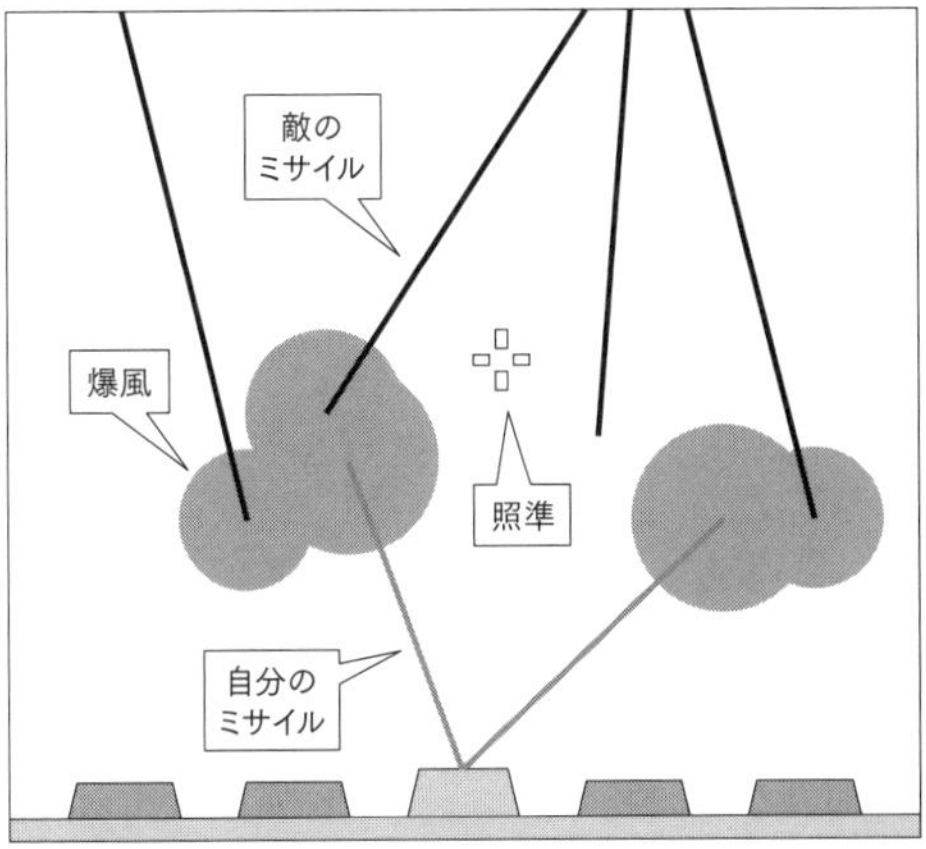

せます。スピードが上がるとアルマジロがボール状になって、より速く進めるようになります。大型のトラックボールを勢いよく転がす気持ちよさが味わえるゲームです。

図10 SDI（イメージ）

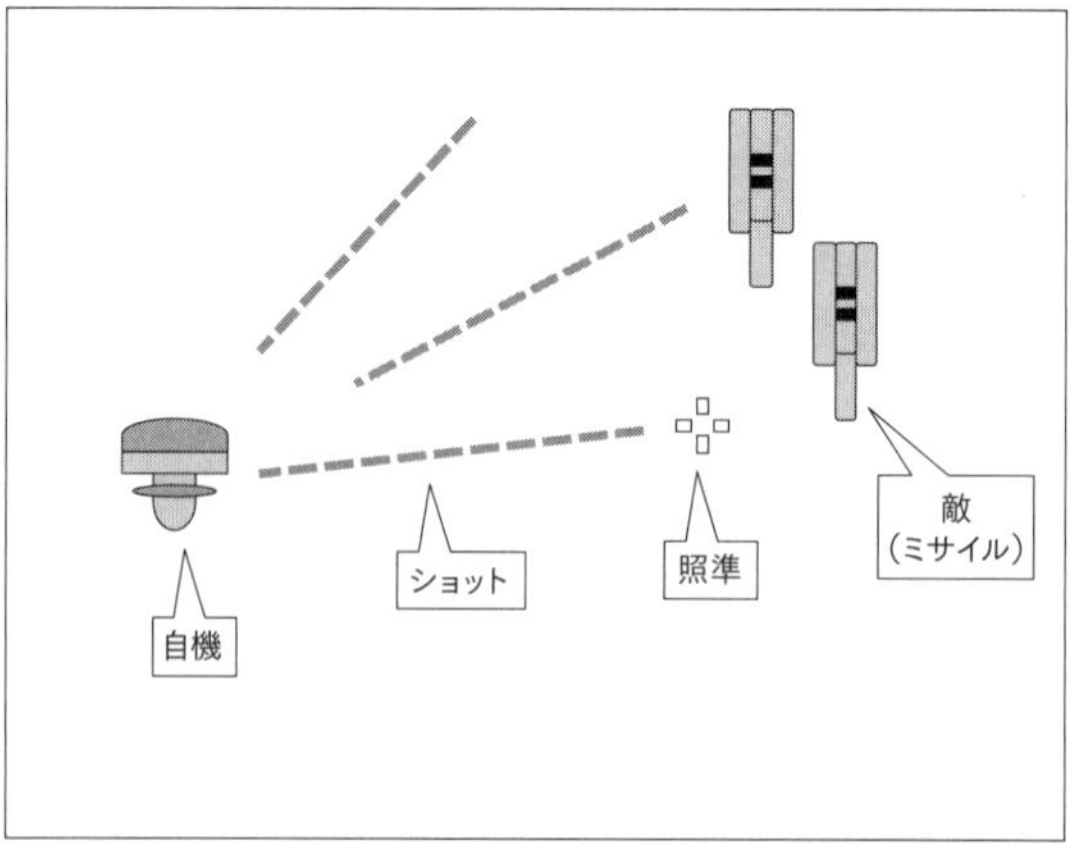

マーブルマッドネスはC言語やレイトレーシングなど、色々な新機軸を取り入れたゲームです。システム基板の導入によってゲームの開発が効率化され、短期間に多数のゲームが登場するようになったので、「他のゲームとどのように差別化するのか？」が作り手の課題になってきたように感じます。

１９８５年には、大量のスプライトを使ったダイナミックな画面展開と、可動部分がある大型の筐体を売りにした新機軸のシリーズが登場します。「ハングオン」や「スペースハリアー」などの作品群からなる、セガの「体感ゲーム」シリーズです。

1985年へ

“体感”を
術
1985-1989

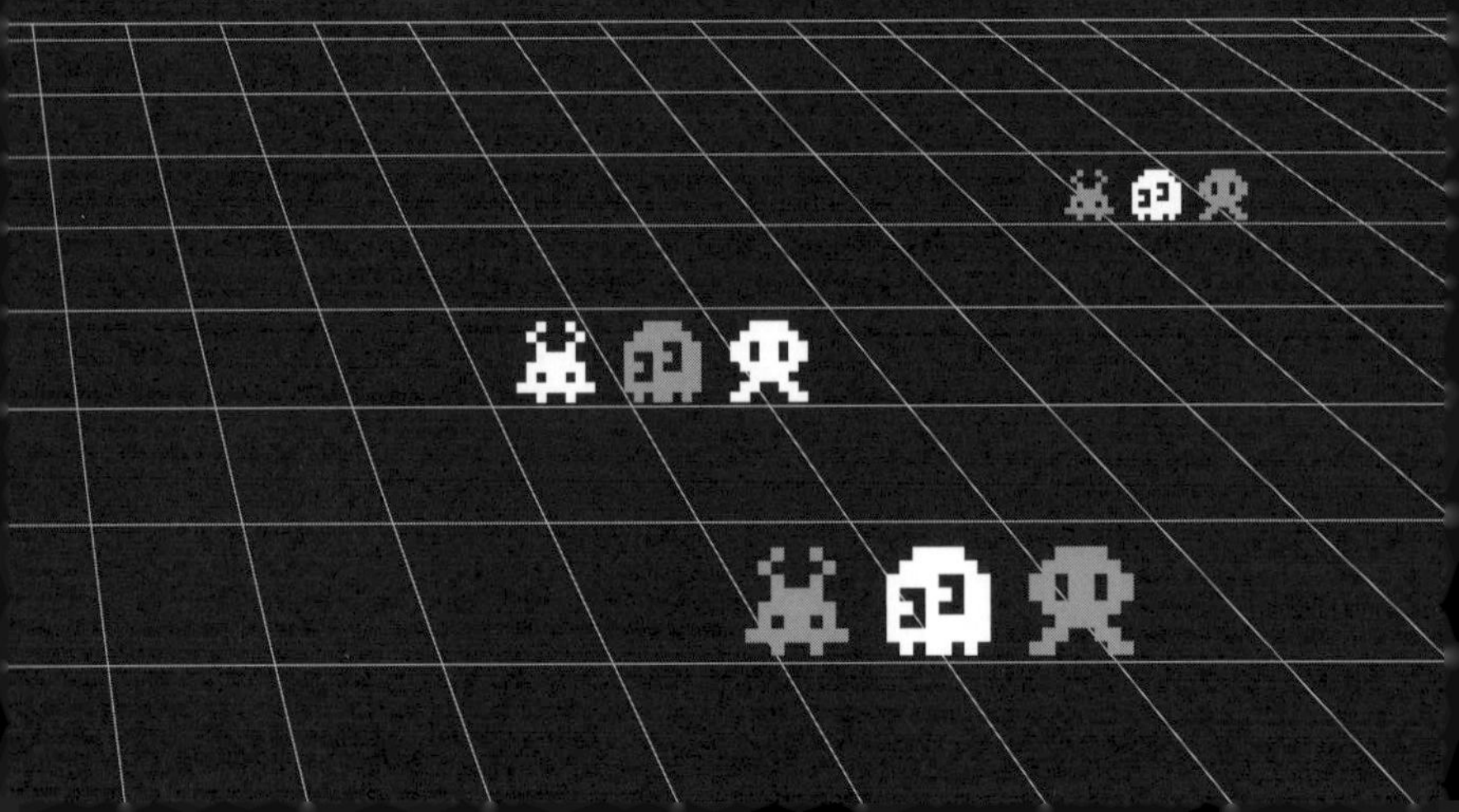

第3部

リアルな支えた技

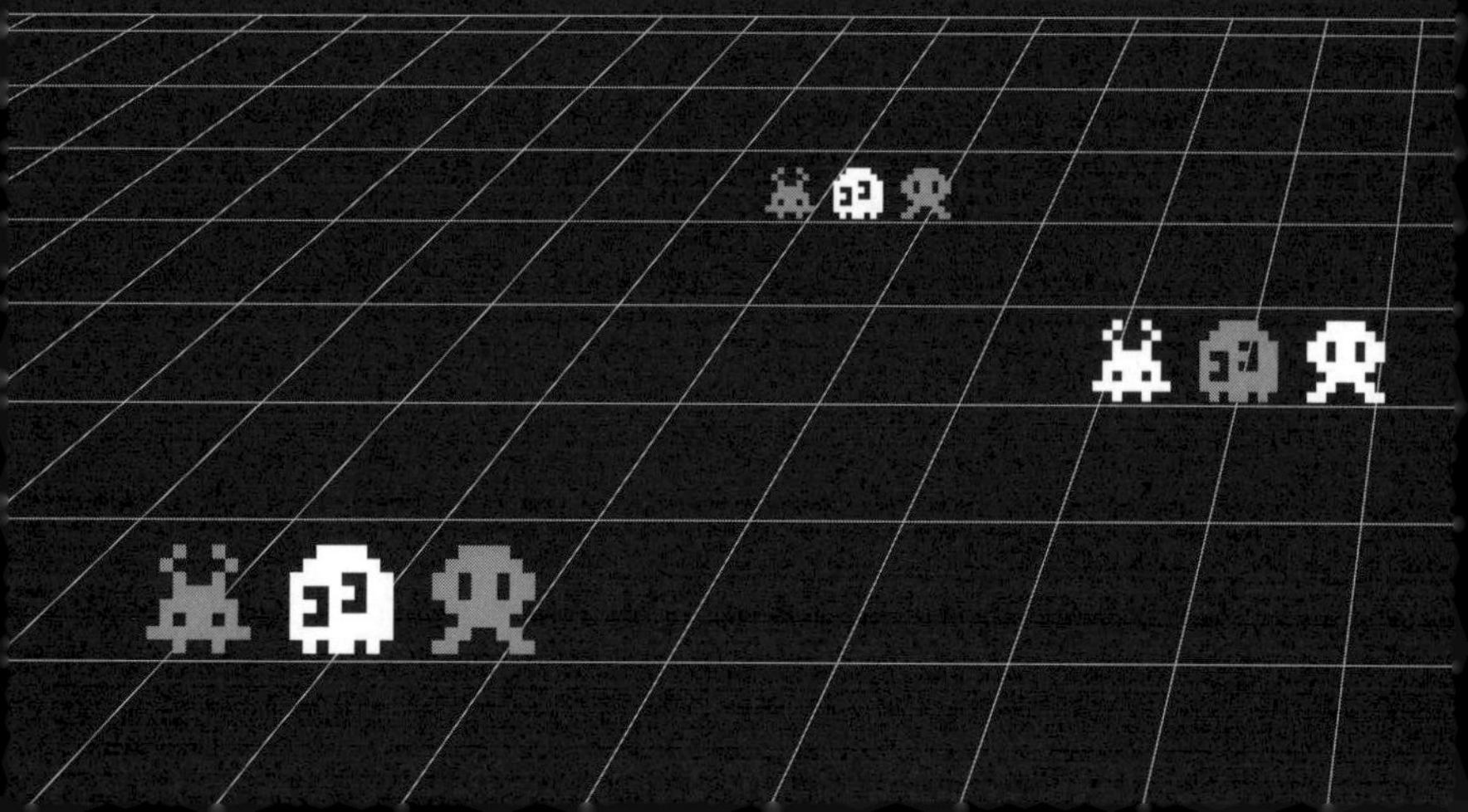

1985年

「ハングオン」「スペースハリアー」体感ゲームを支える進化したスプライトの技術

「タイムギャル」レーザーディスクの映像をゲームに融合させる技術

この年の事件

- つくば万博（国際科学技術博覧会）開催。
- 各社がMSX2規格のパソコンを発売。
- セガが家庭用ゲーム機の「セガマークIII」を発売。
- ミノルタが世界初のオートフォーカス一眼レフカメラ「α -7000」を発売。

PUSH START BUTTON

映像とライドが作るエンターテインメント

１９８５年の3月から9月まで開催された「つくば万博」は、２０００万人以上の来場者で賑わいました。人気パビリオンにワクワクしながら並んだり、行列の近くまで売りに来るかき氷で暑さをしのいだり、マスコットキャラクター「コスモ星丸」のグッズを買い集めたり…そんなことを懐かしく思い出す方も少なくないでしょう。

１９８０年代後半は、つくば万博以外にも各地で多くの博覧会が開催されました。つくば万博に近い内容のパビリオンも設置されたので、万博を訪れなかった方も、各地の博覧会で万博の雰囲気を味わえたのではないかと思います。

パビリオンには色々な魅力がありますが、迫力のある映像を観られることと、独特のライド（乗り物）に乗れることは、非日常感あふれる刺激的な体験です。こんな体験をゲームセンターで楽しめる作品が、１９８５年に登場します。「ハングオン」に始まる、セガの体感ゲームシリーズです。

ハングオン　～またがったバイクを傾けて曲がる

体感ゲームというのは、体を動かして操作するゲームのことです。体感ゲームというジャンルは、１９８５年に発売されたセガの「ハングオン」が開拓したといわれています。

ハングオンはバイクのレースゲームです。「ポールポジション」（１９８２年）と同様に、擬似３Ｄグラフィックスを使っています。ラスタースクロールで描かれる道路、路肩を流れる看板や樹木、左右にスクロールする遠景など、画面の構成はポールポジションと共通しています。ゲームの目的は、コースアウトしたり、敵車にぶつかったりしないように、コースを速く走り抜けることです（図1）。

ハングオンにおいてユニークなのは筐体です。ハングオンにはライドオンタイプとシットダウンタイプという2種類の筐体がありますが、特にユニークなのはライドオンタイプです。ライドオンタイプでは、バイク型の筐体にプレイヤーがまたがり、ハンドル部分に設置された画面を見ながら遊びます。シットダウンタイプは、通常のアーケードゲームに近い筐体に、専用のハンドルとシートを付けたものです。

このゲームの題名になっているハングオンというのは、本物のバイクでカーブを曲がる際の運転技術です。運転者がカーブの内側方向へ重心をずらすことによって、安定してカーブを曲がることができます。ライドオンタイプでは、このハングオンをプレイヤーに体験させるために、バイク型の筐体を傾けることでカーブを曲がれるようになっています。アクセルやブレーキも、本物のバイクのようにハンドルの右側に設置されていて、バイクを運転しているかのような雰囲気を味わえます。

多重スクロールで奥行き感を表現

ハングオンの遠景をよく見ると、手前にあるビルなどと、奥にある山などが、異なる速さでスクロールしていることに気づきます。これは複数のタイルマップを重ねて、各タイルマップを異なる速さでスクロールさせるこ

図1　ハングオン（イメージ）

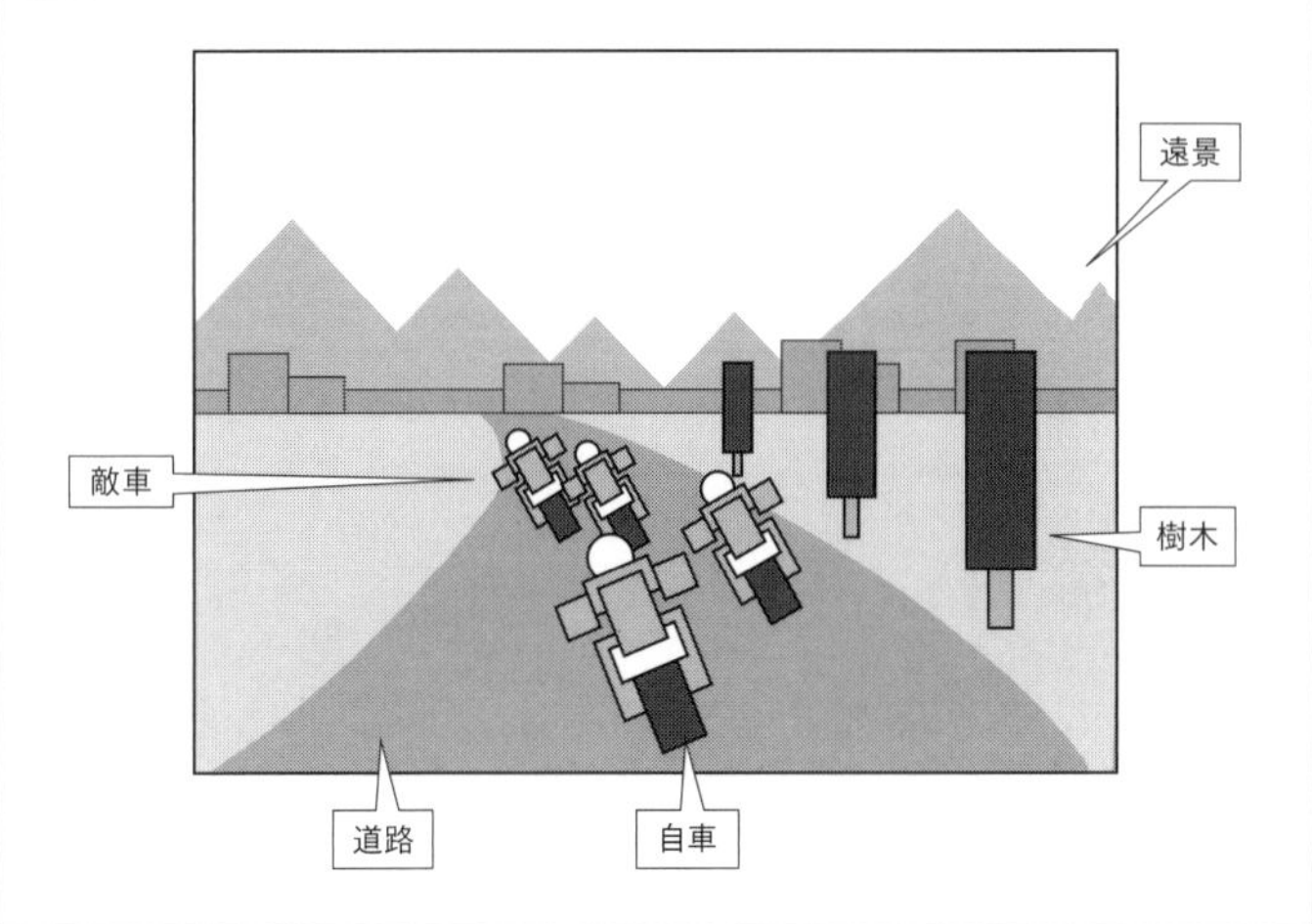

とによって実現しています。

　これは「多重スクロール」と呼ばれる技術で、奥行きを表現することができます。例えば、走行中の電車の車窓から外を見ると、線路際にある建物は見えたかと思うとすぐに過ぎ去ってしまいますが、遠くにある山などはしばらくの間見え続けています。これと同様の見え方を、多重スクロールで再現しているわけです（図2）。

スペースハリアー〜乗り込んだ筐体が操作にあわせて動く

　ハングオンと同じ1985年に、早くもセガは体感ゲームシリーズの第二弾として「スペースハリアー」を発売します。スペースハ

図2　多重スクロール

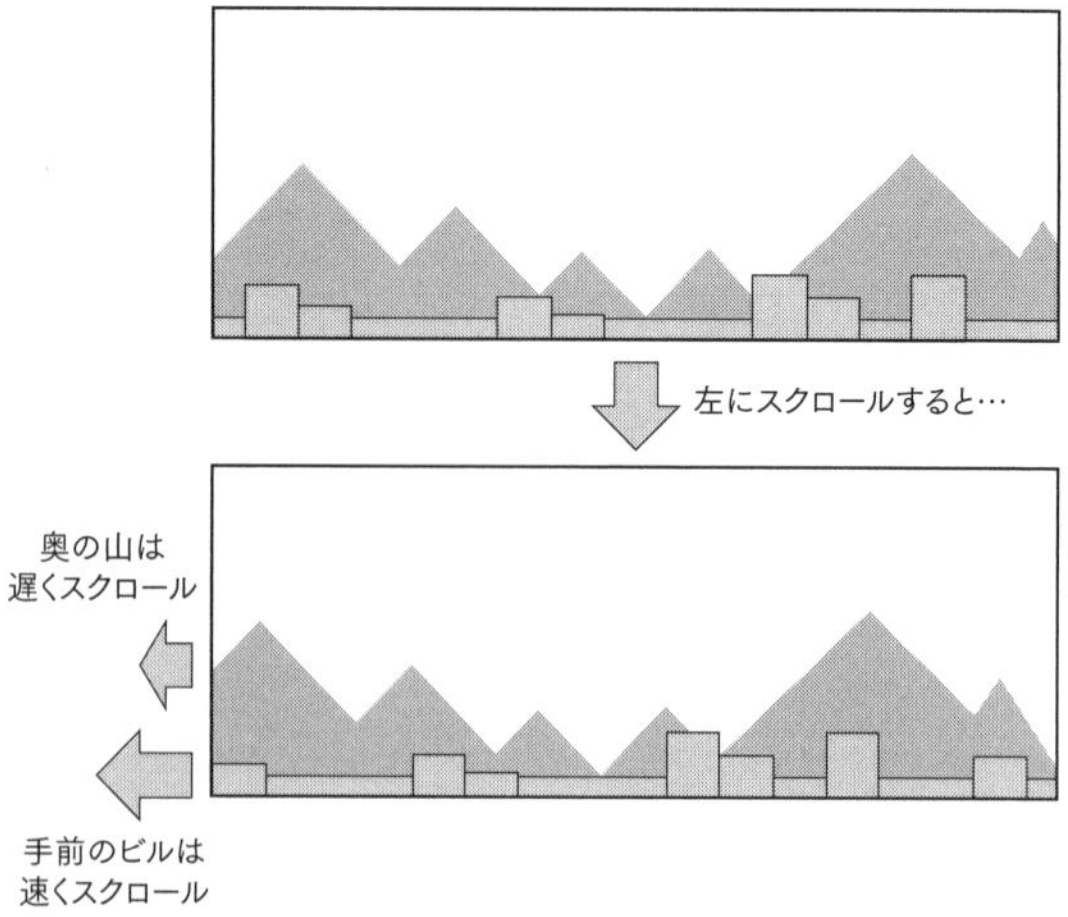

リアーはハングオンとほぼ同じハードウェアを使っていますが、レースゲームではなくシューティングゲームです。擬似3Dグラフィックスで描かれる幻想的な世界の中を、主人公のハリアーを動かし、弾を撃って敵を倒しながら進んでいきます。

スペースハリアーはハングオンとほぼ同じハードウェアを使っているので、グラフィックスの表現方法には共通点が見られます。ラスタースクロールの地面、画面の奥から迫ってくる障害物、左右に多重スクロールする遠景は、ハングオンと同様です。一方で、長い体をくねらせながら襲ってくるドラゴンなどの巨大な敵や、空中にいる物体の影が地表に落ちていることなどは、スペースハリアーに特有の表現です（図3）。

図3　スペースハリアー（イメージ）

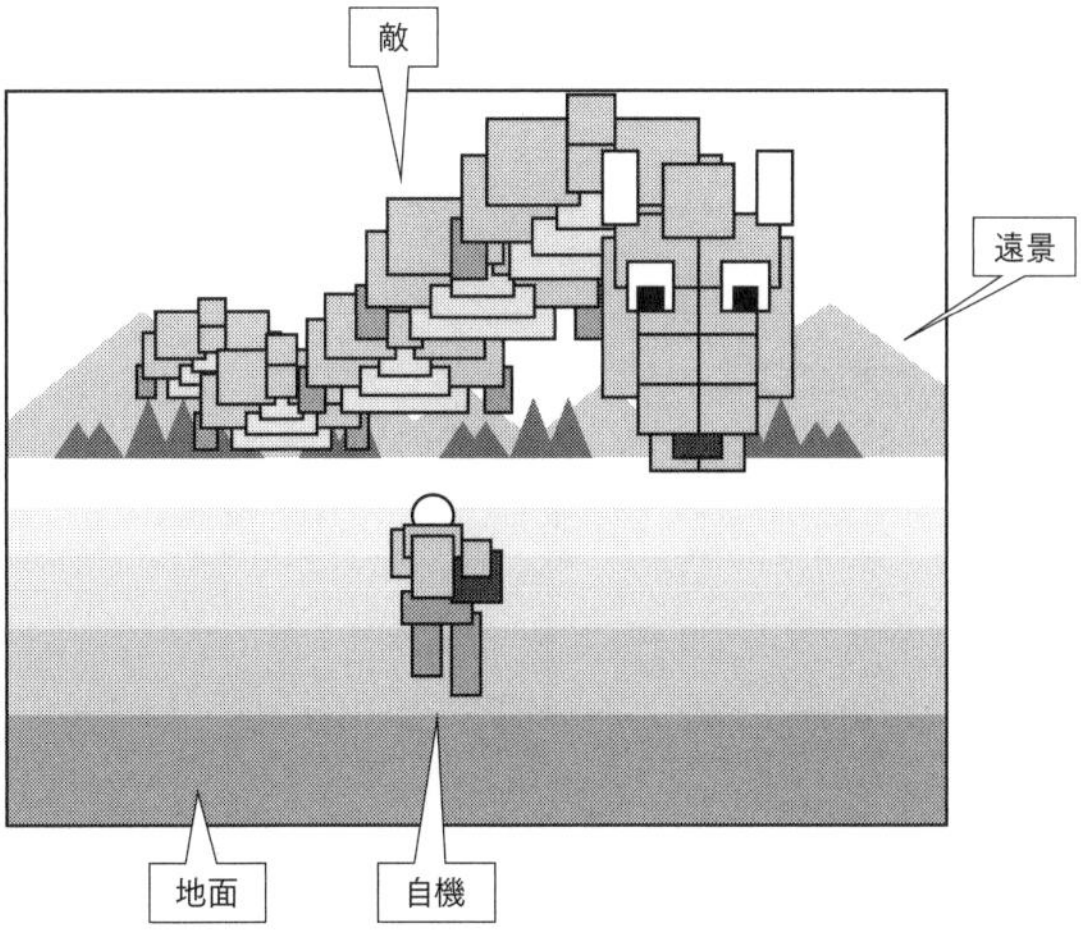

スペースハリアーのコントローラは、飛行機の操縦桿のようなスティックです。スティックで自機（ハリアー）を上下左右に動かし、スティックに付いているボタンまたはトリガーで弾を発射します（図4）。

ハングオンと同様に、スペースハリアーにもムービングタイプとシットダウンタイプという2種類の筐体があります。独特なのはムービングタイプで、筐体の座席にプレイヤーが乗り込んで遊びます。スティックを操作すると、プレイヤーを乗せた筐体全体が動き、ライドに乗ってゲームの世界を飛行しているような感覚が楽しめます。

図4 スペースハリアーのコントローラ

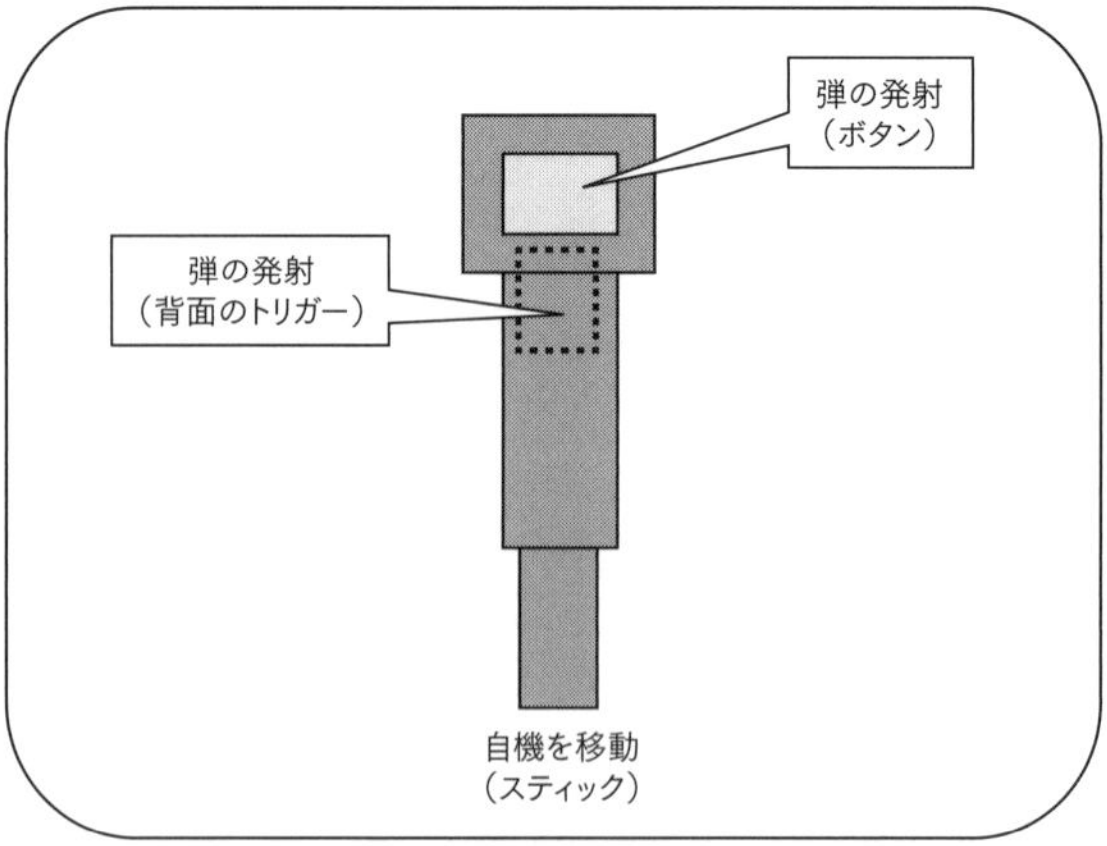

進化したスプライト機能

ハングオンやスペースハリアーの擬似３Ｄグラフィックスは、強力なスプライト機能によって実現されています。スプライトの表示枚数が多いだけでなく、スプライトを拡大縮小することもできます。擬似３Ｄグラフィックスを使ったゲームでは、奥行きを表現するために、遠い物体は小さく、近い物体は大きく描画する必要があるので、拡大縮小機能が役立ちます。

スプライトの方式は、「ギャラクシアン」（１９７９年）と同じラインバッファ方式を採用していますが、ラインバッファを２本用意するという改良が加わっています。このように、描画用のバッファを２個用意して性能を向上させる技術のことを、一般にダブルバッファリングと呼び、２個のバッファのことをダブルバッファと呼びます。

さて、ラインバッファ方式のスプライトでは、ラインバッファにスプライトのピクセルを書き込んだ後に、ラインバッファの内容をテレビなどの表示機器に出力します。この書き込みの処理と出力の処理は、同時に行うことができません。書き込みと出力を同時に行うと、書き込んでいる途中の不完全な状態が、画面に表示されてしまうからです。

そこで、ラインバッファが１本だけの場合には、出力の処理をしていない間に、書き込みの処理を行います。具体的には、電子ビームが画面の右端まで走査した後に、左端まで戻るための期間、つまり水平帰線期間（水平ブランキング期間）を利用して、書き込みを実行します（図5）。

ラインバッファが2本ある場合には、一方のラインバッファの内容を出力している間に、他方のラインバッファに書き込むことができます。そのため水平帰線期間に加えて、画面の左端から右端までを走査する期間も使えることになります。つまり、ラインバッファが1本の場合に比べて、処理時間を長くできるので、より多くのスプライトを書き込める（表示できる）わけです。そして、画面の1ライン分を処理するたびに、2本のラインバッファについて、出力用と書き込み用の役割を入れ換えます（図6）。

ハングオンとスペースハリアーは、128枚のスプライトを表示することができます。スプライトのサイズは8×8ピクセルから256×256ピクセルまでです。ラインバッファに書き込めるのは一回あたり800ピクセルまでなので、スプライトの幅が8ピクセルならば100枚、16ピクセルならば50枚を、横方向に並べられることになります。

ハングオンとスペースハリアーのラインバッファは512ピクセルの幅があり、1ピクセルあたり12ビットが割り当てられています。つまり、ラインバッファの容量は512×12÷8＝768バイトです。このラインバッファが2本あるので、あわせて768×2＝1536バイト＝1・5KB（キロバイト）になります。スプライトの実現には高速なメモリが必要ですが、ラ

図5　ラインバッファが1本の場合

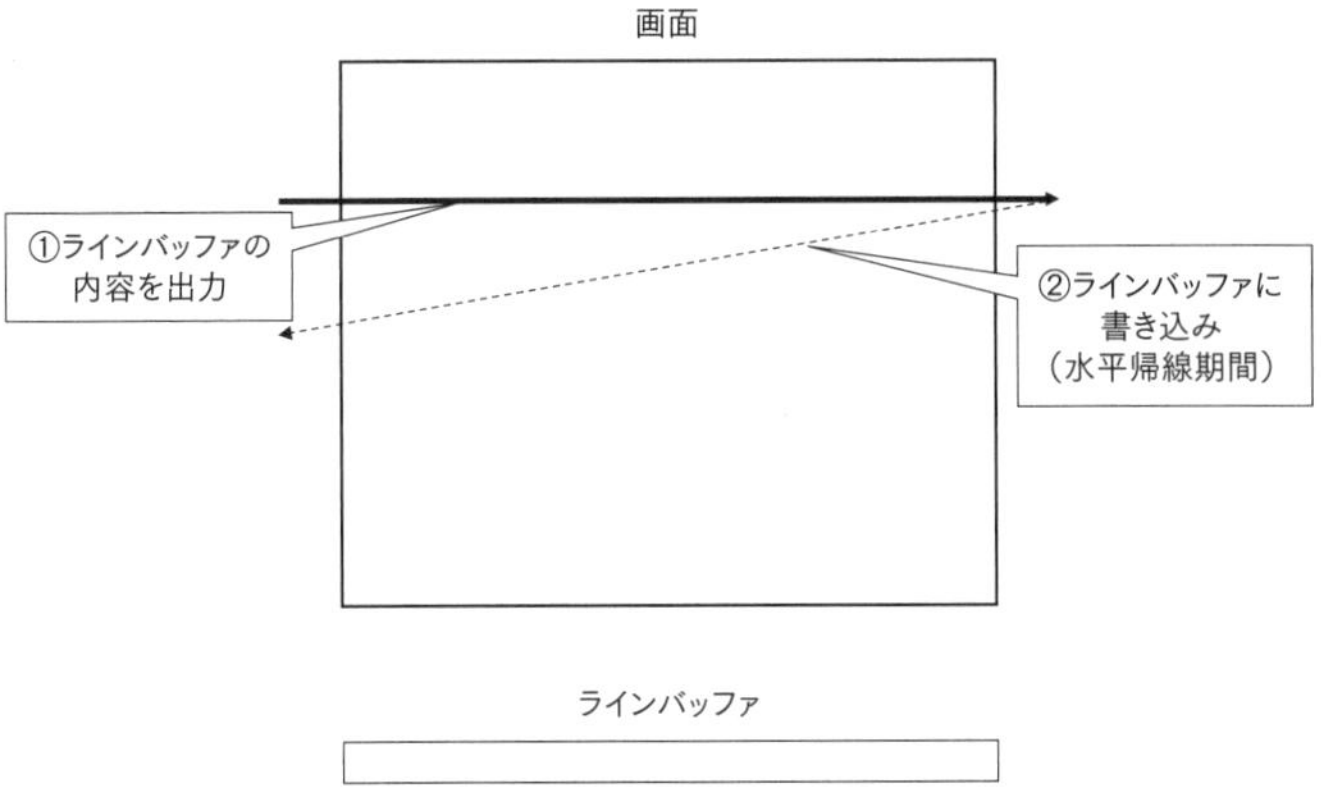

図6　ラインバッファが2本の場合

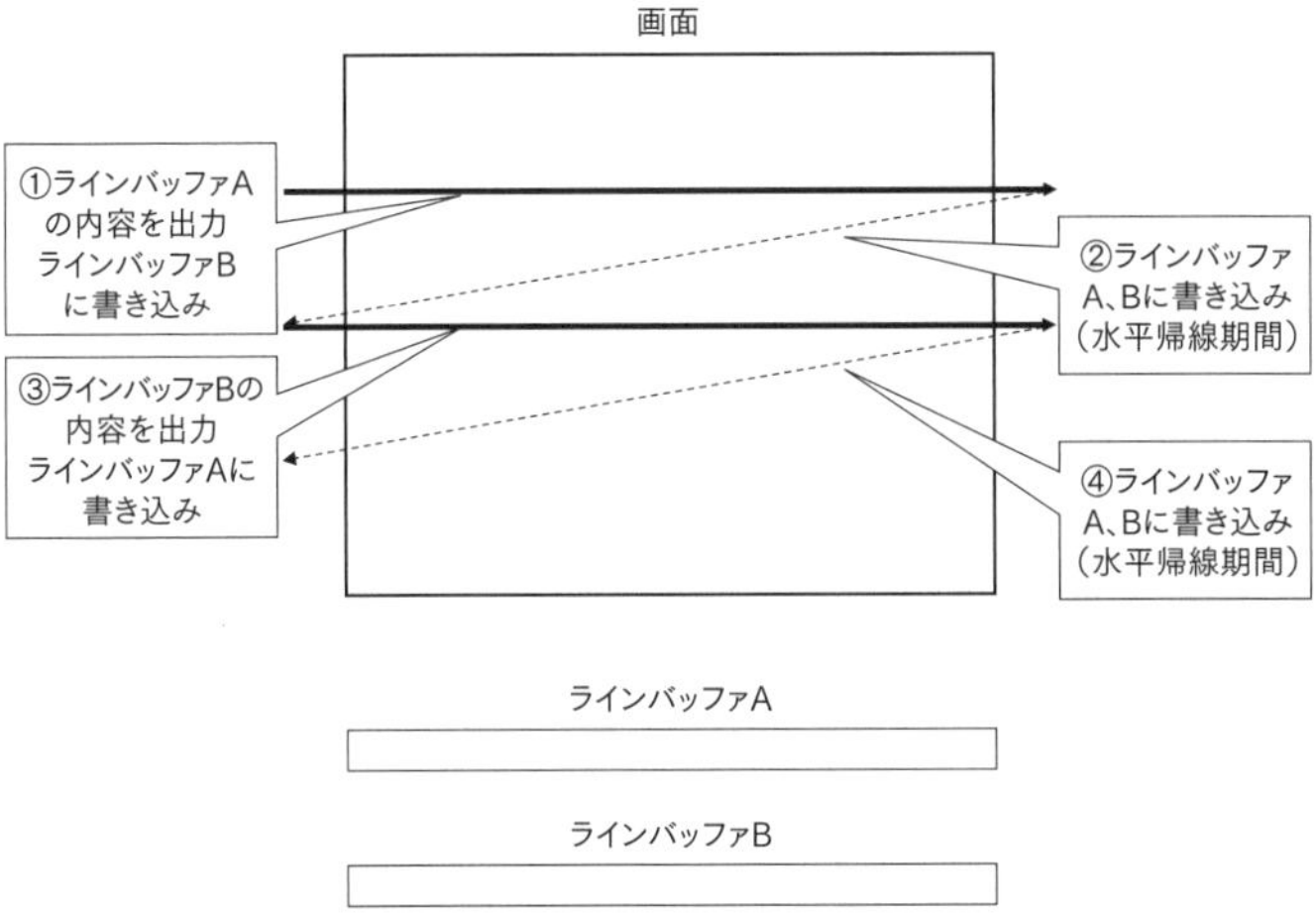

インバッファ方式の場合には比較的小容量のメモリで済むことが分かります。

フレームバッファ方式のスプライト

以後のセガの体感ゲームシリーズでは、さらにスプライト機能が進化します。「アウトラン」（１９８６年）では、ラインバッファ方式に代わり、フレームバッファ方式のスプライトが採用されます。

ラインバッファは画面の1ライン分だけの容量ですが、フレームバッファは画面1枚分の容量を持ちます。アウトランでは、このフレームバッファを2枚用意して、ダブルバッファリングを行います。一方のフレームバッファの内容を表示機器に出力している間に、他方のフレームバッファにスプライトのピクセルを書き込みます。画面１枚分を処理するたびに、２枚のフレームバッファについて、出力用と書き込み用の役割を入れ換えます（図7）。

アウトランは１２８枚のスプライトを表示することができます。スプライトのサイズは８×８ピクセルから５１２×２５６ピクセルまでです。フレームバッファに書き込めるのは１／60秒あたり約38万（３８４２６７）ピクセルなので、スプライトが８×８ピクセルならば約６０００枚分、16×16ピクセルならば約１５００枚分の書き込み性能があることになります。スプライトは１２８枚までなので、より大きなサイズのスプライトを使うことが想定されていると思われます。例えばスプライトが64×64ピクセルならば、約94枚分を書き込める性能です。

アウトランのフレームバッファは５１２×２５６ピクセルで、1ピクセルあたり16ビットが割り当てられています。そのため、フレームバッファの容量は５１２×２５６×16÷８＝２６２１４４バイト＝２５６ＫＢです。ダブルバッファなので、全体では２５６ＫＢ×２＝５１２ＫＢになります。1ピクセルあたりのビット数が増えたこともありますが、ハングオンやスペースハリアーのラインバッファが１・５ＫＢであることに比べると、フレームバッファ方式は大容量のメモリを要求することが分かります。

現在のパソコンやゲーム機では、３Ｄグラフィックス用のハードウェア（ＧＰＵ）を使っ

図7　フレームバッファ方式のスプライト

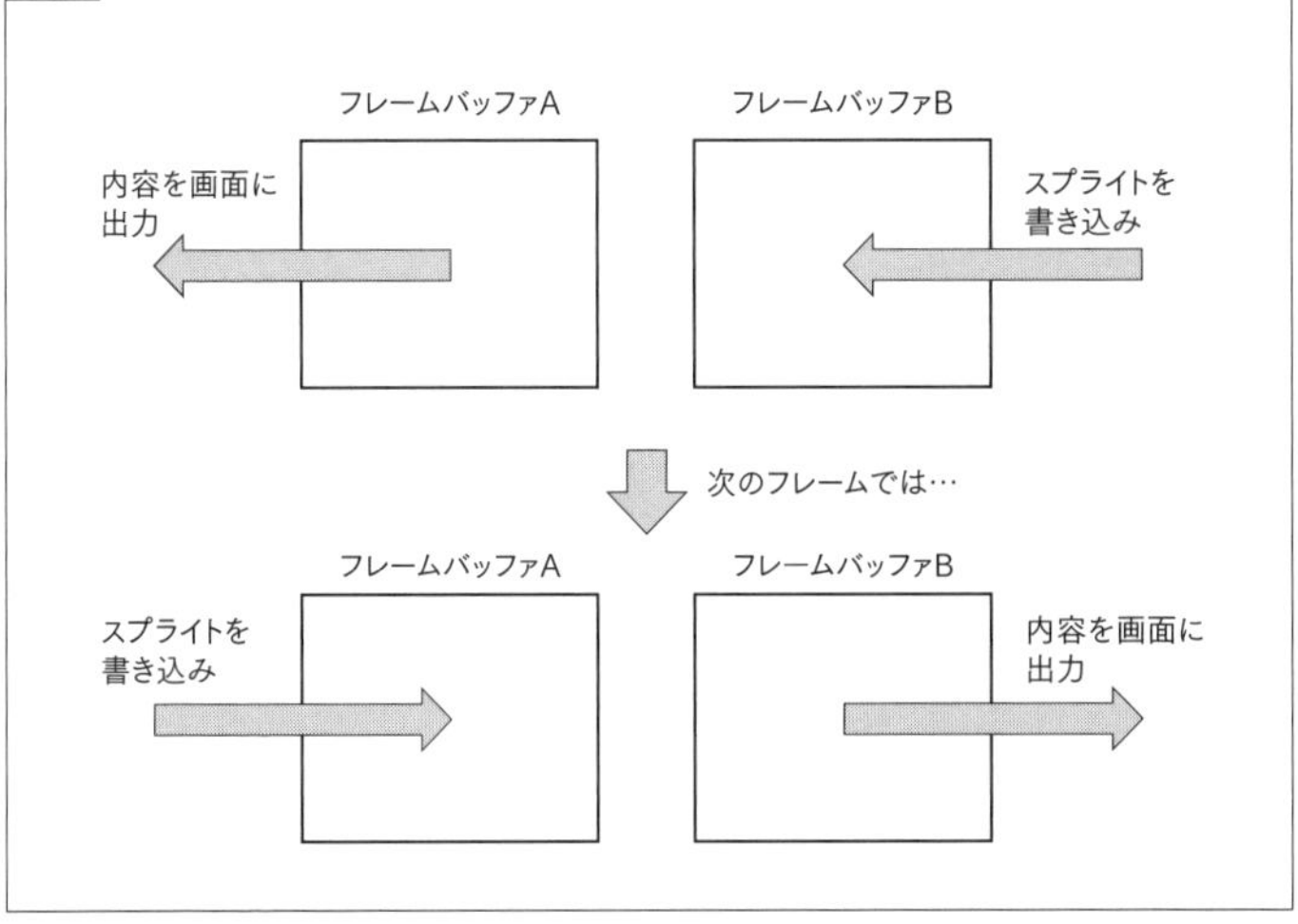

て、四角形のポリゴン（三角形のポリゴン2枚）を描画することにより、スプライトの代わりにします。多くのハードウェアにおいては、ポリゴンのピクセルをフレームバッファに書き込むので、仕組みとしてはフレームバッファ方式のスプライトに似ているといえます。

さらに進化するスプライト機能

スプライトの進化はまだ続きます。体感ゲームシリーズの「アフターバーナー」（１９８７年）などで使われている、セガのシステム基板「X-BOARD」（エックスボード）には、スプライトの回転機能が加わります。アフターバーナーは画面全体がダイナミックに回転する演出が魅力の、擬似３Dシューティングゲームです。

X-BOARDのフレームバッファは５１２×２５６ピクセルで、１ピクセルあたり16ビットです。スプライトのサイズは８×８ピクセルから５１２×２５６ピクセルに対応しています。フレームバッファへの書き込みは１／60秒あたり約83万（８３３３３３）ピクセルと、アウトランの2倍以上に向上しています。

X-BOARDを使ったゲームは数多くあります。１９８７年には「アフターバーナー」「アフターバーナーII」「サンダーブレード」、１９８９年には「ラストサバイバー」「スーパーモナコGP」などが登場します。

１９８８年には、X-BOARD のグラフィックス性能をさらに強化した「Y-BOARD」（ワイボード）というシステム基板が開発されます。Y-BOARD を使ったゲームとしては、１９８８年の「ギャラクシーフォース」「ギャラクシーフォースII」「パワードリフト」、１９９０年の「G-LOC: AIR BATTLE」（ジーロック：エアバトル）などがあります。

ところで、スプライトの拡大縮小や回転を実現するには、大がかりな計算処理が必要そうに感じますが、実はそうでもありません。ポリゴンを使った本格的な３Ｄグラフィックスでは、ベクトルや行列などを駆使した計算を行います。一方で２Ｄのスプライトに関しては、フレームバッファにスプライトを書き込む際に、ピクセルの間隔を変化させれば拡大や縮小ができますし、書き込みの進行方向を水平や垂直ではなく斜めに傾ければ回転ができます。

ストーリーが分岐するインタラクティブな映像

さて、再び博覧会のパビリオンに目を向けると、ライド以外にも人気を集めた展示があります。その一つは、観客参加型の映像シアターです。ストーリーが異なる何種類かの映像が用意されており、観客の選択に応じてストーリーが分岐することが特徴です。観客は映像を観るだけではなく、ストーリーを選択するインタラクティブ性も楽しむことができます。

例えば、つくば万博の「ＮＥＣ Ｃ&Ｃパビリオン」などが、このタイプの映像シアターを展示しました。観客は手元のタッチパネルを操作して、クイズやゲームに参加することができます。ＮＥＣが他の博覧会に出展したパビリオンにも、類似の映像シアターがあったので、各地の博覧会で体験したことがある方もいらっしゃるでしょう。

実は、この映像シアターと似た仕組みのアーケードゲームがあります。これはレーザーディスクゲーム（ＬＤゲーム）と呼ばれる、レーザーディスク（ＬＤ）による映像再生を利用したゲームです。ＬＤゲームには色々な作品がありますが、ここでは１９８５年にタイトーから発売された「タイムギャル」を紹介します。

タイムギャル　～キュートでコミカルなアニメーション

タイムギャルは、「忍者ハヤテ」（１９８４年）、「宇宙戦艦ヤマト」（１９８５年）に続く、タイトーによるＬＤゲームの三作目です。タイムギャルこと主人公の「レイカ」が、時空間航行服「タイムスーツ」を身にまとい、タイムマシンを奪った悪者を追いかけて色々な時代を冒険します。魅力的なキャラクターや、ミス時のコミカルなアニメーションが豊富に用意されている点などが好評を博した作品です。主人公のコスチュームやアクションは、同じ１９８５年に放映されたテレビアニメ「ダーティペア」と共通する雰囲気があります。

タイムギャルでは、LDに収録されたアニメーションを再生しつつ、その手前にコンピュータで描いた文字や画像を重ねて表示します。プレイヤーはアニメーションを観ながら、ときどき表示される指示にしたがって、ジョイスティックやボタンを入力したり、選択肢を選んだりします（図8）。間違った入力をしたり、入力が遅れたり、選択を間違ったりすると、ミスになります。

タイムギャルのコントローラは、ジョイスティック1本とボタン1個というシンプルな構成です（図9）。選択肢の場面では、ジョイスティックで選択し、ボタンで決定します。その他の場面では、画面に表示される指示に

図8　タイムギャルの画面構成

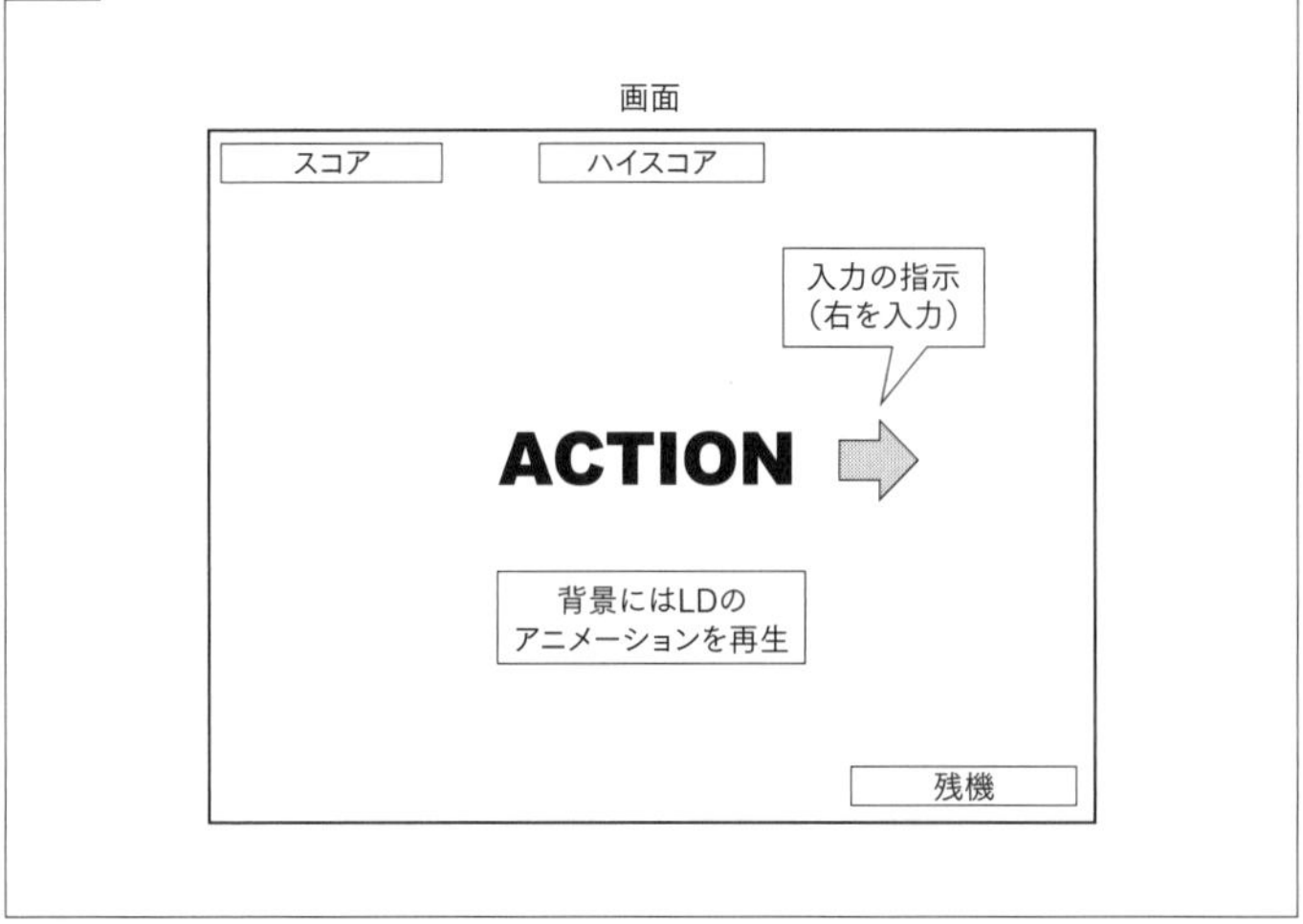

したがって、ジョイスティックやボタンを入力します。

ＬＤゲームの利点と制限

　ＬＤはＣＤやＤＶＤと同様に光ディスクの一種です。半径は30ｃｍまたは20ｃｍで、12ｃｍまたは8ｃｍのＣＤやＤＶＤに比べると大型です。デジタル方式のＤＶＤとは違い、ＬＤはアナログ方式で映像を記録します。音声については当初はアナログ方式のみでしたが、後にＣＤと同様のデジタル方式が使われるようになります。ＬＤゲームは、このＬＤによる映像と音声の再生を利用します。

　ＬＤゲームの利点は、ＬＤに収録された映像を再生することにより、コンピュータでリアルタイムに生成するのが難しい品質の映像

図9　タイムギャルのコントローラ

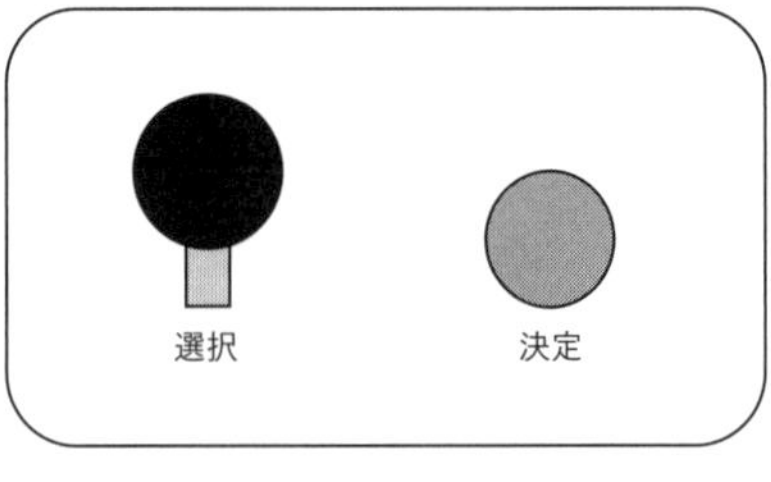

をゲームに使えることです。また、ＬＤには指定したシーンを再生する機能があります。ユーザの操作に応じて再生する映像を切り替えれば、ストーリーを分岐させることができます。例えばタイムギャルでは、プレイヤーがミスした場合にはミス時の映像を再生し、プレイヤーが操作に成功した場合には続きのストーリーの映像を再生します。

　ＬＤゲームの制限は、ＬＤに収録された映像の内容があらかじめ決まっているため、ゲームの展開に幅を持たせにくいことです。また、ＬＤの映像は魅力的ですが、ゲームの内容としては指示の通りに入力するだけなので、単調にならないように入力のタイミングなどを上手にデザインする必要があります。

　タイムギャルでは、ゲームに刺激を加えるために、いくつかの工夫をしています。まず、ランダムで映像の左右が反転し、入力も左右が反転するという仕掛けがあります。これは簡単な仕掛けですが、映像と入力を毎回変化させることにより、プレイヤーを飽きさせない効果を狙っていると思われます。またステージが進むと、画面に表示される指示がランダムで「？」に変化し、プレイヤーが自力で入力内容を決める必要が出てきます。正解は決まっているので、正解を覚えておけばよいのですが、ゲームを攻略する難易度はかなり上がるでしょう。

　このようにＬＤゲームには利点と制限があり、制限を緩和するための工夫があります。実際にＬＤゲームを遊んでみると、映像が魅力的ならば繰り返し観ても楽しめるので、展開がいつも同じなのはあまり気にならないように思います。

現在の音楽ゲームは、ＬＤゲームに似たところがあるように感じます。多くの音楽ゲームでは、入力内容（譜面）が決まっています。また、音楽とともに再生されるダンスなども、キャラクターや衣装を変化させることはできますが、基本的な内容はいつも同じです。それでもゲームを繰り返し楽しめるのは、映像や音楽に魅力があることと、リズムに合わせて入力する行為自体が心地よいことが、理由なのではないかと思います。

なお、現在ではコンピュータの処理速度と記憶容量が向上し、当時はＬＤが必要だった動画再生も、ＬＤを使わずに実現できるようになりました。かつてＬＤゲームだったタイムギャルも、今ではｉＯＳ用やAndroid用のアプリになっていて、手軽に遊ぶことができます。

初期のＬＤゲーム

世界初のＬＤゲームは、セガが１９８３年に発売した「アストロンベルト」です。内容は宇宙を舞台にしたシューティングゲームで、映画のような宇宙戦争のシーンが展開します。背景にはＬＤを使って、宇宙空間、惑星、基地、敵機などの映像を再生します。その手前に、コンピュータで描いた自機や弾を重ねて表示します。自機を操作して弾を発射し、敵機を撃墜すると、爆発のシーンが再生されます。

米国で最初に発売されて話題になったＬＤゲームは、同じ１９８３年にシネマトロニクス社が発売した「ドラゴンズレア」（Dragon's Lair）です。本格的なアニメーションを使った初めてのＬＤゲームとして人気を集めました。ゲームの内容としては、ＬＤを使って再生されるアニメーションを観ながら、ジョイスティックやボタンを入力し、入力の内容とタイミングが正しければ先に進める、というものです。ドラゴンズレアは、タイムギャルなどの後継ＬＤゲームの基本形を構築した作品だといえます。ただしタイムギャルとは違い、ドラゴンズレアでは入力の指示が画面に全く表示されないので、プレイヤーがアニメーションを観て、自力で入力内容を判断する必要があります。

多人数で楽しめるＬＤゲーム

テーマパークなどに設置される、多人数で楽しめるＬＤゲームもあります。ナムコの「ギャラクシアン^3」は、１９９０年に開催された「国際花と緑の博覧会」に出展されたゲームで、28人でプレイすることができる大規模なアトラクションです。広く視界を覆う円筒形のスクリーンに映し出されるゲームの映像と、プレイヤーの座席が設置されたフロア全体が動く仕組みによって、他では体験できない遊びを提供します。博覧会の時点では、ゲームの映像をリアルタイムにコンピュータで生成していました。後に１９９２年にナムコのテーマパークである「ワンダーエッグ」に移設する際に、背景の映像をＬＤで再生し、手前にコンピュータで描いた敵機や弾などを重ね合わせるという、ＬＤゲームと同様の方式に変更されます。

ギャラクシアン^{3}はシューティングゲームです。各プレイヤーは操縦桿の形をしたスティックを動かし、トリガーで弾を発射して、迫り来る敵を撃墜します。ゲームの最後には、スクリーンに成績優秀者が表示されて、アトラクションのスタッフから拍手や景品が贈られます。

ギャラクシアン^{3}には28人版の他に、16人版と６人版もあります。６人版については、初期の「プロジェクト・ドラグーン」というシナリオの他に、巨大生物「ゾルギア」と戦う「アタック・オブ・ザ・ゾルギア」（１９９４年）というシナリオが後に発売されました。アタック・オブ・ザ・ゾルギアでは、ルート選択の要素が追加され、参加者の多数決によってストーリーの展開を選ぶことができます。

ゲームを記録する色々な装置

アーケードゲームのプログラムやデータを記録する装置としては、ＲＯＭ（Read Only Memory、読み出し専用メモリ）が代表的です。一方でＬＤゲームのように、他の装置を使うゲームもあります。１９８５年には、「磁気バブルメモリ」という装置に対応したシステム基板も発売されました。コナミの「バブルシステム」です。

磁気バブルメモリが採用された背景には、当時は大容量のＲＯＭが高価だったことがあります。小容量のＲＯＭを並べるのでは、基板上のスペースを多く使ってしまいます。そこで、少ないスペースで大容量のプログラムやデータを記録できる装置として、磁気バブルメモリが採用されたようです。

磁気バブルというのは、特定の材料の薄膜上にできる、円筒形の磁区（磁石の強さや向きが揃っている小さな領域）のことです。この磁区が泡のように見えることが、バブル（泡）という名前の由来です。材料には、希土類元素（レアアース）、鉄、酸素などの化合物である、「オルソフェライト」や「磁性ガーネット」などが使われます。磁性ガーネットは、宝石のガーネットと同じ結晶構造を持ちます。

磁気バブルの有無を使って1と0を表すことで、記憶装置を実現したのが磁気バブルメモリです。磁気バブルメモリは読み書きが可能な不揮発性の記憶装置です。不揮発性なので、電源を切っても記録は消えません。磁気バブルメモリは、富士通のパソコン「ＦＭ－８」（１９８１年）などにもオプションの記憶装置として採用されています。この装置は「バブルカセット」という名称で、容量は32ＫＢと１２８ＫＢです。コナミのバブルシステムも、富士通製の磁気バブルメモリを使ったカセットを使っています。バブルシステムを採用したゲームとしては、同社の「ツインビー」や「グラディウス」などがあります。いずれも１９８５年の作品です。

ツインビーやグラディウスには珍しい機能があります。基板を起動すると、「Getting ready」（ゲッティングレディ、準備中）という音声と、「Fifty」（フィフティ、50）からカウントダウンする音声が流れます。これは文字通りウォーミングアップの時間で、カセット内の抵抗に電気を流して温めることにより、バブルメモリが適切な温度になるのを待っています。外気温や基板の温度によって、ウォーミングアップにかかる時間は変わります。

ウォーミングアップが終わると、画面に「99」から「00」までのカウントダウンが表示されます。この間に、バブルメモリから基板上のＲＡＭへ、プログラムやデータを転送します。ここでは「コナミ・モーニング・ミュージック」という、名前の通り、朝の目覚めの雰囲気がある音楽が流れます。この曲は他のゲームのＢＧＭや、音楽ゲームの曲としても再活用されているので、聴いたことがある方も多いでしょう。

バブルシステムは、磁気バブルメモリの内容が消失する故障などが起きたため、後に記録装置を通常のＲＯＭに置き換えたバージョンも出荷されます。ＲＯＭバージョンについても、プログラムやデータをＲＯＭからＲＡＭに転送するので、コナミ・モーニング・ミュージックを聴くことができます。ただし、バブルメモリよりも転送が速いので、再生時間は短くなるようです。

セガの体感ゲームシリーズは、博覧会のパビリオンのような映像とライドを使った遊びを、身近なゲームセンターで楽しめるようにしました。体感ゲームシリーズは人気を集め、思わず乗って遊んでみたくなるような大型の筐体が、ゲームセンターに並ぶことになります。

１９８６年には、大型筐体を少し違った方法で使ったゲームが好評を博します。大型筐体の中に画面を三枚も並べて、広々とした横長の画面を実現した、タイトーの「ダライアス」です。

1986年へ

1986年

「ダライアス」

難攻不落のゲームを攻略する連射の技術

この年の事件

- ハレー彗星が接近。
- 任天堂がファミコンのディスクシステムを発売。

PUSH START BUTTON

ハレー彗星の接近

1986年2月は、ハレー彗星の接近が話題になりました。ハレー彗星は75～76年ごとに地球に接近する彗星です。ハレー彗星は、周期的に元の場所に戻ってくる「周期彗星」であることが最初に発見された彗星であり、発見したイギリスの天文学者であるエドモンド・ハレー（Edmond Halley）の名前をとって、ハレー彗星と名付けられました。次にハレー彗星が地球に近づくのは、2061年7月と考えられています。

1986年はハレー彗星が一大ブームになります。各国が宇宙探査機を使って彗星の観測をしたり、天文愛好家が彗星がよく見える南半球に出かけたり、といった話題がありました。日本から彗星を観測するのは難しかったのですが、映像や写真で彗星の接近を楽しんだ方は多いでしょう。

アーケードゲームでも、タイトーから「ハレーズコメット」（ハレー彗星）という作品が、1986年1月という絶好の時期に発売されます。これは縦スクロールのシューティングゲームで、太陽系の各惑星を守るために、ハレー彗星から襲ってくる敵と戦うという内容です。

このように宇宙への関心が高まっている中、3枚の画面を並べた大型筐体を使って、美しい宇宙空間を描き出したゲームが話題を呼びます。タイトーの「ダライアス」です。

ダライアス ～継ぎ目なく接続された3枚の画面

ダライアスは横スクロールのシューティングゲームです。1986年に発表され、1987年に稼働を開始しました。自機（シルバーホーク）を操作し、対空攻撃（ミサイル）と対地攻撃（ボム）を使って敵を撃破しながら、スクロールするステージを進んでいきます。3種類のパワーカプセルを拾うことで、対空攻撃や対地攻撃を強化したり、シールドを装備することができます（図1）。

ダライアスのコントローラは、ジョイステ

図1 ダライアス（イメージ）

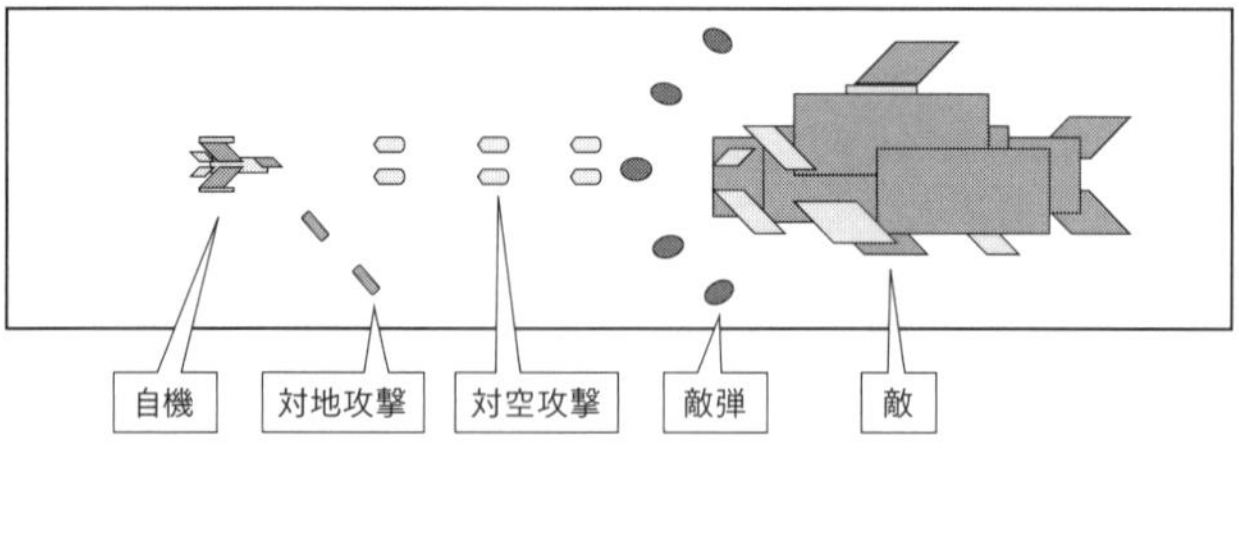

イックとボタン2個という構成です（図2）。ジョイスティックで自機を移動し、ボタンで対空攻撃と対地攻撃を発射します。コントローラは2人分用意されていて、2人同時プレイが可能です。

　ダライアスには、AからZまで全部で26種類のステージがあり、各ステージの最後には個性豊かなボスが待ち構えています。シーラカンスやイソギンチャクといった水生生物をモチーフにした巨大なボスとの激しい戦闘を、広々とした画面で楽しめるのが、ダライアスの大きな魅力です。ボスを倒すと、次に進むステージを2種類から選びます。プレイヤーが好きなルートを選んで進めることも、ダライアスの特長です。

図2　ダライアスのコントローラ

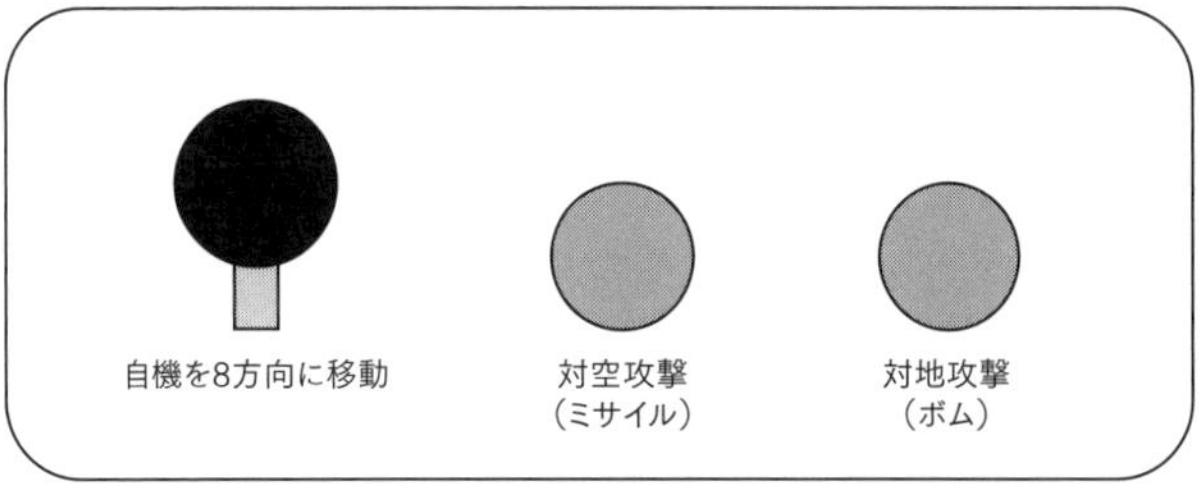

複数の画面を継ぎ目なく接続する

複数の画面を並べたゲームは、ダライアスよりも前から存在します。最初に画面を並べたのは、1983年に辰巳電子工業が発売した「TX－1」だと言われています。TX－1は画面を横方向に3枚並べた、擬似3Dグラフィックスのレースゲームです。

ダライアスにおける新しい工夫は、ハーフミラーを使って複数の画面を継ぎ目なく接続したことです。画面は19インチまたは15インチのブラウン管で、筐体の下側左右に2台、正面中央に1台の、合計3台が設置されています。これらの画面の映像を、横長のハーフミラーを使って合成します。この際に、ブラウン管の枠部分は除外して、画面の部分だけをハーフミラーに映して合成することにより、継ぎ目（枠部分）がない横長の画面を作り出しています（図3・図4）。

ダライアスと同じ筐体を使ったゲームとしては、タイトーの「ニンジャウォーリアーズ」（1988年）などがあります。また、ダライアスの続編である「ダライアスII」（1989年）は、当初は2枚の画面を使った筐体で登場しますが、後にダライアスの筐体を流用した3画面のバージョンも発売されます。

図3　複数の画面とハーフミラー(側面図)

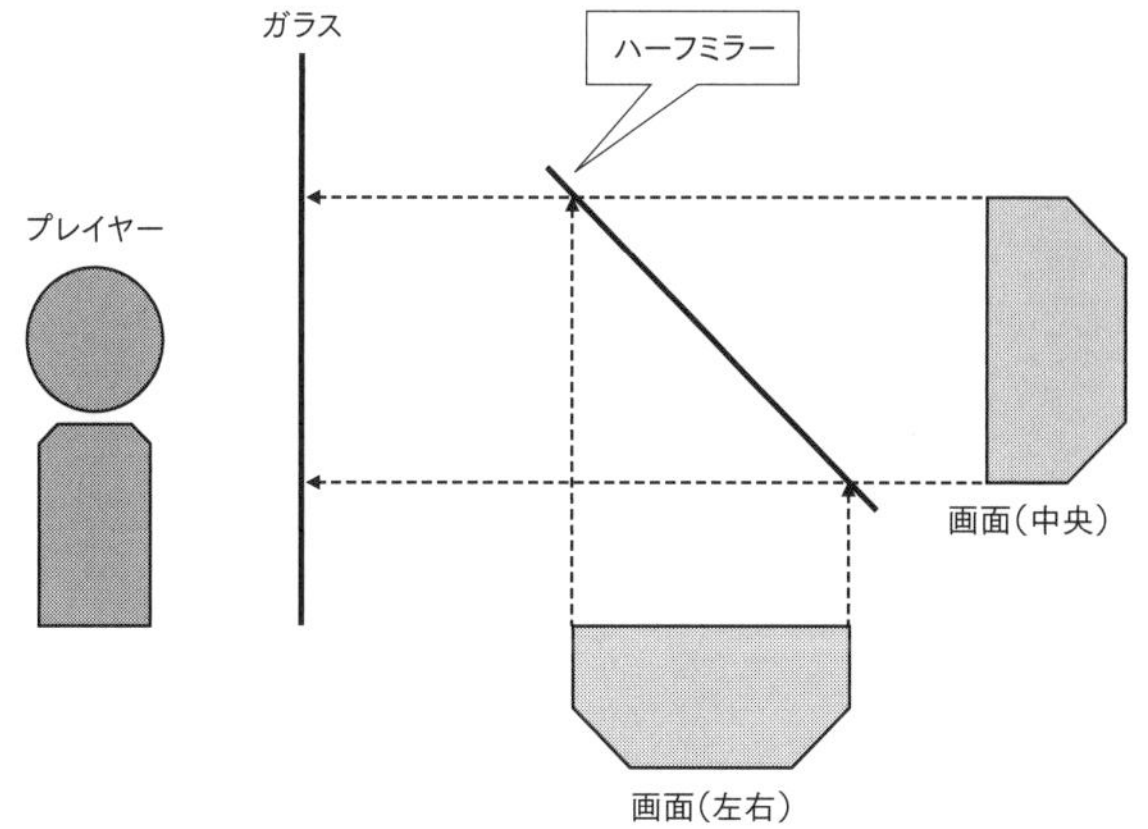

図4　複数の画面とハーフミラー(平面図)

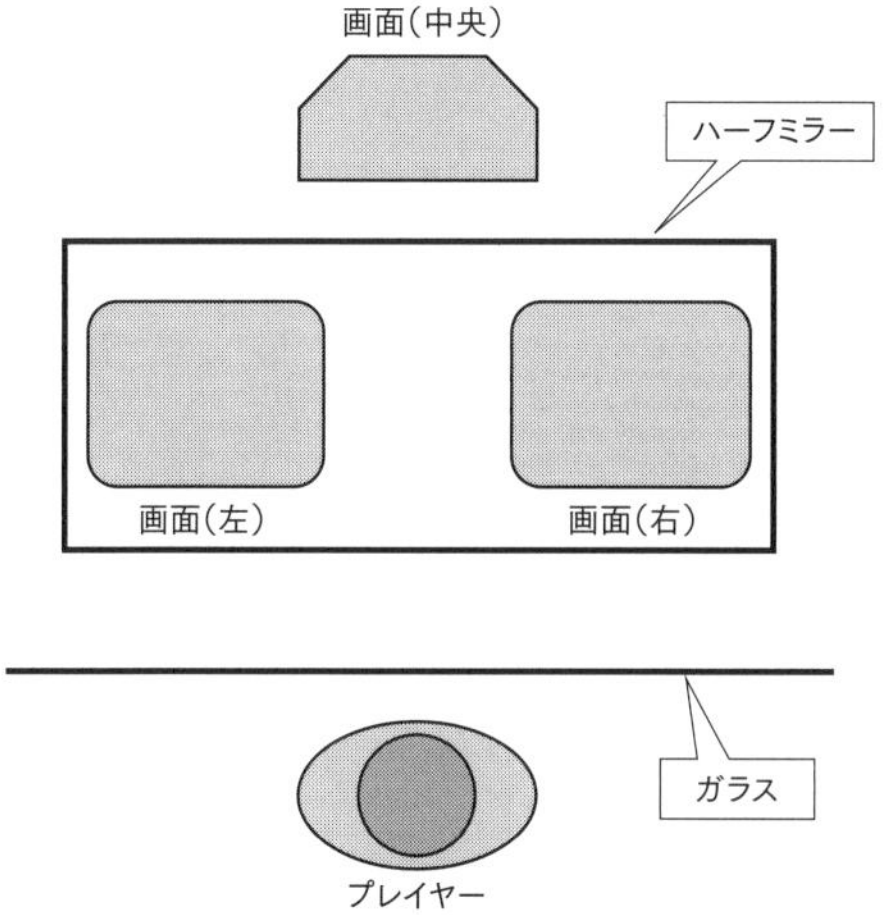

圧倒的な火力をもたらす連射機能

連射機能というのは、ゲームのプレイ中にボタンを手動で連打しなくても、自動的に高速で弾を発射してくれる機能のことです。ボタンを押している間だけ連射が有効になる場合もあれば、ボタンを押さなくても常に連射が有効になる場合もあります。連射機能を使えば、ボタンを連打しなくて済むので楽ができたり、火力が増すのでゲームの難易度が下がったり、通常よりも高いスコアを稼げたり、といった恩恵が得られます。

ダライアスは連射機能との関係が深いゲームです。例えば、初代のダライアスと続編のダライアスⅡは、ゲーム自体が連射機能を内蔵しており、ディップスイッチを使って有効にすることができます。

ゲームが連射機能を提供していない場合、あるいはゲームが提供しているよりも速い連射を求める場合などには、ゲームセンターが独自の連射機能を筐体に付加することで、プレイヤーの便宜を図っていることがあります。また、パソコンや家庭用ゲーム機向けのゲームコントローラ（ジョイスティックやゲームパッドなど）にも、連射機能を持つ製品を数多く見かけます。こういった連射機能には、発振回路を使う方式と、「シンクロ連射」と呼ばれる方式があります。

発振回路を使った連射

発振回路というのは、周期的な信号を発生する電気回路のことです。例えば、電圧が高い状態と低い状態、簡単に表現すれば「オン」と「オフ」の状態を周期的に繰り返す回路は、発振回路の一種です。連射というのはボタンのオンとオフを繰り返すことなので、このような発振回路を使えば、連射機能が実現できます。

なお、電圧の高低とオンオフの対応関係は、回路によって異なります。「高い電圧をオン、低い電圧をオフ」として扱う場合もあれば、逆に「高い電圧をオフ、低い電圧をオン」として扱う場合もあります。

さて、発振回路にはいくつもの種類がありますが、例えば「ポン」（１９７２年）において、パドルの移動に使っている「５５５タイマーＩＣ」を使っても、発振回路を構成することができます。ポンと同様に、５５５タイマーＩＣをコンデンサと組み合わせて使います。

５５５タイマーＩＣは、ＴＲＩＧ（トリガー）端子の電圧が低くなると起動状態になり、ＯＵＴ（出力）端子に高い電圧を出力します。コンデンサが充電されて、ＴＨＲ（スレッショルド）端子の電圧が高くなると、５５５タイマーＩＣは停止状態になり、ＯＵＴ端子に低い電圧を出力します。このとき、ＤＩＳ（ディスチャージ）端子を使って、コンデンサを放電するので、最初に戻って繰り返すことができます（図5）。

他の発振回路としては、電圧の高低を反転させるNOTゲート（インバータ）による回路や、CPUのクロックに使う水晶振動子（水晶発振子）による回路などがあります。いずれの方法を使っていても、オンとオフを高速で繰り返す回路ならば、連射機能に利用できます。

パソコンや家庭用ゲーム機向けのゲームコントローラでは、一般に発振回路を使って連射機能を実現しています。製品によっては、発振の周期をスイッチで切り替えることにより、連射の速さを変更できるものもあります。

シンクロ連射

シンクロ連射というのは、ゲームの処理にシンクロ（同期）してボタンのオンとオフを繰

図5　555タイマーICの動作

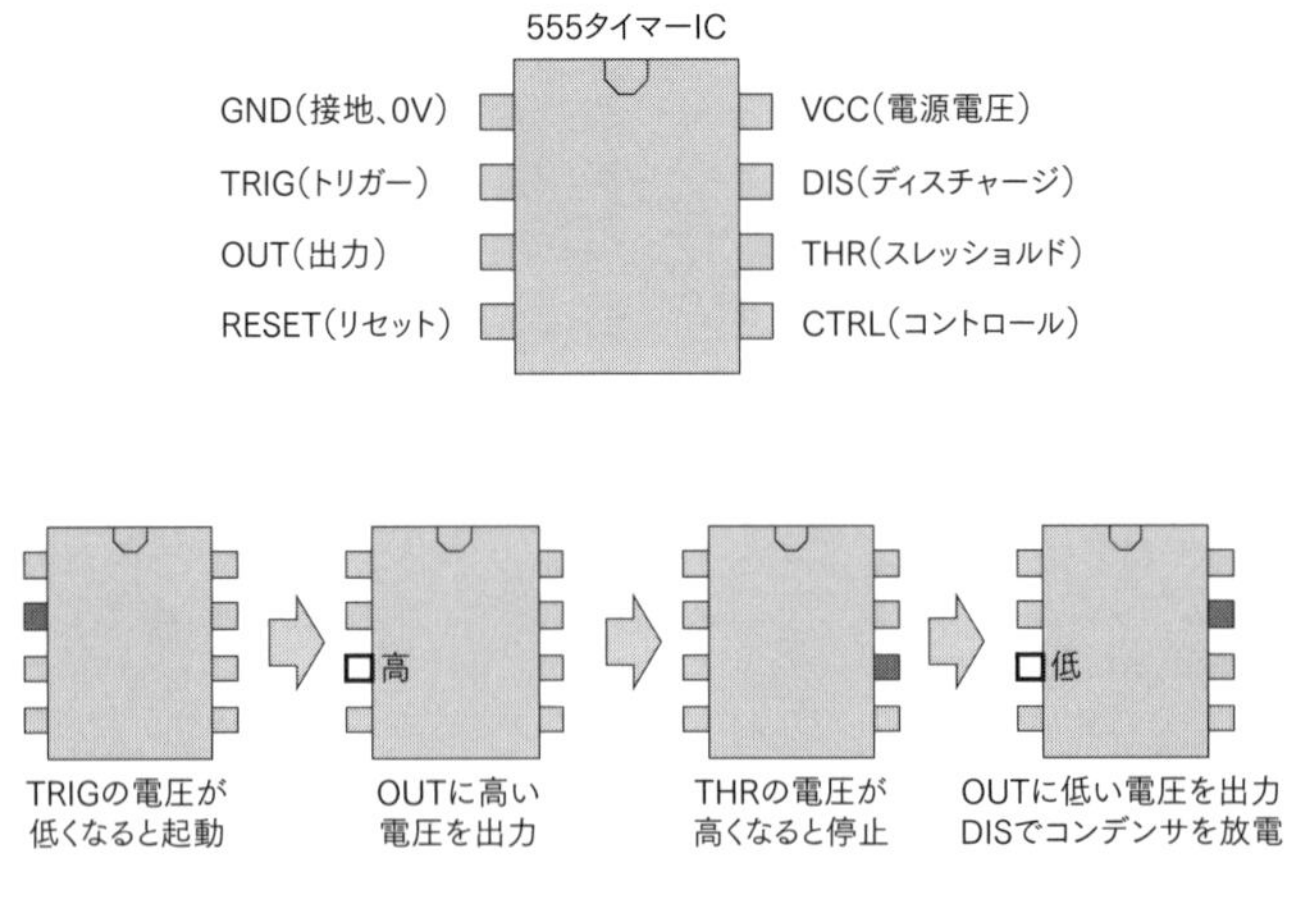

り返すことにより、最高速の連射を行う仕組みのことです。連射のタイミングを制御するための信号をゲーム機から取り出す必要があるので、発振回路に比べると利用できる状況は限られますが、高速で安定した連射を実現できます。

　シンクロ連射の仕組みを理解するために、まずは、ゲームがどのようにボタン操作を検出しているのかを見てみましょう。アーケードゲームの多くは、テレビなどの表示機器に画面を出力するタイミングに合わせて動作しています。ゲームによって周期の違いはありますが、概ね1／60秒の周期で処理を進めます（図6）。

　なお最近のゲームにおいては、画面を出力するタイミングとゲームの処理を進めるタイ

図6　ゲームの処理

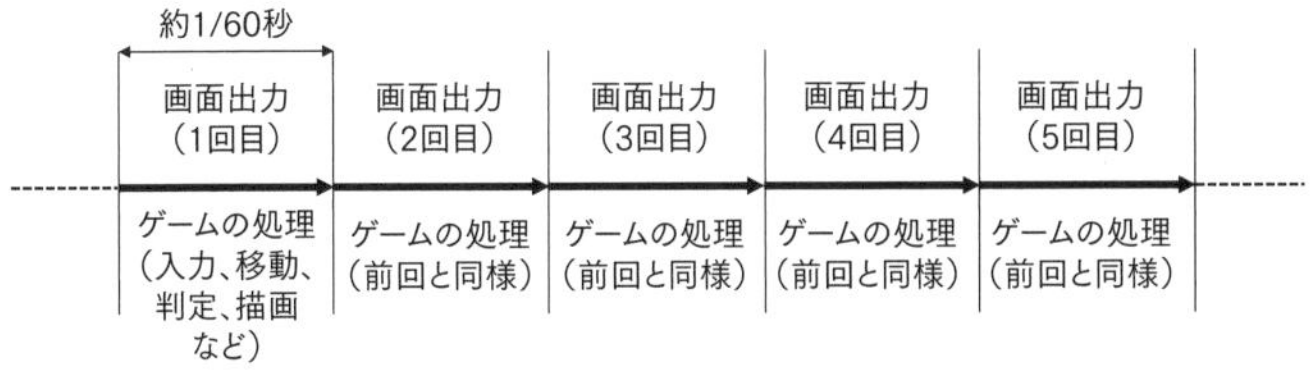

ミングが、独立している場合があります。特に３Ｄグラフィックスを使ったゲームでは、これらのタイミングが異なることが一般的です。こういったゲームにおいては、これから説明するシンクロ連射の仕組みは適用できません。

さて、画面出力にあわせて処理を進めるゲームにおいては、約１／60秒ごとにボタンの状態を調べます。前回ボタンの状態を調べたときにオフで、今回調べたところオンになっていたら、プレイヤーがボタンを押したということなので、弾を発射します（図7）。

次の弾を発射するには、プレイヤーは一度ボタンをオフにしてから、再びオンにする必要があります。ゲームのプログラムは、ボタンの状態がオフからオンに変化したことを検

図7 弾を発射する

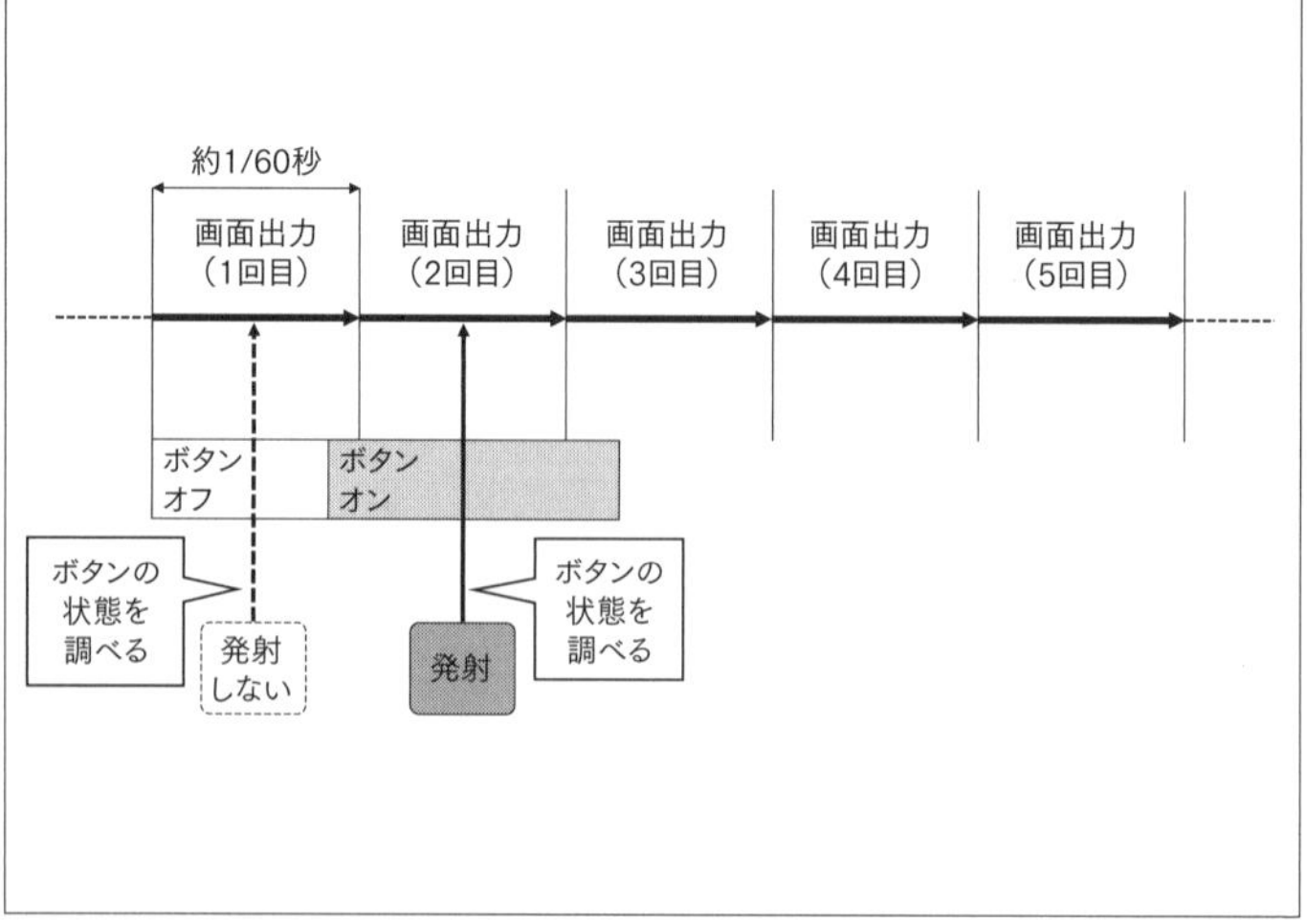

出して、弾を発射します（図8）。

　このように処理を進めるゲームにおいて、最高速の連射を行うにはどうしたらよいでしょうか？　処理にタイミングを合わせて、1／60秒ごとにボタンのオンとオフを繰り返せばよいのです。完全にタイミングが合っていれば、1／30秒ごとに弾を発射することができます。つまり、秒間30回の連射が可能です（図9）。

　発振回路を使って、秒間30回の連射を行うこともできます。しかし、ゲームの処理に対して完全にタイミングを合わせるのは困難です。少しでもタイミングがずれていると、弾の発射に失敗することがあるので、最高速の連射になりません。次の図では、ボタンのオンとオフが1／60秒よりも少し速いために、弾の発射に失敗しています（図10）。

図8　次の弾を発射する

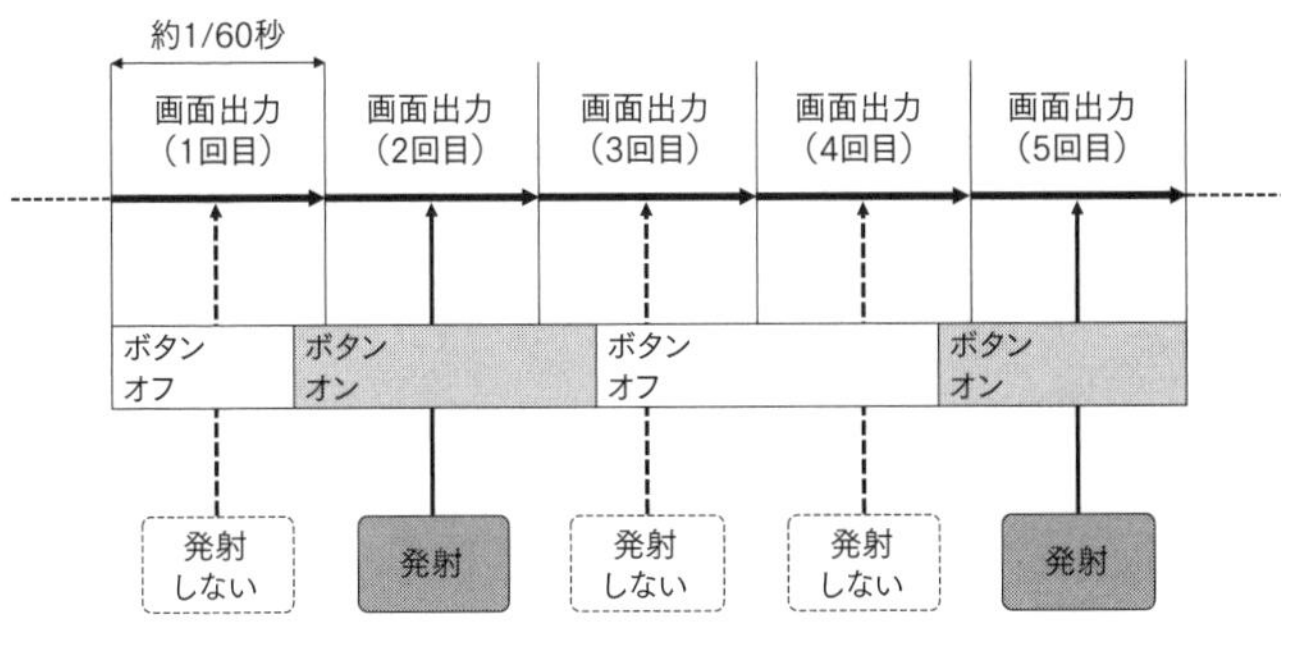

図9 最高速の連射

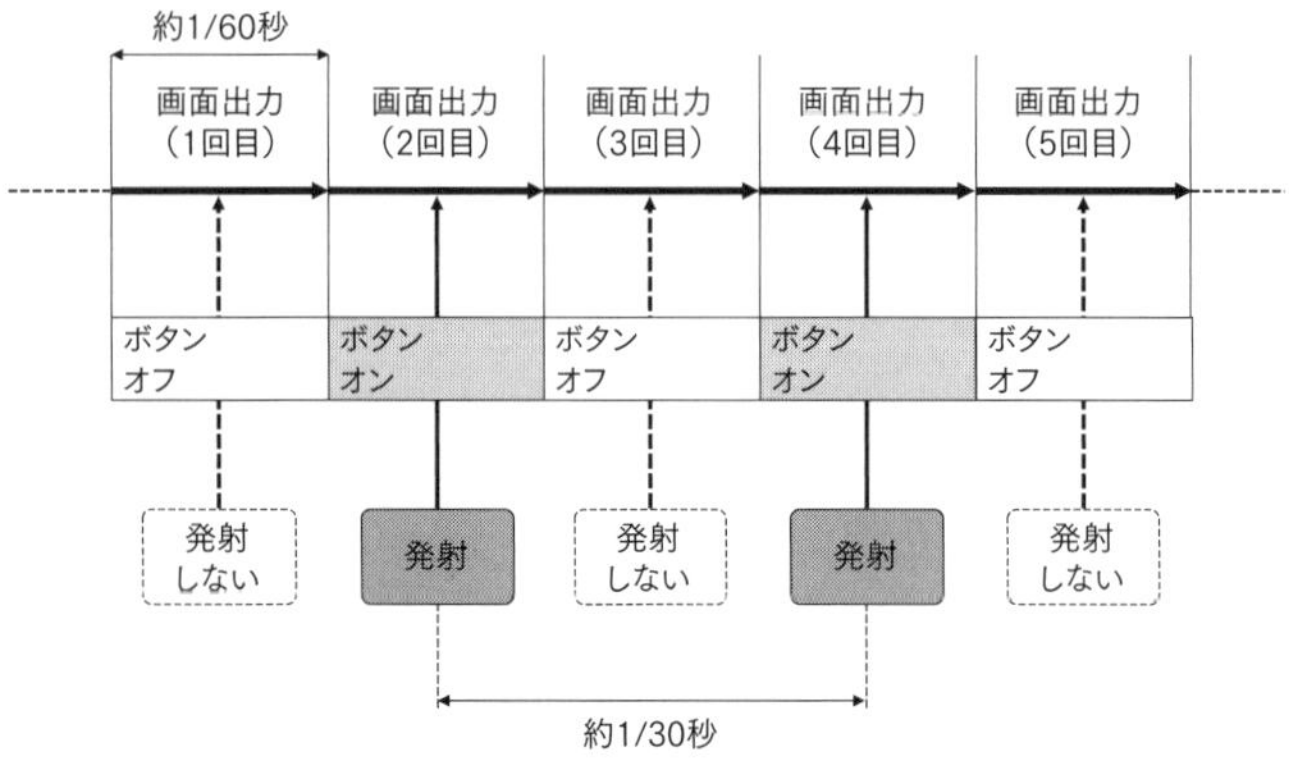

図10 最高速ではない連射

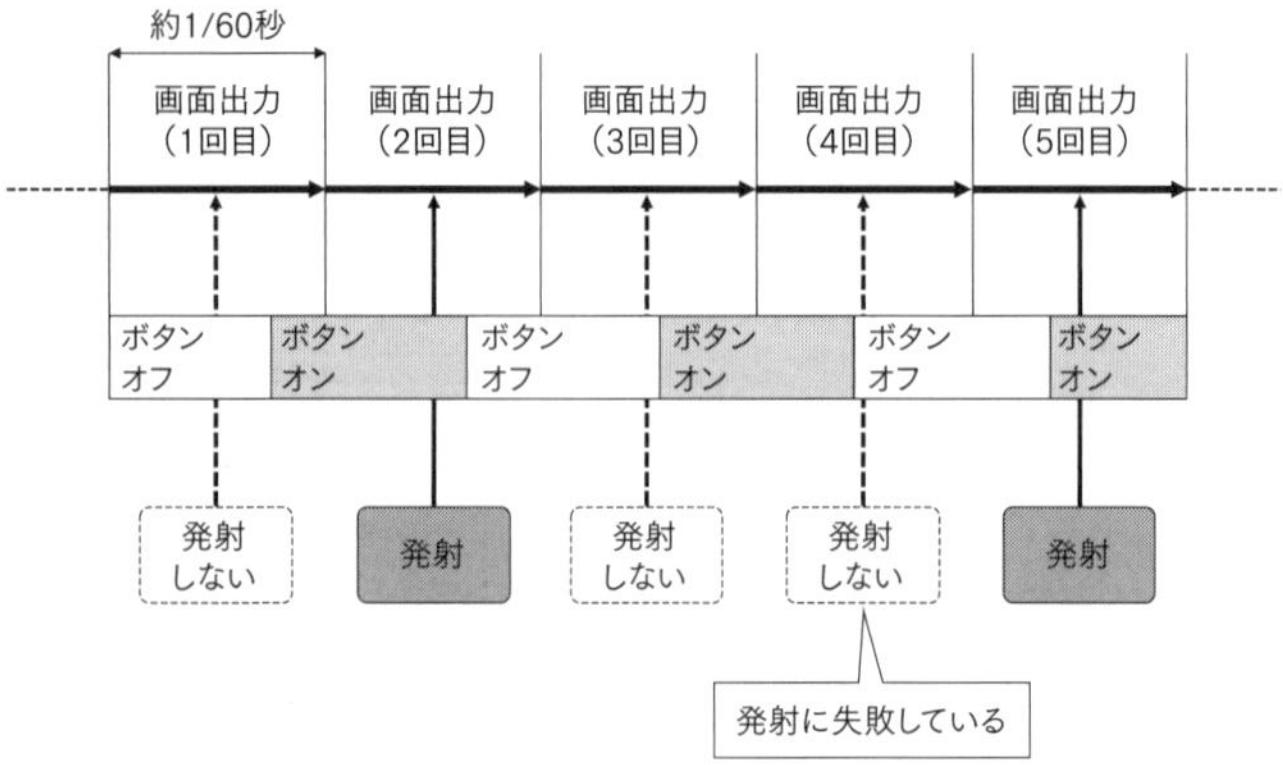

そこでシンクロ連射では、画面出力用の信号を利用します。ゲーム機は表示機器に対して、画面を走査するタイミングを知らせるために、同期信号と呼ばれる信号を送っています。同期信号には、水平方向の1ラインを出力するたびに送信する水平同期信号（HSYNC、エイチシンク）と、画面全体を出力するたびに送信する垂直同期信号（VSYNC、ブイシンク）があります。

ゲームの処理は、約1／60秒ごとに送信される垂直同期信号にタイミングを合わせて進行します。そこで、この垂直同期信号をゲーム機から取り出し、信号を検出するたびにオンとオフを交互に切り替える回路を作れば、シンクロ連射が実現できます（図11）。

水平同期信号と垂直同期信号は、個別に送

図11　同期信号を利用したシンクロ連射

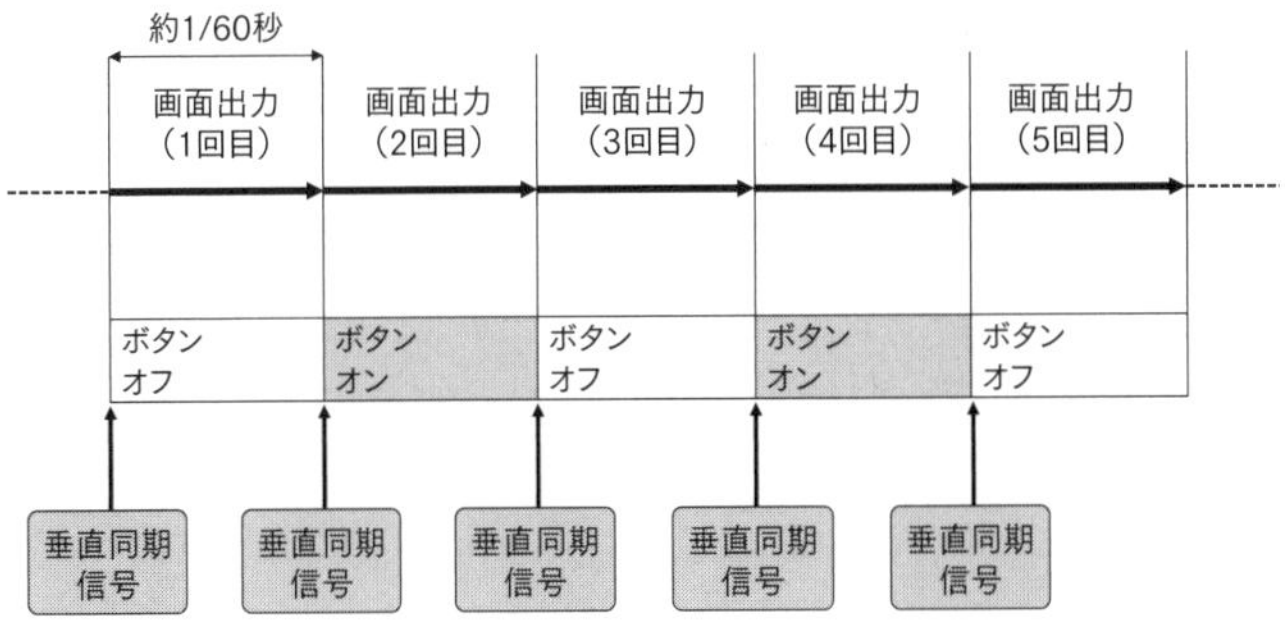

信される場合もありますが、複合同期信号（CSYNC）という一つの信号にまとめて送信される場合もあります。ゲーム機が複合同期信号を使用している場合には、複合同期信号から垂直同期信号を分離する必要があります。分離には、ビデオ・シンク・セパレータと呼ばれる、テキサス・インストルメンツ社のＩＣ「LM1881N」などが使われます。

ダライアスの続編の一つである「ダライアス外伝」（１９９４年）は、攻略にシンクロ連射が必須とされているゲームです。さらにこのゲームでは、２種類のシンクロ連射を使い分ける場合があります。

シンクロ連射は、垂直同期信号に合わせてオンとオフを交互に出力しますが、「オン・オフ・オン・オフ…」のようにオンから始める方法と、「オフ・オン・オフ・オン…」のようにオフから始める方法があります。通常はどちらでも結果は変わらないのですが、ダライアス外伝の場合には、自機が捕獲して味方にした中ボスが弾を発射するかどうかが変わります。中ボスが撃った弾で倒した敵は得点にならないため、高得点を狙うプレイヤーは2種類の連射を使い分けて、中ボスが弾を撃たないようにします。どちらの連射方法を使えば中ボスが弾を撃たないかは、状況によって変わるので、プレイヤーが手動で切り替えて選択する必要があります（図12）。

連射を使った他のゲーム

連射を使ったゲームといえば、コナミの「ハイパーオリンピック」（1983年）を思い出す方も多いでしょう。このゲームは1984年に開催されたロサンゼルスオリンピックを題材にしていて、6種類の陸上競技を遊ぶことができます。ボタンを連打することでキャラクターを走らせたり、タイミングよくボタンを押してジャンプさせることで、記録を競います。

好記録のためには連射（連打）の速さが決め手になるので、色々な連射方法が考案されました。指をけいれんさせるように細かく動かしてボタンを連打する「けいれん打ち」、複数の指で交互にボタンを連打する「ピアノ打ち」、

図12　2種類のシンクロ連射

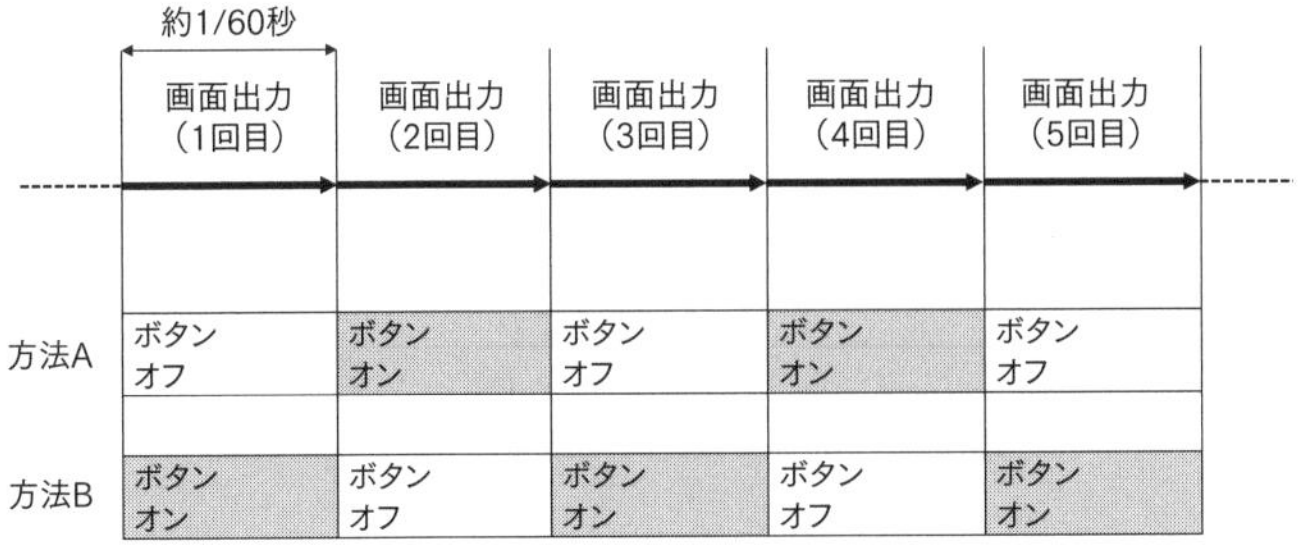

爪をボタンに当てて左右にスライドさせる「こすり打ち」などがあります。道具を使った方法としては、定規などを弾いて振動させ、ボタンを連打させる方法などもありました。なお、連射で有名なハドソンの高橋名人による「16連射」は、「けいれん打ち」を利用しています。

連射方法によっては、ゲーム機のコントローラを傷める恐れがあります。また、ゲームの開発者が想定していない連射装置を使うことで、ゲームのバランスが崩れてしまう場合もあります。

こういった問題を解決する方法の一つとして、「セミオート連射」という方式を採用しているゲームもあります。セミオート連射は、プレイヤーがある程度の連打を行えば、弾が高速で連射される機能です。無理のない連打を楽しみつつ、十分な速さで弾を撃つことができる、気の利いた工夫だといえます。

ダライアスは横スクロールシューティングゲームという既知のジャンルにもかかわらず、複数の画面を効果的に使うことで、プレイヤーに新しい体験をもたらしました。続く１９８７年も、アーケードゲームの世界では、色々な新しい試みがなされます。それぞれ異なる方法で３Ｄグラフィックスを表現した「アフターバーナー」「A-JAX」「ミッドナイトランディング」と、ガンシューティングの流行を作った「オペレーションウルフ」に注目してみましょう。

1987年へ

1987年

「アフターバーナー」「A-JAX」「ミッドナイトランディング」
各社が工夫を凝らす3D表現の技術

「オペレーションウルフ」
撃った場所を検出する光線銃の技術

この年の事件

- NECホームエレクトロニクスが家庭用ゲーム機「PCエンジン」を発売。
- シャープが16ビットパソコン「X68000」を発売。
- NECが16ビットパソコン「PC-88VA」を発売。
- 超新星「SN 1987A」を発見。

PUSH START BUTTON

高性能の家庭用ゲーム機やパソコンが登場

１９８７年は高性能の家庭用ゲーム機や、ゲーム向けの機能を持つパソコンが登場した年です。家庭用ゲーム機としては、１９８３年に発売されたファミリーコンピュータ（ファミコン）が人気を集めていましたが、より高品質なゲームを自宅で遊べる環境が手に入るようになります。

ハドソンとＮＥＣホームエレクトロニクスは、家庭用ゲーム機「ＰＣエンジン」を共同で開発し、ＮＥＣホームエレクトロニクスが発売します。ＰＣエンジンのＣＰＵは「６５０２」（１９７５年）を拡張した「ＨｕＣ６２８０」です。６５０２をベースにしている点はファミコンと同じですが、ファミコンでは動作周波数が１・７９ＭＨｚであるのに対して、ＰＣエンジンでは７・１６Ｍｈｚと、大幅に高速化されています。スプライト機能も強化されており、ファミコンでは８×８ピクセルまたは８×16ピクセルのスプライトを64枚表示可能（水平に並べられるのは８枚まで）なのに対して、ＰＣエンジンでは16×16ピクセルのスプライトを64枚表示可能（水平に並べられるのは16枚まで）となっています。最初のＰＣエンジンは２４８００円です。その後、多くの派生機種や、ＣＤ-ＲＯＭドライブなどの周辺機器も登場します。

シャープは16ビットパソコン「Ｘ６８０００」を発売します。ＣＰＵに「６８０００」（１９８０年）を採用し、スプライトやＢＧ（タイルマップ）を備えているなど、アーケードゲームに近い機能を持ったパソコンです。スプライトについては、16×16ピクセルのスプライトを１２８枚表示可能（水平に並べられるのは32枚まで）という性能で、同年に発売されたＰＣエンジンを上回っています。価格が３６９０００円と高価なこともあり、ゲームに興味があるパソコンユーザにとって憧れの機種でした。標準で添付されるソフトウェアに、「グラディウス」（１９８５年）の移植版が含まれていることも魅力的でした。

ＮＥＣが発売した「ＰＣ－８８ＶＡ」も、ゲームを意識した設計の16ビットパソコンです。ＣＰＵはＮＥＣ製の「Ｖ50」をベースにした「μＰＤ９００２」を採用しています。このＣＰＵは16ビットＣＰＵ「８０８６」（１９７８年）の互換品ですが、従来のＰＣ－８８００シリーズとの互換性を確保するために、８ビットＣＰＵ「Ｚ80」（１９７６年）との互換機能も備えています。グラフィックスについてはスプライト機能があり、８×４ピクセルから２５６×２５６ピクセルまでのスプライトを32枚表示可能（水平に並べられるのは２５６ピクセルまで）です。価格は２９８０００円でした。

このように高性能な家庭用ゲーム機やパソコンが登場しましたが、同時期のアーケードゲームはさらに先進的でした。例えばスプライトについては、表示可能な枚数についても、拡大縮小や回転といった効果についても、家庭用ゲーム機やパソコンを圧倒しています。このような性能を背景に、アーケードゲームは2Dの表現だけではなく、3Dの表現を模索するようになります。こういった3Dゲームの例を、3作品ほど見てみましょう。

アフターバーナー　～抜群のスピード感と爽快なローリング

セガの「アフターバーナー」は、映画「トップガン」（1986年）のような戦闘機による空中戦を再現した、擬似3Dシューティングゲームです。トップガンの主役機である「F－14トムキャット」のような自機を操作し、ミサイルと機銃を使って迫り来る敵を撃墜しながら、ステージを進んでいきます（図1）。

アフターバーナーには、初代の「アフターバーナーⅠ」と、改良版の「アフターバーナーⅡ」があります。アフターバーナーⅡでは、スロットルレバーが追加され、ステージ数も増えています。

アフターバーナーのコントローラは、自機を移動するスティックと、自機のスピードを変えるスロットルレバーで構成されています。スティックには、機銃を発射するトリガーと、ミサイルを発射するボタンが付いています（図2）。機銃は照準に向かって真っ直ぐ飛びます。ミサ

図1 アフターバーナー(イメージ)

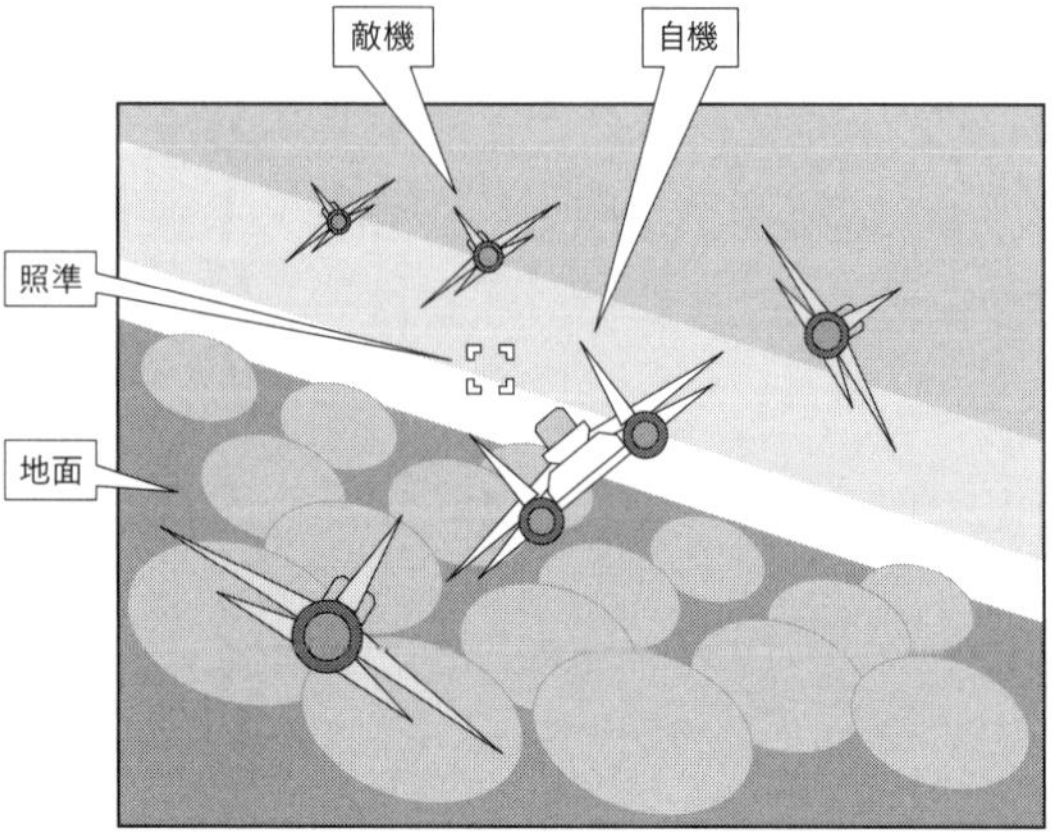

図2 アフターバーナーのコントローラ

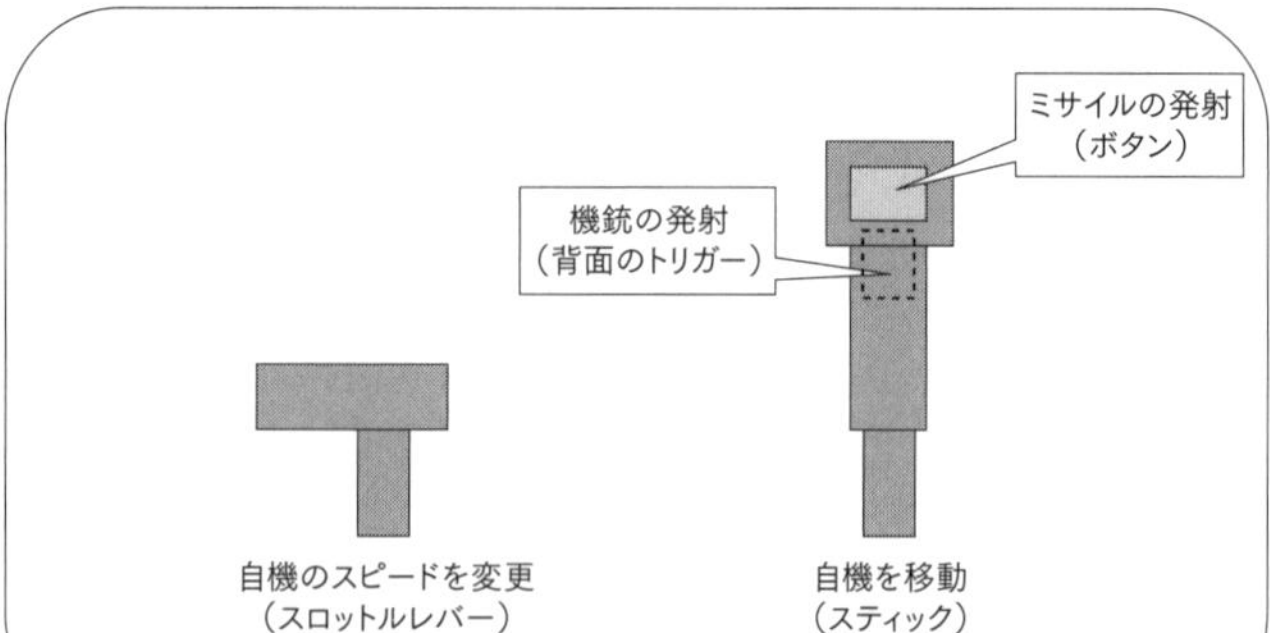

イルは、照準を使って敵機を捕捉（ロックオン）してから発射すると、敵機を自動的に追尾します。

スティックを左右のいずれかに倒した後に、素早く逆方向に倒すと、自機がローリングして画面が一回転します。この非常に派手な演出には、セガのシステム基板「Ｘ－ＢＯＡＲＤ」が持つ、スプライトの回転機能が活用されています。

Ａ-ＪＡＸ ～上空から敵艦隊を急襲

コナミの「Ａ－ＪＡＸ」（エージャックス）は、縦スクロール２Ｄシューティングと、擬似３Ｄシューティングを融合させたゲームです。２Ｄステージではヘリコプターを、３Ｄステージでは戦闘機を操作して、敵を撃破します。全８ステージのうち、３Ｄステージは３ステージ（ステージ２、５、８）です。ステージ２は上空から敵の艦隊を襲うシーン、ステージ５は渓谷を抜けるシーン、ステージ８は宇宙空間のシーンとなっており、どのステージも最後にボスとの戦闘があります（図３）。

Ａ－ＪＡＸのコントローラは、自機を移動するジョイスティックと、３個のボタンで構成されています。ボタンは対空攻撃（ショット）、対地攻撃（ボム）、特殊攻撃（スーパーウェポン）を発射するために使います（図4）。

アフターバーナーと同様に、A－JAXは3Dステージを、2Dの画像を拡大縮小および回転することによって表現しています。全編を3Dで表現しているアフターバーナーとは異なり、A－JAXでは2Dシューティングゲームに変化を加えるための道具として、3Dステージを活用しています。

ミッドナイトランディング～コクピットに乗り込んで楽しむ夜間着陸

タイトーの「ミッドナイトランディング」は、航空機を操縦して空港に着陸する、フライトシミュレータのゲームです。航空機のコクピットを模した筐体に入り込んで、実際の

図3 A-JAX(3Dステージ、イメージ)

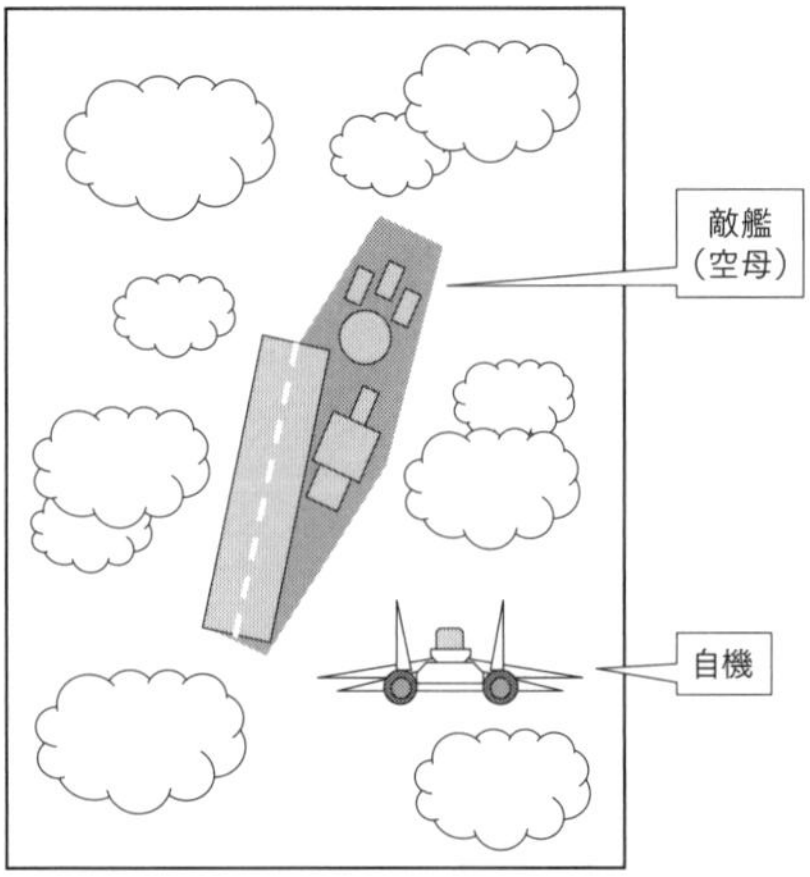

空港を模した全8ステージの着陸に挑戦します。

　現在のフライトシミュレータはポリゴンによる3Dグラフィックスで表現するのが一般的ですが、ミッドナイトランディングはポリゴンを使いません。題名通り「夜間の着陸」という設定にすることにより、空港の照明のみを描画することで、ポリゴンを使わずに済ませています（図5）。

　ミッドナイトランディングのコントローラは、操縦桿とスロットルレバーです。操縦桿で上昇下降と旋回を行い、スロットルレバーでパワー（推力）を調整します（図6）。

　夜間の着陸に限定されているものの、航空機を操縦する雰囲気が味わえるユニークなゲームとして、ミッドナイトランディングは人

図4　A-JAXのコントローラ

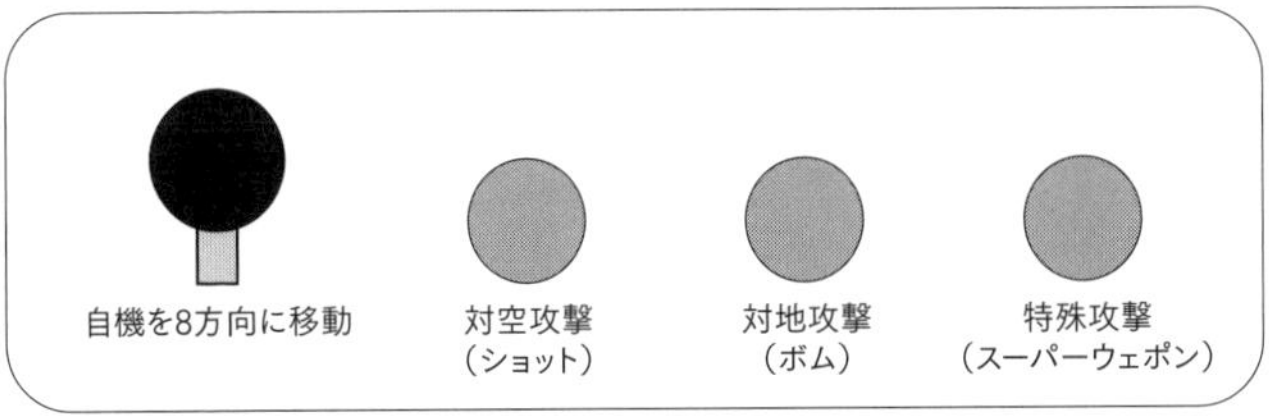

図5 ミッドナイトランディング（イメージ）

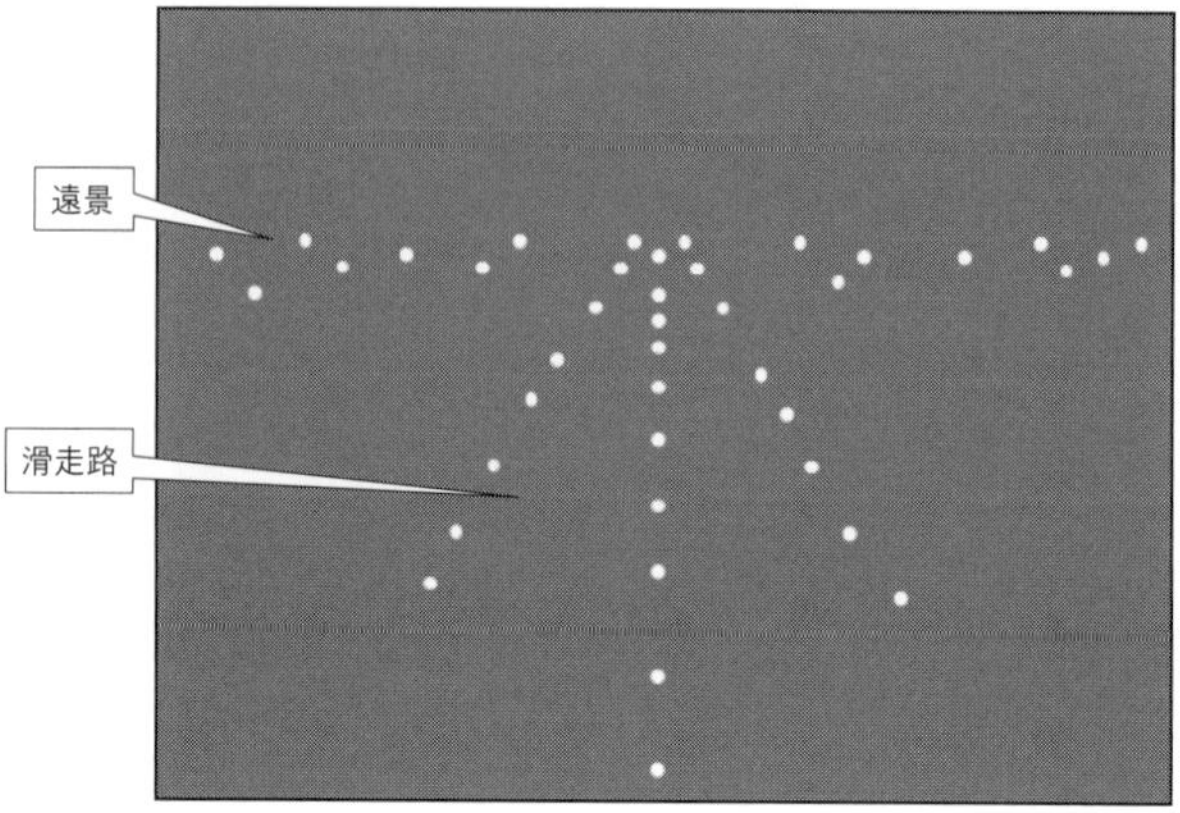

図6 ミッドナイトランディングのコントローラ

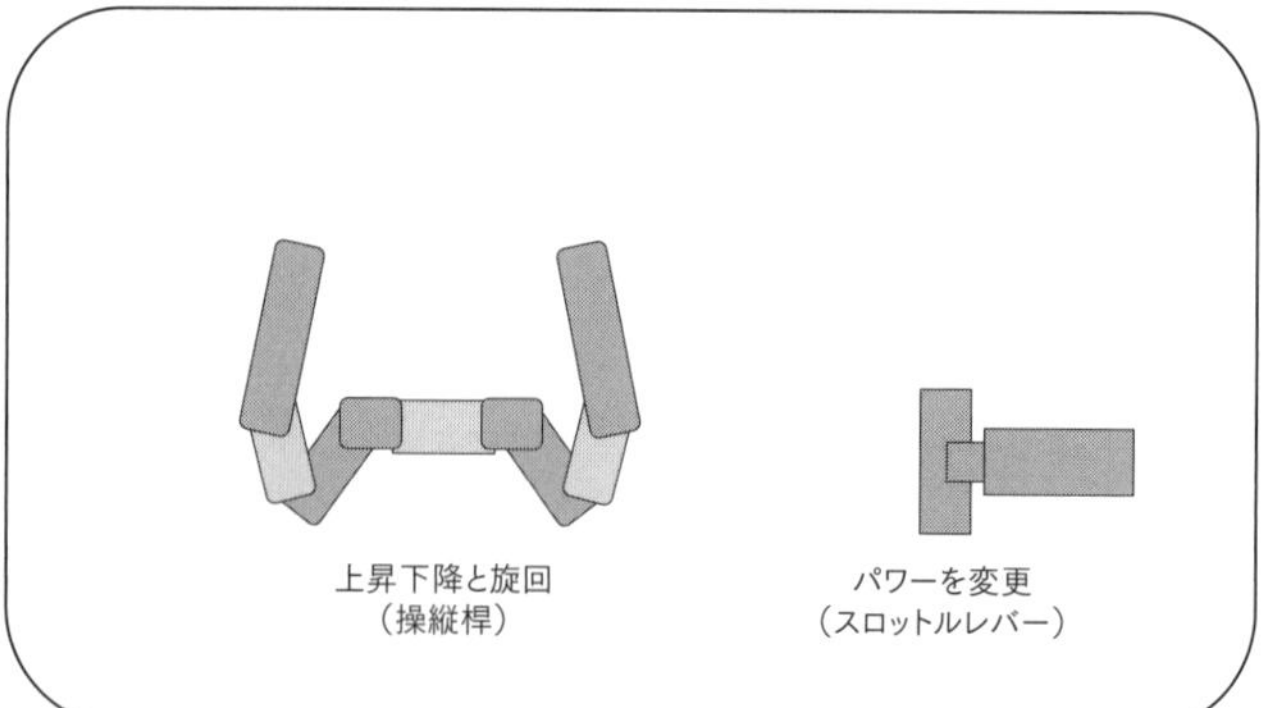

気を集めます。続編の「トップランディング」（１９８８年）は、ポリゴンの描画に対応し、昼間の空港における離陸や着陸を楽しめるようになっています。

さて、ここまでに見てきた「アフターバーナー」「Ａ－ＪＡＸ」「ミッドナイトランディング」の3作品は、いずれもポリゴンによる３Ｄグラフィックスは使わずに、それぞれに工夫を凝らして３Ｄゲームを実現しています。翌１９８８年には、ポリゴンを使った「ウイニングラン」や「トップランディング」といったゲームが登場するので、１９８７年は本格的な３Ｄゲーム時代の前夜といった様相です。

そんな１９８７年には、３Ｄゲームとは全く違った角度から、新しいタイプの遊びを提案するゲームが登場します。タイトーの「オペレーションウルフ」です。

オペレーションウルフ　～マシンガンシューティングのパイオニア

オペレーションウルフは一人称視点のガンシューティングゲームです。次々に出現する敵の戦闘員や車両などを、マシンガン（機関銃）とロケット弾を使って倒すゲームです（図7）。

オペレーションウルフのコントローラは非常にユニークで、マシンガンを模したモデルガンが筐体に付いていています。トリガーを引くと、マシンガンが自動的に連射されます。また、銃口の横にあるボタンを押すと、威力が高いロケット弾を撃つことができます（図8）。

オペレーションウルフは、マシンガンを使ったガンシューティングゲームの流行を生んだ製品です。マシンガンを撃つ爽快感を重視しながらも、弾数制限があったり、撃ってはいけない人質が登場したりと、ただ連射しているだけでは済まない、細やかなプレイを要求する一面もあります。

さて、オペレーションウルフのようなガンシューティングゲームでは、撃った弾が標的（敵）に当たったかどうかを判定する必要があります。この判定にはいくつかの方式がありますが、ここでは代表的な方式を見てみましょう。

図7 オペレーションウルフ（イメージ）

標的を白く表示する方式

１９８４年に発売された、任天堂のファミコン用のガンコントローラと、「光線銃シリーズ」と呼ばれる対応ゲームで使われている方式です。光線銃シリーズには、カモを撃つ「ダックハント」、敵のガンマンと対決する「ワイルドガンマン」、悪者を判別して撃つ「ホーガンズアレイ」があります。

これらのゲームでは、ガンを撃ったときに、まず画面全体を暗く（黒く）します。次に、標的以外の部分は暗いままで、標的の部分だけを明るく（白く）表示します。ガンの先端には、光を検出するフォトダイオード（またはフォトトランジスタ）が付いていて、画面の明暗の変化を検出します。暗から明（黒から白）への変

図8　オペレーションウルフのコントローラ

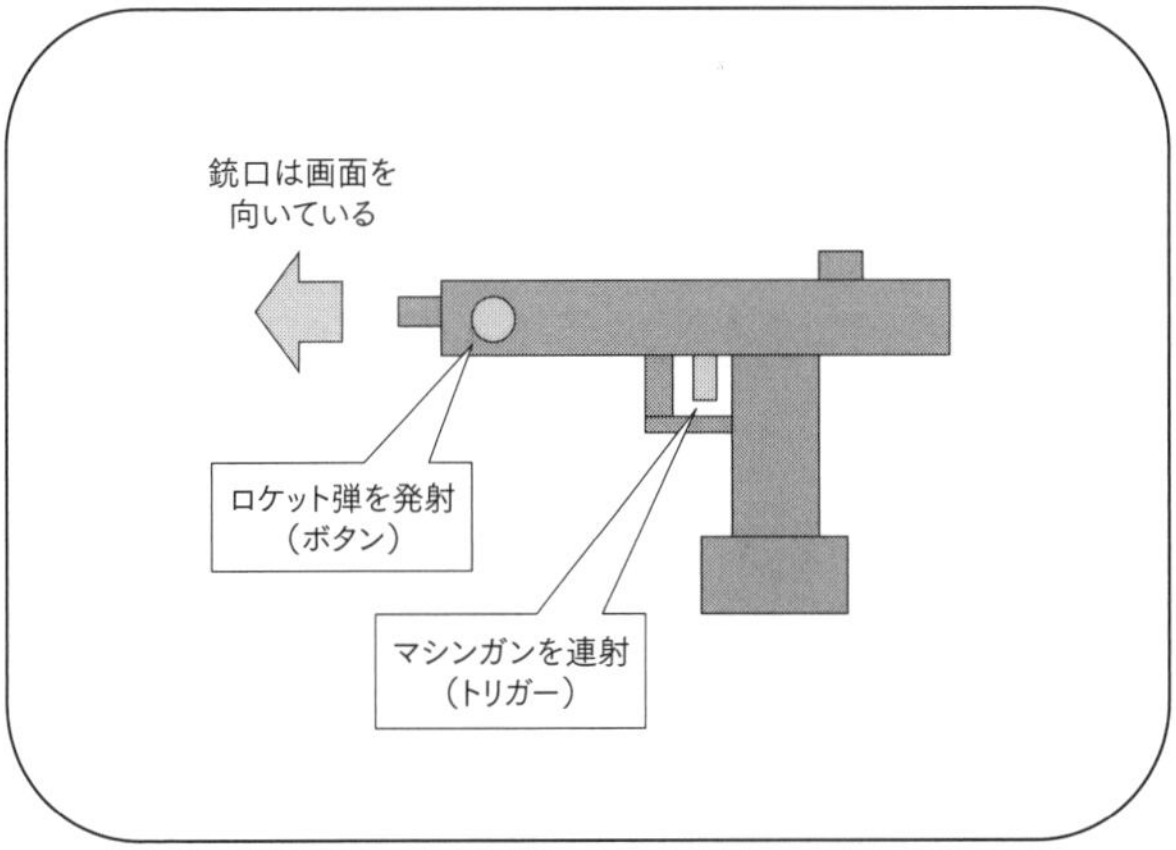

化が検出されたら、ガンの先端が標的に向いていた、つまり命中したと判定します（図9）。

白く表示するのは非常に短い時間なので、はっきりとは見えませんが、「標的が光ったかな？」と感じることはあります。複数の標的がある場合には、各標的を順番に白く表示していきます。標的の数が多くなると、白く表示している時間が長くなるので、プレイヤーに違和感を与える可能性が高くなります。

光線銃シリーズでは、標的の場所に白い矩形（長方形）を表示します。ダックハントは飛行するカモの位置に矩形を表示します。ワイルドガンマンで敵が2人いるモードでは、左右の敵を区別するために、画面の左半分または右半分に矩形を表示します。ホーガンズアレイでは、3つのターゲットの位置に矩形を

図9　明暗の変化を検出する

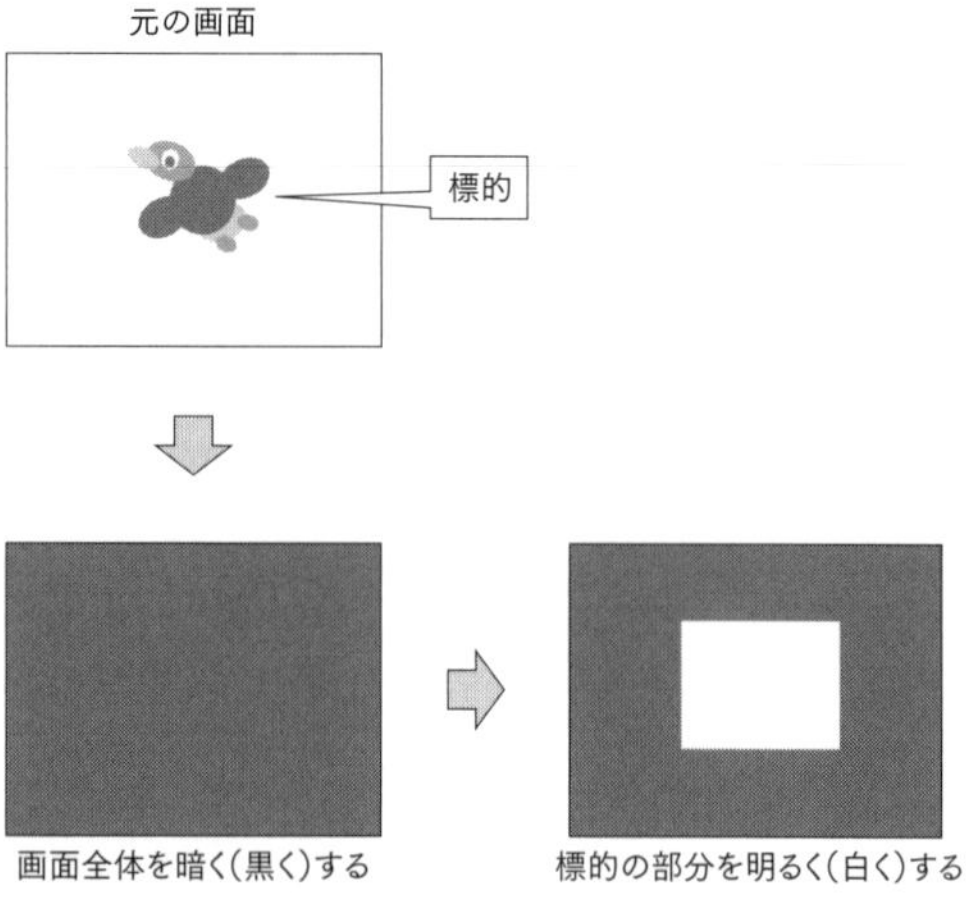

表示します。

光線銃シリーズの画面を注視していると、白い矩形が見えることがあります。ただし画面が激しく点滅するので、見つめすぎないようにご注意ください。

電子ビームを検出する方式

こちらはオペレーションウルフなどで使われている方式で、ブラウン管の電子ビームと、画面の同期信号を利用します。前述の方式とは違い、標的を白く表示しなくても、撃った位置を検出することができます。

ブラウン管は画面の左上から右下まで、走査線に沿って電子ビームでなぞることによって、映像を表示しています。画面に塗られている蛍光物質に電子ビームが衝突すると発光しますが、電子ビームが通り過ぎると、短時間で光は消えます。しかし、人間の目には残像となって残るので、画面全体に映像が表示されているように見えます（図10）。

この方式のガンは、先端に付いているフォトダイオードやフォトトランジスタによって、電子ビームを検出します。これを使って、電子ビームが画面の左端に来た時点から、電子ビームを検出するまでの時間を計測すれば、ガンで撃った横方向の位置が分かります。電子ビームが画面の左端に来るタイミングは、画面出力の水平同期信号（ＨＳＹＮＣ）から知ることができます（図11）。

また、電子ビームを検出するまでに画面に出力されたラスター（横方向の1ライン）の数から、ガンで撃った縦方向の位置が分かります。出力されたラスターの数は、垂直同期信号（VSYNC）を受信した後に、水平同期信号を受信した個数から知ることができます（図12）。

オペレーションウルフでは、電子ビームを検出するために、ガンを撃った瞬間に画面全体を明るい一色で塗りつぶします。その結果、画面全体が頻繁に点滅しますが、マシンガンを撃っている雰囲気の演出に一役買っていて、不自然には感じません。ただし、標的を白く表示する方式と同様に、光過敏性発作に対する注意は必要そうです。

電子ビームを検出する方式は、アーケード

図10 電子ビームによる発光と残像

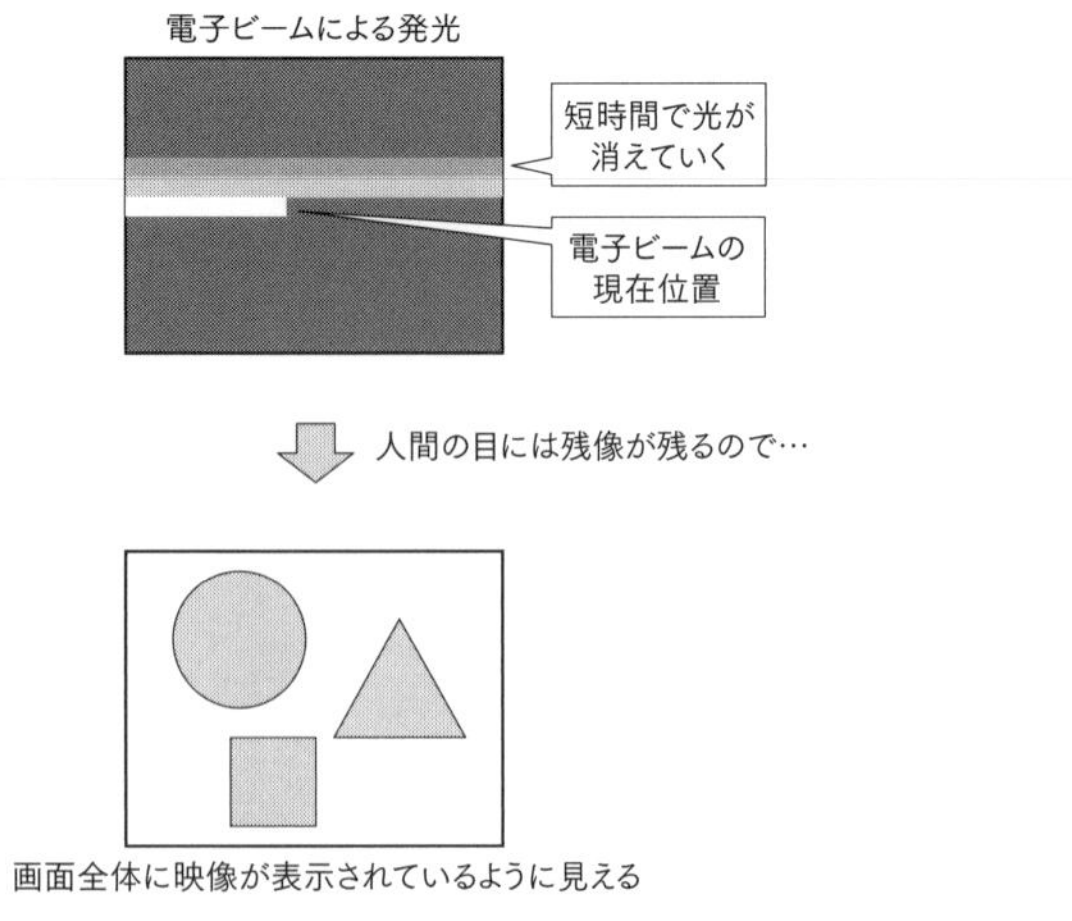

図11　横方向の位置

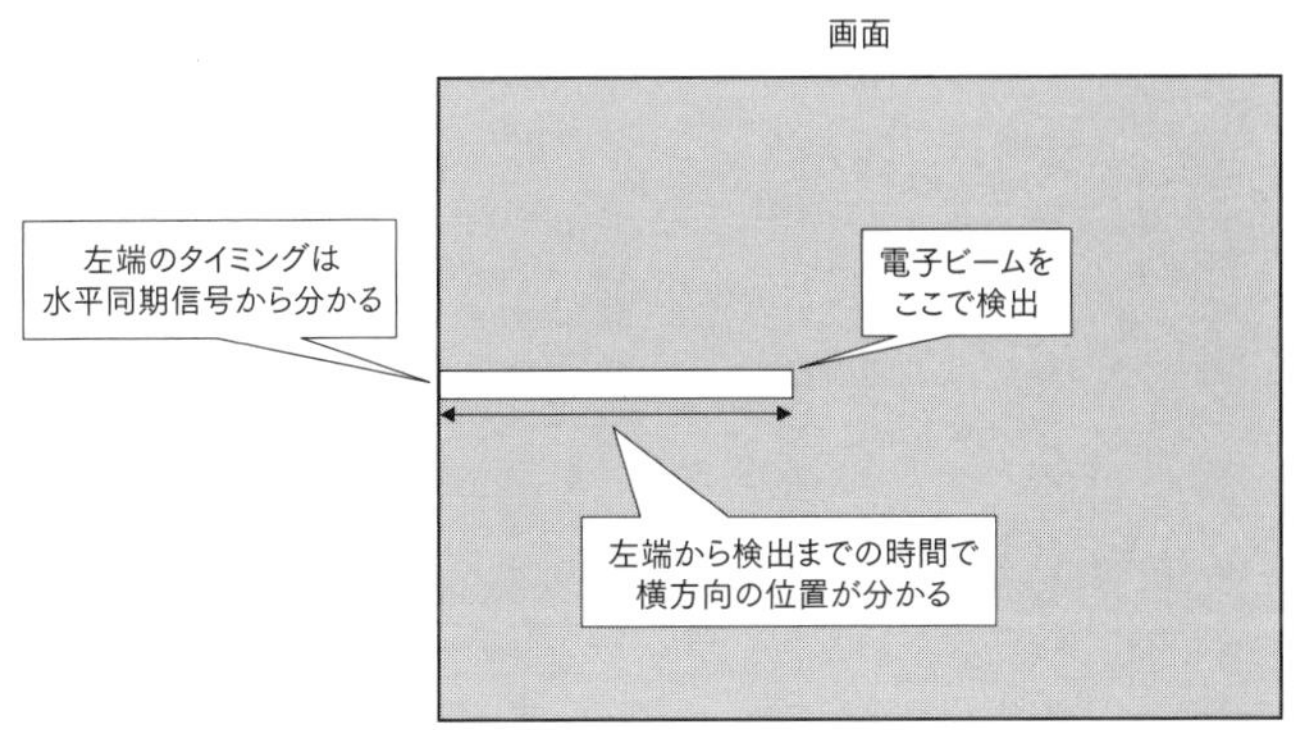

図12　縦方向の位置

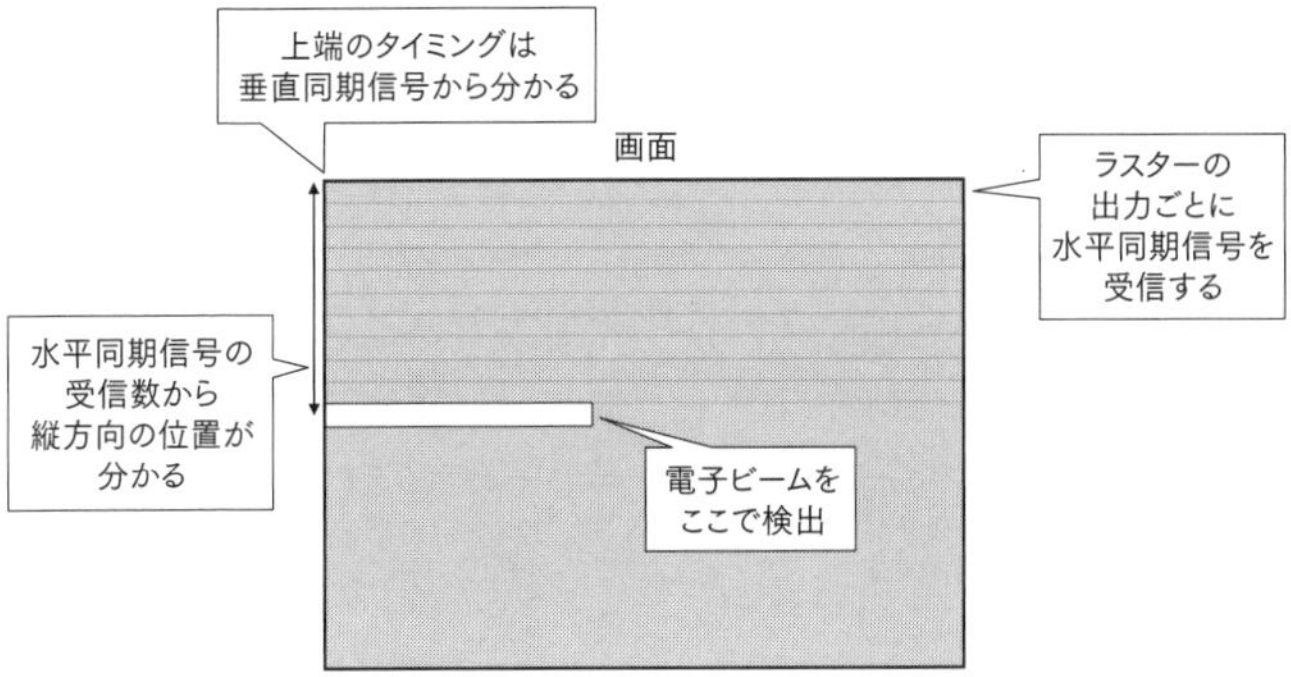

ゲームでも家庭用ゲーム機でも広く使われます。しかし、この方式はブラウン管の仕組みに依存しているので、ブラウン管以外の表示装置、例えば液晶には対応していません。液晶の普及にしたがって、この方式は使えなくなっていきます。

赤外線を使う方式

電子ビームを検出する方式に代わって使われるようになったのが、赤外線を使う方式です。この方式は液晶など、ブラウン管以外の表示装置でも利用できます。この方式は、画面の近くに赤外線を発光する装置を設置し、ガンに付いているセンサーで赤外線を検出します。そして、検出した赤外線の方向から、ガンで撃った位置を算出するという仕組みです。

　この方式を採用している例としては、任天堂の「Ｗｉｉリモコン」があります。Ｗｉｉリモコンを使うには、画面の近くに「Ｗｉｉセンサーバー」という細長い装置を設置します。Ｗｉｉセンサーバーは「センサー」と名付けられていますが、内蔵されているのはセンサーではなく、赤外線を発光するＬＥＤ（発光ダイオード）です。センサーバーの左右両端に5個ずつ、合計10個のＬＥＤが付いています。赤外線ＬＥＤなので、肉眼で点灯を確認するのは困難ですが、スマートフォンやタブレットのフロントカメラを使うと確認できる場合があるので、試してみてください（図13）。

一方のＷｉｉリモコンには、先端にセンサー（ＣＭＯＳイメージセンサーと呼ばれるカメラの一種）が内蔵されており、このセンサーで赤外線を検出します。センサーが撮影する解像度は１２８×96ピクセルですが、画像処理によって解像度を１０２４×７６８ピクセルに高めています。センサーバーの左右に5個ずつ付いているＬＥＤの光が、それぞれ１つの大きな光にまとまって、２つの光として検出されます。センサーで検出したＬＥＤの位置から、Ｗｉｉリモコンが指している画面上の位置を算出します（図14・図15・図16）。

図13　Wiiセンサーバー

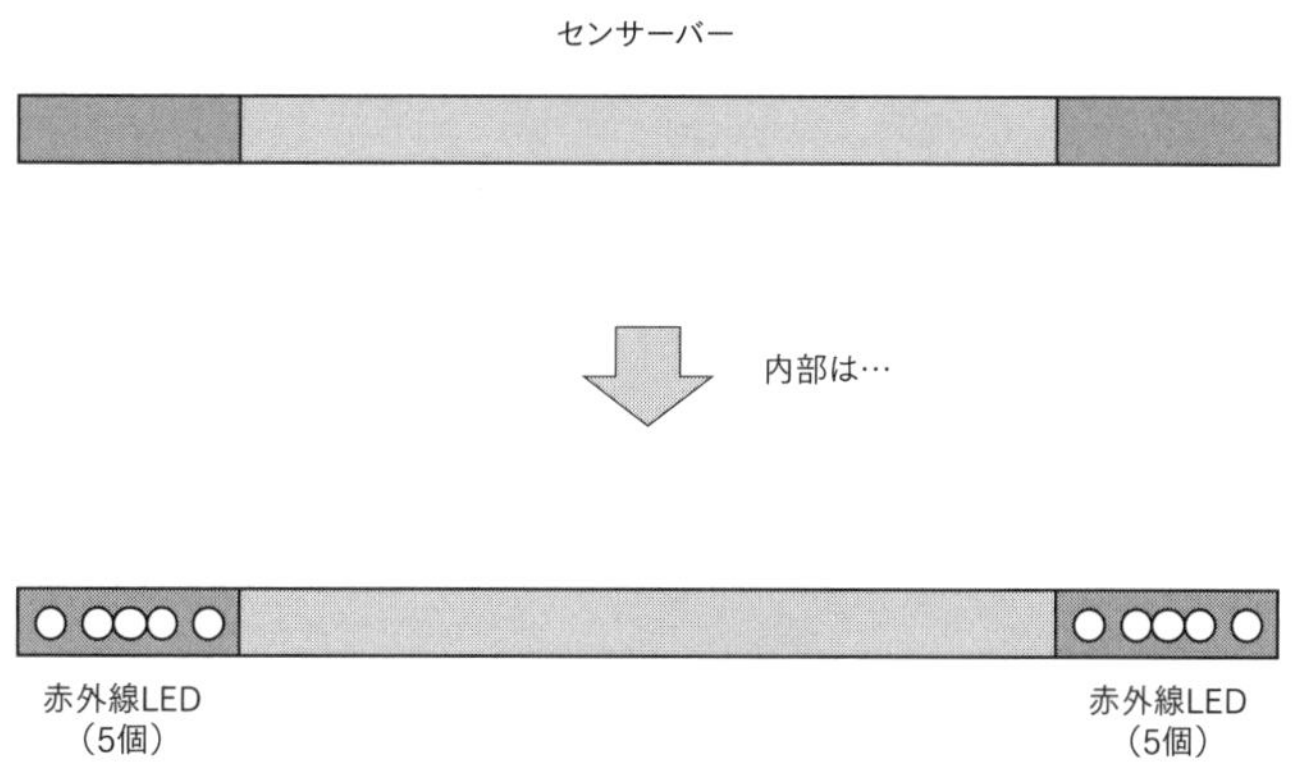

図14 Wii リモコン

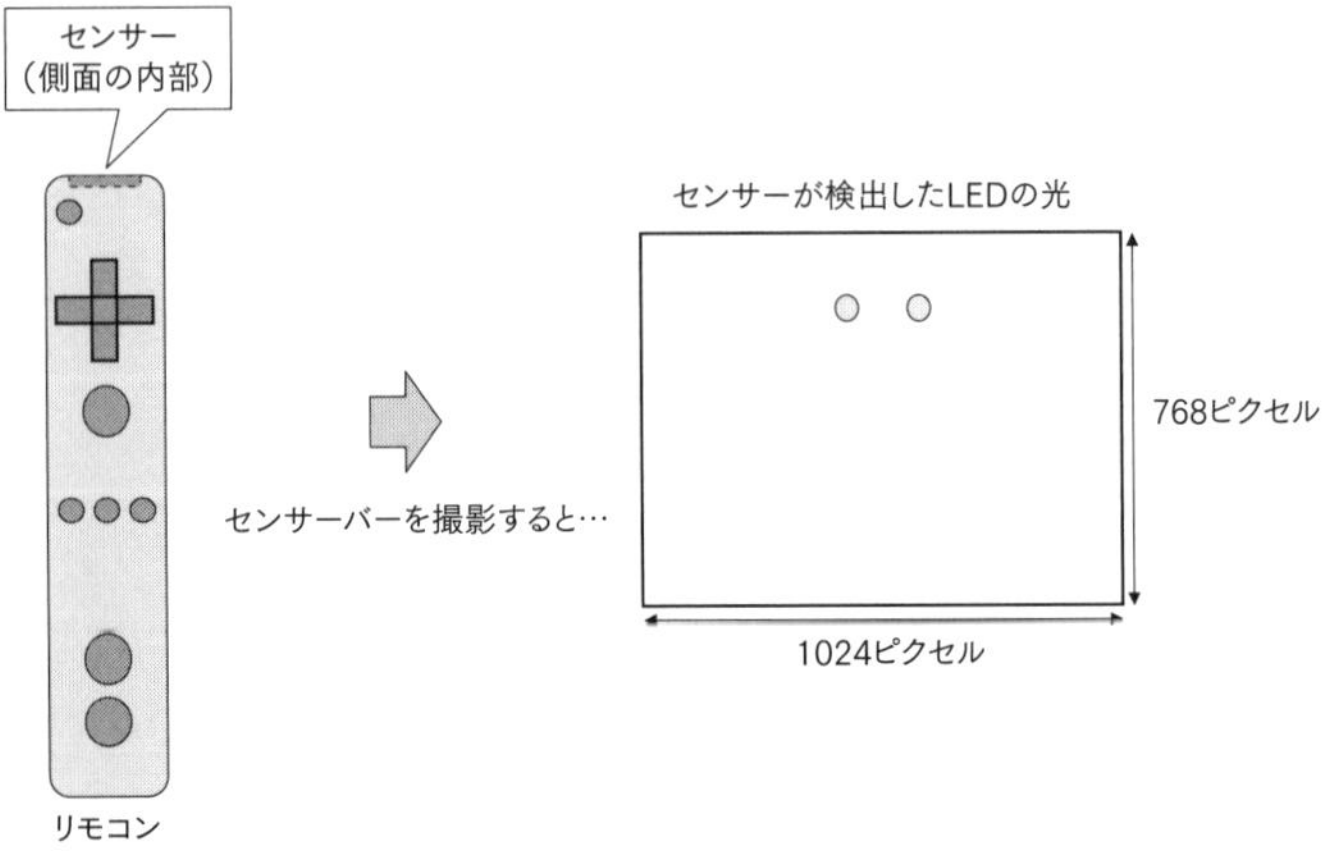

図15 Wii リモコンが画面の左側を指しているとき

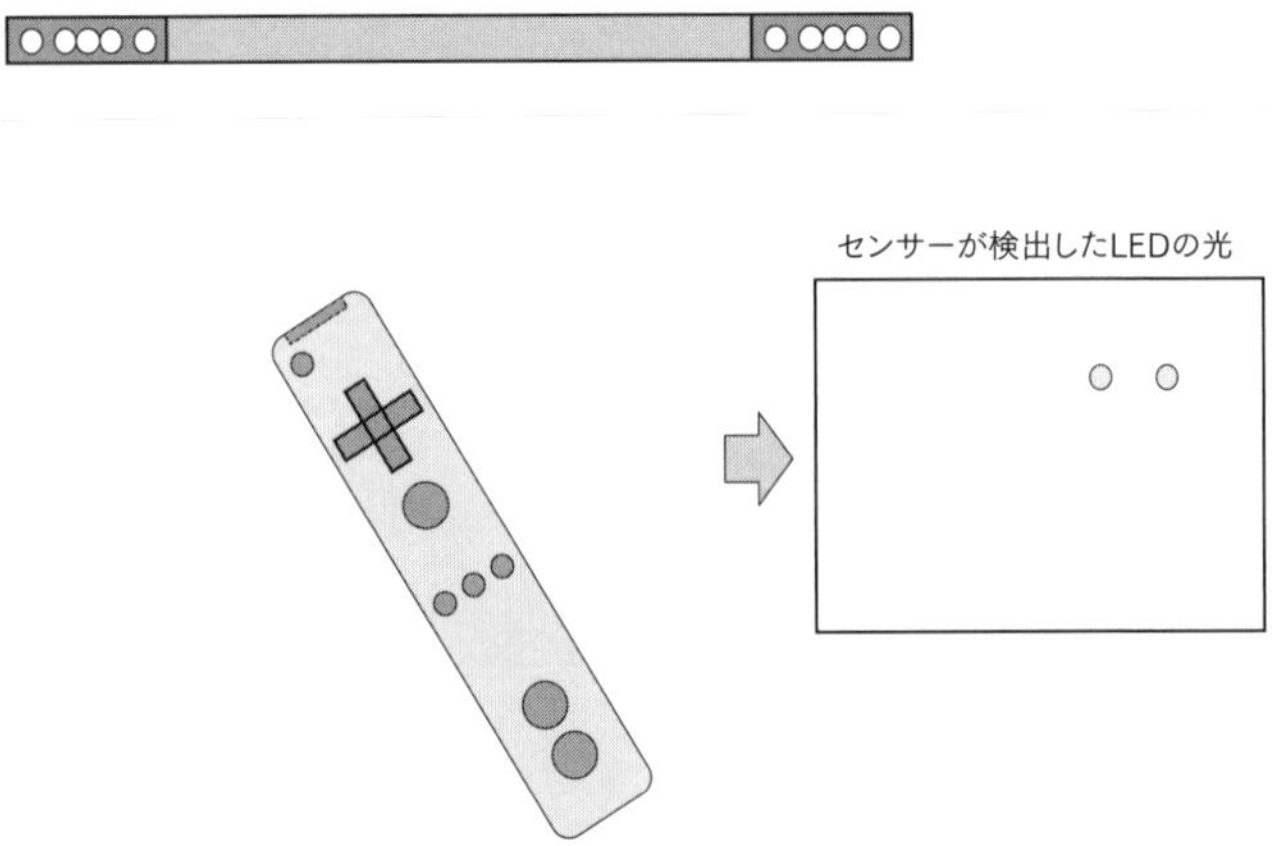

その後のガンシューティングゲーム

　オペレーションウルフは好評を博し、続編の「オペレーションサンダーボルト」（1988年）が登場します。オペレーションサンダーボルトは、アーケード用のガンシューティングゲームとして初めて、2人同時プレイに対応した作品です。

　オペレーションウルフ以降、他社からも色々なガンシューティングが登場します。連射の爽快感を楽しむタイプのゲームもあれば、射撃の正確性を競うタイプのゲームもあります。ここでは前者のタイプをいくつか紹介しましょう。

　ナムコの「スティールガンナー」（1990年）は、発砲時にマシンガンを振動させるこ

図16　Wiiリモコンが画面の右側を指しているとき

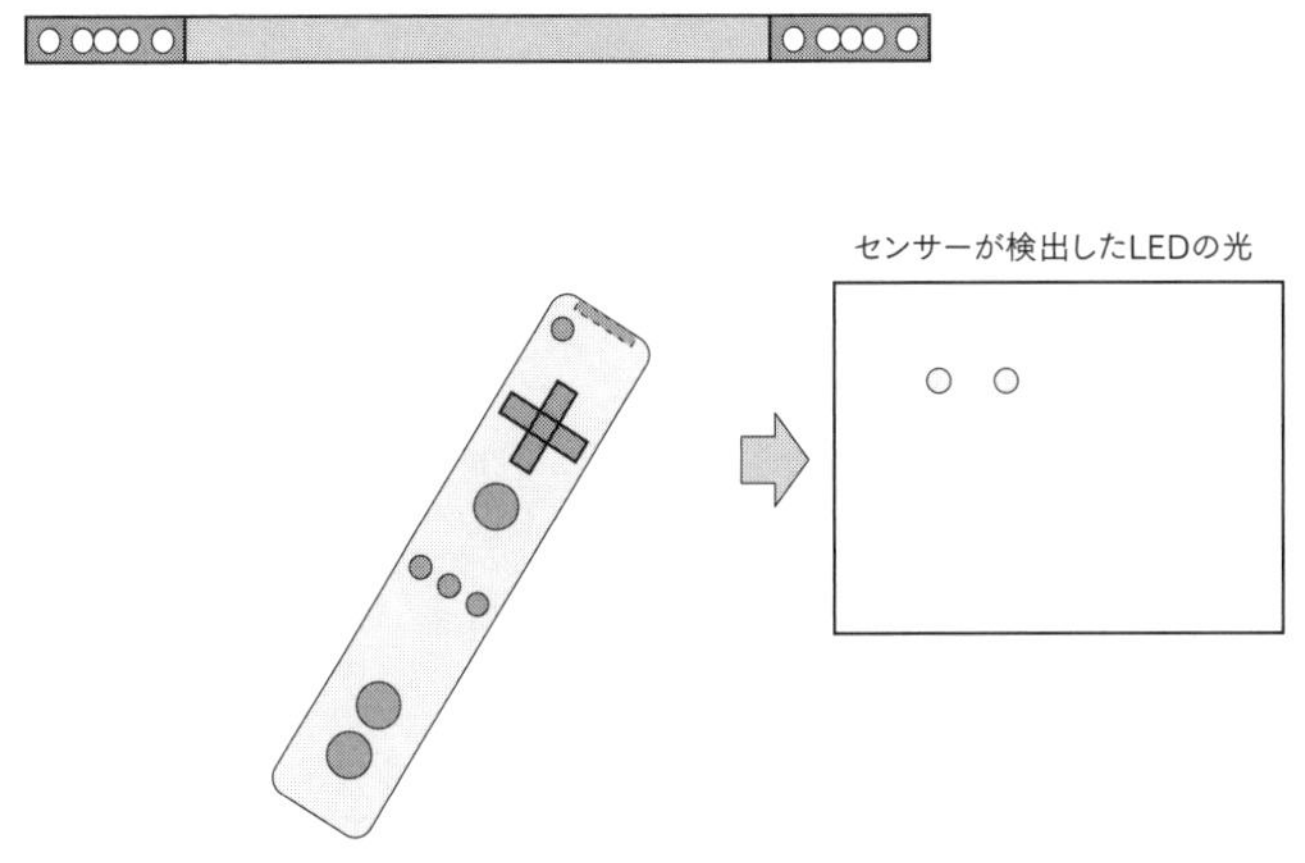

とで、ゲームの迫力を盛り上げています。また、敵だけではなくステージに配置されている物体、例えば家具や植物といったものも破壊できることが特長です。

セガの「レールチェイス」（１９９１年）は、トロッコに乗って上下左右に曲がりくねったコースを疾走しながら、敵や障害物を撃つことが特長です。障害物を破壊して進路を確保したり、レールを切り替えるポイントを撃つことでルートを選択したりといった、ユニークな仕掛けがあります。筐体もユニークで、トロッコを模した２人がけのベンチシートになっており、ゲームの展開に合わせてシートが動きます。テーマパークのライドに乗るような楽しさを、ゲームセンターで気軽に味わうことができ、特に２人で遊ぶと非常に盛り上がるゲームです。

１９８７年は各社が色々な３Ｄの表現方法を提示した年でした。現在ではポリゴンによる３Ｄグラフィックスが一般的になりましたが、１９８７年のアーケードゲームには、ポリゴン前夜ならではの色々な工夫が見られます。

そして１９８８年には、ついにポリゴンを使ったアーケードゲームの時代が来ます。ナムコからは「ウイニングラン」、タイトーからは「トップランディング」が登場します。

1988年へ

1988年

「ウイニングラン」「トップランディング」
本格的な3Dゲームを実現するポリゴンの技術

この年の事件

- 青函トンネルが開通。
- 瀬戸大橋が開通。
- セガが家庭用ゲーム機「メガドライブ」を発売。
- NECホームエレクトロニクスが「PCエンジン」用の周辺機器「CD-ROM^2」を発売。

PUSH START BUTTON

ポリゴンによる3Dグラフィックス時代の幕開け

１９８８年は、本州と北海道を結ぶ青函トンネルと、本州と四国を結ぶ瀬戸大橋（本州四国連絡橋の児島・坂出ルート）が開通した年です。青函トンネルは鉄道が、瀬戸大橋は鉄道と自動車道が通っています。早く利用してみたい！という気持ちで、旅行に出かけた方も多いのではないでしょうか。

瀬戸大橋は１９７８年に着工してから開通まで10年、青函トンネルに至っては１９６１年に着工してから開通まで27年の大工事でした。こういった工事に比べると、アーケードゲームの開発は非常にスピードが速いのですが、それでも１９８５年から3年をかけ、満を持して登場したゲームがあります。ポリゴンによる３Ｄグラフィックスを使った、ナムコの「ウイニングラン」です。

ウイニングラン　～ポリゴンを使った3Dレースゲーム

ウイニングランはフォーミュラカー（Ｆ１とＦ３０００）を題材にした、一人称視点の３Ｄレースゲームです。プレイヤーはハンドルとペダルで自車を操り、所定時間内にコースを周回したり、敵車よりも早くゴールに到達することを目指します。

ウイニングランの特徴は、自車もコースも、ポリゴンによる3Dグラフィックスで描かれていることです。擬似3Dグラフィックスのゲームと差別化するためか、コースのアップダウン、コーナーのバンク（カーブの外側が高くなっている傾斜）、トンネル、ピット、観客席など、ポリゴンならではの立体感があるモチーフがたくさん盛り込まれています（図1）。

ウイニングランのコントローラは、左右に曲がるためのハンドル、ギアチェンジを行うためのレバー、アクセルとブレーキのペダルから構成されています（図2）。「ポールポジシ

図1 ウイニングラン（イメージ）

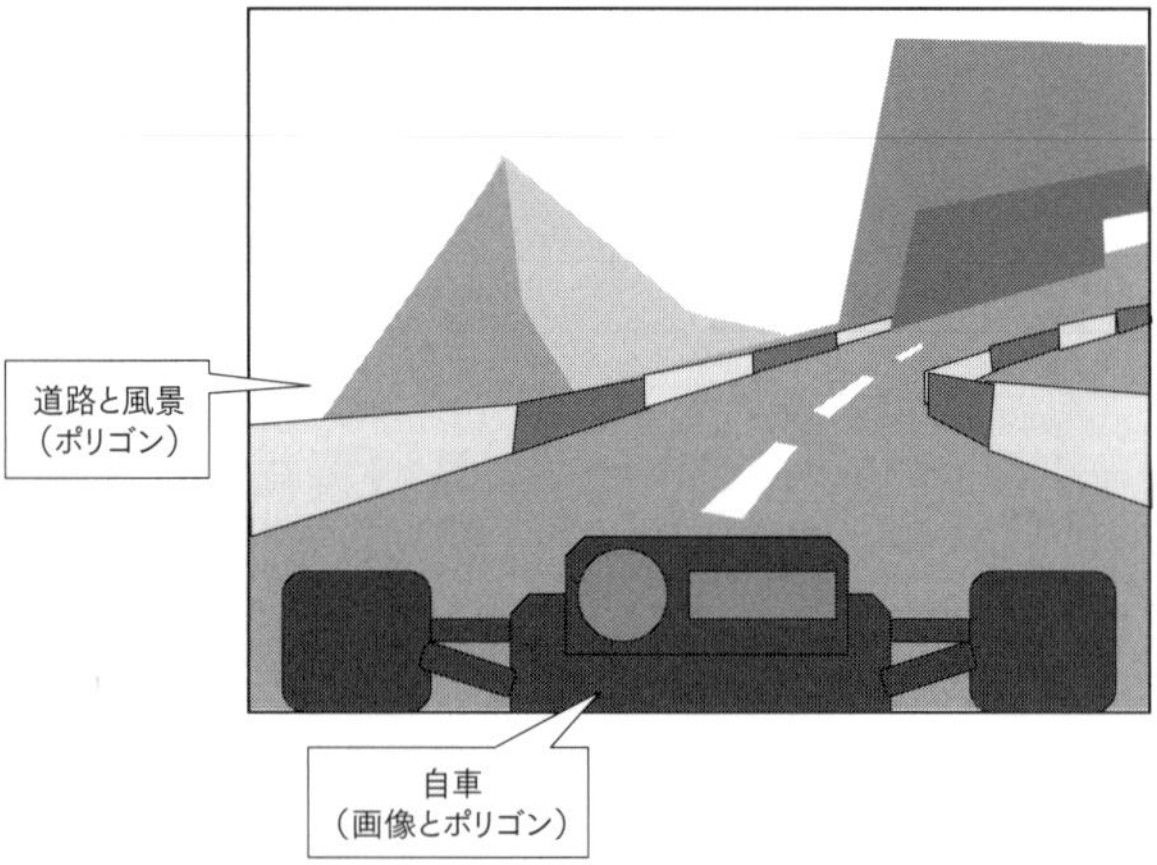

ョン」（1982年）に似ていますが、ポールポジションではギアが2段（ハイとロー）だったのに対して、ウイニングランでは最大で5段＋後退になっています。また、大型筐体版のウイニングランでは、走行にあわせてプレイヤーが座っているシートが傾き、臨場感を盛り上げます。

ポリゴン描画機能を持つシステム21

ウイニングランはシステム基板「システム21」を使った第一作目のゲームです。システム21はポリゴン描画機能を持つことが特徴で、通称「ポリゴナイザー」と呼ばれています。システム21は1秒に60000枚のポリゴンを描くことができます。60000枚というとかなりの数に思えますが、1／60秒に描け

図2　ウイニングランのコントローラ

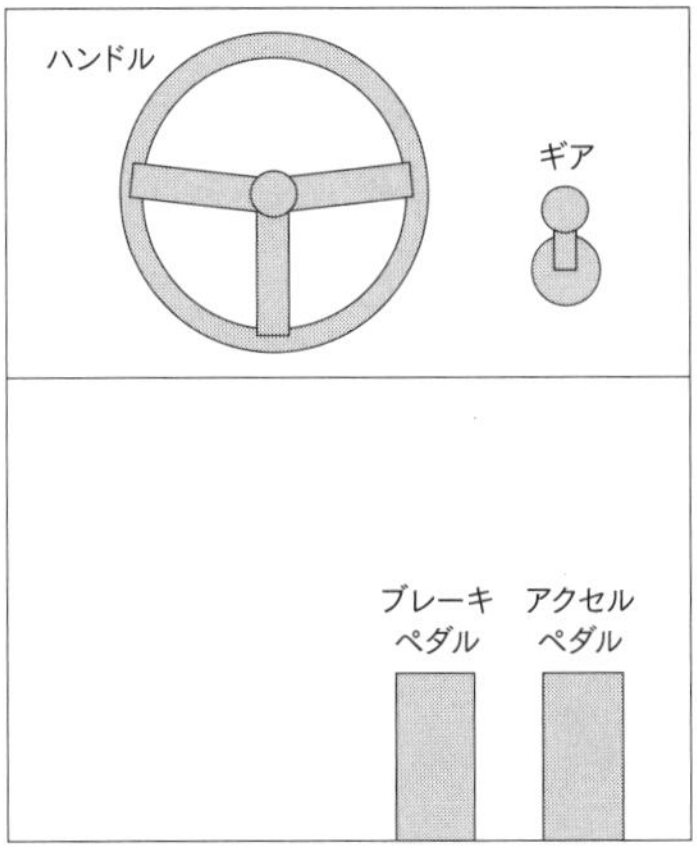

るのは1000枚だけなので、限られた数のポリゴンを上手に使って、車やコースを表現する必要があります。

現在ではテクスチャマッピング（ポリゴンに画像を貼る技術）を使うのが一般的ですが、システム21はテクスチャマッピングには未対応で、一色で塗ったポリゴンを描きます。テクスチャマッピングへの対応はシステム基板「システム22」（1992年）で行われ、「リッジレーサー」（1993年）などのゲームが登場します。

システム21を使ったゲームは数多くあります。ウイニングランと同様のレースゲームとしては、「ウイニングラン 鈴鹿グランプリ」（1989年）、「ドライバーズアイ」（1990年）、「ウイニングラン'91」（1991年）があります。ドライバーズアイでは、プレイヤーをフォーミュラカーのような筐体に乗り込ませ、さらに3枚の画面を横に並べて視野を広く確保することによって、臨場感を盛り上げています。

システム21を使って、シューティングゲームも数多く作られています。1991年は「スターブレード」と「ソルバルウ」、1993年は「エアーコンバット」と「サイバースレッド」が登場します。

ユニークなのは、1990年の「国際花と緑の博覧会」に出展された「ギャラクシアン^3」です。28人でプレイできる巨大なゲームを実現するために、16台ものシステム21が使われています。1台のシステム21が描画する画面のサイズは512×512ピクセル（表示は504×504ピクセル）で、16台では8192×512ピクセル（表示は8064×504ピクセル）にも及びます。後に登場する、LD（レーザーディスク）を使ったバージョンの「ギャラクシアン^3」と「アタック・オブ・ザ・ゾルギア」（1994年）においても、LDの背景に重ねる3Dグラフィックスを描画するために、システム21が採用されています。

ギャラクシアン^{3}の8192×512というピクセル数は、フルHD（1920×1080ピクセル）の2倍程度なので、現在のGPUならば単体でも描画が可能です。現在の技術を駆使して、また楽しいアトラクションが登場することに期待したいところです。

トップランディング　～ポリゴンを使った3Dフライトゲーム

ウイニングランと同じ1988年に、タイトーからもポリゴンを使ったゲームが登場します。「ミッドナイトランディング」（1987年）を発展させて、ポリゴンによる3Dグラフィックスに対応した「トップランディング」です。ミッドナイトランディングと同様に、コクピットのような筐体に乗り込み、操縦桿とスロットルレバーで航空機を操縦します（図3）。

ミッドナイトランディングは夜間の着陸だけを扱っていましたが、トップランディングではポリゴンを活用して、昼間の離陸と着陸を表現しています。ウイニングランと同様に、トップランディングもテクスチャマッピングには未対応で、一色で塗ったポリゴンを描画します。

2Dグラフィックスと3Dグラフィックスの違い

そもそも２Ｄグラフィックスと３Ｄグラフィックスは何が違うのでしょうか？　描画における基本的な仕組みの違いを学んでみましょう。

２Ｄグラフィックスの描画は、画面の中に画像を置いていくイメージです。例えば、画面の左から２００ピクセル、上から１００ピ

図3　トップランディング（イメージ）

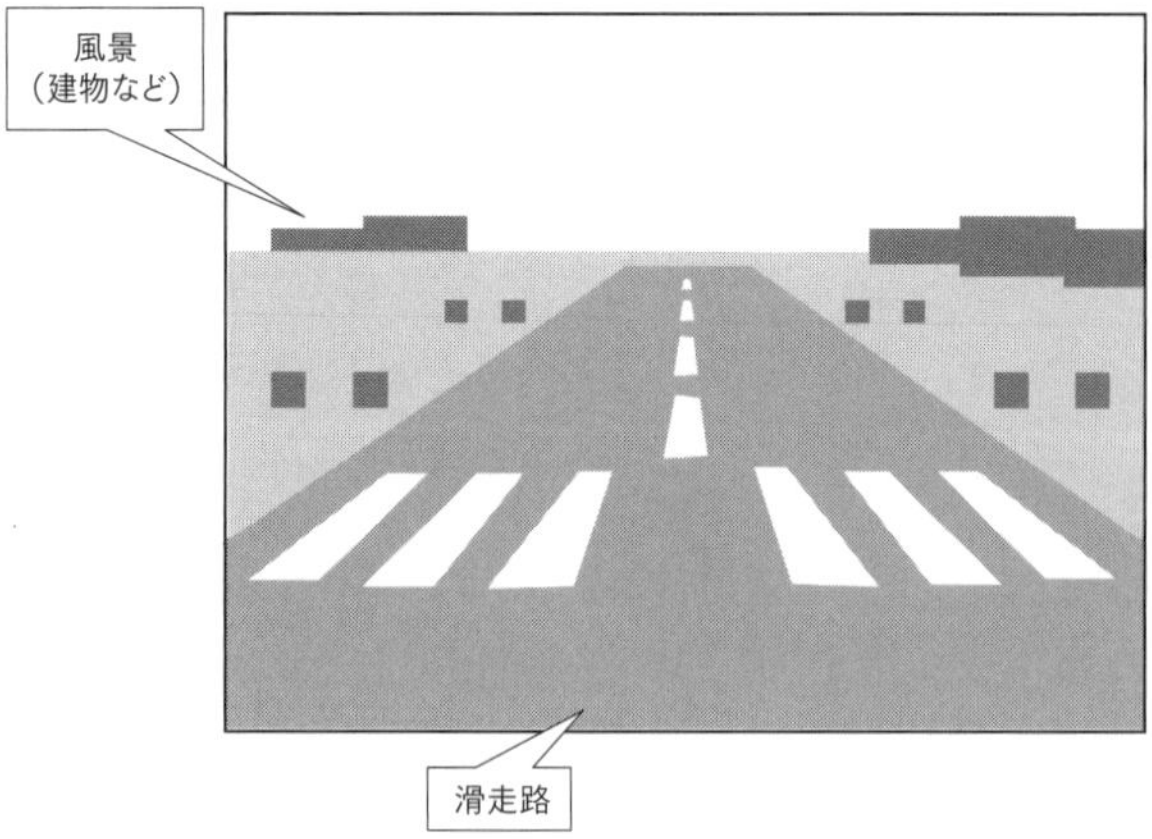

クセルの位置にキャラクターの画像を配置する…といった要領です。テーブルの上にカードを置いていくような感覚に近いでしょうか（図4）。

3Dグラフィックスの描画は、画面を通して空間を覗き込むようなイメージです。視点（プレイヤーの目）と、空間の中にある物体を結んだ線を考えて、この線が画面と交わる点に物体を描画します。自分の前方にあるガラスに、ガラスを通して見えたものをなぞって描いていくような感覚に近いかもしれません（図5）。

3Dグラフィックスでポリゴンを描画する場合には、視点と、空間の中にあるポリゴンの各頂点を結んだ線を考えて、線と画面が交わる点を求めます。全ての頂点について画面

図4　2Dグラフィックスの描画

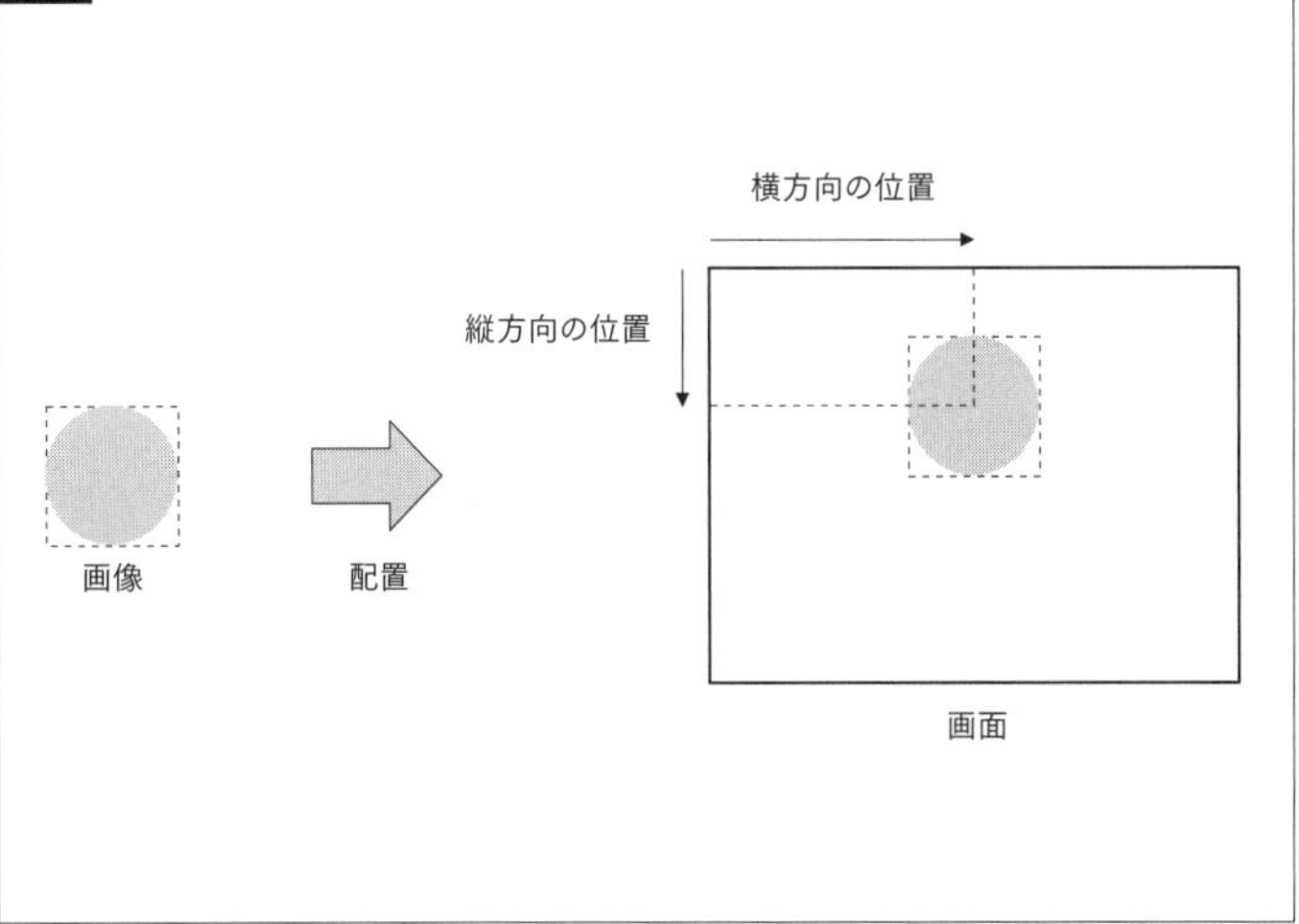

上の交点が求まったら、これらを結んだ図形の内部を塗れば、画面上にポリゴンを描くことができます（図6）。

ウイニングランやトップランディングのようなゲームは、このような方法でポリゴンを描いています。一方、トップランディングの前作であるミッドナイトランディングは、同様の方法で画面上の交点を求めた上で、その位置に点や画像を表示することによって、ポリゴンを使わずに夜景を表現しています。

3Dの計算を高速に処理するDSP

3Dグラフィックスは、2Dグラフィックスに比べて計算の負荷が重い処理です。その

図5 3Dグラフィックスの描画

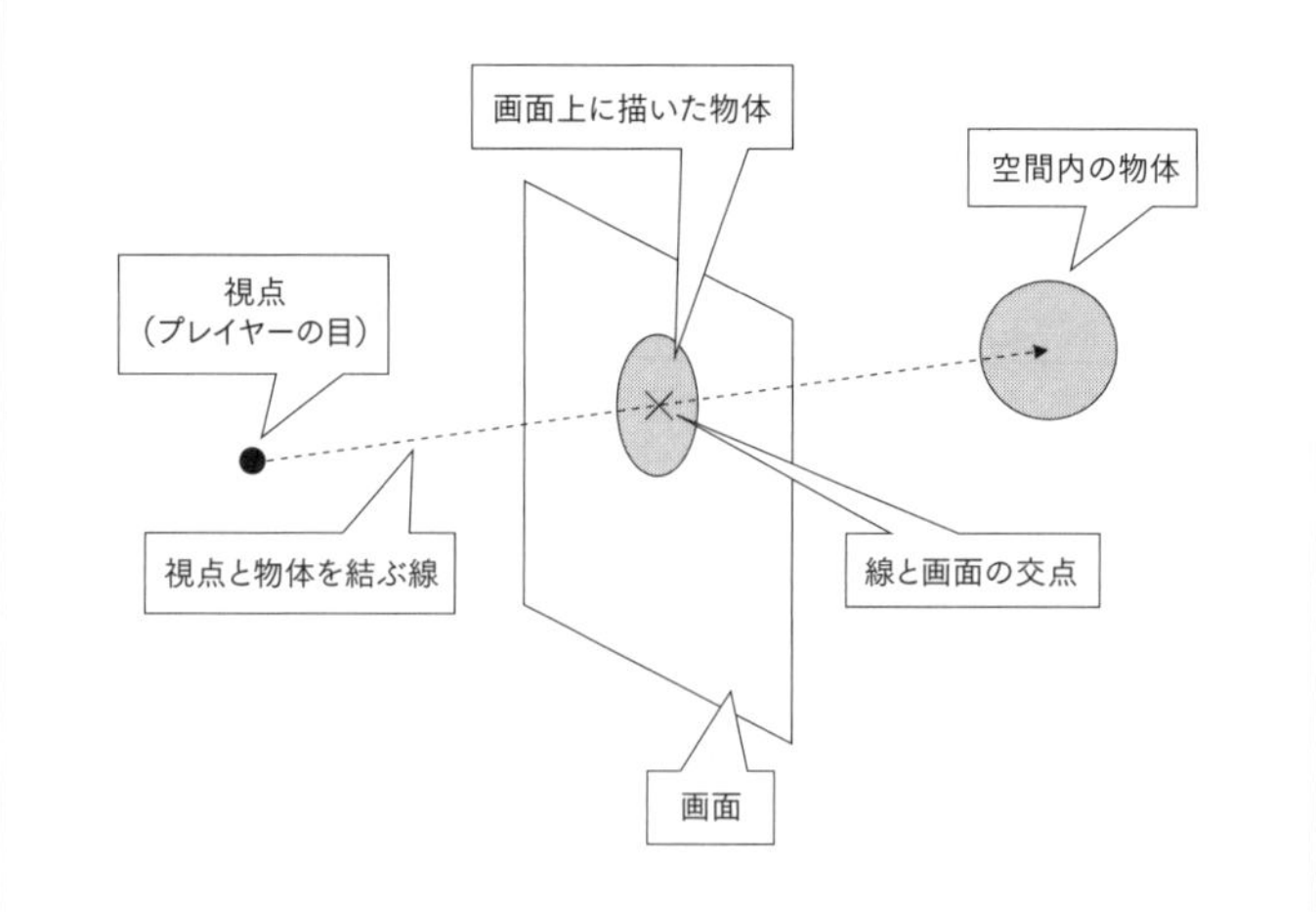

ため、ＣＰＵが高速になった現在においても、３Ｄの計算はＣＰＵだけで行うのではなく、３Ｄの計算に向いたＧＰＵを併用することが一般的です。

ウイニングランとトップランディングは、いずれもＤＳＰ（Digital Signal Processor、デジタルシグナルプロセッサ、ディーエスピー）を使って、３Ｄの計算を高速化しています。ＤＳＰというのは、マイクロプロセッサの一種です。ＣＰＵに似ていますが、特にデジタル信号を高速に処理できるように設計されています。

ウイニングランはテキサス・インストルメンツ社の「ＴＭＳ３２０Ｃ２０」というＤＳＰを、トップランディングも同社の「ＴＭＳ３２０Ｃ２５」というＤＳＰを使っています。特にウイニングランは、ＤＳＰを5個も搭載

図6　ポリゴンの描画

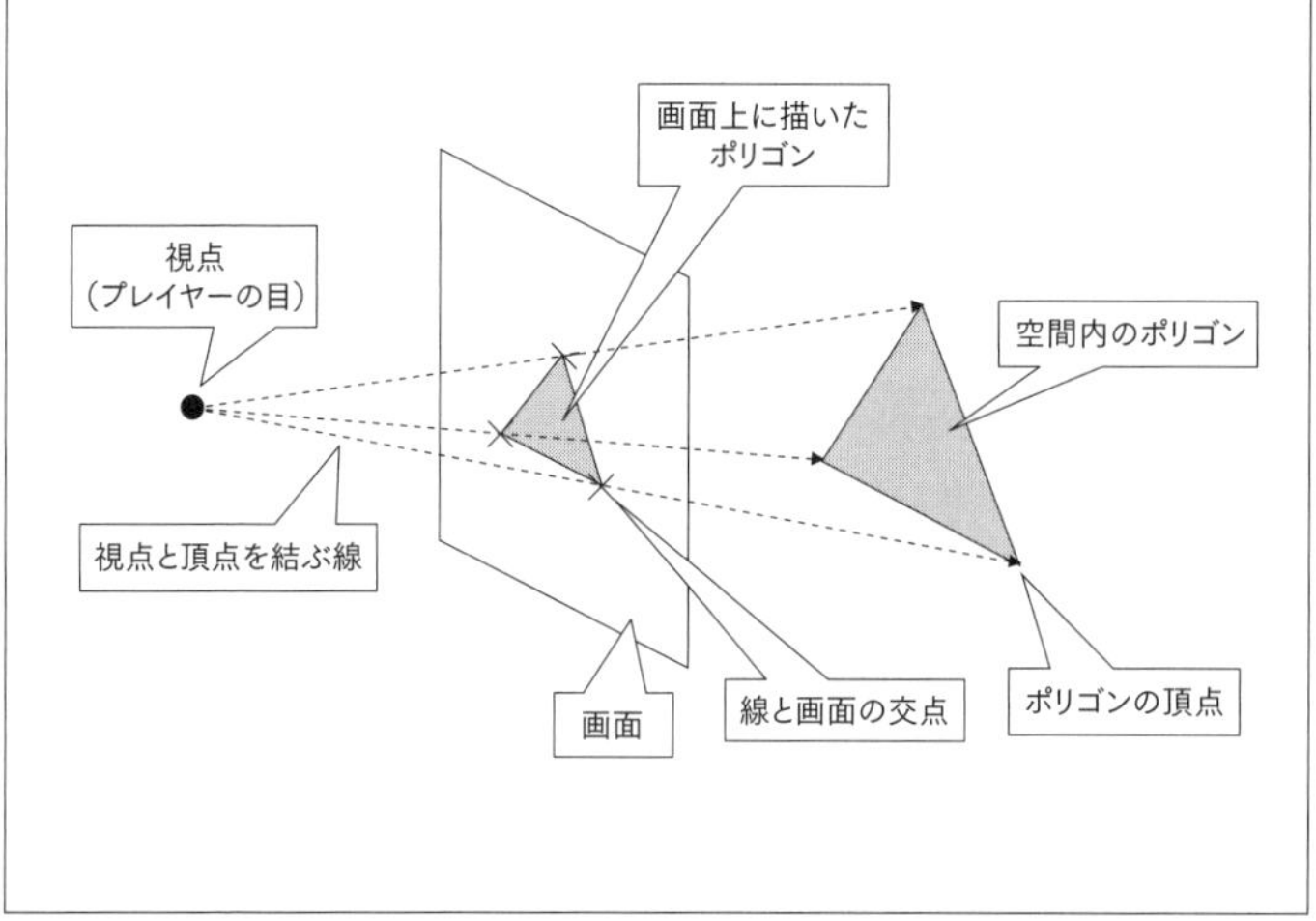

しています。

ＤＳＰが得意な演算の一つは乗算（掛け算）です。当時のＣＰＵは乗算を実行するのが遅い（長い時間がかかる）のが一般的でした。３Ｄの計算は多くの乗算を伴うので、ＤＳＰを使えば大幅に高速化できる可能性があります。

例えば、拡大縮小や回転などを表すために４×４（要素が16個）の行列を使い、座標を表すために４次元（要素が４個）のベクトルを使うとします。座標を変化させる際には、これらの行列とベクトルの積を求めるのですが、この計算には16回もの乗算が必要です。こういった計算を、３Ｄ空間に配置された多くの物体の頂点に対して行うので、膨大な乗算を実行することになります（図7）。

ウイニングランはＣＰＵとして、12ＭＨｚ

図7 行列とベクトルの積

$$\begin{pmatrix} a_{11} & a_{12} & a_{13} & a_{14} \\ a_{21} & a_{22} & a_{23} & a_{24} \\ a_{31} & a_{32} & a_{33} & a_{34} \\ a_{41} & a_{42} & a_{43} & a_{44} \end{pmatrix} \begin{pmatrix} b_1 \\ b_2 \\ b_3 \\ b_4 \end{pmatrix} = \begin{pmatrix} a_{11}\times b_1 + a_{12}\times b_2 + a_{13}\times b_3 + a_{14}\times b_4 \\ a_{21}\times b_1 + a_{22}\times b_2 + a_{23}\times b_3 + a_{24}\times b_4 \\ a_{31}\times b_1 + a_{32}\times b_2 + a_{33}\times b_3 + a_{34}\times b_4 \\ a_{41}\times b_1 + a_{42}\times b_2 + a_{43}\times b_3 + a_{44}\times b_4 \end{pmatrix}$$

4×4の行列　　4次元のベクトル　　行列とベクトルの積（16回の乗算が必要）

で動作する「68000」（1980年）を2個搭載しています。CPUの性能を表す目安の一つであるMIPS（Million Instructions Per Second、ミップス、1秒間に命令を何百万回実行できるか）で評価すると、この68000は1個あたり2・2MIPS、ウィニングランでは2個使っているので仮に単純に2倍すると4・4MIPSです。ウイニングランが搭載しているDSP（TMS320C20）は、25MHzで動作し、1個あたり12・5MIPS、5個なので5倍すると62・5MIPSです。処理の内容によって実際の性能は変化しますが、DSPに向いている処理を行えば、CPUに比べて非常に高い性能を発揮することが期待できます。

固定小数点数と浮動小数点数

3Dグラフィックスにおいて計算の負荷が重くなる原因は他にもあります。2Dに比べて、3Dでは回転を行うことが一般的ですが、回転には三角関数（サインやコサイン）を使います。三角関数の値は小数で表すので、小数の計算が必要です。整数の計算に比べると、小数の計算は負荷が重い処理です。

現在のCPUやGPUは、浮動小数点数《ふどうしょうすうてんすう》という形式で小数を扱います。浮動小数点数の計算は複雑なので、ソフトウェアで行うと時間がかかってしまいますが、現在のCPUやGPUは浮動小数点数の計算をハードウェアで行うので、高速に実行できます。そのため3Dグラフィックスを含む多くの用途において、浮動小数点数が使われています。

CPUやGPUは2進数を使って浮動小数点数を表現しますが、ここでは簡単のために10進数を使って、浮動小数点数の雰囲気を体験してみましょう。例えば「1.2＋3.4」という計算の結果は、人間が計算するときと同じように「4.6」になります。一方、例えば「5.6×7.8」の結果は「43.68」ですが、浮動小数点数では「4.368×10^1」になります。このように浮動小数点数では、数値を「○.○…×$10^□$」のような形式で表します。例えば「1.2」なども、「1.2×10^0」のように表現します（図8）。

実際には2進数を使うので、「○.○…×$2^□$」という形式になります。また、「○.○…」の

図8　浮動小数点数による計算

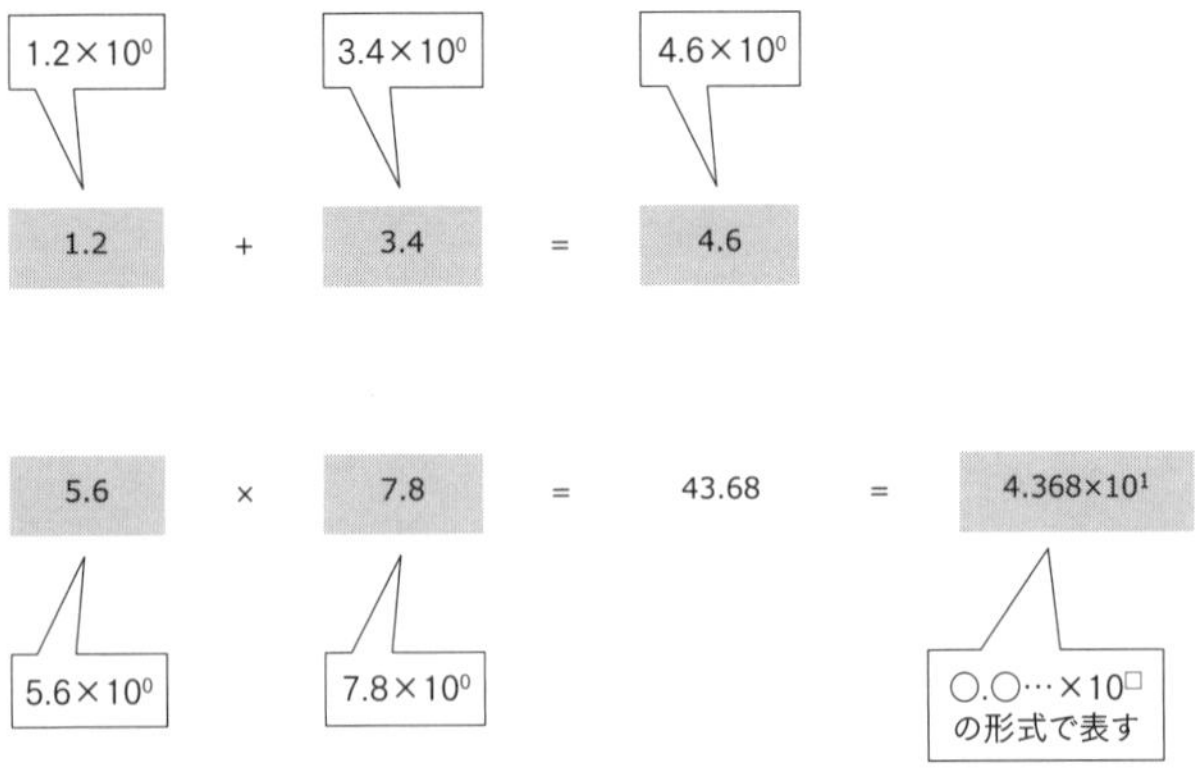

桁数は無限ではなく有限です。３Ｄゲームでよく使われる32ビットの浮動小数点数は、次のような仕様になっています。符号（＋か－か）を表すために１ビット、指数（前述の□の値）を表すために８ビット、仮数（前述の○・○…の値）を表すのに23ビットを使います（図9）。これはＩＥＥＥ（アイトリプルイー）という学会による、「ＩＥＥＥ754」と呼ばれる規格です。

一方、ウイニングランやトップランディングが採用しているＤＳＰは、固定小数点数《こていしょうすうてんすう》という形式で小数を扱うことを得意としています。固定小数点数の特長は、小数を整数として扱うことにより、整数と同様の方法で計算ができることです。ソフトウェアでも比較的高速に計算ができるので、浮動小数点数用のハードウェアが普及する前は、より頻繁に使

図9　32ビットの浮動小数点数

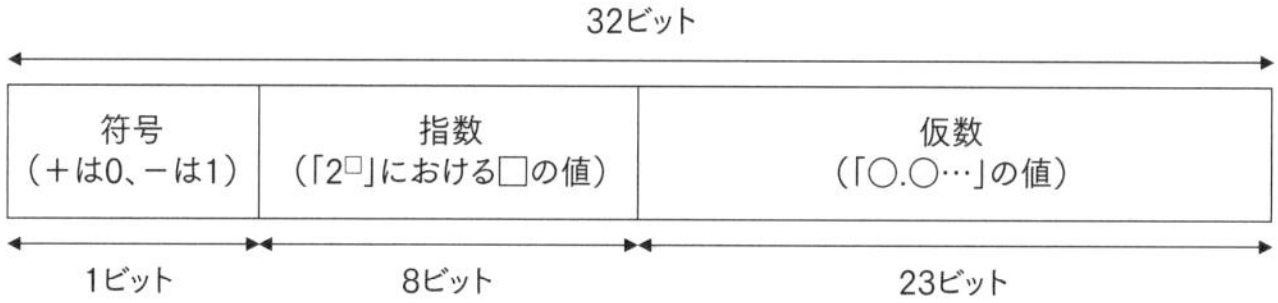

われていました。

簡単のために10進数を使って、固定小数点数の雰囲気を体験してみましょう。例えば「1・2＋3・4」という計算を考えます。ここでは「全ての数値を1000倍して扱う」ということにすると、「1・2」は「1200」、「3・4」は「3400」になります。「1200＋3400」の結果は「4600」となりますが、これは1000倍されている値なので、本来の値は1000で割った「4・6」です。

一方、例えば「5・6×7・8」については、「5600×7800」のように計算して、結果は「43680000」になります。これは1000倍×1000倍＝1000000倍された値になっているので、1000倍に戻すために1000で割って「43680」にします。本来の値は、さらに1000で割った「43・68」です（図10）。

固定小数点数の計算は、本来の値に戻すときを除けば、全て整数の計算だけで済んでいることに注目してください。また、実際には2進数を使うので、「1000倍する」や「1000で割る」といった処理は、シフト演算（2進数の桁をずらす演算）を使って行います。例えば「左に10ビットシフトする」という処理は「1024倍する」ことに相当し、「右に10ビットシフトする」という処理は「1024で割る」ことに相当します。このようにシフト演算を使う場合には、倍率が2のべき乗（2、4、8、16…）になります（図11）。

図10 固定小数点数による計算

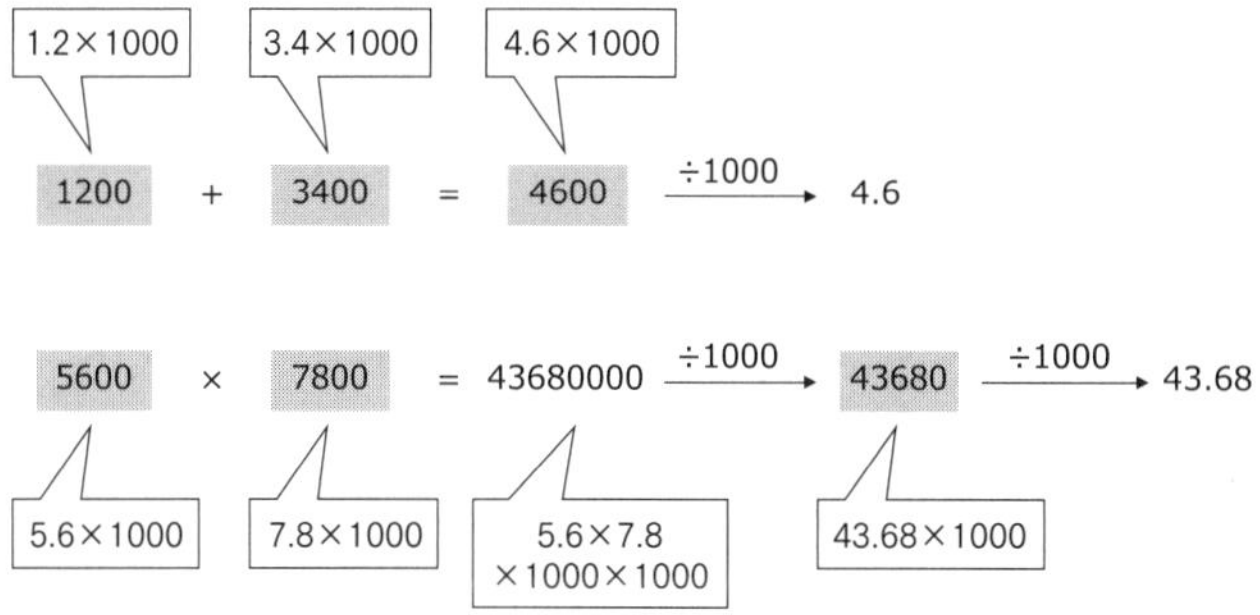

図11 シフト演算による倍率の例

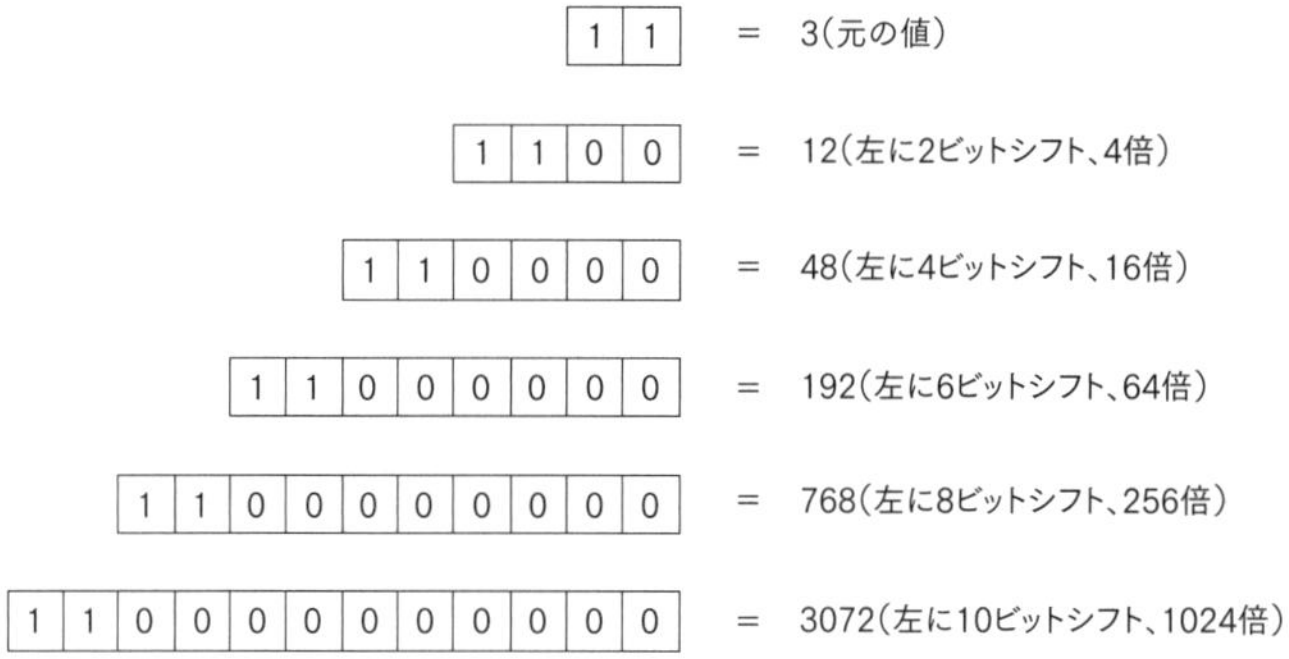

世界で最初にポリゴンを使ったアーケードゲーム

日本のアーケードゲームにポリゴンの３Ｄグラフィックスが導入されたのは１９８８年からですが、世界ではもっと早い時期にポリゴンを使ったアーケードゲームが登場していました。１９８４年に発売された、アタリ社の「アイ、ロボット」（I, Robot）です。『I, Robot』は、アイザック・アシモフ（Issac Asimov）によるＳＦ小説短編集の題名で、日本では『われはロボット』などと訳されています。家庭用掃除ロボットを発売しているアイロボット（iRobot）社の名前も、この題名に由来しているのかもしれません。

「アイ、ロボット」は、ロボットを操作して、ステージ内のブロックを塗るゲームです（図12）。ステージの奥に待ち構えている「目」を倒すとクリアとなり、次のステージまでは宇宙空間を飛行するシューティングゲームになります。飛行中には進路をふさぐ物体が出現するので、破壊または回避する必要があります。

「アイ、ロボット」はＣＰＵに「６８０９」（１９７９年）を採用し、数値演算用にＡＭＤ（Advanced Micro Devices）社の「２９０１」を４個搭載しています。２９０１は４ビットのＡＬＵ（Arithmetic Logic Unit、算術論理演算装置）で、「スペースウォーズ」（１９７７年）に搭載されている「２５ＬＳ１８１」と同様に、ミニコンなどで使われました。

「アイ、ロボット」は３Ｄらしい色々な表現が詰め込まれたゲームです。ジャンプ、坂の上り下り、トンネル、視点の変更、ポリゴン表示とワイヤーフレーム（輪郭線）表示の切り替えなど、開発者が「３Ｄならではの表現」を丹念に探して作り込んでいる印象を受けます。

その後もアタリ社は、ポリゴンによる３Ｄグラフィックスを使ったアーケードゲームを発売します。例えば１９８９年の「ハードドライビン」(Hard Drivin') は、ウイニングランと同様にポリゴンを使った３Ｄレースゲームです。

サーキットを再現しているウイニングラン

図12　アイ、ロボット（イメージ）

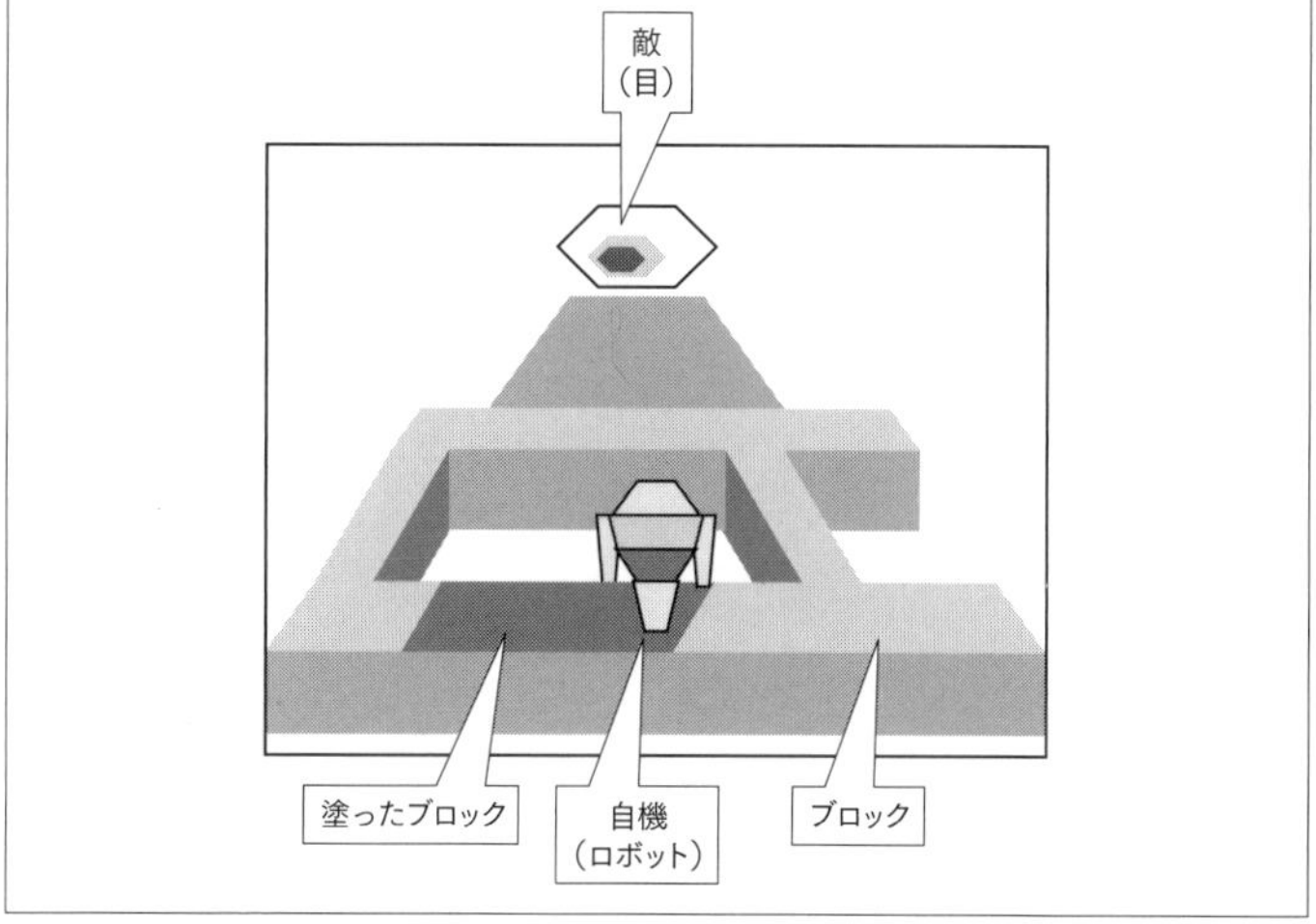

とは違い、ハードドライビンのコースは一見すると一般的な道路のようですが、ジェットコースターのような３６０度の垂直ループがあったり、上がっている跳ね橋を使ったジャンプがあったりと、現実では味わえないコースになっています。また、自車が衝突した際に衝突シーンを再現するリプレイ機能や、ハンドルを持つ手に反動を返すフォースフィードバック機能など、ゲームを盛り上げる色々な工夫が見られます。

　さらに、日本向けのバージョンにおいては、画面上のメッセージが「コインをいれよ」のような日本語で表示されます。日本製のゲームが「INSERT COIN」のような英語のメッセージを表示する中で、珍しく日本語を表示するハードドライビンは逆に目立つ存在でした。同じくアタリ社の「スタンランナー」（S.T.U.N. Runner、１９８９年）は、「コインいっこいれる」（コイン一個入れる）というメッセージを採用しており、この独特の言い回しがプレイヤーの間で話題になりました。

１９８８年はポリゴンによる３Dアーケードゲームの時代が始まった年でした。この後、描画できるポリゴンの数が増え、テクスチャマッピングにも対応すると、ポリゴンを使った作品がアーケードゲームの中で最も注目を集めるようになっていきます。

まだ１９８８年の段階では、豊富に画像を使った２Dグラフィックスの作品が、アーケードゲームの主力だったように感じます。この頃の２Dゲームにおいては、画像の回転処理を使った作品が数多く見られました。その中の一つが、１９８９年に登場する「キャメルトライ」です。

1989年へ

1989年

「キャメルトライ」

2Dゲームで流行した回転の技術

この年の事件

- 昭和から平成に改元。
- マルタ会談で米ソが冷戦の終結を宣言。
- 富士通が32ビットパソコン「FM TOWNS」を発売。

PUSH START BUTTON

時代の終わりと始まり

１９８９年は、一つの時代が終わり、新しい時代が始まった年といえそうです。世界では米国とソビエト連邦が冷戦の終結を宣言し、日本では昭和から平成に改元しました。

平成になって間もなく発売されたのが、富士通の32ビットパソコン「ＦＭ ＴＯＷＮＳ」（ＦＭタウンズ）です。ＣＰＵには、16ビットＣＰＵ「８０８６」（１９７８年）の流れをくむ、32ビットＣＰＵの「８０３８６」（１９８５年）を採用しています。アーケードゲームの多くや、パソコンの「Ｘ６８０００」（１９８７年）が採用している、「６８０００」（１９８０年）を搭載して欲しかったという声もありましたが、８０８６に比べると８０３８６はかなり機能が拡張されていて、実は機械語（アセンブリ言語）のプログラミングがしやすいＣＰＵです。

ＦＭ ＴＯＷＮＳは、Ｘ６８０００と同様にスプライト機能を備えており、16×16ピクセルのスプライトを１０２４枚表示可能です（実際に１／60秒で表示できるのは２００枚程度です）。Ｘ６８０００のスプライトはラインバッファ方式ですが、ＦＭ ＴＯＷＮＳはフレームバッファ方式を採用しているので、横方向に並べるスプライト数の制限がないという利点があります。

Ｘ６８０００やＦＭ ＴＯＷＮＳは、アーケードゲームに近い品質のゲームを動かせるように、という意図で設計されたパソコンだといえます。実際に数々のアーケードゲームが、両機種に移植されています。その一方で、アーケードゲームはパソコンよりもずっと速いスピードで進化していました。１９８８年から１９８９年頃には、Ｘ６８０００やＦＭ ＴＯＷＮＳが対応していない、画像の回転機能を使ったゲームが多数登場します。その中の一つが、１９８９年にタイトーが発売した「キャメルトライ」です。

キャメルトライ　～パドルコントローラで画面をグルグル回す

キャメルトライはボールを迷路のゴールまで導くゲームです。ボール（ビー玉）自体を操作する「マーブルマッドネス」（１９８４年）とは異なり、キャメルトライでは迷路を操作します。迷路は回転させることが可能であり、ボールは下に落ちていくので、上手に迷路の向きを変えれば、好きな方向にボールを導くことができます。ボールを落としたり、壁に沿って転がしたりしながら、ゴールを目指します【図1】。

キャメルトライのコントローラは、迷路を回転させるパドルコントローラ（円形のツマミ）と、ボタンが１個です。ボールが壁に接しているときにボタンを押すと、ボールを跳ね返すことができます。ボタンを押しっぱなしにすると、ボールのスピードが速くなります。

筐体によっては、ツマミの左右にボタンが付いていて、ツマミを左手でも右手でも、好きな方の手で操作することができます（図2）。ボタンが1個しか付いていない筐体では、ツマミを操作する手を選ぶことができませんが、両腕を交差させ得意な手でツマミを操作するプレイ方法もあるようです。

木やプラスチックでできている迷路の中で、小さなボールを転がしてゴールを目指す玩具を、遊んだことがあるでしょうか？　今でも病院の待合室などに、暇つぶし用に置いてあることがあり、懐かしさで遊んでみるとつい熱中してしまうことがあります。キャメルトライは、こういった玩具をビデオゲームにしたような作品です。

キャメルトライのキャメル（camel）は、動

図1　キャメルトライ（イメージ）

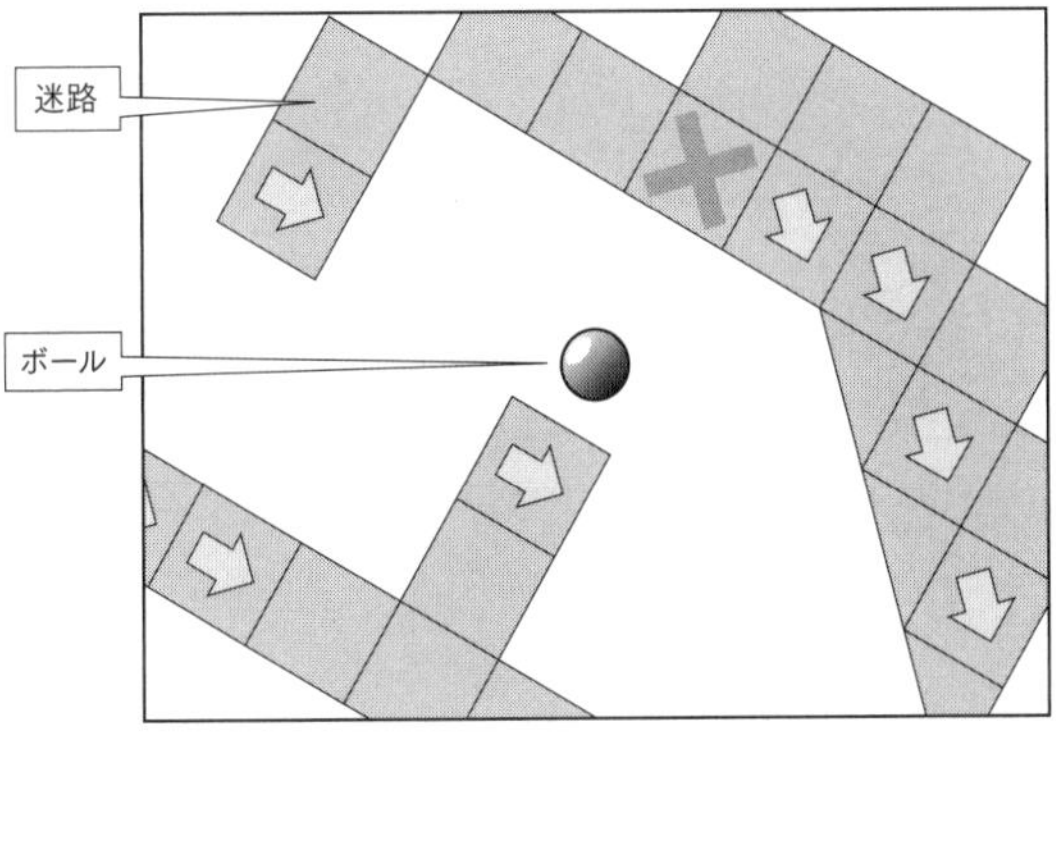

物のラクダのことです。キャメルトライのタイトル画面には、フタコブラクダの背中のコブの上を、ボールが転がる様子が描かれています。

いくらでも回せるパドルコントローラ

パドルコントローラといえば「ポン」（1972年）を思い出しますが、実はポンとキャメルトライでは、パドルコントローラの方式が異なります。ポンではツマミの奥に可変抵抗が付いていますが、キャメルトライではツマミの奥にロータリエンコーダが付いています。ロータリエンコーダは、機械式のトラックボールやマウスで使われている、回転量を検出するための仕組みです。「マーブルマッドネス」（1984年）のトラックボールでも使

図2 キャメルトライのコントローラ

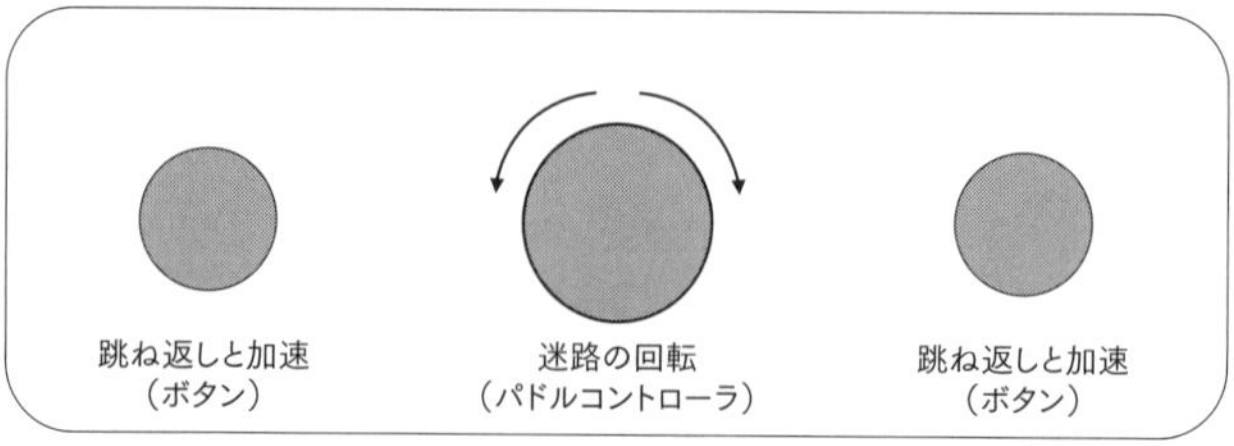

われています。

　スリット（穴）が並んだ円盤の両側に、LEDとフォトダイオード（またはフォトトランジスタ）が設置されていて、スリットの有無を検出します。図の製品では、ツマミの軸とロータリエンコーダの軸が別になっていて、ギア（歯車）でかみ合っています。筐体によっては構造が異なる可能性もあります（図3）。

　可変抵抗を使ったポンのツマミは、同じ向きに回せる角度に限度があります。例えば、左にずっと回し続けられるわけではなく、ある角度まで回すと、それ以上は回らなくなります。右に回したときも同様です。この制限は、画面上のラケットを一定範囲内で往復させるポンにおいては、問題になりません。

　ロータリエンコーダを使ったキャメルトラ

図3　ロータリエンコーダを使ったパドルコントローラ（側面図）

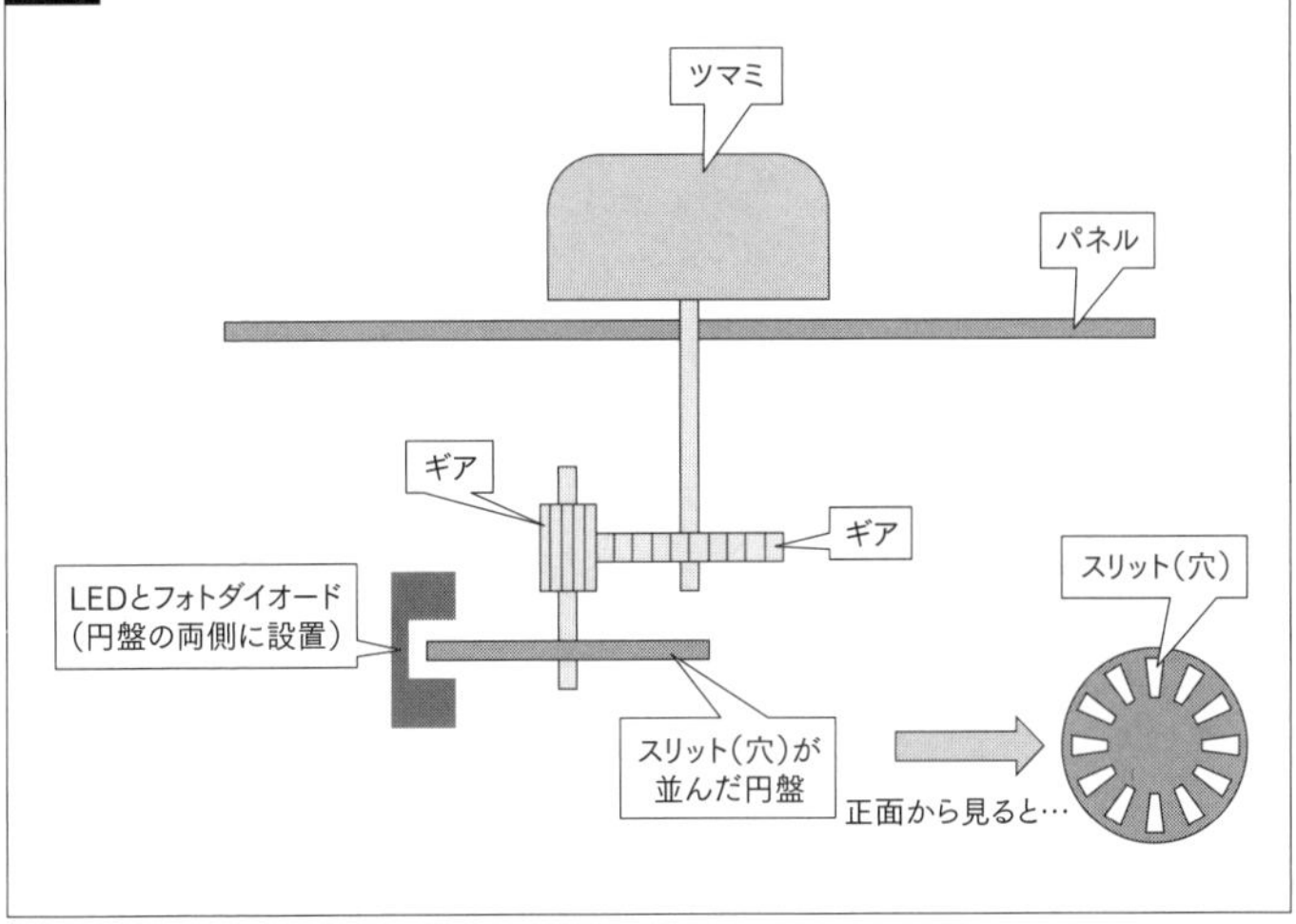

イのツマミは、同じ向きにいくらでも回すことができます。キャメルトライでは、迷路を同じ向きに続けて回したいことがあります。そのため、ポンのツマミとは違い、制限なく回し続けられるツマミが必要でした。なお、キャメルトライと同じツマミは、ブロック崩しゲームのブームを再来させた「アルカノイド」（１９８６年）にも使われています。

画面の回転

キャメルトライは、タイトーのシステム基板「Ｆ１システム」を使っています。Ｆ１システムは、ゲームごとに異なるグラフィックス拡張機能を追加することが可能で、キャメルトライにはタイルマップの回転機能と拡大縮小機能が搭載されています。Ｆ１システムを使ったゲームは、キャメルトライの他に8作品あります。

キャメルトライでは、迷路を回すために回転機能を駆使しています。拡大縮小機能は、タイトル画面の表示や、ステージをクリアしたときの演出に使っています。

この回転機能は、次のような処理で実現されています。まだ回転していないタイルマップから、回転した矩形領域内のピクセルを読み込んで、画面に描画します。画面の回転方向と、矩形領域の回転方向が、逆になることに注意してください。例えば、迷路を右に30度回転する場合、タイルマップ上の矩形領域は左に30度回転させます（図4・図5）。

図4　タイルマップ上の矩形領域

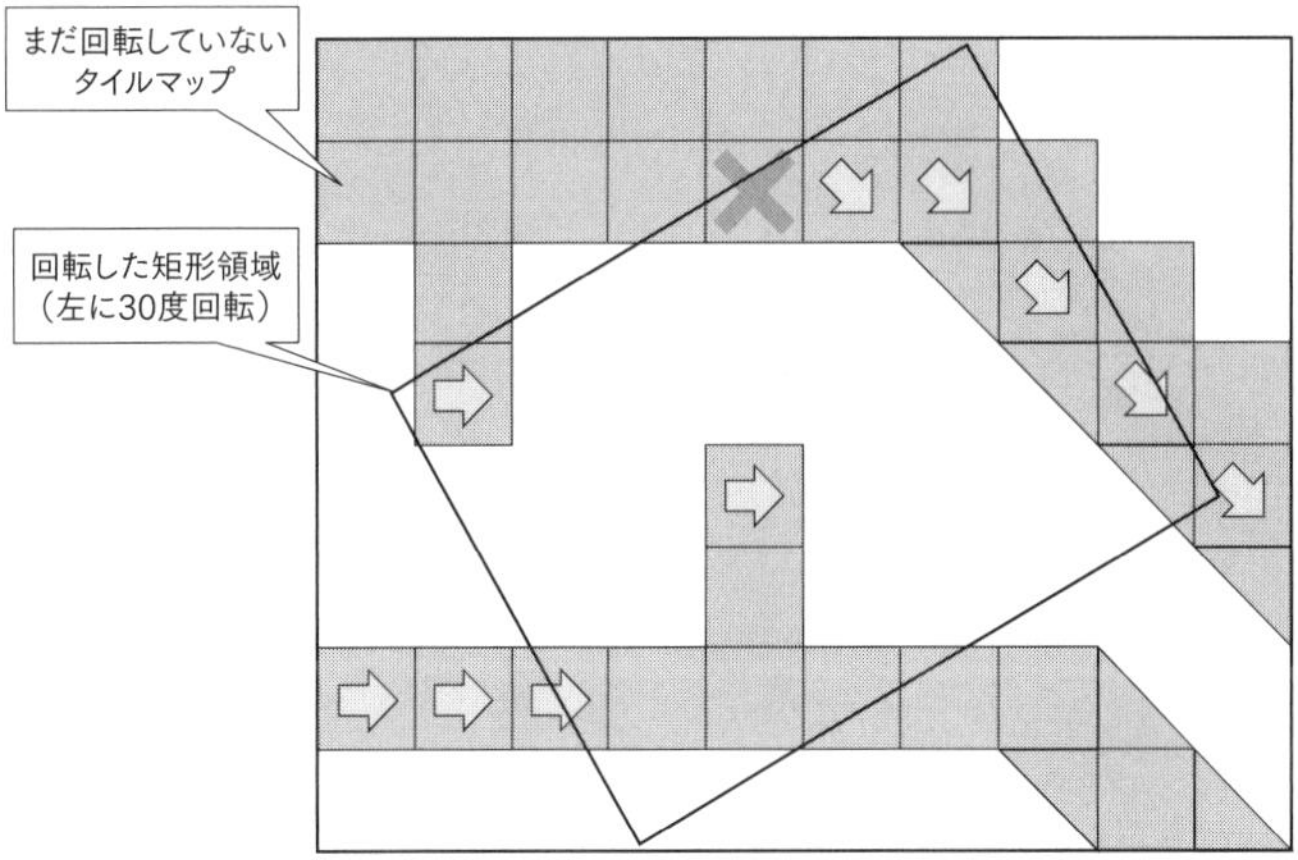

図5　読み込んだピクセルを画面に描画

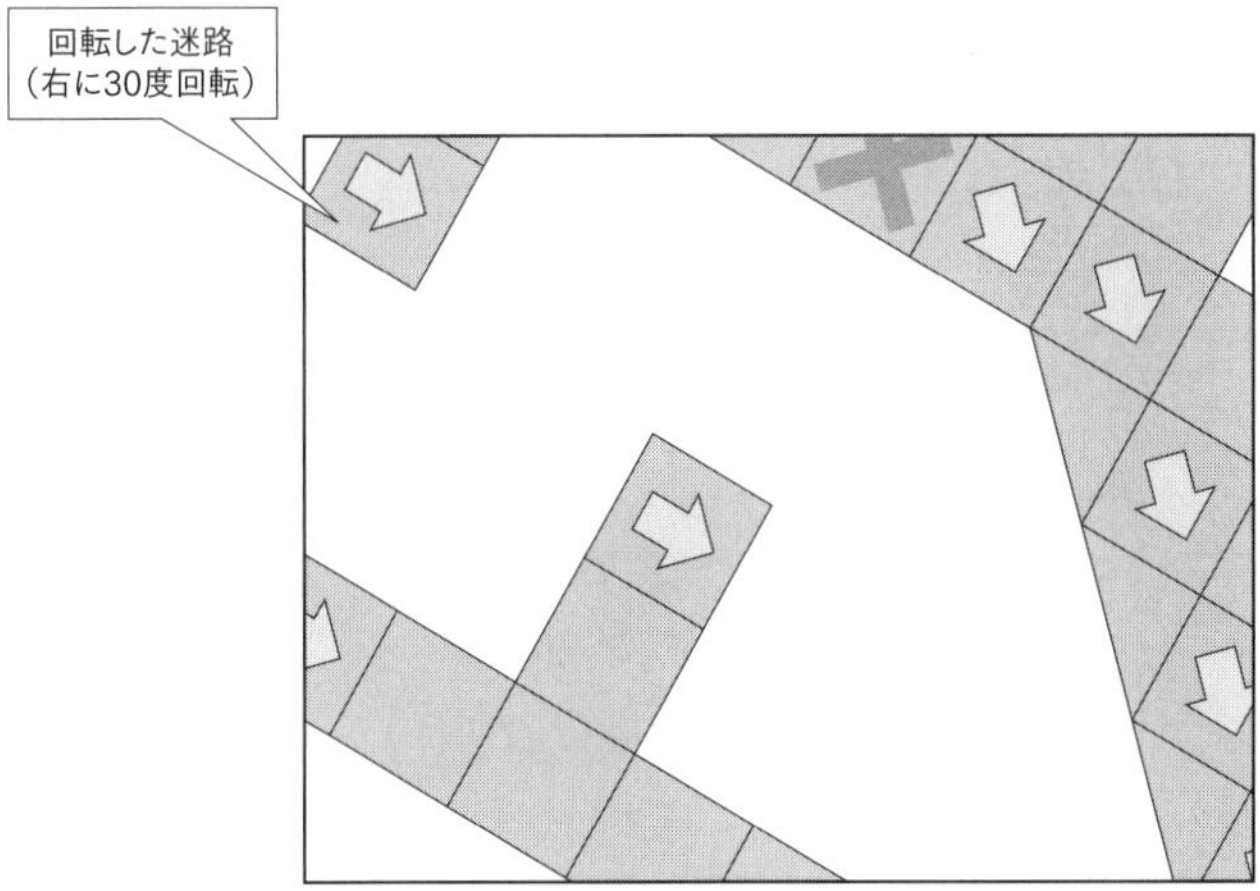

「タイルマップ全体を回転させて画面に描く」のではなくて、「画面を描くのに必要な領域からピクセルを読み込む」ことがポイントです。実際に画面上で見えるのはタイルマップ上の一部だけなので、タイルマップ全体を回転させて描画する方法では、画面上には表示しないピクセルについてまで回転・描画処理を行うことになり、無駄が多くて効率が悪いのです（図6）。

回転した矩形領域からは、次のような方法でピクセルを読み込みます。画面の左上（に対応する位置）から開始して、画面上の1ピクセル分ずつ右方向に進み、ピクセルを読み出していきます。画面の右端に達したら、左端に戻り、画面上の1ピクセル分だけ下方向に進んでから、再び右方向に進みます。あとは

図6 タイルマップ全体を描画する場合

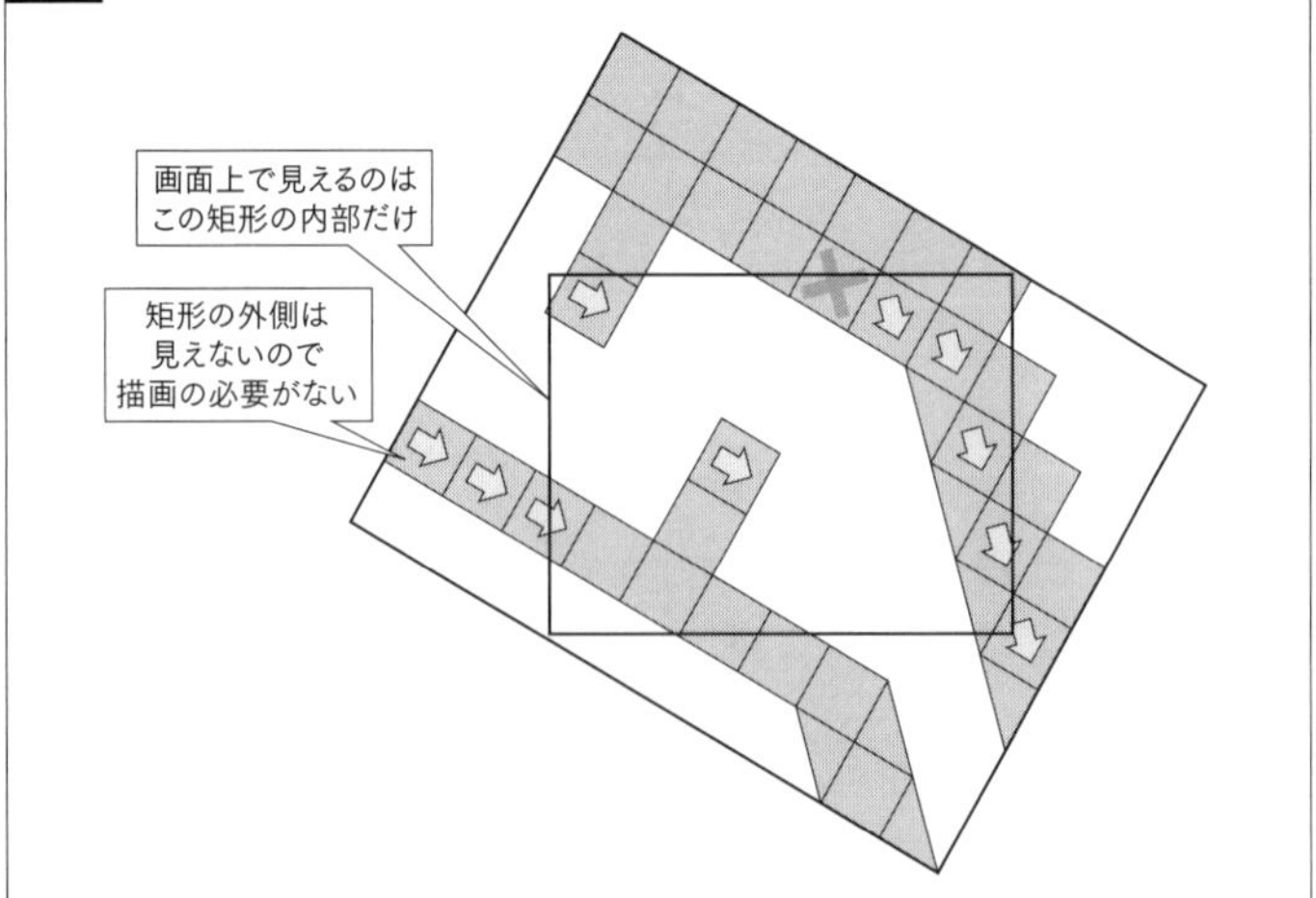

同じ処理を繰り返して、画面全体を描画します（図7）。

なお、キャメルトライはＸ６８０００やＦＭＴＯＷＮＳにも移植されています。これらの機種には回転機能がありませんが、回転済みの画像を用意しておき、多数のスプライトを使って表示しているようです。拡大縮小を使った演出は省略されています。

まだまだある回転を使ったゲーム

キャメルトライと同時期には、回転を使ったゲームが数多く登場しました。例えば、ナムコのシステム基板「システムII」も、拡大縮小機能と回転機能を搭載しています。

システムIIを使った最初のゲームは「アサルト」（１９８８年）です。自機の戦車を操作し

図7　ピクセルの取得と描画

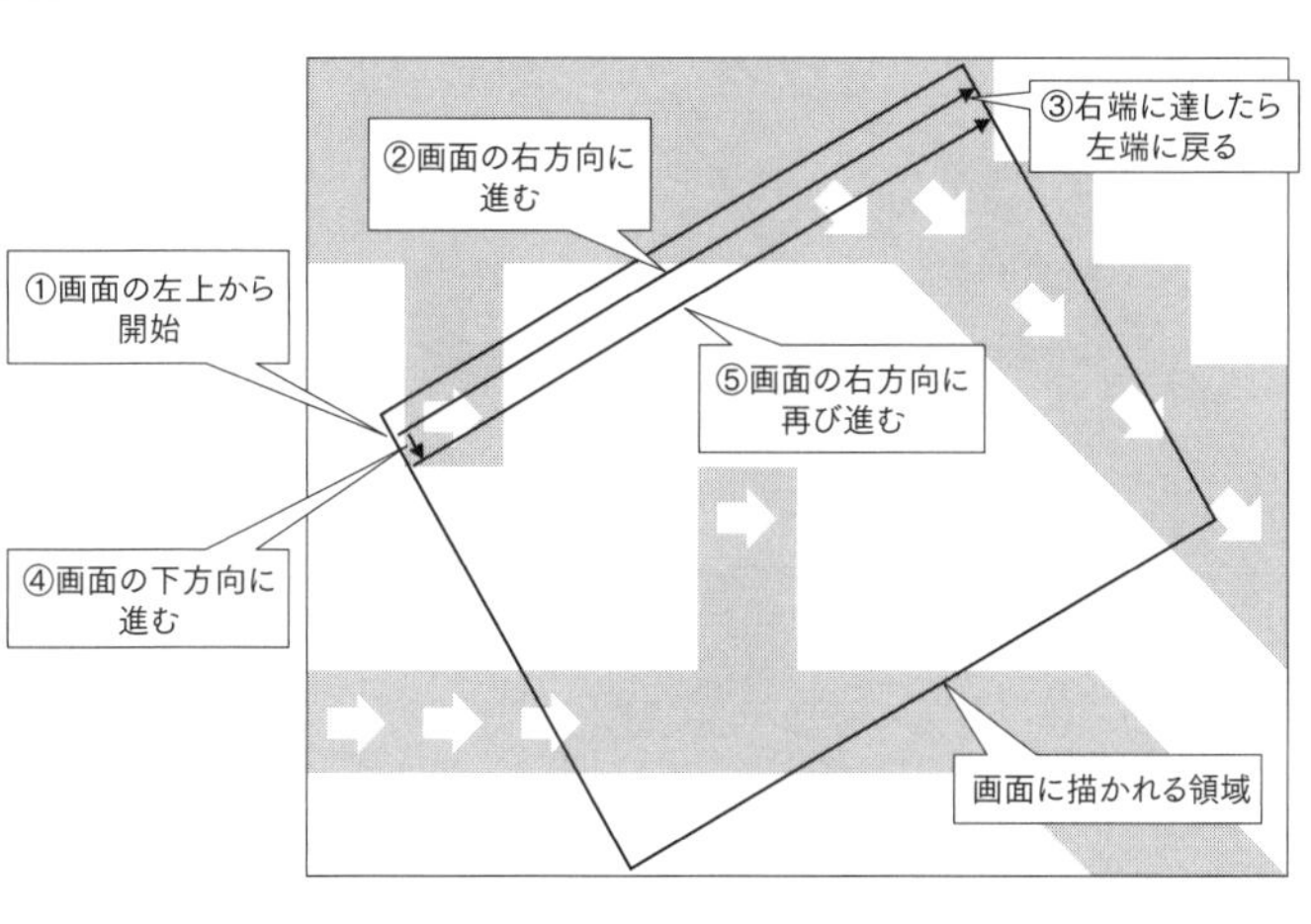

て、ステージ内の敵（砲台）を破壊するゲームです。自機を旋回させると、自機は正面を向いたままで、画面全体が回転します（図8）。

アサルトのコントローラは独特で、先端にボタンが付いた2本のジョイスティックを使います。スティックで自機を移動し、ボタンで攻撃します（図9）。

操作方法もユニークです。2本とも奥に倒すと前進、2本とも手前に倒すと後退します。左スティックを手前に倒し、右スティックを奥に倒すと左旋回し、逆に操作すると右旋回します（図10）。そのほか、左右同じ方向に倒すと自機が横に転がり、左右に広げると広範囲の攻撃を行います。2本のスティックを使った操作の雰囲気は、セガの「電脳戦機バーチャロン」（1995年）にも似ています。

図8 アサルト（イメージ）

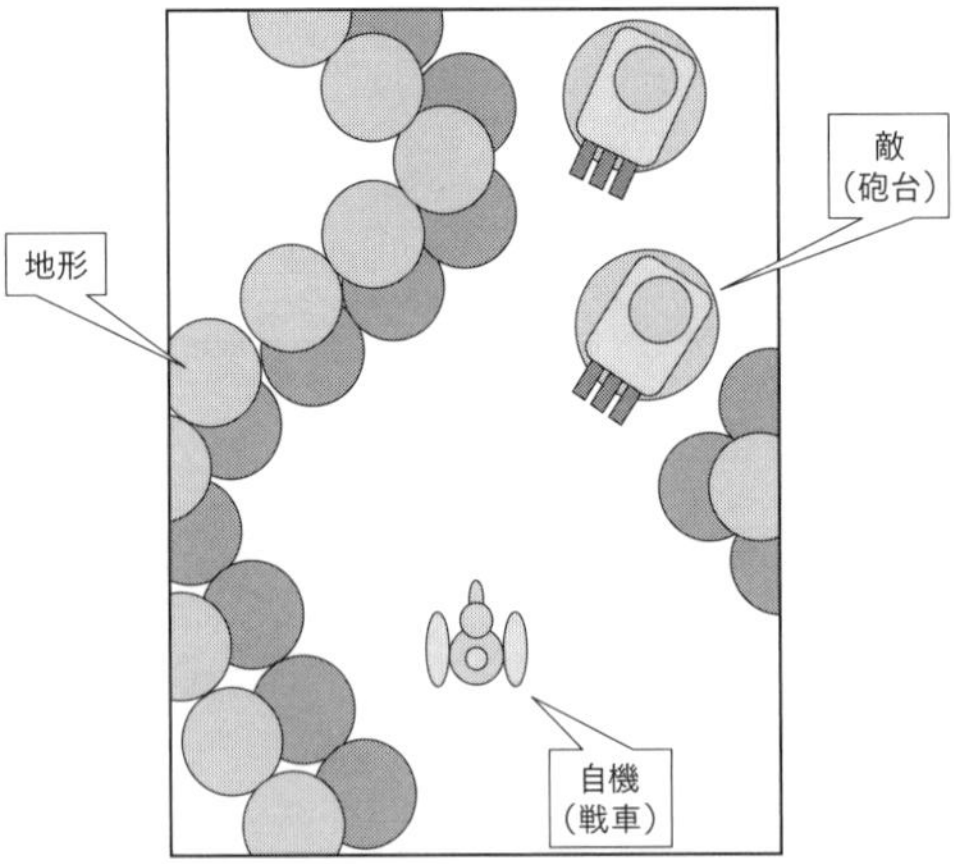

図9　アサルトのコントローラ

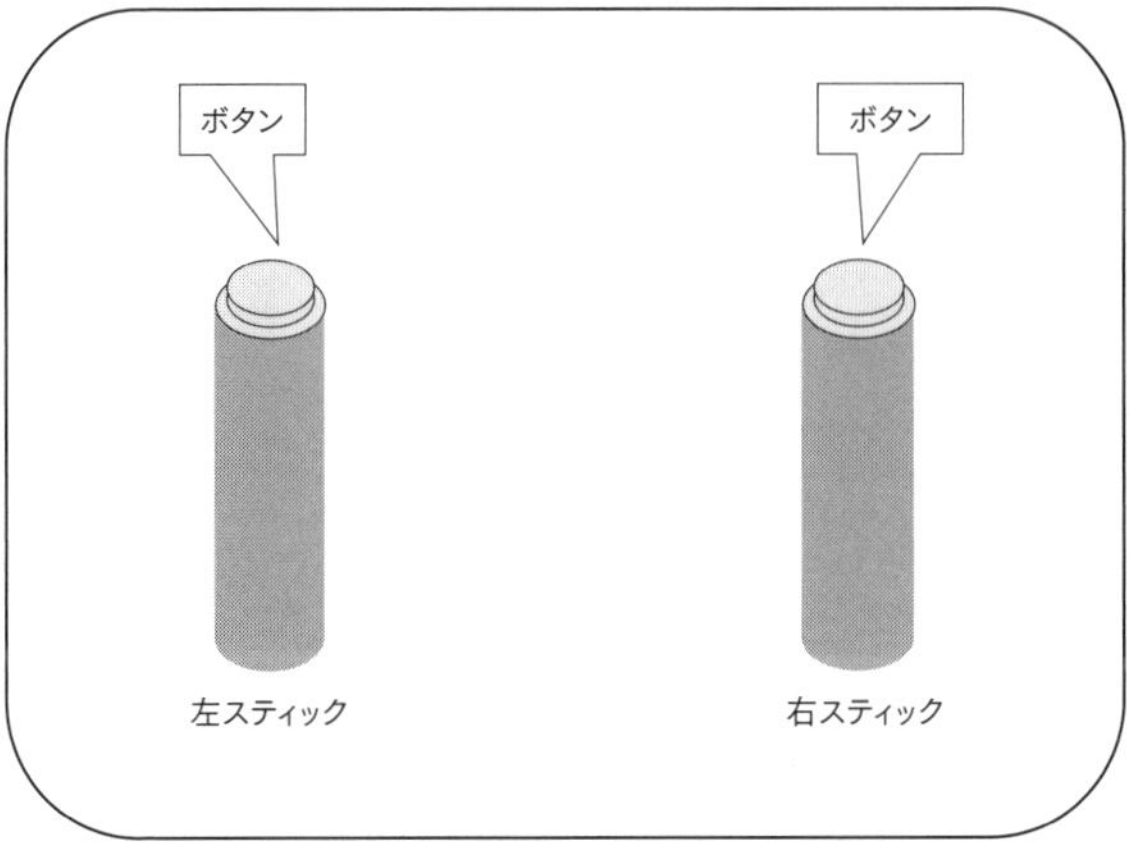

図10　アサルトの操作

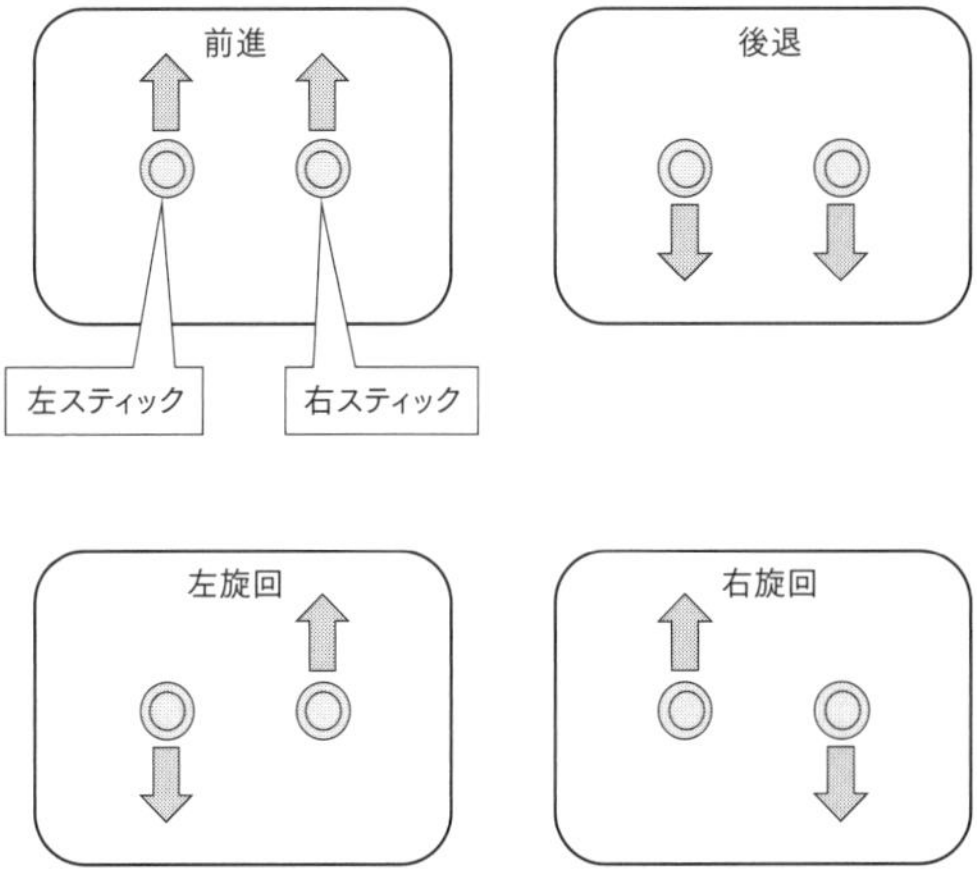

システムⅡを使った第4作目の「フェリオス」（1989年）は、ギリシア神話を題材にしたゲームです。8方向レバーとボタンで操作する、オーソドックスな縦スクロールシューティングゲームですが、拡大縮小や回転を使った演出が随所に入っています。家庭用ゲーム機「メガドライブ」（1988年）への移植版では、拡大縮小や回転の機能がないので、スクロールなどを使った演出に変更されています。

１９８９年頃は、拡大縮小機能や回転機能を備えたシステム基板を使って、数多くのゲームが作られた時期でした。まだまだ２Ｄグラフィックスのゲームが主流でしたが、次第に増えてきた３Ｄグラフィックスのゲームを意識したためか、拡大縮小や回転を使って立体感のある映像作りを目指すゲームが多く登場したように思います。

さて、本書が扱ってきたのは１９７０年代と１９８０年代のアーケードビデオゲームですが、この後の１９９０年代は次のように展開します。

１９９０年
任天堂が家庭用ゲーム機「スーパーファミコン」を発売。

１９９１年
カプコンが「ストリートファイターII」を発売。
ＳＮＫが家庭用ゲーム機「ネオジオ」を発売。

１９９２年
セガが「バーチャレーシング」を発売。

１９９３年
ナムコが「リッジレーサー」を発売。
セガが「バーチャファイター」を発売。

１９９４年
セガが「バーチャファイター２」を発売。

３ＤＯ社が家庭用ゲーム機「３ＤＯ」（スリーディーオー）を発売。

セガが家庭用ゲーム機「セガサターン」を発売。

ソニー・コンピュータエンタテインメントが家庭用ゲーム機「プレイステーション」を発売。


１９９４年には、ポリゴンやテクスチャマッピングによる３Ｄグラフィックスに対応した家庭用ゲーム機が各社から発売されます。当時のアーケードゲームと家庭用ゲーム機を比べると、グラフィックスなどの性能はアーケードゲームの方が進んでいましたが、その後次第に両者の差は小さくなっていき、現在に至ります。アーケードゲームは、家庭用ゲーム機とは違った独自の遊びを提供することを目指して、現在も模索を続けているように感じます。

1990年代へ

おわりに

最後まで本書をお読みいただき、ありがとうございます！

レトロゲームが流行する中で、昔のアーケードゲームが今の家庭用ゲーム機に移植されたり、ミニチュア版の筐体が発売されたり、レトロゲームを集めたゲームセンターが人気を呼んだりしています。本書を読み進む中で、気になったゲームがあったら、ぜひ機会を見つけて遊んでみてください。筆者も改めて、じっくり遊んでみようと思います。

本書を通じて、皆さんのゲーム生活に新たな楽しみが加わることを、心から願っています！

2020年8月

松浦健一郎・司ゆき

ス ）https://www.supergaijinultragamer.org/2012/03/epoch-electrotennis-japans-first-console/

■1977年

- The Dot Eaters『Space Wars and Cinematronics』（スペースウォーズとシネマトロニクス）http://thedoteaters.com/?bitstory=bitstory-article-2/space-wars-and-cinematronics
- AndysArcade『Space Wars』（スペースウォーズ）http://www.andysarcade.de/spacewars.html
- Museum of the Game『Space Wars』（スペースウォーズ）https://www.arcade-museum.com/game_detail.php?game_id=9691
- Unofficial Cinematronics Home Page『Cinematronics Technical Information』（シネマトロニクスの技術情報）http://zonn.com/Cinematronics/tech.htm
- Datasheet Archive『25LS181 4-Bit Arithmetic Logic Unit』（25LS181、4ビット算術論理ユニット）https://datasheet.datasheetarchive.com/originals/distributors/Datasheets-112/DSAP0044402.pdf

■1980年

- Chad Birch, GameInternals『Understanding Pac-Man Ghost Behavior』（パックマンにおけるゴーストの振る舞いを理解する）https://gameinternals.com/understanding-pac-man-ghost-behavior
- Jamey Pittman『The Pac-Man Dossier』（パックマン文書）https://www.gamasutra.com/view/feature/132330/the_pacman_dossier.php

■1982年

- Louis Gorenfeld『Lou's Pseudo 3d Page』（Louの擬似3Dページ）http://www.extentofthejam.com/pseudo/

■1984年

- DualStik『Maintenance: Trackball Repair』（メンテナンス：トラックボールの修理）https://kabinett.homepage.t-online.de/knowldge/stick/maintain.htm

■1985年

- Sega Retro『Sega System series』（セガシステムシリーズ）https://segaretro.org/Category:Sega_System_series
- System 16『Sega Arcade Hardware』（セガアーケードハードウェア）http://www.system16.com/museum.php?id=1

※397ページからさかのぼってお読みください。

参考文献・Webサイト

- Computer Space Fan『Ted Dabney Interview』（テッド・ダブニーへのインタビュー）http://computerspacefan.com/Ted2.htm
- Ed Fries『Fixing Computer Space』（コンピュータスペース修理中）https://edfries.wordpress.com/2015/03/13/fixing-computer-space-3/

■1972年

- Alexander Smith『Early Console Games』（初期のコンソールゲーム）https://videogamehistorian.wordpress.com/category/early-console-games/
- University of Waterloo『Odyssey Table Tennis Game』（オデッセイのテーブルテニスゲーム）https://healthy.uwaterloo.ca/museum/VirtualExhibits/electronic/console/odyssey/tabletennis/index.html
- Cam Shea, IGN『Al Alcorn Interview』（アル・アルコーンへのインタビュー）https://www.ign.com/articles/2008/03/11/al-alcorn-interview
- Electronics Tutorials『555 Timer Tutorial』（555タイマーのチュートリアル）https://www.electronics-tutorials.ws/waveforms/555_timer.html
- How To Mechatronics『555 Timer IC』（555タイマーIC）https://howtomechatronics.com/how-it-works/electronics/555-timer-ic-working-principle-block-diagram-circuit-schematics/
- Codrey Electronics『Pin5 and 555』（ピン5と555）https://www.codrey.com/555-timer/pin5-and-555-an-abridgment/

■1973年

- Giant Bomb『Soccer screenshots, images and pictures』（サッカーのスクリーンショットと画像）https://www.giantbomb.com/soccer/3030-28798/images/?tag=All%20Images

■1974年

- Arcade 72『Taito Speed Race』（タイトーのスピードレース）http://www.arcade72.com/taito-speed-race/

■1975年

- The Atari Museum『Atari Home Pong』（アタリのホームポン）http://www.atarimuseum.com/videogames/dedicated/homepong.html
- PONG-Story『Atari home PONG systems』（アタリのホームポンシステム）http://www.pong-story.com/atpong2.htm
- Super Gaijin Ultra Gamer『Epoch ElectroTennis』（エポックのエレクトロテニ

is/392540807662355553

■1980年

- 早苗月、4Gamer.net『「パックマン」と「ゼビウス」の開発者が当時の秘話や将来的なゲームの姿を語った。“ナイト「GAME ON」第三夜”の模様をレポート』https://www.4gamer.net/games/999/G999905/20160531025/

■1981年

- バンダイナムコエンターテインメント『スペシャルインタビュー　横山茂さん』https://galaga.com/ja/special/interview.php

■1984年

- 猫のトラックボールルーム『まめ知識：トラックボールのしくみ編』http://mineko.fc2web.com/box/tb-room/mame/structureOfTrackball.html

■1985年

- 末宗 康孝、近藤 晋、日比 進、末広 紘司、藤田 浩『12Mビット磁気バブル記憶装置』http://www.hitachihyoron.com/jp/pdf/1977/11/1977_11_14.pdf

■1986年

- Gigazine『タイトーの名作STG「ダライアス」のアーケード筐体はどれだけ画期的だったのか？』https://gigazine.net/news/20181026-taito-darius-arcade-beep/
- 連射道『ダライアスシリーズと連射』http://rapidturbo2000.blog.fc2.com/blog-entry-85.html

■1987年

- 日経エレクトロニクス分解班『【続報：Wii分解】「センサーバー」にはセンサがなかった』https://xtech.nikkei.com/dm/article/NEWS/20061127/124506/

◉Web：英語（タイトルの日本語訳は本書の著者による）

■1971年

- Benj Edwards『Computer Space and the Dawn of the Arcade Video Game』（コンピュータスペースとアーケードビデオゲームの夜明け）https://www.technologizer.com/2011/12/11/computer-space-and-the-dawn-of-the-arcade-video-game/2/

参考文献・Webサイト

参考文献・Webサイト

※掲載URLは本書発刊当時のものです。その後予告なく変更、削除される可能性がありますので、あらかじめご了承ください。

◉書籍：日本語

- 赤木 真澄（2005）『それは『ポン』から始まった』アミューズメント通信社
- 長尾 真、石田 晴久、稲垣 康善、田中 英彦、辻井 潤一、所 真理雄、中田 育男、米澤 明憲（1990）『岩波情報科学事典』岩波書店

◉書籍：英語（タイトルの日本語訳は本書の著者による）

- Steven Hugg(2017)『Making 8-bit Arcade Games in C』(8ビットアーケードゲームをCで作る) Amazon Kindle
- Steven Hugg(2018)『Designing Video Game Hardware in Verilog』(ビデオゲームのハードウェアをVerilogで設計する) Amazon Kindle

◉Web：日本語

■1972年

- Root、流線堂『Ryusendo info.』http://ryusendo.rdy.jp/
- Charles Platt著、kanai訳『偉大なる小さなチップ「555タイマー」の歴史と入門プロジェクト』https://makezine.jp/blog/2018/02/555-timer-intro.html

■1973年

- 石井 ぜんじ、ゆさろう『インベーダー生みの親、西角氏と『ポン』との関係』http://www1.odn.ne.jp/~cby91680/videogamelog/jidaikenkyu/kenkyu_70nendai1.html

■1974年

- ゲームレガシー『「XBoxの生みの親」が挑む、史上初のゲームROMを探し出す試み～アタリ1974年のアーケードゲーム「グラントラック10」』http://blog.livedoor.jp/trakt/archives/1917952.html

■1978年

- 戸塚 伎一、ファミ通.com『伝説のクリエイターが語るゲーム開発の真髄とは？ “ナイト「GAME ON」第一夜「スペースインベーダーはいかにして生まれたか」” リポート』https://www.famitsu.com/news/201605/17105900.html
- 共同通信社『【特集】「スペースインベーダー」誕生から40年』https://this.kiji.

PROFILE

松浦 健一郎（まつうら けんいちろう）

東京大学工学系研究科電子工学専攻修士課程修了。研究所において並列コンピューティングの研究に従事した後、フリーのプログラマ＆ライター＆講師として活動中。企業や研究機関向けのソフトウェア、ゲーム、ライブラリ等を受注開発している。司 ゆきと共著でプログラミングやゲームに関する著書多数（本書で32冊目）。

司 ゆき（つかさ ゆき）

東京大学理学系研究科情報科学専攻修士課程修了。大学で人工知能（自然言語処理）を学び、フリーランスとなる。研究機関や企業向けのソフトウェア開発や研究支援、ゲーム開発、書籍や研修用テキストの執筆、論文や技術記事の翻訳、学校におけるプログラミングの講師を行う。

●著者Webサイト「ひぐぺん工房」
http://higpen.jellybean.jp/

- ブックデザイン：小川 純（オガワデザイン）
- 本文DTP：BUCH⁺

本書へのご意見、ご感想は、技術評論社ホームページ（https://gihyo.jp/）または以下の宛先へ、書面にてお受けしております。電話でのお問い合わせにはお答えいたしかねますので、あらかじめご了承ください。

〒162-0846　東京都新宿区市谷左内町21-13
株式会社技術評論社　書籍編集部
『伝説のアーケードゲームを支えた技術』係
FAX：03-3267-2271

伝説《でんせつ》のアーケードゲームを支《ささ》えた技術《ぎじゅつ》

2020年9月11日　初版　第1刷発行

著　　者　松浦《まつうら》 健一郎《けんいちろう》、司《つかさ》 ゆき
発 行 者　片岡 巌
発 行 所　株式会社技術評論社
　　　　　東京都新宿区市谷左内町21-13
　　　　　電話　03-3513-6150　販売促進部
　　　　　　　　03-3267-2270　書籍編集部
印刷／製本　昭和情報プロセス株式会社

ISBN 978-4-297-11554-8 C3055
Printed in Japan